教育部高等学校电子信息类专业教学指导委员会规划教材

高等学校电子信息类专业系列教材

Tutorial of Embedded Linux System

嵌入式Linux系统开发及应用教程

金伟正 编著

Jin Weizheng

清華大學出版社

北京

内容简介

本书详细介绍嵌入式系统开发过程中的主要技术问题，着重讲解嵌入式Linux系统的设计与实现，注重理论和实验的结合。全书分为13章，内容包括绪论、Linux基础知识、Linux编程环境、Linux外壳程序编程、构建嵌入式Linux开发平台、ARM调试环境、嵌入式Bootloader技术、Linux内核配置、ARM-Linux内核分析和移植、嵌入式文件系统、嵌入式Linux多线程编程、嵌入式Web服务器设计、嵌入式Linux的GUI等内容。

本书通俗易懂，图文并茂，注重理解与实例，大部分章节配有实例和源程序，可操作性强。本书可作为计算机学科、电子信息类相关专业本科生、研究生及工程硕士的"嵌入式系统"课程的教材，也可供相关研究人员、工程技术人员阅读参考。

图书在版编目(CIP)数据

嵌入式Linux系统开发及应用教程/金伟正编著. —北京：清华大学出版社，2017(2024.1重印)
(高等学校电子信息类专业系列教材)
ISBN 978-7-302-47608-5

Ⅰ. ①嵌… Ⅱ. ①金… Ⅲ. ①Linux操作系统—高等学校—教材 Ⅳ. ①TP316.85

中国版本图书馆CIP数据核字(2017)第154212号

责任编辑：曾　珊
封面设计：李召霞
责任校对：梁　毅
责任印制：刘海龙

出版发行：清华大学出版社
　网　　址：https://www.tup.com.cn，https://www.wqxuetang.com
　地　　址：北京清华大学学研大厦A座　　邮　　编：100084
　社 总 机：010-83470000　　邮　　购：010-62786544
　投稿与读者服务：010-62776969，c-service@tup.tsinghua.edu.cn
　质量反馈：010-62772015，zhiliang@tup.tsinghua.edu.cn
　课件下载：https://www.tup.com.cn，010-83470236
印 装 者：涿州市般润文化传播有限公司
经　　销：全国新华书店
开　　本：185mm×260mm　　印　张：20.5　　字　　数：495千字
版　　次：2017年10月第1版　　印　　次：2024年1月第8次印刷
定　　价：69.00元

产品编号：074358-02

高等学校电子信息类专业系列教材

序

FOREWORD

我国电子信息产业销售收入总规模在2013年已经突破12万亿元，行业收入占工业总体比重已经超过9%。电子信息产业在工业经济中的支撑作用凸显，更加促进了信息化和工业化的高层次深度融合。随着移动互联网、云计算、物联网、大数据和石墨烯等新兴产业的爆发式增长，电子信息产业的发展呈现了新的特点，电子信息产业的人才培养面临着新的挑战。

(1) 随着控制、通信、人机交互和网络互联等新兴电子信息技术的不断发展，传统工业设备融合了大量最新的电子信息技术，它们一起构成了庞大而复杂的系统，派生出大量新兴的电子信息技术应用需求。这些"系统级"的应用需求，迫切要求具有系统级设计能力的电子信息技术人才。

(2) 电子信息系统设备的功能越来越复杂，系统的集成度越来越高。因此，要求未来的设计者应该具备更扎实的理论基础知识和更宽广的专业视野。未来电子信息系统的设计越来越要求软件和硬件的协同规划、协同设计和协同调试。

(3) 新兴电子信息技术的发展依赖于半导体产业的不断推动，半导体厂商为设计者提供了越来越丰富的生态资源，系统集成厂商的全方位配合又加速了这种生态资源的进一步完善。半导体厂商和系统集成厂商所建立的这种生态系统，为未来的设计者提供了更加便捷却又必须依赖的设计资源。

教育部2012年颁布了新版《高等学校本科专业目录》，将电子信息类专业进行了整合，为各高校建立系统化的人才培养体系，培养具有扎实理论基础和宽广专业技能的、兼顾"基础"和"系统"的高层次电子信息人才给出了指引。

传统的电子信息学科专业课程体系呈现"自底向上"的特点，这种课程体系偏重对底层元器件的分析与设计，较少涉及系统级的集成与设计。近年来，国内很多高校对电子信息类专业课程体系进行了大力度的改革，这些改革顺应时代潮流，从系统集成的角度，更加科学合理地构建了课程体系。

为了进一步提高普通高校电子信息类专业教育与教学质量，贯彻落实《国家中长期教育改革和发展规划纲要(2010—2020年)》和《教育部关于全面提高高等教育质量若干意见》(教高〔2012〕4号)的精神，教育部高等学校电子信息类专业教学指导委员会开展了"高等学校电子信息类专业课程体系"的立项研究工作，并于2014年5月启动了《高等学校电子信息类专业系列教材》(教育部高等学校电子信息类专业教学指导委员会规划教材)的建设工作。其目的是为推进高等教育内涵式发展，提高教学水平，满足高等学校对电子信息类专业人才培养、教学改革与课程改革的需要。

本系列教材定位于高等学校电子信息类专业的专业课程，适用于电子信息类的电子信息工程、电子科学与技术、通信工程、微电子科学与工程、光电信息科学与工程、信息工程及其相近专业。经过编审委员会与众多高校多次沟通，初步拟定分批次(2014—2017年)建设约100门课程教材。本系列教材将力求在保证基础的前提下，突出技术的先进性和科学的前沿性，体现创新教学和工程实践教学；将重视系统集成思想在教学中的体现，鼓励推陈出新，采用"自顶向下"的方法编写教材；将注重反映优秀的教学改革成果，推广优秀的教学经验与理念。

为了保证本系列教材的科学性、系统性及编写质量，本系列教材设立顾问委员会及编审委员会。顾问委员会由教指委高级顾问、特约高级顾问和国家级教学名师担任，编审委员会由教育部高等学校电子信息类专业教学指导委员会委员和一线教学名师组成。同时，清华大学出版社为本系列教材配置优秀的编辑团队，力求高水准出版。本系列教材的建设，不仅有众多高校教师参与，也有大量知名的电子信息类企业支持。在此，谨向参与本系列教材策划、组织、编写与出版的广大教师、企业代表及出版人员致以诚挚的感谢，并殷切希望本系列教材在我国高等学校电子信息类专业人才培养与课程体系建设中发挥切实的作用。

吕志伟 教授

前言
PREFACE

嵌入式系统正在重新塑造人们的认知、生活、工作和娱乐方式。随着物联网及国内外嵌入式产品进一步开发和推广，嵌入式系统已经渗透到科学研究、工程设计、军事技术、商业文化艺术及人们日常生活中的方方面面。围绕着嵌入式系统构建的智能手机、人工智能、AR/VR、无人机、智能穿戴设备、汽车自动驾驶和智能家居系统等，极大地便利和丰富了人们的生活。由于嵌入式系统的研究和开发是一个理论性、实践性非常强的工作，因此开发嵌入式系统需要高素质的研发人员。它不但要求研发人员熟悉嵌入式处理器的硬件结构，还要求更多地掌握嵌入式系统开发的各个环节，如Bootloader、内核、驱动、网络和文件系统等，同时还必须具备所属行业的相关知识和丰富的实践经验。

嵌入式Linux操作系统遵循GNU的GPL条款，具有源代码开放、代码工整、工作稳定、内核结构清晰、移植方便、系统内核小、执行效率高和网络功能强大等特点，从而成为嵌入式市场的领先者。

本书大部分内容曾作为武汉大学电子信息学院研究生“嵌入式原理与应用”课程的讲义连续使用多届，取得良好的教学效果。编者总结了多年的科研经验和案例，力求从基本概念、基本原理、基本方法和基本应用出发，使读者能扎实、系统地掌握嵌入式Linux系统开发的方法和技能。

全书分为13章：第1章绪论；第2章为Linux操作系统入门基础；第3章介绍Linux系统环境下的程序设计基础；第4章学习Linux外壳程序的编程方法；第5章介绍如何构建嵌入式Linux开发平台；第6章对ARM调试工具、编译环境进行介绍；第7章对嵌入式Bootloader技术进行详细的分析；第8章详细讲述Linux内核配置方法；第9章以嵌入式操作系统ARM-Linux为例，对其内核进行详细的剖析，其原理也适用其他架构的处理器；第10章对嵌入式文件系统进行综合描述和具体分析；第11章介绍嵌入式Linux多线程编程方法；第12章就构建嵌入式Web服务器使用的相关技术进行了详细的分析；第13章详细介绍嵌入式图形用户界面的原理和设计方法。

本书特点

- 图文并茂，注重整体内容框架的讲解，培养学生的大局观。例如，第1章用多幅图片描述嵌入式Linux系统开发的整体框架及开发流程，便于读者快速入门；第8章用一张框图描述整个Linux内核代码树的结构，便于理解与记忆。
- 通俗易懂，注重理解与实例。大部分章节配有实例和源代码，引导读者逐步熟悉各种开发工具和环境，使读者建立感性认识，为进一步深入学习打下良好的基础，可操作性极强。
- 代码规范细致，内容深入，起点较高。在实例源代码中，进行了非常详细的注释，可以引导读者理解和掌握编写程序的关键过程。在注重基础和实践的同时，注重知识的扩充，如本书对线程、网络编程及图形用户界面编程做了深入的讲解，使读者对嵌入式 Linux 系统的开发水平有本质的提高。

- 每章都给出了主要内容、本章小结以及思考题，有利于提升读者的自学效果。

作者分工与致谢

本书由金伟正编著，徐颖、金诗怡参与了部分翻译和编辑工作，他们的工作对本书的定稿起了很大的作用。本书参考了 *Embedded Linux Primer: A Practical, Real-World Approach*、*Linux Kernel Development 3rd Edition* 等书籍，有些内容取材于国内外最新的教材和技术资料，详见参考文献，有兴趣的读者可以进一步查阅。在此，谨向多位原作者表达诚挚的敬意和真诚的感谢。本书的部分资料来自网络，无法一一列举，在此一并感谢。同时，特别感谢武汉大学电子信息学院对本书给予的大力支持。

联系作者

由于编写时间仓促，编著者的水平有限，书中难免存在不妥或错误之处，如果您对本书有任何意见或建议，或对本书中的内容或章节有兴趣，不妨发电子邮件告诉我们(电子邮箱 jwz@whu.edu.cn)，您提出的问题和建议是编著者前进的动力。

金伟正

2017 年 3 月于武汉大学

学习建议

- 本书定位

本书可作为计算机学科、电子信息类相关专业本科生、研究生及工程硕士的嵌入式系统课程的教材，也可供相关研究人员、工程技术人员阅读参考。

- 建议授课学时

如果将本书作为教材使用，建议将课程的教学分为课堂讲授和学生自主上机两个层次。课堂讲授建议 36～48 学时，学生自主上机建议 18～24 学时。教师可以根据不同的教学对象或教学大纲要求安排学时数和教学内容。

- 教学内容、重点和难点提示、课时分配

序号	教学内容	教学重点	教学难点	课时分配
第 1 章	绪论	嵌入式系统开发的一般过程、嵌入式操作系统	嵌入式系统开发的一般过程及方法	2 学时
第 2 章	Linux 基础知识	认识 Linux 操作系统、Linux 基本操作命令、Linux 文件与目录系统、Linux 网络服务	Linux 基本操作命令的使用	2 学时
第 3 章	Linux 编程环境	Linux 编程环境、VIM 及 Emacs 的使用、GNU make 使用及 Makefile 编程、GDB 的使用方法	GNU make 使用及 Makefile 编程方法	2 学时
第 4 章	Linux 外壳程序编程	创建和运行外壳程序、外壳程序的编程		2 学时
第 5 章	构建嵌入式 Linux 开发平台	GNU 跨平台开发工具链、嵌入式 Linux 内核及根文件系统、Bootloader 简介	GNU 跨平台开发工具链的建立过程	4 学时
第 6 章	ARM 调试环境	ARM 调试工具简介、ADS 软件调试工具		2 学时
第 7 章	嵌入式 Bootloader 技术	Bootloader 的基本概念、典型结构框架、分析和移植	Bootloader 的移植	6 学时
第 8 章	Linux 内核配置	内核开发特点、嵌入式 Linux 内核代码结构、嵌入式 Linux 内核配置	嵌入式 Linux 内核配置原理及方法	6 学时
第 9 章	ARM-Linux 内核分析和移植	ARM-Linux 的结构组成、ARM-Linux 的移植	ARM-Linux 的移植	6 学时

续表

序号	教学内容	教学重点	教学难点	课时分配
第10章	嵌入式文件系统	Linux文件系统结构与特征、嵌入式文件系统的类型、根文件系统的构建	根文件系统的构建及设计	4学时
第11章	嵌入式Linux多线程编程	Linux线程编程基础、线程的同步与互斥		4学时
第12章	嵌入式Web服务器设计	TCP/IP、UDP及HTTP等协议、socket编程基础、嵌入式Web服务器介绍、Web服务器构建	嵌入式Web服务器类型及Web服务器构建	4学时
第13章	嵌入式Linux的GUI	嵌入式GUI简介、MiniGUI及Qt/Embedded程序设计	MiniGUI及Qt/Embedded的移植	4学时

- 网上资源

本书的教学资源可从“武汉大学课程中心网推荐课程”中获取，网址为：http://kczx.whu.edu.cn/G2S/ShowSystem/CourseCommend.aspx。如果课时宽裕，教师可选取一些专家讲座或公开课视频，在课堂上播放，以扩大学生的眼界。

目录

CONTENTS

第1章 绪论

CHAPTER 1

本章主要内容

- 嵌入式系统概述
- 嵌入式系统开发的一般过程
- 嵌入式操作系统介绍
- 本章小结

在数字信息技术和网络技术高速发展及物联网兴起的时代，嵌入式系统已经广泛地渗透到科学研究、工程设计、军事技术以及人们日常生活中的方方面面。随着物联网及国内外嵌入式产品的进一步开发和推广，嵌入式技术和人们的生活越来越密切相关。

1.1 嵌入式系统概述

1.1.1 嵌入式系统的历史

嵌入式系统在1960年就被用于对电子机械电话交换的控制，当时被称为**存储式程序控制系统**。那时还没出现操作系统的概念，对每一个应用都需要提供整个计算机的设计。随着微处理器的出现，可以提供一个中央计算引擎。利用微处理器，可以组成一个基于由总线连接的计算机硬件体系结构，并且提供通用功能的编程模型，从而简化了编程。

嵌入式系统的概念是在1970年左右出现的。那时的系统大部分都是由汇编语言完成的，而且这些汇编程序只能用于某一种固定的微处理器。当这种微处理器过时之后，嵌入式系统就没有用了，并且还要开始对新的微处理器编写新的软件。这个时候的嵌入式系统很多都不用操作系统，它们只是为了实现某个控制功能，使用一个简单的循环控制对外界的控制请求进行处理，即所谓的前后台系统或超级循环系统。

C语言的出现使得操作系统开发变得越来越简单。利用C语言可以很快地构建一个小型的、稳定的操作系统。C语言的作者Dennis M. Ritchie和Brian W. Kemighan利用它写出了著名的UNIX操作系统，直接影响了计算机行业近40年的发展；同时，使得嵌入式系统开发的效率和速度都提高了很多。

在未来，使用嵌入式系统的情形会越来越多，特别是移动嵌入式系统，它将存在于生活的每个角落：家里的嵌入式系统控制中心，可以管理所有家电，控制家庭和外界网络的连接，让你的生活更为方便；在你驾驶汽车时，汽车电脑可以通过全球定位系统来判断当前具体位置，利用嵌入式智能系统判断走哪条路更快捷。嵌入式设备与因特网的结合将代表着嵌入式技术的真正未来，促进物联网的发展。

1.1.2 嵌入式系统的特点

按照国际电气和工程师协会(IEEE)的定义，嵌入式系统是**控制、监视或辅助某个设备、机器或工厂运作的装置**。它一般由嵌入式处理器、外围硬件设备、嵌入式操作系统及用户应用程序四个部分组成，用于实现对其他设备的控制、监视或管理等目标。嵌入式系统通常具有如下特点：

(1) 面向用户、面向产品、面向特定应用。嵌入式系统是将先进的计算机技术、电子技术与各个行业的具体应用相结合的产物。这决定了它必然是一个技术密集、资金密集、高度分散、不断创新的知识集成系统。它的升级换代也和具体产品同步进行，因此，嵌入式系统产品一旦进入市场，就具有较长的生命周期。

(2) 硬件和软件都必须高效，量体裁衣，去除冗余，力争在同样的硅片面积上实现更高的性能，这样才能在具体应用中对处理器的选择更具有竞争力。

(3) 软件可固化在存储器芯片或处理器中。由于嵌入式系统的运算速度和存储容量存在一定程度的限制，同时由于大部分嵌入式系统必须具有较高的实时性，因此对于程序的质量，特别是可靠性，有着较高的要求。

(4) 嵌入式系统本身不具备自主开发能力，即使设计完成以后，用户通常也不能对其中的程序功能进行修改，必须有一套开发工具和环境才能进行开发。

(5) 与传统 PC 相比，嵌入式系统最典型的特征是资源非常有限。

1.1.3 嵌入式处理器

从硬件方面来讲，嵌入式处理器是嵌入式系统的核心部件。嵌入式处理器的品种已经超过一千多种，目前流行的架构有十多种。嵌入式处理器一般具备以下三个特点：

(1) 对实时多任务有很强的支持能力，能完成多任务，并有较短的中断响应时间，从而使内部的代码和实时内核的执行时间减少到最低限度。

(2) 具有功能很强的存储区保护功能。嵌入式系统的软件结构已模块化，为了避免在软件模块之间出现错误的交叉，需要设计强大的存储区保护功能。

(3) 低功耗，尤其是对于靠电池供电的嵌入式移动设备更是如此，功耗应控制在毫瓦级。

嵌入式系统的设计可以选择多种嵌入式处理器，本书主要讨论包含有内存管理单元(Memory Management Unit，MMU)，并支持 Linux 的嵌入式处理器。Linux 的基本架构设计是基于虚拟内存的操作系统，在不包含 MMU 的处理器上使用 Linux，将无法有效地发挥内核架构优势。嵌入式处理器可分为两大类：**独立处理器**(stand alone processor)和**集成处理器**(integrated processor)。

独立处理器是指具有专项功能的处理器，而不是综合功能的处理器。独立处理器在许多情况下需要外围电路支持。外围使用芯片组或自定义逻辑处理器(如 DRAM 控制器)，系统总线寻址配置和外围设备(如键盘控制器、串行端口、PCI 等)。独立处理器的 CPU 通常性能较高，涵盖 32 位和 64 位处理器，如 IBM PowerPC 970FX 系列、英特尔奔腾 M 系列、飞思卡尔 MPC74xx 主机处理器等。图 1.1 给出了独立处理器和芯片组之间的关系。

855GM 是支持奔腾 M 的芯片组，Tsi110 是支持 PowerPC 处理器的芯片组。芯片组制造商包括 Marvell、Tundra、AMD、英伟达、英特尔等。其中，Marvell 和 Tundra 关注 PowerPC 市场，而其他公司关注英特尔架构。Linux 嵌入式操作系统的一个优点是对芯片组的快速支持。

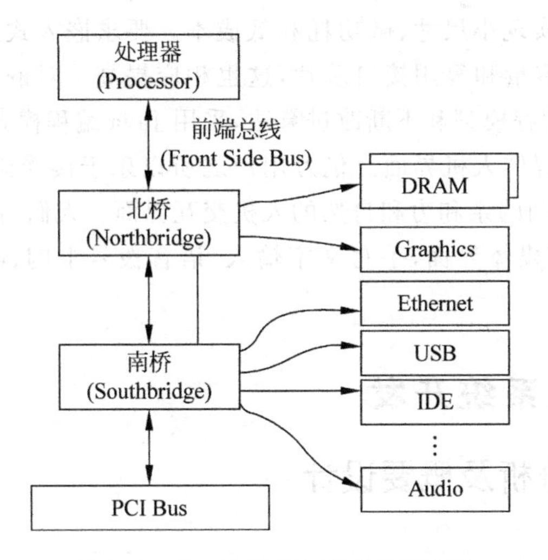

图 1.1 独立处理器与芯片组连接图

嵌入式系统应用最为广泛的是集成处理器或片上系统(System on Chip，SOC)。主流处理器架构都设计了集成 SOC 处理器。PowerPC 是网络和通信领域嵌入式应用的传统领袖，MIPS 在低端消费级市场领先，ARM 在手机市场具有巨大的份额，它们代表了嵌入式 Linux 系统中广泛使用的主要架构。如今 Linux 支持超过 20 多种不同的硬件架构。PowerPC 有 AMCC PowerPC 和 Freescale PowerPC。MIPS 有 Broadcom MIPS、AMD MIPS 等。生产 ARM 架构 SOC 的公司有 100 多个，包括 TI、Freescale、Intel、Altera、PMC-Sierra、Samsung Electronics、Philips Semiconductor、Fujitsu 以及华为海狮等。ARM 主要应用于手机、网络存储、网络处理和汽车等领域。

1.1.4 嵌入式系统的发展趋势

互联网技术的普及和纳米微电子技术的突破正有力地推动着 21 世纪工业生产、商业活动、科学实验等领域的自动化和信息化进程。全过程自动化产品制造、大范围电子商务活动、高度协同科学实验，为嵌入式产品造就了崭新而巨大的商机。除了联通信息高速公路的交换机、路由器，嵌入式系统还可以构建 CIMS(Computer Integrated Manufacturing Systems，计算机集成制造系统)所需的 DCS(Distributed Control System，分散控制系统)和机器人及汽车电子系统。最有时代特征的嵌入式产品是物联网技术。物联网时代不仅为嵌入式市场注入了新的生命，同时也对嵌入式系统技术，特别是软件技术，提出新的挑战。这主要包括支持日趋增长的功能密度、灵活的网络连接、轻便的移动应用和多媒体的信息处理。

(1) 嵌入式应用软件的开发需要强大的开发工具和操作系统的支持。为了满足应用功能升级，设计师们一方面采用更强大的嵌入式处理器；同时，还采用实时多任务编程技术和交叉开发工具技术来实现复杂的控制功能，简化应用程序设计，保障软件质量和缩短开发周期。

(2) 联网成为必然趋势。针对外部联网要求，嵌入式设备必须配有通信接口，相应地需要 TCP/IP 协议簇软件支持；同时，也需要提供相应的通信组网协议软件和物理层驱动软件。为了支持应用软件的特定编程模式，如 Web 或无线 Web 编程模式，还需要相应的浏览器，如 HTML、WML 等。

(3) 支持电子设备实现小尺寸、微功耗和低成本。要求嵌入式产品设计者相应降低处理器的性能，限制内存容量和复用接口芯片，这也相应提高了对嵌入式软件设计技术的要求。例如，选用最佳的编程模型和不断改进算法，采用 Java 编程模式，优化编译器性能。

(4) 提供精巧的多媒体人机界面。亿万用户之所以乐于接受嵌入式设备，重要因素之一即是它们与使用者之间的亲和力和自然的人机交互界面。人们与信息终端交互要求具有以 GUl 屏幕为中心的多媒体界面，手写文字输入、语音拨号上网、收发电子邮件及彩色图形、图像已相当成熟。

1.2 嵌入式系统开发

1.2.1 需求分析及概要设计

1. 系统需求分析

嵌入式系统的特点决定了系统在开发初期需求分析过程中要完成的任务。在需求分析阶段，分析客户需求，并将需求分类整理——包括功能需求、操作界面需求和应用环境需求等。在需求分析阶段，应详尽而充分地表达客户的需求，并将之加入到后一步的系统模型中去。嵌入式系统需求中最为突出的一个特点是注重应用的时效性——在竞争中，产品投放市场时间最短的企业最容易赢得市场。因此，在需求分析的过程中，采用成熟、易于二次开发的系统有利于节省时间，从而以最短的时间面向用户。

2. 系统结构模型建立方式

建立需求分析之后，需要建立完整的功能模型，并根据现有的系统结构库对系统模型进行设计。在系统结构模型和系统功能模型之间可以通过建立一个映射层，来完成从功能需求到结构模型之间的转化。在映射层上完成的任务主要是选择映射的方式，考虑在性能和应用需求环境方面的因素。如图 1.2 所示描述了在功能层、映射层和模型层之间的关系。

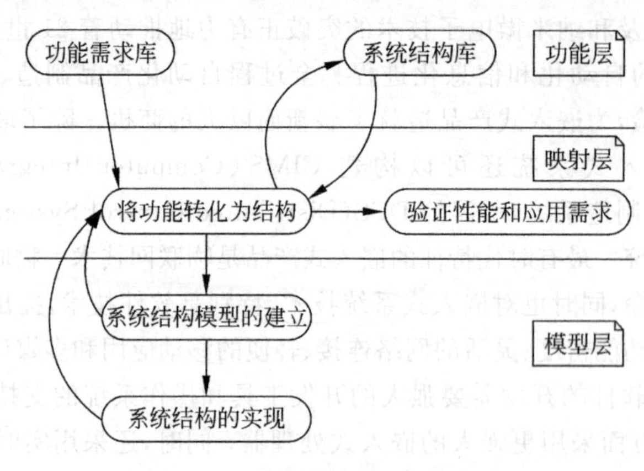

图 1.2 系统结构模型建立方式图

需求分析的结果是建立一个功能需求库，将所有需求综合在一起，包括系统需要的功能、输入/输出、需要达到的运行速度和效率等。在系统结构库中存在着针对各种需求功能的各种结构方式和实现方法，用于在设计中进行验证和选择。

从功能到结构的映射在映射层完成。整个映射过程主要完成转换功能需求到系统结构，验证分析实现是否满足性能需求两方面任务。转换功能需求主要是寻求功能所对应的实现，即根据系统结构库寻找合适的实现手段(用硬件或软件实现)，以达到最合适的性能。在性能分析方面，可以根据系统结构库中已经存在的性能数据做性能估计，或者建立原型系统做仿真分析。在硬件和软件系统方面都有做性能分析的方式，一般使用仿真的手段建立需要实现的结构模型，在其基础上进行性能分析。映射过程结束之后，就建立了整个系统的结构模型。

3. 系统结构模型实现流程

在映射层建立的系统结构模型，分成硬件和软件两个部分，在系统结构的实现中也分硬件和软件并行完成开发过程，这个过程被称为硬件/软件协同设计(Hardware/Software Codesign)。如图1.3所示是一个典型的从上至下的设计、实现过程。

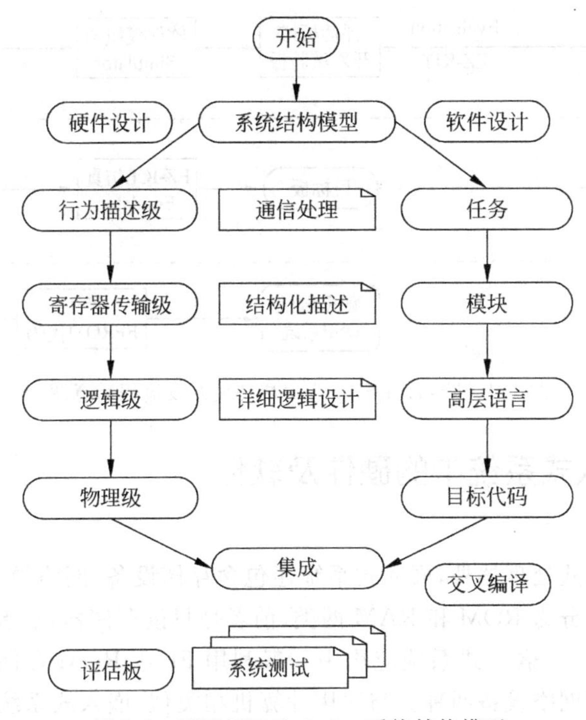

图1.3　HW/SW Codesign系统结构模型

在硬件设计过程中，首先根据模型确定硬件需要实现的功能，接着确定硬件的构成，并确定数据的控制流程，完成结构化设计；然后进行硬件逻辑设计；最后进行物理硬件实现，以开发板的形式呈现。在软件设计过程中，首先分析系统需要实现的任务，根据任务划分使用的模块，再通过高级语言实现各个高层模块，并通过交叉开发环境实现目标代码。在集成过程中，需要实现硬件底层代码，完成软、硬件的集成任务。在开发最后阶段，完成系统测试。实际上，在开发初期，软件和硬件都是独立进行的，特别是软件开发，可以使用软件模拟器。

如图 1.4 是 ADI 公司 Visual DSP++集成环境开发流程示意图，属于多目标编译与链接流程，该流程同样适用于大部分嵌入式系统的开发。使用 PC 及仿真软件(Simulation)开发，不需要硬件。在用软件模拟器将软件调通后，可以使用评估(Evaluation)软件在 PC 及评估板上调试。最后，在硬件设计目标完成后，运用仿真(Emulation)软件使用 PC、JTAG 及目标板完成最后的调试。

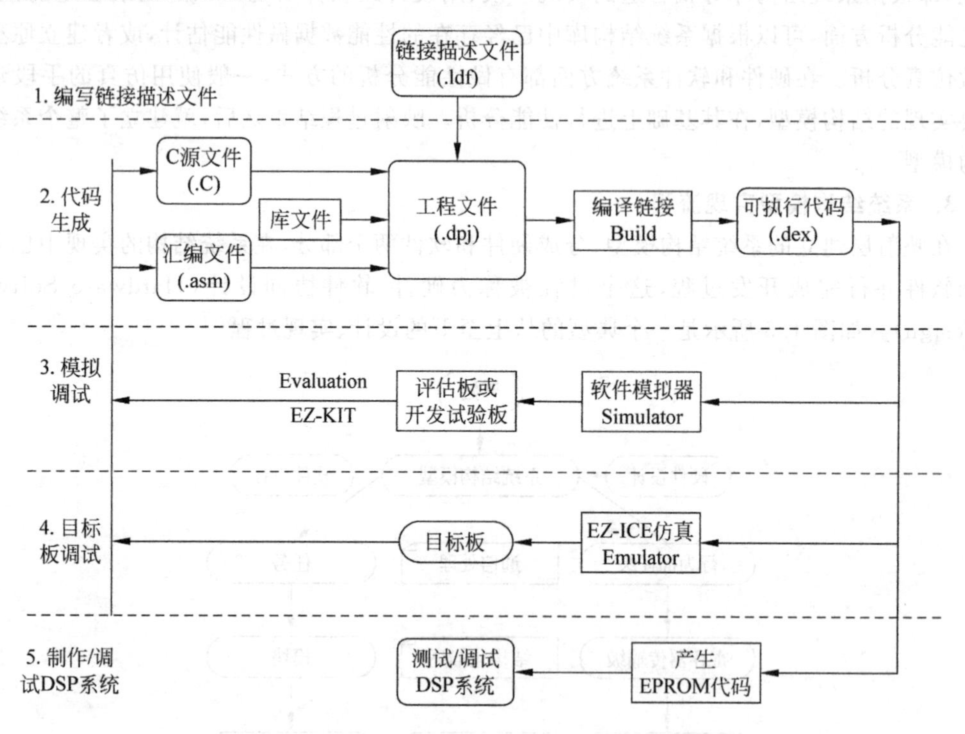

图 1.4 Visual DSP++集成环境开发流程示意图

1.2.2 嵌入式系统中的硬件及软件

1. 硬件

除核心部件嵌入式处理器外，嵌入式系统还包含存储设备、网络设备、输入设备和显示设备。存储设备可以分为 ROM 和 RAM 两类，前者是只读存储器，后者是可读/写存储器。RAM 主要用于主存中。嵌入式系统应用中一般利用 Flash ROM 存储代码。网络设备有有线网络设备和无线网络设备两种。与通用计算机相类似，嵌入式系统有时候也需要键盘或者鼠标。不过嵌入式系统使用有限的小键盘。为了使控制更方便，有时候还采用触摸屏。一般在工业控制中，采用简单的 LED 灯作为显示设备。随着液晶显示屏成本的下降和工业控制程序复杂度的上升，液晶屏 LCD 的采用逐渐成为潮流。

2. 软件

嵌入式处理器的软件是实现嵌入式系统功能的关键，对嵌入式处理器系统软件和应用软件的要求也与通用计算机有所不同。一般要求嵌入式软件是可固化的，具有高质量和高可靠性，要求嵌入式操作系统具备实时处理能力。嵌入式软件一般包括 Bootloader、驱动软件、内核、文件系统及应用软件等。

3. 嵌入式系统软件与PC软件的差别

(1) 是否需要操作系统。

(2) 程序编译和程序的执行是在两个目标平台上——主机(host)端和目标(target)端(即设计的目标平台),它包括跨平台编译、跨平台连接(也称为交叉编译和交叉连接),以及下载程序到目的平台执行和远端调试等。

(3) 输入/输出的界面不同。

(4) 可利用的资源非常有限。

(5) 常常要和硬件打交道。

1.2.3 嵌入式系统开发的一般过程

本节将用几张原理框图和几段源码清单来概述本书主要内容以及嵌入式系统开发的一般过程。

当普通PC加电时,BIOS首先获得处理器的控制权。它的主要任务是初始化硬件,特别是内存子系统,然后从PC的硬盘中加载操作系统。

在典型的嵌入式系统中,Bootloader完成与BIOS相同的功能。对于定制的嵌入式系统,必须包括针对特定目标板的Bootloader。有多种开源Bootloader可供选择,可以按照项目需求进行裁剪和移植。Bootloader在系统加电时完成的主要工作有:

(1) 初始化关键硬件,例如SDRAM控制器、I/O控制器等;

(2) 初始化系统内存,并准备将控制权交给操作系统;

(3) 分配系统资源给外围设备,例如内存和中断电路;

(4) 提供一个定位和加载操作系统镜像的机制;

(5) 加载操作系统,并转交控制权,同时传递必要的启动信息,例如内存总容量、时钟频率、串口速率和其他底层硬件相关的配置数据。

如果嵌入式系统是基于一个定制的硬件平台,Bootloader功能必须由系统设计者来提供。如果嵌入式系统基于商用现货平台(Commercial Off-The-Shelf, COTS),那么Bootloader(通常还有Linux内核)一般就包含在硬件中。Bootloader将在第7章中详细讨论。

1. 典型的嵌入式最小系统

图1.5是一个典型的嵌入式系统的最小系统框图。该系统以一个32位的RISC集成处理器为中心。闪存用于储存非易失性程序和数据,如Bootloader、Kernel和文件系统等。主存储器是SDRAM,其容量可以为几兆至几百兆字节。一个由电池供电的实时时钟模块,用于记录日期和时间。它包含一个串行端口,利用串行端口可基于RS-232标准访问控制台,如minicom、putty等串口服务器。它还包含以太网和无线网络,用于联网以便与主机传输文件、远程控制和远程升级。USB接口可用于存储数据和本地升级系统。

2. 典型的嵌入式Linux开发环境

图1.6是典型的嵌入式Linux开发环境。有一台主机(Host)开发系统,运行桌面Linux发行版,例如Red Hat、Ubuntu或者Cywin。其次,目标板(Target)通过RS-232串行端口线与主机相连。目标板的以太网接口连接至本地以太网集线器或交换机上,主机也通

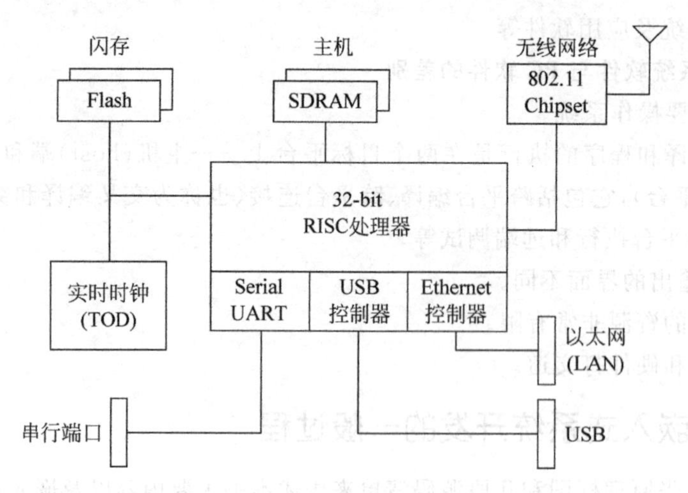

图 1.5 嵌入式最小系统框图

过以太网连接。主机包括开发工具和系统程序以及目标文件，可从嵌入式 Linux 发行版中获得。有时还需要有个 J-TAG 与目标板相连。主机与目标板通过 RS-232 接口连接，主机上运行的串口终端程序（如 minicom、putty 等）用于和目标板通信。

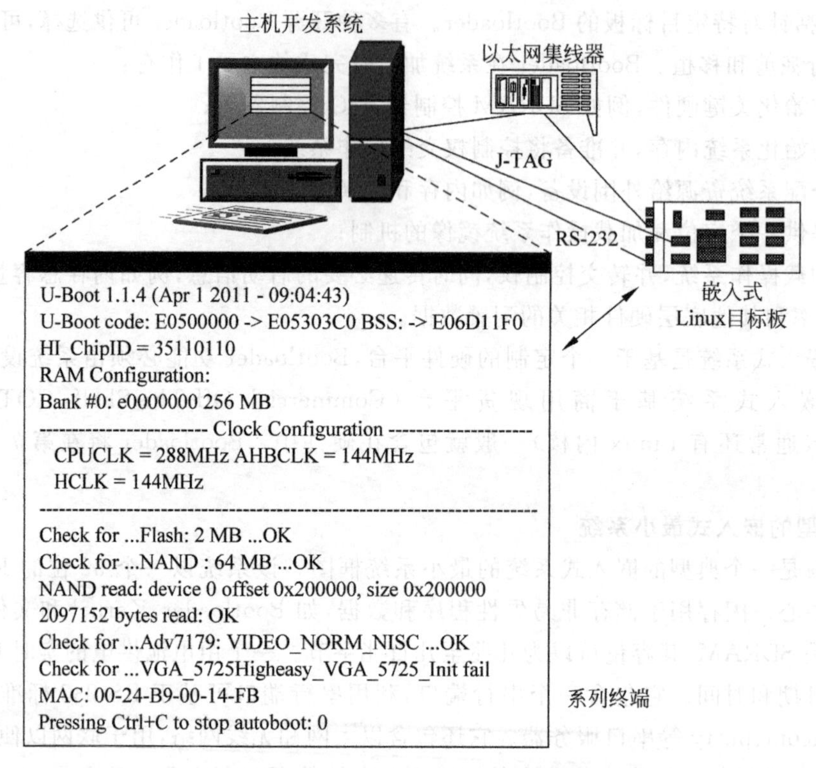

图 1.6 典型的嵌入式 Linux 开发环境

1）目标板启动

目标板加电后，Bootloader 首先获得处理器的控制权，该程序执行一些非常底层的硬件初始化。源码清单 1-1 显示了目标板加电后从串口接收到的字符。该例子以飞思卡尔公司

PowerPC 440EP 开发板作为目标板，开发板包含了 440EP 嵌入式处理器，出厂时预装了 U-Boot Bootloader。

当目标板加电时，U-Boot 执行了一些底层硬件初始化，包括串口配置。然后打印标题行，见源码清单 1-1 中的第一行。接着显示处理器名称以及版本。随后是表明目标板类型的字符串，这个字符串可由开发者写在 U-Boot 源代码中。之后，U-Boot 显示内部时钟配置(这是在串口输出之前完成的)。以上工作都完成之后，U-Boot 根据静态设置配置其他硬件子系统。这里 U-Boot 配置了 I2C、DRAM、FLASH、PCI 和网络子系统。然后，U-Boot 等待来自串口控制台的输入，显示为命令行提示符"=>"。

源码清单 1-1　Bootloader 串口输出信息

```
U-Boot 1.1.4 (Dec 18 2009 - 13:24:35)
AMCC PowerPC 440EP Rev. B
Board: Yosemite - AMCC PPC440EP Evaluation Board
    VCO: 1066 MHz
    CPU: 533 MHz
    PLB: 133 MHz
    OPB: 66 MHz
    EPB: 66 MHz
    PCI: 66 MHz
I2C:   ready
DRAM:  256 MB
FLASH: 64 MB
PCI:   Bus Dev VenId DevId Class Int
In:    serial
Out:   serial
Err:   serial
Net:   ppc_4xx_eth0, ppc_4xx_eth1
=>
```

2) 内核引导及初始化

U-Boot 的最终任务是加载并引导 Linux 内核。一般 Bootloader 都提供命令用于加载和执行操作系统镜像。源码清单 1-2 显示了使用 U-Boot 手动加载并引导 Linux 内核的常用方法。

源码清单 1-2　加载 Linux 内核

```
=> tftpboot 200000 uImage-440ep
ENET Speed is 100 Mbps - FULL duplex connection
Using ppc_4xx_eth0 device
TFTP from server 192.168.1.10; our IP address is 192.168.1.139
Filename 'uImage-amcc'.
Load address: 0x200000
Loading: #################################################################
         ################################################
done
Bytes transferred = 962773 (eb0d5 hex)
=> bootm 200000
```

```
## Booting image at 00200000 ...
   Image Name:   Linux-2.6.13
   Image Type:   PowerPC Linux Kernel Image (gzip compressed)
   Data Size:    962709 Bytes = 940.1 kB
   Load Address: 00000000
   Entry Point:  00000000
   Verifying Checksum ... OK
   Uncompressing Kernel Image ... OK
Linux version 2.6.13 (chris@junior) (gcc version 4.0.0 (DENX ELDK 4.0 4.0.0))
   #2 Thu Feb 16 14:35:13 EST 2009
AMCC PowerPC 440EP Yosemite Platform
...
< Lots of Linux kernel boot messages, removed for clarity >
...
amcc login: <<< This is a Linux kernel console command prompt
```

执行 tftpboot 命令引导 U-Boot 使用 TFTP 协议通过网络将内核镜像 uImage-440ep 加载到内存中。在这个例子中，内核镜像存放于开发工作站(通常，这个开发工作站就是通过串口与目标板相连的那台主机)。执行 tftpboot 命令时，需要传递一个地址参数，这个地址用于指定内核镜像将加载到目标板内存的物理地址。第 7 章将详细介绍 U-Boot。接着，执行 bootm(从内存镜像引导)命令来让 U-Boot 引导刚才加载至内存的内核，地址由 bootm 命令指定。该命令将控制权转交给 Linux 内核。假设内核设置正确，这个命令的结果是引导 Linux 内核直至在目标板上出现控制台命令行，如登录提示符所示。注意，bootm 命令结束了 U-Boot 的运行，这是一个重要的概念。与 PC 的 BIOS 不同，大多数嵌入式系统都要采用这样一种架构：当 Linux 内核掌握控制权时，Bootloader 就不复存在了。Linux 内核会要求收回那些之前被 Bootloader 占用的内存和系统资源。将控制权交回给 Bootloader 的唯一方法就是重启目标板。最后还需要注意一点，在源码清单 1-2 的串口输出中，下面这行之前的信息(包含这一行)都是由 U-Boot 引导加载程序产生的：

```
Uncompressing Kernel Image ... OK
```

其余的引导信息由 Linux 内核产生。这一点在后续章节还要详细说明。需要注意的是 U-Boot 离开的位置以及 Linux 内核接管的位置。

当 Linux 内核开始执行时，它会在其相当复杂的引导过程中输出大量状态消息。前面讨论的例子中，在显示登录提示符之前，Linux 内核显示了超过 100 行的信息(代码清单中省略了这些，以使讨论的重点更加清晰)。源码清单 1-3 再现了登录提示符之前的最后几行输出。关于内核初始化的细节将在第 9 章详细讨论，这里只概述对嵌入式系统中引导 Linux 内核所需的组件。

源码清单 1-3　Linux 内核加载的最后几行引导消息

```
...
Looking up port of RPC 100003/2 on 192.168.0.9
Looking up port of RPC 100005/1 on 192.168.0.9
VFS: Mounted root (nfs filesystem).
Freeing init memory: 232K
INIT: version 2.78 booting
```

```
...
coyote login:
```

Linux在串口终端上显示登录提示符之前,会挂载一个根文件系统。在源码清单1-3中,Linux通过一系列必要步骤,从一个NFS服务器来远程挂载其根文件系统,这个NFS服务器程序运行于IP地址为192.168.0.9的主机之上。通常这个主机就是开发工作站。根文件系统包含构成整个Linux系统的应用程序、系统库以及工具软件。

重申一下这里讨论的重点:**Linux必须有一个文件系统**。很多古老的嵌入式操作系统不需要文件系统。一个文件系统由一组预定义的系统目录和文件组成,这些目录和文件按照特定的布局存储在硬盘或其他存储介质上,而Linux内核可以挂载这些介质作为其根文件系统。

注意:Linux也可以从其他设备挂载根文件系统。最常见的情况是挂载一个硬盘分区作为根文件系统,就像Linux工作站中那样。实际上,当嵌入式Linux开发完后,NFS就没有作用。然而,在开发环境中挂载NFS根文件系统使得开发更加强大,也更加灵活。

3) 第一个用户空间进程init

请注意源码清单1-3中的这一行:

```
INIT: version 2.78 booting
```

直到这时,内核都在自己执行代码,它在一个称为内核上下文(kernel context)的环境中完成大量的初始化工作。在这个运行状态下,内核拥有所有的系统内存,并且全权控制所有的系统资源。内核能够访问所有的物理内存和I/O子系统。

当Linux内核完成了内部初始化和挂载根文件系统之后,默认会执行一个名为init的应用程序。内核启动init之后,然后便进入用户空间(user space)或用户空间上下文运行。在这个运行状态下,用户空间进程对系统的访问是受限的,必须使用内核系统调用(system call)来请求内核服务,例如设备和文件I/O。这些用户控件进程或程序,运行在一个由内核随机选择和管理的虚拟内存空间中。在处理器中专门的内存管理硬件的协助下,内核为用户空间进程完成虚拟地址到物理地址的转换。这种架构的最大好处是某个进程中的错误不会破坏其他进程的内存空间。本节只简要介绍这些概念,后续章节将详细解释。

3. 闪存的地址分配

物理资源非常有限是开发嵌入式Linux的一大挑战。由于闪存(Flash)存储器具有速度快、容量大、体积小和成本低等很多优点,在嵌入式系统中被广泛用作外存储器件代替硬盘。闪存主要有NOR和NAND两种类型。关于NOR和NAND的知识将在第10章详细介绍。典型的NOR型闪存包含多个擦除块。通常,Bootloader存储在较小的块中,内核和其他必要的数据则存放在更大的块中。图1-7说明了一个典型的顶部引导(top boot)闪存芯片的块大小布局。NAND型闪存更适合于以文件系统的格式大容量存储数据,而不是撇开文件系统,直接存放二进制可执行代码和数据。

有多种闪存局部和使用方式可供嵌入式系统设计者选择。在最简单的系统中,资源并没有过度受限,可以将原始的二进制数据(可能是压缩过的)存储在闪存设备中。系统引导时,存储在闪存中的文件系统镜像被读取到Linux内存磁盘(ramdisk)块设备中。这个块设备由Linux挂载为一个文件系统,并且只能从内存中访问。当闪存的数据几乎不需要更新时，这种方式通常是很好的选择。相比于内存磁盘的容量，需要更新的数据量是很少的。但是，当系统重启或断电时，对内存磁盘中的文件的修改会丢失，请务必记住这一点。图 1-8 说明了一个简单嵌入式系统中的典型闪存组织结构。在这个系统中，动态数据对非易失性存储的需求很少且更新不频繁。

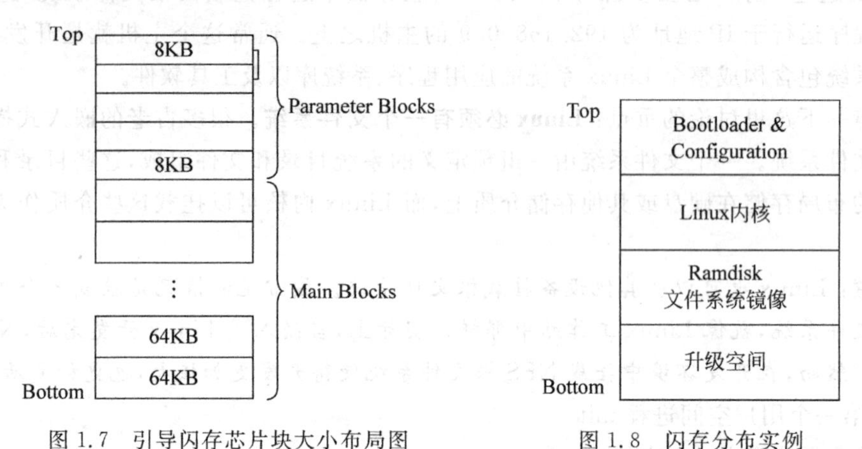

图 1.7　引导闪存芯片块大小布局图　　图 1.8　闪存分布实例

4. 内存空间

老式的嵌入式操作系统通常将系统内存看作一大块线性地址空间进行管理。也就是说，微处理器的地址空间下限是 0，上限是其物理地址范围的顶部。图 1-9 显示的微处理器有 32 条地址线，上限物理寻址空间为 4GB，而其上部闪存空间大小是 16MB(FF00_0000 到 FFFF_FFFF)的简单嵌入式系统中的典型内存布局。

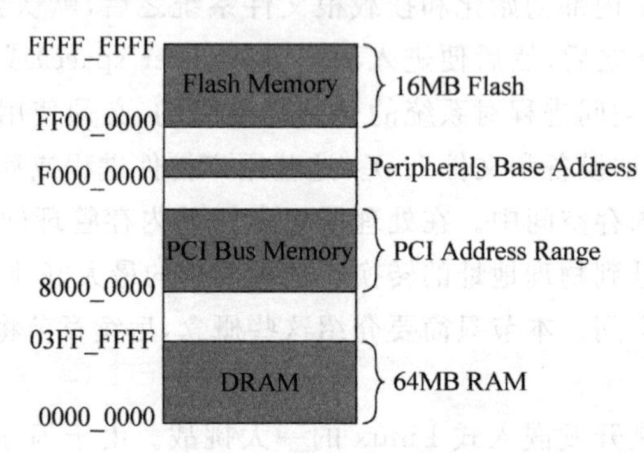

图 1.9　内存地址映射实例

Linux 内核利用硬件 MMU 实现了一个虚拟内存操作系统。虚拟内存所带来的最大好处是，它可以让系统的内存看起来比实际的物理内存多，这样能够更加有效地利用物理内存。另外一个好处是，内核在为任务或者进程分配系统内存时，可以指定这块内存的访问权限，从而防止某个进程错误地访问属于另一个进程或内核自身的内存或其他资源。MMU 的工作原理将在以后章节讲解。复杂的虚拟内存系统的内容超出了本书的范围，可以从嵌入式系统开发者的角度来考察虚拟内存系统。

5. 进程执行上下文

系统引导时，Linux 最先要完成的琐碎工作是配置处理器中的硬件 MMU 以及相应数据结构，并使之能进行地址转换。这一步完成后，内核运行于自己的虚拟内存空间中，这个空间称为**内核空间**。在当前的 Linux 内核版本中，这个虚拟内存空间的起始地址是由内核开发者选择的，默认值为 0x00000000。对于大多数硬件架构，这是可以配置的参数。在内核符号表中，可以看到内核符号的链接地址都是以 0xC0xxxxxx 开头的。所以，当内核在内核空间中执行代码时，处理器的程序计数器所包含的值都是在这个范围内的。

Linux 中有两个明显分隔开的运行上下文，由线程的执行环境决定。完全在内核中执行的线程被认为运行在内核上下文中，而应用程序运行在用户空间上下文中。用户空间进程只能访问它自己拥有的内存，如果它要访问文件或 I/O 设备等特权资源，则必须使用内核系统调用。假设一个应用程序打开一个文件并读取其中的内容，如图 1-10 所示。对读函数的调用是从用户空间开始的，由应用程序调用 C 库中的 read()函数。接着，C 库向内核发起一个读请求。这个读请求造成一次上下文的切换，从用户程序切换到内核，以服务这个请求，并读取文件中的数据。在内核中，这个读请求最终转变成为对磁盘驱动器的访问，从包含文件内容的扇区中读取相应数据。

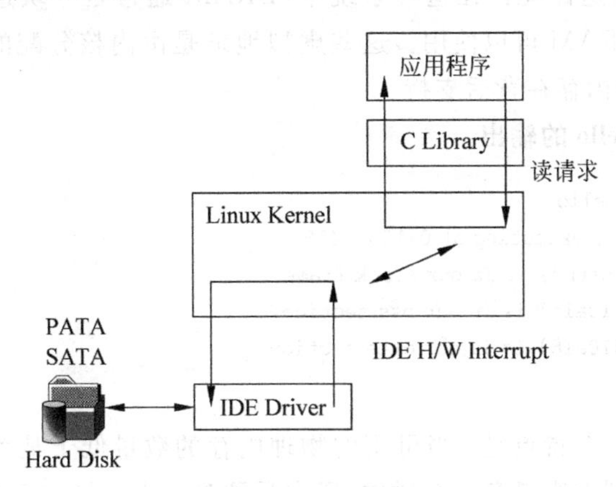

图 1.10 读文件实例

6. 进程的虚拟空间

一个进程产生时，如当用户在 Linux 命令提示符后面输入 ls 的时候，内核就会为这个进程分配内存以及相应的虚拟内存地址范围。这些地址与内核中的地址或其他在运行的进程地址没有固定的关系。此外，这些进程所看到的虚拟地址跟目标板上的物理内存的地址也没有直接关系。实际上，由于系统存在分页和交换机制，一个进程在其生命周期中常常会占用内存的多个不同的物理地址。

源码清单 1-4 是程序员所熟知的"Hello World"程序，这里做一些修改来说明刚刚讨论的一些概念，目的是解释说明内核分配给进程的地址空间。这段代码编译后，在一个拥有 256MB DRAM 内存的嵌入式系统上运行。

源码清单 1-4 嵌入式风格的 Hello World

```
#include <stdio.h>
int  bss_var;                   /* Uninitialized global variable */
int  data_var = 1;              /* Initialized global variable */
int  main(int argc, char **argv)
{
     void *stack_var;           /* Local variable on the stack */
```

```
        stack_var = (void * )main;     /* Don't let the compiler */
                                       /* optimize it out */
        printf("Hello, World! Main is executing at %p\n", stack_var);
        printf("This address (%p) is in our stack frame\n", &stack_var);
        /* bss section contains uninitialized data */
        printf("This address (%p) is in our bss section\n", &bss_var);
        /* data section contains initializated data */
        printf("This address (%p) is in our data section\n", &data_var);
    return 0;
    }
```

源码清单 1-5 显示了运行编译后的程序 hello 时，控制台输出的信息。注意，hello 进程认为它运行地址位于高内存地址的某个地方，刚好超出了 256MB 的边界(0x10000418)。还需注意，栈的地址大概处于 32 位地址空间一半的地方，远远超出了内存的大小 256MB(0x7ff8ebb0)。怎么会这样呢？在这种系统中，DRAM 通常是一块连续的内存。乍一看，几乎有将近 2GB 的 DRAM 可以使用。这些虚拟地址是由内核分配的，并且有嵌入式目标板上的 256MB 的物理内存在背后支持。

源码清单 1-5 Hello 的输出

```
root@amcc:~# ./hello
Hello, World! Main is executing at 0x10000418
This address (0x7ff8ebb0) is in our stack frame
This address (0x10010a1c) is in our bss section
This address (0x10010a18) is in our data section
root@amcc:~#
```

虚拟内存系统的一个特点是：当可用的物理内存的数量低于某个指定的阈值时，内核可以将内存页面交换到大容量存储介质中，通常是硬盘。内核检查正在使用中的内存区域，并判断哪些区域最近使用得最少，然后将这些内存区域交换到磁盘中，并释放这些内存区域给当前进程使用。嵌入式系统的开发者常常会因为性能原因或资源限制而禁用嵌入式系统的交换功能。多数情况下，建议使用快速且寿命长的缓存设备作为交换设备。如果没有交换设备可用，就必须仔细地设计应用程序，使其能够运行在有限的物理内存中。

7. 交叉开发环境

编译器主要是把可读语言所编写的程序翻译为特定处理器上的等效的一系列操作码。一个运行在计算机平台上，但是产生的是另外一个计算机平台上的代码的编译器，称为**交叉编译器**。这是嵌入式系统软件开发的固定特征。无论输入文件是用 C、C++，或者是汇编等语言编写的，交叉编译器的输出总是一个目标文件。一个二进制的代码有可能是最终可执行程序的一部分，也有可能就是最终的可执行程序。这样体现了大程序的不完备性质。如图 1.11 所示为交叉编译建立的示意图。

Makefile 就是可以将一个项目中的源代码、目标码及库文件经由其中的指示，包括编译参数、文件路径、输出路径，全部编译，并且链接出所需的结果。

写好程序以后，经过编译就会产生很多目标代码，但是要变成一个可执行的文件，还要链接这个程序。一般的桌面计算机的程序开发都是以链接动作收尾的，这样可以产生可执行的程序；但是在嵌入式系统中，链接动作不是最终的动作，还需要一个重定位器，然后经

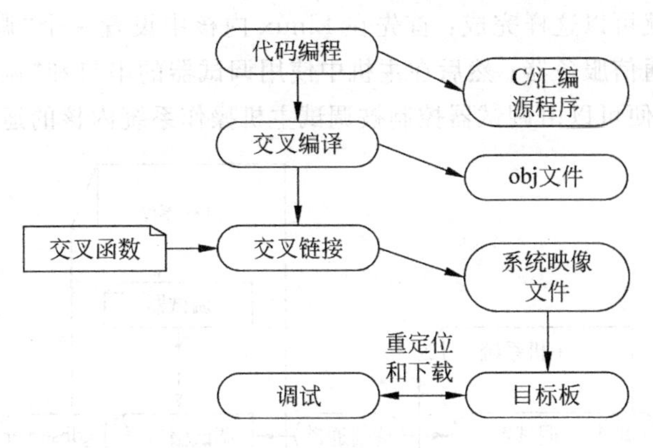

图 1.11 交叉编译的建立

过重定位，产生映像文件，下载到 ROM 中，才可以执行。

链接器的作用就是将所有的目的代码文件(.o 或者.obj)，以及 lib 中的数据区段(包括 text、data、bss 区段)的数据进行合并，而且会将所有尚未决定的函数和变量调用对应起来。在嵌入式系统中，要链接出一个可以放到 ROM 中执行的程序，开发人员还必须启动代码进行链接，并且指定链接关系地址，如此就可以产生重新定位的程序。

对于一个可以执行的映像文件，重新定位的动作是不可避免的，定位器本身不知道硬件的情况，所以如果要让定位器知道硬件和映像文件之间的关系，就必须制作一个信息存放的地址对应关系表格。

8. 调试环境

在实际的目标平台上调试，工程实际上很浩大，特别是如果硬件产品还在开发初期，可能造成的问题不只是软件，也可能是硬件的问题，这时候最困难的问题就是理清思路。开发人员在一般的桌面计算机上开发程序的时候，有许多很不错的开发环境可以使用，例如 Visual C++中的 debug，可以设置断点、跟踪变量等。这种调试的原理就是为 CPU 设置一个非常特别的中断，让程序运行到开发人员设置断点的地方后，就一直在这个 ISR 中执行，这样才有办法一步一步寻找问题的所在。同样地，开发人员在嵌入式系统的目标平台执行时，也可以在操作系统中设置一个非常特殊的中断服务，类似软件留的后门，通常称之为**陷阱**(trap)。当执行的程序到了这个 trap 之后，就无法接着运行，程序就会按照开发人员的目标一步一步运行。开发人员在目标平台和开发主机两端各自安装一个小程序，分别是 remote debugger 和 debug monitor，当设置好断点以后，所有目标平台的信息就会通过链接线传递回来。

ARM SDT 中集成了 Angle 调试程序，Angle 需要移植到目标平台上。由于这部分功能和具体的硬件环境相关，所以需要根据现有的系统来进行修改。实际上，类似于 Angle 这样的调试程序在 Windows 中可以利用 Embedded Visual C++和 ActiveSync 来实现在线调试，在 Linux 下可以配置 GDB Server 和 GDB 或者 GVD 之类的调试工具来实现。

如图 1.12 所示是调试过程的结构图。操作系统内核比较难以调试，因为操作系统内核中不方便增加一个调试器程序，如果需要，也只能使用远程调试的方法，通过串口和操作系统中内置的“调试桩”通信，完成调试的工作。“调试桩”就是图 1.12 所示的调试服务器，它通过操作系统获得一些必要的调试信息，或者发送从主机传来的调试命令。例如，Linux 操作系统内核的调试就可以这样完成：首先在 Linux 内核中设置一个“调试桩”，用作调试过程中和主机之间的通信服务器；然后在主机中使用调试器的串口和“调试桩”进行通信；当通信建立完成之后，便可以由调试器控制被调试主机操作系统内核的运行。

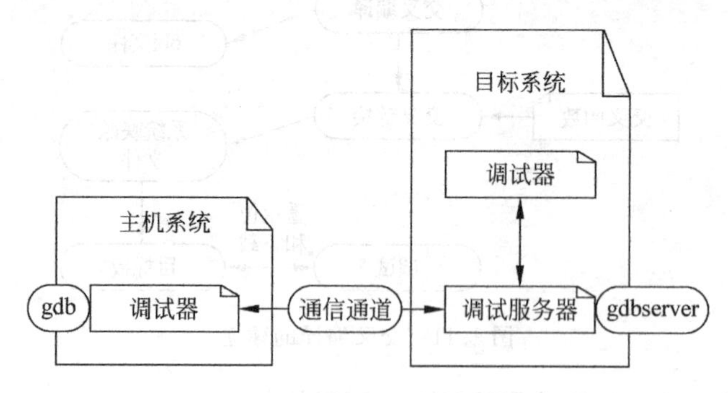

图 1.12 调试过程结构图

软件调试结构如图 1.13 所示。该图涉及交叉编译开发环境中用到的网络协议包括简单文件传输协议（TFTP）、网络文件系统（NFS）和动态主机配置协议（DHCP），当然还有 RS-232 协议等。如果使用网络，一般将 gdbserver 移植到嵌入式操作系统中去，并在目标上运行，然后在主机端运行 gdb，就可以开始调试过程。

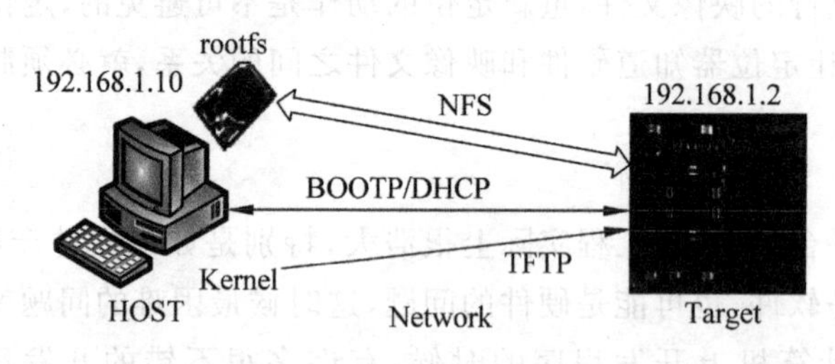

图 1.13 软件调试结构图

1.3 嵌入式操作系统

嵌入式操作系统是嵌入式系统的灵魂，它的出现大大提高了嵌入式系统开发的效率。按照层次的不同可以将它分为三个部分：最小的基本部分包括一个用作引导的设备，一个具备内存管理、进程管理、定时器服务等的微内核，一个初始进程；为了具备一定的实用性，还需加上硬件驱动程序，一个或几个进程完成必需的功能。随着对系统要求的增加，一般还包括一个文件系统（放在 ROM 或 RAM 中）、TCP/IP 协议栈等。

1.3.1 嵌入式操作系统的分类

操作系统的任务是控制和管理计算机系统内部各种硬件和软件资源，合理、有效地组织计算机系统有效的工作，为用户提供一个使用方便和便于扩展的工作环境。操作系统的分类标准有很多，其中最基本的操作系统类型有三类：多任务操作系统、分时操作系统和实时操作系统。实际的操作系统可能同时兼有三者或者其中两者的功能。

1. 多任务操作系统

在多任务操作系统中,用户提交的作业都先放在外存中,并排成一个队列,再由操作系统中的调度程序按照一定的算法从外存中调入内存,使得调入内存的作业共享 CPU 和系统中的各种资源,以达到提高资源利用率和系统吞吐量的目的。该操作系统具有并行性、调度性和无序性。作业完成的先后顺序和它们进入内存的先后顺序无关,先进入的可能最后完成,相反,后进入的可能首先完成。多任务操作系统的缺点在于:由于作业首先要进行排队,然后再进行处理,导致作业的平均周期时间长;同时,它没有交互能力,修改和调试程序都极不方便。

2. 分时操作系统

基于共享计算机和人机交互方便性两个因素的考虑,产生了分时系统。分时系统能令用户觉得自己独占一台计算机,并可以对它进行直接控制,能够方便地修改错误。用户还能够通过自己的终端把作业提交到主机上运行,能对自己的程序进行控制。分时系统具有并行性、独立性、交互性和及时性。分时系统要求用户的请求能在很短时间内获得响应,而这个时间间隔是以人们能够忍受范围内的等待时间来决定的。

3. 实时操作系统

嵌入式实时系统是一种能够进行实时计算的嵌入式计算机系统。"实时"并不等于"快",实时系统的经典定义是:系统的正确性不仅依赖于计算结果逻辑上的正确,还依赖于此结果产生的时机是否正确。实时系统分为软实时系统和硬实时系统两种。在软实时操作系统中,系统的宗旨是使各个任务运行得越快越好,并不要求限定某个任务在多长的时间内完成。例如播放器,允许在视觉可以忍受的范围内丢帧。硬实时操作系统要求系统能够在确定的时间内执行相应的功能,并对外部的异步事件作出响应。操作系统的正确性不仅指逻辑设计的正确性,同时与这些操作系统执行的时间有密切的关系。"在确定的时间内"是硬实时操作系统的核心因素。也就是说,硬实时操作系统对响应时间有严格的要求。工业控制、航空航天中的应用一般为硬实时操作系统。

实时系统对响应时间的要求比分时系统要高,分时系统的响应时间通常为秒级,而实时系统的响应时间是由控制对象接收的延迟时间来确定的,可能是秒级,也可能是毫秒级,甚至是微秒级。实时系统也保留了通用操作系统的交互性,但是它仅允许操作员访问其中有限的专用程序,一般不能写入程序和修改程序,其交互性比通用操作系统差。

根据 IEEE 实时 UNIX 分委会定义,实时操作系统应具备的特征有异步事件响应、切换时间和中断延迟时间确定、抢占调度、内存锁定、优先级中断和调度、连续文件和同步。

1.3.2 嵌入式操作系统的特点

嵌入式操作系统具有区别于通用操作系统的一些重要特征,主要有以下几点:

(1) 运行时间长:嵌入式操作系统在没有人工干预的情况下能够运行几年,这意味着硬件和软件永远都不会出错。因此,系统最好没有机械部分,例如硬盘。因为机械部分更容易出问题,而且还会占用更多的空间,需要更多的能量,通信时间更长,而且驱动更复杂。

(2) 故障重启:尽管已经将嵌入式系统设计得非常坚固可靠,但开发人员仍然需要预防系统出现故障的可能。因为系统可能运行在一个无人的环境,无法手工进行复位操作。因此,嵌入式系统通常应具有在出现故障时立即启动到安全状态的功能。

(3) 低功耗：嵌入式系统一般需要长时间工作，就需要系统尽可能小地消耗能量。大的耗电量还需要更大功率的电源，直接影响到硬件的费用。

(4) 动态加载：一些嵌入式系统在启动以后在物理上是没法接触到的(例如发射的卫星)，为了软件的升级，应该可以支持动态链接，在开始启动时不存在的目标代码要能够上传到系统中，在不需要停止系统运行的情况下，使得目标码链接到运行的操作系统，并能够正常运行。

1.3.3 典型的嵌入式操作系统

由于嵌入式产品的蓬勃发展和个人终端的逐渐显现，嵌入式操作系统的发展也达到空前的阶段，国内外获得成功应用的嵌入式操作系统达上千种。这里仅列举比较流行的系统，并对其中的几种做简单介绍。国外较流行的嵌入式操作系统有 Windows CE、Windows XP Embedded、VxWorks、Symbian OS、Embedded Linux、eCos、pSOS、μC/OS-Ⅱ、Java OS 等。国内较流行的嵌入式操作系统有 LEOS、华恒 Embedded Linux、DeltaOS 等。以下列举几种。

1. Windows CE

随着 1996 年 11 月 Windows CE 1.0 的发布，Microsoft 正式进入嵌入式市场。微软凭借在操作系统上深厚的技术实力和在世界市场上广泛的号召力，很快使 Windows CE 成为众多嵌入式产品的首选操作系统。Windows CE 最初的开发是针对原始设备制造商的，使它们能够构建资源受到限制的小型手持式设备及个人信息管理设备。随着该操作系统后续版本的发布，Windows CE 有了显著的进步，其中包括基于向导程序的简化操作系统配置和软件开发工具包的推出，实现了应用程序的开发、2.12 版中对多媒体的支持，以及 Windows CE 3.0 中增强的因特网功能和及对实时的支持。如今，在它最新的第 4 代产品中，Windows CE.NET 提供了时间测试的完善功能集，包括开发人员创建小内存的智能移动设备所需的最新技术。Windows CE.NET 作为 Windows CE 3.0 的后继产品，为嵌入式市场重新设计，为快速建立下一代智能移动和小内存设备提供了稳定的实时操作系统。Windows CE.NET 具备完整的操作系统特性和端对端的开发环境，它包括了创建一个基于 Windows CE 的定制设备所需的一切功能，例如强大的联网能力、实时性和小内存体积占用，以及丰富的多媒体和 Web 浏览功能。Windows CE 包含提供操作系统最关键功能的 4 个模块：内核模块、对象存储模块、图形及窗口和事件子系统(GWES)模块和通信模块。Windows CE 还包含一些附加的可选择模块，这些模块可支持的任务有管理可安装设备驱动程序、支持 COM 等。

2. Windows XP Embedded

在 Windows CE 发布之后，Microsoft 很快就发现，很多嵌入式开发人员正在开发许多非 PC 的设备，既不是小型的，也不是资源受限的。这些设备可以受益于基于 PC 的体系结构、增强的特性集、丰富的功能及更强的伸缩性，而这些都是当时的 Windows CE 所无法提供的。在 1999 年，为了完善嵌入式产品的产品线，Microsoft 在市场中推出了 Windows NT Embedded，从而为嵌入式开发人员提供了更多的选择和灵活性，并使他们能够利用丰富的 Windows 特性集。例如，客户可以使用 Windows NT Embedded 来构建制造、通信和多媒体等设备。在 2001 年，Microsoft 发布了 Windows NT Embedded 的继任者：Windows XP

Embedded。Windows XP Embedded 是这种领先的桌面操作系统的组件化版本，它能够快速开发出最为可靠的全功能连接设备。Windows XP Embedded 采用与 Windows XP Professional 相同的二进制代码，从而使得嵌入式开发人员能够只选择那些小覆盖范围嵌入式设备所需的丰富定制化特性。Windows XP Embedded 构建在已经得到验证的 Windows 2000 代码库基础之上，提供了业内领先的可靠性、安全性和性能，并且具备最新的多媒体、Web 浏览、电源管理及设置支持功能。Windows XP Embedded 还集成了最新的嵌入式支持功能，例如无线支持及灵活的启动与存储选项。此外，它还包含一套全新设计的工具集 Windows Embedded Studio，这套工具使得开发人员能够更快速配置、构建并部署智能化设计方案。

3. VxWorks

VxWorks 操作系统是美国 WindRiver 公司于 1983 年设计开发的一种嵌入式实时操作系统，是嵌入式开发环境的关键组成部分。良好的持续发展能力、高性能的内核及友好的用户开发环境，使它在嵌入式实时操作系统领域占据一席之地。它以其良好的可靠性和卓越的实时性被广泛地应用在通信、军事、航空、航天等高精尖技术及实时性要求极高的领域中，例如卫星通信、军事演习、弹道制导、飞机导航等。在美国的 F-16、FA-18 战斗机、B-2 隐形轰炸机和爱国者导弹上，甚至连 1997 年 4 月在火星表面登陆的火星探测器上也使用了 VxWorks。在我国的交换通信设备上，VxWorks 几乎成了嵌入式实时操作系统的标准。如图 1.14 所示是 VxWorks 组成结构图。

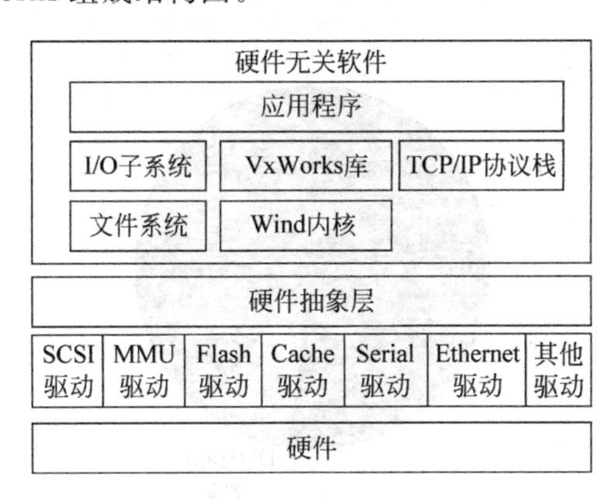

图 1.14 VxWorks 组成结构图

4. μC/OS-Ⅱ

在我国的市场上，处处都能够看到 μC/OS-Ⅱ 的影子，同时在我国也拥有广泛的支持者，这些都来源于清华大学邵贝贝教授的大力推动。而由邵贝贝教授主持翻译的《嵌入式实时操作系统 μC/OS-II(第 2 版)》更是成为中国嵌入式操作系统初学者的首选读物。

5. LEOS

LEOS(Legend Embedded OS)是由联想集团设计研发的基于 Linux 的模块化、可裁减的嵌入式操作系统，具有占用空间小、实时、多任务、多线程等系统特征，提供丰富的中间件支持，并在台式计算机(PC)、网络计算机(NC)、电视机机顶盒等设备上取得成功应用。它支持多种声音、图像、多媒体、无线、B 协议等文件格式和应用标准，能够实现多种文件格式的识别和硬件设备的自动检测。联想天骄双模式计算机采用 LEOS 系统，使得用户不用进入通常意义的操作系统就可以利用计算机欣赏影片、听音乐、浏览照片，成为真正的数码家电中心；同时还提供了对用户数据的备份和恢复功能，只需非常简单的操作就可以将用户系统恢复到备份时的状态。LEOS对国产的CPU支持较好，可广泛应用于X86架构CPU、ARM架构CPU、国产方舟CPU、XScale等体系的硬件系统。

6. Linux

Linux是一套以UNIX为基础发展而成的操作系统。自1991年诞生以来，Linux在很多方面赶上甚至超过了许多商用的UNIX系统。它实现了真正的多任务、多用户环境。Linux对硬件要求很低，可支持多种芯片，很多资深的程序员都愿意在Linux上开发程序，随时对Linux的开放内核进行升级和修补。

目前，市面上有很多商业性嵌入式系统都在努力为自身争取嵌入式市场的份额。但是，这些专用操作系统均属于商业化产品，价格昂贵；而且，由于它们各自的源代码不公开，使得每个系统上的应用软件与其他系统都无法兼容。此外，由于这种封闭性还导致了商业嵌入式系统在对各种设备的支持方面存在很大的问题，使得对它们的软件移植变得很困难。Linux自身的诸多优势吸引了许多开发商的目光，成为嵌入式操作系统的新宠，包括安卓和iOS的底层其实都是基于Linux的。由Rich Lehrbaum建立的新闻和信息网站LinuxDevice.com每年都会做一个关于嵌入式Linux市场的调查。最新的调查显示，每年Linux都以一种占绝对优势的操作系统的形式出现在上千个新的设计中。事实上，接近一半的调查对象表示，他们在嵌入式的设计中运用到了Linux。图1.15是嵌入式Linux操作系统的市场份额。

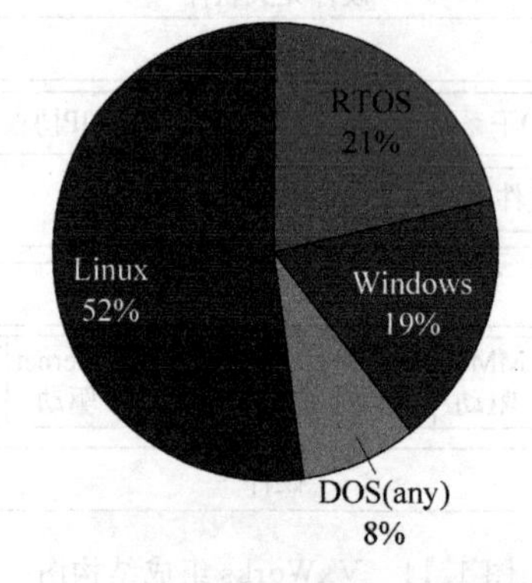

图1.15 嵌入式操作系统的市场份额

一个典型的Linux发行版包含应用程序、程序库、实用工具和文档等。当Linux发行版安装好之后，用户就可以使用功能完备的系统了，这个系统基于一组默认的、配置合理的选项，这些选项也可以根据具体需要进行调整。例如流行的桌面Linux发行版有Red Hat或Ubuntu。

针对嵌入式目标的Linux发行版与一般的桌面发行版之间有很多不同之处。首先，嵌入式发行版中的二进制可执行程序是不能在PC上运行的，它们是针对嵌入式系统所使用的硬件架构和处理器而开发的。其次，桌面Linux发行版通常包含很多面向普通桌面用户的GUI工具，例如图形时钟、计算器和电子邮件客户端等，嵌入式Linux发行版会省略这些应用，而是更多地提供面向开发者的专用工具，如内存分析工具和远程调试工具。另外，嵌入式 Linux 发行版中一般会包含交叉开发工具，而不是本地开发工具。以下列出了嵌入式 Linux 高速增长的原因：

(1) 成熟稳定而又高性能的 Linux 已经成功取代传统的专用的嵌入式操作系统；

(2) Linux 可以支持丰富多样的应用和联网协议；

(3) Linux 可以在从小型消费类设备到大型电信级转换器和路由器的范围内进行扩缩；

(4) Linux 不需要传统的专用嵌入式操作系统对于版税的要求；

(5) Linux 能够快捷地支持新型计算机硬件体系结构、平台和设备；

(6) 现在越来越多的硬件和软件的供应商开始支持 Linux。

第 2 章将详细讲解 Linux 的基础知识，第 5 章将介绍构建嵌入式 Linux 开发平台。

1.3.4 嵌入式操作系统的选择

由于嵌入式操作系统的空前发展，每个需要嵌入式操作系统的产品都面临操作系统选择的问题，这里给出一些简单的选择指标：

(1) 占用内存的大小(footprint)；

(2) 性能(performance)；

(3) 软件模块和设备驱动(software components and device drivers)；

(4) 调试工具(debugging tools)：非源码级调试工具；

(5) 标准的兼容性(standards compatibility)，如 POSIX；

(6) 技术支持(technical support)；

(7) 源码还是目标码(source vs object code)；

(8) 许可证(licensing)；

(9) 信誉(reputation)。

1.4 本章小结

本章简要介绍了很多内容，在后面的章节中这些内容会扩展，帮助读者掌握必要的嵌入式开发的知识和技能，确保在今后的嵌入式项目开发中获得成功。

(1) 嵌入式系统资源有限，用户界面简单甚至不存在，并且它们是为一些特定目的而设定的。

(2) Bootloader 是嵌入式系统的重要组成部分。如果硬件是定制的，必须设计适合此平台的 Bootloader。通常，这项工作是通过移植现有的 Bootloader 来完成的。

(3) 成功引导一个定制的板卡需要多个软件，包括 Bootloader、内核和文件系统镜像。

(4) 闪存作为存储媒介被广泛应用在嵌入式 Linux 中。

(5) 应用程序，也称为进程，拥有内核分配给它的虚拟内存空间。应用程序运行在用户空间。

(6) 嵌入式系统开发需要一个功能齐全、配置得当的交叉开发环境。

(7) 嵌入式系统开发需要一个嵌入式 Linux 发行版。嵌入式发行版包含很多针对目标硬件架构编译和优化的软件和工具。

1.5 思考题

(1) 什么是嵌入式系统？它有什么特点和特性？

(2) 简述软实时系统和硬实时系统的特点。

(3) 详细论述嵌入式开发的整个流程。

(4) 完整的开发平台包括哪些内容？

(5) 如何搭建嵌入式开发的硬件环境？请分别解释图 1.6、图 1.12 和图 1.13 的含义。

(6) 简述嵌入式操作系统的分类及其特点。

(7) 嵌入式 Linux 发行版包含哪些文件？

第2章 Linux基础知识

CHAPTER 2

本章主要内容

- 认识 Linux 操作系统
- Linux 基本操作命令
- Linux 文件与目录系统
- Linux 网络服务介绍
- 本章小结

让用户很详细地了解现有操作系统的实际工作方式几乎是不可能的，因为大多数操作系统的源码都严格保密。当然也有一些操作系统是为科研和教学而设计的，这类系统的源码是开放的；但是，这类操作系统的功能往往不能跟实际使用的操作系统相比，只不过是实际操作系统的子集，实现了操作系统中的小部分功能来体现操作系统的一些特性。Linux 属于这类自由软件。

2.1 认识 Linux 操作系统

2.1.1 Linux 简明历史

1984 年，Richard Stallman 独立开发出一个类 UNIX 操作系统，该操作系统具有完整的内核、开发工具和终端用户应用程序。在 GNU 计划的配合下，Stallman 希望开发出一个质量高而且自由的操作系统。Stallman 使用了"自由"(free)这个词，不仅意味着用户可以免费获取软件；更重要的是，它意味着某种程度的"解放"，用户可以自由使用、复制、查询、重用、修改甚至分发这份软件，完全没有软件使用协议的限制。这也正是 Stallman 创建自由软件基金会(FSF)资助 GNU 软件开发的本意。

30 多年以来，GNU 工程已经吸收并产生了大量的程序，不仅包括 Emacs、gcc(GNU 的 C 编译器)、bash(shell 命令)，还有大部分 Linux 用户所熟知的应用程序。现在正在进行开发的项目是 GNU Hurd 内核，是 GNU 操作系统的最后一个主要部件。与现有的 Linux 操作系统相比，Hurd 内核的优点是：Hurd 的体系结构十分清晰地体现了 Stallman 关于操作系统工作方式的思想，例如，任何用户都可以在运行期间部分地改变或替换 Hurd，这种替换不是对每个用户都可见，而只对申请修改的用户可见，而且还必须符合安全规范。同时，Hurd 对于多处理器的支持比 Linux 本身的内核要好。

1991 年，Linus Torvalds 为 Intel 80386 计算机开发了一款全新的操作系统，Linux 由

此诞生。那时，作为芬兰赫尔辛基大学学生的 Linus，为不能随心所欲使用强大而自由的 UNIX 系统而苦恼。Linus 热衷于使用 Minix——一种教学用的廉价的 UNIX。但是由于 Minix 授权的缘故，Linus 不能轻易修改和发布该系统的源代码，也不能对 Minix 开发者所做的设计轻易修改，这让 Linus 耿耿于怀。

Linus 像任何一名生机勃勃的大学生一样，决心走出这种困境：开发自己的操作系统。他开始写了一个简单的终端仿真程序，用于把自己的终端连接到本校的大型 UNIX 系统上。他不断改进和完善这个终端仿真程序，不久，Linus 手上就有了虽不成熟但五脏俱全的 UNIX。1991 年年底，他在因特网上发布 Linux 的早期版本。由此 Linux 得以广泛使用，很快赢得众多用户。实际上，它成功的重要因素是，Linux 很快吸引了很多开发者对其代码进行修改和完善。由于其许可证条款的约定，Linux 迅速成为多人的合作开发项目。

现在，Linux 已被广泛移植到 AMD X86-64、ARM、Power PC、Compaq、Alpha、CRIS、DEC VAX、Hitachi SuperH、HP PA-RISC、IBM S/390、Intel IA-64、MIPS、Motorola 68000、UltraSPARC 和 V850 等各种体系结构上。它覆盖的领域小到手表，大到超级计算机集群，Linux 的商业前景也越来越被看好，不管是 Linux 专业公司 MontaVista 和 RedHat，还是计算巨头 IBM 和 Novell，都提供林林总总的方案，从嵌入式系统、桌面环境一直到服务器。

尽管 Linux 借鉴了 UNIX 的许多设计并且实现了 UNIX 的 API，但 Linux 没有像其他 UNIX 变种那样，直接使用 UNIX 的源码。必要的时候，它的实现可能和 UNIX 实现大相径庭，但它完整地达成了 UNIX 的设计目标并且保证了应用程序编程界面的一致。当 Linus 和其他内核开发者设计 Linux 内核时，他们并没有完全彻底地与 UNIX 诀别。他们充分地认识到，不能忽视 UNIX 的底蕴。由于 Linux 并没有基于某种特定的 UNIX，Linus 和他的伙伴们对每个特定的问题都可以选择设计最理想的解决方案。以下是对 Linux 内核与 UNIX 各种变体的内核特点所做的分析比较：

(1) Linux 支持动态加载内核模块：尽管 Linux 内核是单内核，仍允许需要的时候动态地卸除和加载部分内核代码。

(2) Linux 支持对称多处理(SMP)机制：尽管许多 UNIX 的变体也支持 SMP，但传统的 UNIX 并不支持这种机制。

(3) Linux 内核可以抢占(preemptive)：对比传统的 UNIX，Linux 内核具有允许在内核运行的任务优先执行的能力，而大多数传统的 UNIX 内核不支持抢占。

(4) Linux 对线程支持的实现比较有意思：内核并不区分线程和其他的一般进程。对于内核来说，所有进程都一样，只不过其中的一些共享资源不同而已。

(5) Linux 提供具有设备类的面向对象的设备模型、热插拔事件，以及用户空间的设备文件系统(sysfs)。

(6) Linux 忽略了一直被认为是设计得很拙劣的 UNIX 特性(例如 streams)，它还忽略了那些实际上已经根本不会使用的过时的标准。

(7) Linux 体现了“自由”的精髓：现有的 Linux 特性集就是 Linux 公开开发模型自由发展的结果。如果一个特性没有任何价值或者创意很差，没有任何人会被迫去实现它。相反地，在 Linux 的发展过程中已经形成了一种值得称赞的务实态度：任何改变都要针对现实中确实存在的问题，经过完善的设计并有正确简洁的实现。于是，许多现代 UNIX 系统包含的特性,如内核换页机制,都被引入进来。

Linux 是一个非商业化的产品,这是它最让人感兴趣的特征。实际上 Linux 是一个因特网上的协作开发项目。尽管 Linus 被认为是 Linux 之父,并且现在依然是一个内核维护者,但开发工作其实是由一个结构松散的工作组协力完成的。事实上,任何人都可以开发内核。和 Linux 的大部分应用软件一样,Linux 内核也是自由(公开)软件。当然,也不是无限自由的,它使用 GNU 的第 2 版通用公共许可证协议(GPL)作为限制条款。你可以自由地获取内核码并随意修改它,但如果希望发布你修改过的内核,就得保证得到你的内核的人同时享有你曾经享受过的所有权利,当然,包括全部的源代码。

Linux 用途广泛,包含的东西也名目繁多。Linux 系统的基础是内核、C 库、编译器、工具集和系统基本工具,例如登录程序和 shell。Linux 系统也支持现代的 X Windows 系统,这样就可以使用完整的图形用户桌面环境,如 GNOME。

现在的 Linux 内核由 2 万多个文件、600 多万行代码组成,已发展到 2.6.26 版,Linux 也已经拥有了大约 2000 万用户。Linux 内核连同 GNU 工具已经占据了 UNIX 50%的市场。一些公司正在把内核和一些应用程序、安装软件打包在一起,产生 Linux 的发行版本,这些公司包括 Red Hat 和 Calera prominent 公司等。

2.1.2 Linux 系统的特点和组成

1. Linux 系统的特点

Linux 操作系统在短短几年内得到了迅猛的发展,这与 Linux 具有的良好特性是分不开的,Linux 具有以下主要特性:

(1) 开放性:是指系统遵循世界标准规范,特别是遵循开放系统互联(OSI)国际标准。Linux 是源代码开放且是免费的。

(2) 多用户多任务:多用户是指系统资源可以被不同用户各自拥有。多任务是指计算机同时执行多个程序,且各程序相互独立运行。

(3) 出色的速度性能:Linux 可以连续运行数年而无须重启。

(4) 良好的用户界面:用户命令行界面、系统调用界面和图形用户界面。

(5) 提供了丰富的网络功能:Linux 是在因特网的基础上发展起来的,因此完善的内置网络协议是 Linux 的一大特点。Linux 在通信和网络功能方面优于其他操作系统。

(6) 可靠的系统安全:Linux 采用许多安全技术措施,包括对读/写进行权限控制、带保护的子系统、审计跟踪等。

(7) 良好的可移植性:Linux 能够在从微型计算机到大型计算机的任何环境和平台上运行。可移植性为运行 Linux 的不同计算机平台与其他任何机器进行准确有效的通信提供了手段,不需要另外增加特殊、昂贵的通信接口。

(8) 具有标准兼容性:Linux 是一个与 POSIX(Portable Operating System Interface)相兼容的操作系统,它所构成的子系统支持所有相关的 ANSI、ISO、IET 和 W3C 业界标准。为了使 UNIX System V 和 BSD 上的程序能直接在 Linux 上运行,Linux 还增加了部分 System V 和 BSD 的系统接口,使 Linux 成为一个完善的 UNIX 程序开发系统。

然而,Linux 也有一些缺点,例如能够直接在嵌入式 Linux 上运行的应用较少,阻碍了嵌入式 Linux 被广泛应用和推广;利用嵌入式 Linux 开发设备时,很难接近其开发环境,内核、处理器和网络等各种工具的使用量庞大,短期内培训专门的开发者比较困难。

2. Linux系统的组成

Linux一般由4个部分组成:内核、shell、文件系统和应用程序。内核、shell和文件系统一起构成了基本的操作系统结构,它们使用户可以运行程序、管理文件并使用系统。Linux内核是一个操作系统最基本的组成部分,由它来向应用程序访问硬件时提供服务。Linux shell是系统的用户界面,提供用户与内核的交互接口,实际上shell是一个命令解释器,它接收并解释用户输入的命令并把它们送到内核。Linux文件系统是文件存放在磁盘等存储设备上的组织方法,Linux支持多种目前流行的文件系统,如EXT2、EXT3、FAT、VFAT、ISO9660、NFS、JFS等。标准Linux系统都有一套称为应用程序的程序集,包括文本编辑器、编程语言、X-Window、办公套件、因特网工具、数据库等。

3. 学习Linux能得到什么

通过对内核代码的分析,不但可以学到很多和硬件底层相关的知识,同时还可以更深层次地理解虚拟存储的实现机制、多任务机制、系统保护机制等,例如:

(1) 一个优秀操作系统的整体结构及宏观设计的方法和技巧,了解内核如何为上层应用提供一个与具体硬件不相关的平台。

(2) 内核代码如何将代码分为与体系结构和硬件相关的部分和可移植的部分。

(3) Linux内核如何把大部分的设备驱动处理成相对独立的内核模块,这样不但减小了内核运行的开销,而且增强了内核代码的模块独立性。

(4) 通过学习内核代码,可以学到如何来保证庞大代码的清晰性、兼容性、可移植性、可维护性和可升级性。

Linux是全世界计算机高手的杰作,通过学习它的内核,可以学到很多具体问题实现时的巧妙方法。

2.1.3 Linux的开发过程

Linux开发过程是公开的,这是Linux最强大的生命力之所在。每个人都可以自由获取内核源代码,每个人都可以对源程序加以修改,之后他人也可以自由获取你修改后的源程序。如果你发现了缺陷(bug),你可以对它进行修正。如果你有最优化或者新特点的创意,也可以直接在系统中增加功能,而不用向操作系统供应商解释你的想法,指望他们将来会增加相应的功能。当发现一个安全漏洞后,可以通过编程来弥补这个漏洞,而不用一直关闭系统直到你的供应商为你提供修补程序。由于拥有了直接访问源代码的能力,你也可以直接阅读代码来寻找缺陷、效率不高的代码或安全漏洞,以防患于未然。这一点听起来似乎缺乏吸引力。但是,即使你不是程序员,这种开发模型也将使你受益匪浅,这主要体现在两个方面:其一,可以间接受益于世界各地成千上万的程序员随时进行的改进工作。其二,如果需要对系统进行修改,可以雇用程序员为你完成工作。这部分人将根据你的需求定义单独为你服务。

Linux这种独特的自由流畅的开发模型被命名为Bazaar(集市)模型,它是相对于Cathedral(教堂)模型而言的。Bazaar开发模型非常重视实验,它通过征集并充分利用早期的实验反馈,对巨大数量的脑力资源进行平衡配置,从而开发出更优秀、更完善的软件系统。而在Cathedral模型中,源代码往往被锁定在一个保密的小范围内。只有开发者,很多情况下是市场,认为能够发行一个新版本,这个新版本才会被推向市场。

Bazaar 开发模型正是这样一种基于无序的开发模型,为了确保这些无序的开发过程能够有序地进行,Linux 版本采用了双树系统。一个树是稳定树(stable tree),另一个树是非稳定树(unstable tree)或者开发树(development tree)。一些新特性、实验性改进等都将首先在开发树中进行。如果在开发树中所做的改进也可以应用于稳定树,那么在开发树中经过测试以后,在稳定树中将进行相同的改进。按照 Linus 的观点,一旦开发树经过了足够的发展,开发树就会成为新的稳定树,如此周而复始地进行下去。

Linux 的版本号分为两个部分,即内核(Kernel)版本与发行套件(distribution)版本。

1. Linux 的内核版本

内核版本是在 Linus 领导下的开发小组开发出的系统版本。内核版本号由 3 个数字组成：r、x、y。

- r：目前发布的 Kernel 主版本。
- x：偶数为稳定版本；奇数为开发中版本。
- y：错误修补的次数。一般来说,x 位为偶数的版本是一个可以使用的稳定版本,如 2.4.4；x 位为奇数的版本一般加入了一些新的内容,所以性能不一定很稳定,仍处于测试阶段,系统是一个测试版本,如 2.5.5。

有的时候,嵌入式 Linux 在上述版本的后面还会加一个后缀,例如"-rmk4",该后缀往往表示的是针对某个平台的补丁。几种常见的后缀及其含义如下：

(1) rmk：由 Russell King 维护的 ARM Linux。

(2) np：由 Nicolas Pitre 维护的基于 StrongARM 和 XScale 的 ARM Linux。

(3) ac：由 Alan Cox(Alan Cox 是重要程度仅次于 Linus 的 Linux 的维护人员,他主要负责网络部分和 OSS 等的维护工作)维护的 Linux 代码。

(4) hh：表示由 www.handhelds.org 网站发布的 ARM Linux 代码。主要是基于 XScale 的,它包括工具链、内核补丁、嵌入式图形系统等。

2004 年夏季,在 Linux 内核开发者联盟的年度例会上做出了一个决策,暂缓 2.7 开发版系列,稳定 2.6 内核。这一决策源于 2.6 内核深受欢迎、稳定可靠并具有高安全性。除此之外,也许更重要的是,当前 2.6 内核的维护者 Linus Torvalds 和 Andrew Morton 一直不遗余力地工作着。内核开发者坚信这一过程会持续下去,2.6 内核系列既保持稳定,又不断吸收新鲜血液。

http://www.kernel.org 及其镜像站点提供了最新的可供下载的内核版本,而且同时包括稳定和开发版本。

2. Linux 的发行版本

发行版本是指,由一些组织或厂家将 Linux 系统内核与应用软件和文档包装起来,并提供一些安装界面和系统设定管理工具的一个软件包的集合。相对于内核版本,发行套件的版本号随发布者的不同而不同,它与系统内核的版本号是相对独立的。

3. Linux 内核开发者社区

当你开始开发内核代码时,你就成为全球内核开发社区的一分子了。这个社区最重要的论坛是 Linux kernel mailing list。你可以在 http://vger.kernel.org 上订阅邮件。这个邮件列表可以给从事内核开发的人提供非常有价值的帮助,在这里,你可以寻找测试人员、接受评论、向人求助。

4. 开源开发实验室

成立开源开发实验室(OSDL)是为了帮助 Linux 快速地被大众市场所接受。根据 OSDL 的宗旨,目前它为 Linux 社区提供企业版的测试设备和其他技术上的支持。具有重要意义的是,OSDL 赞助了数个团队来定义标准,并且参与针对三个重要细分市场的开发。

1) OSDL 电信级 Linux

众多世界上最大的网络系统和通信设备制造商都在发展或推出将 Linux 作为运行操作系统的电信级设备。电信级设备的显著特点,包括高可信度、高利用度和快速的适用性。这些供应商利用接口热交换架构、容错功能、集群和实施性能来设计产品。OSDL 电信级 Linux 工作团队已经就定义一系列的电信级设备的要求制作了说明书。目前版本的说明书涵盖了 7 个功能领域:

(1) 可利用性:要求提高利用性,包括在线的维护操作、备份和状态监控。

(2) 集群:要求促进备份接口服务,包括集群成员管理和数据检验指示。

(3) 可维护性:要求远程维修和保养,例如 SNMP 和检测电源供应器和风扇的监测诊断服务。

(4) 性能:要求定义性能和可扩缩性,对称的多重处理,延迟和其他。

(5) 标准:要求定义 CGL 标准设备应符合的标准。

(6) 硬件:要求能和高利用性的硬件关联,例如刀片式服务器和硬件管理接口。

(7) 安全保障:要求整体改善系统安全使系统不受各种各样的威胁。

2) OSDL 移动 Linux

OSDL 赞助了 Mobile Linux initiative 的工作团队。OSDL 的官网表示,它的目的是快速提升 Linux 在下一代手机和其他融合的语音/数据的便携式设备中的采用率。团队的工作重心包括开发工具、I/O 和网络、内存管理、多媒体、性能、电源管理、安全和储存。

3) 服务可用性论坛

这个论坛为使用电信级和其他商业系统管理设备定义一组通用的接口起主导性作用。论坛的网址是 www.saforum.org。

2.2 基本操作命令

2.2.1 字符界面简介

虽然个人计算机已经从命令行方式转为图形界面方式,但是 shell 在 Linux 中依然有强劲的生命力。shell 有很多种,如 bash、ksh、tcsh、zsh、ash,用得最多的是 bash,它几乎是各种 Linux 发布版的标准配置。同时,即使在 X-Window 下,系统管理员也要经常与命令行打交道。应当注意的是:Linux 的命令(也包括文件名等)对大小写是敏感的。

当然,我们可以在图形环境下开启终端或系统启动后直接进入字符工作方式,或使用远程登录方式(Telnet 或 SSH)进入字符工作方式。

2.2.2 常用命令简介

进入系统后可以单击鼠标右键打开终端,进入终端后会看到:[root@tty/]#,其中第一个 root 表示登录用户，tty 表示网络中主机名，/表示当前目录(当登录用户、登录主机名及进入目录不同时，相应的项也会改变)，# 表示登录用户是超级用户 root，如果是一般用户则为 $。

1. 关机与重新启动

关机可以使用命令 # init 0；重新启动系统可以使用命令 # init 6。命令 init 用于立即关机或重启，但在多用户系统中，若想给用户发送关机警告信息以便各个用户完成自己的工作并注销登录，则必须使用 shutdown 命令。例如 # shutdown -h +5，该命令警告所有用户 5 分钟后关闭系统，警告信息将显示在所有已经登录的终端上。用-r 参数代替-h 参数则表示重新启动。

2. 常用文件目录操作命令

(1) ls：显示文件和目录列表。

ls 命令是 Linux 用户非常熟悉的命令，该命令的基本功能是浏览文件。该命令后面经常附加的参数有-a 和-l，这两个参数的作用如下：

- ls -a　在 Linux 系统中，以"."开头的文件被系统视为隐藏文件，仅用 ls 命令是无法看到的。如果想要显示出隐藏文件，可以使用 ls -a 命令。该命令除了显示一般文件名外，连隐藏文件也同时显示出来。
- ls -l　以长格式显示结果。有的时候需要查看更详细的文件或目录属性，可以使用 -l 参数。例如，在某个文件目录下使用该命令后可以显示如下信息：

```
1              2     3       4      5       6              7
drwx------     2     Guest   users  1024    Nov 21 21:05   Mail
-rwx--x--x     1     root    root   89080   Nov 7 22:41    tar*
-rwxr-xr-x     1     root    bin    5013    Aug 15 9:32    uname*
lrwxrwxrwx     1     root    root   4       Nov 24 19:30   zcat->gzip
```

每一行的信息可以分成 7 栏。其中，最左端第一栏中包含 10 个字符，如"lrwxrwxrwx"。这 10 个字符主要是显示文档的类型，以及不同用户对该文档的操作权限。例如，从左向右第一个字符表示文件是目录、连接文件或普通文档。其中，d 表示目录文件，l 表示连接文件，-表示一般文件。后面的 9 个字符可以被分成 3 组，每组有 3 个字符，分别用于表示 Owner、Group、Other 用户对该文件的操作权限；其中，r 表示可读，w 表示可写，x 表示可执行，有时执行部分不是 x 而是 s，表示这个程序的执行者临时拥有和拥有者一样的权利来执行该文件。第一栏后面的第二列是一个数字，用于表示文件数目，如果是目录，则是该目录下文件数目。第三列用于表示文件或目录的拥有者，若使用者目前处于自己的 Home，那这列则是账号名称。第四列表示所属的组。第五列表示文件大小，一般是以字节为单位。第六列表示文件的创建时间，第七列则给出了文件名。

(2) cp：复制文件或目录。

用法：cp [options] source dest 或 cp　[options] source directory。

选项：-a　表示尽可能将档案状态、权限等资料都按照原样进行复制。

　　　-r　若 source 中含有目录名，则目录下档案也按序复制到目标目录中。

　　　-f　若目的目录中已经包含与被复制文件或者目录相同名字的文件或者目录，则复制前先将原来的文件或者目录删除，然后把新的文件或者目录写入到该目录下。

范例：cp aaa bbb 表示将档案 aaa 复制并命名为 bbb；cp *.c Finished 表示将所有 C 语言程序复制到 Finished 目录下。

(3) mv 移动文件或目录，文件或目录改名。

用法：mv [options] source target。

选项：-b 在把文件名或子目录名改为其他文件或子目录已经使用过的名字时，将会对所有原有文件和子目录备份。

-i mv 命令设有回显，使用该参数可以和用户交互。

范例：mv -b file1 file2 该命令将 file1 改名为 file2 时，如果原来有 file2 文件，则对原 file2 文件进行备份(file～)。mv - i file1 file2 表示执行该命令会出现 mv replace 'file2' ? 单击“y”并按 Enter 键即可。

(4) cat：显示文本文件内容。

用法：cat [options] filename。

选项：-n 由 1 开始对所有输出的行数编号。

-b 和-n 相似，只不过对于空白行不编号。

范例：cat -n file1 > file2 将 file1 文档内容加上行号后输出到 file2 文档中。cat -b file1 file2 >> file3 将 file1、file2 文档的内容加上行号后(空白行不编号)输出到 file3 中。

(5) more，less：分页显示文本文件内容。

范例：more filename 或 less filename。

(6) head，tail：显示文本文件的前若干行或后若干行。

范例：head -4 myfile，显示文件 myfile 前 4 行内容；tail -4 myfile，显示文件 myfile 后 4 行内容；tail + 45 myfile，显示文件 myfile 从 45 行到文件尾的内容；tail + 15 myfilelhead -3，显示文件 myfile 从 15 行开始的 3 行内容。

(7) wc：统计指定文本文件的行数、字数、字符数。

范例：wc -myfile 统计 myfile 的行数。

(8) find：在文件系统中查找指定文件。

范例：find -name “my * ”，从当前目录下开始查找以 my 开头的文件。find /home -user "jwz"，从/home 目录下开始查找用户宿主为 jwz 的文件。

(9) grep：从指定的一个或多个文本文件中逐行查找指定的字符串。

范例：grep "my * " myfile1 myfile2，在 myfile1 和 myfile2 中查找所有以 my 开头的字符串。

(10) pwd：显示当前工作目录。

(11) mkdir：创建目录。

范例：mkdir c_code，在当前路径下创建了一个名为 c_code 的子目录。

(12) rmdir：删除空目录。

选项：-p 删除某个子目录的全部继承结构。

范例：rmdir -p/tmp/parent/child，必须指明某个子目录完整的结构才能删除其全部继承结构，如果不带-p，则只删除 child 目录。

(13) rm：删除文件。

用法：rm [option]文件名。

参数：-i 删除文件时会询问用户是否删除。

-f 强行删除某个文件。

范例：rm -f temp*，删除以 temp 开头的文件，如果有同名的目录，则 rm 删除时会报错，-f，-r 参数一起使用时可以删除该同名目录及其下的子目录。

3. 常用信息显示命令

(1) stat：显示指定文件的相关信息。

范例：stat file，显示文件 file 的相关信息。

(2) who：显示在线登录用户。

(3) whoami：显示用户自己的身份。

(4) hostname：显示主机名称。

(5) uname：显示操作系统信息。

(6) ifconfig：显示网络接口信息。

范例：ifconfig，显示全部网络接口信息。ifconfig eth0，显示网络接口 eth0 信息。

(7) ping：测试网络的连通性。

范例：ping 202.194.193.16，测试本机与 IP 地址为 202.194.193.16 的主机的连通性。ping www.sina.com.cn，测试本机与 www.sina.com.cn 主机的连通性。

(8) netstat：显示网络状态信息。

(9) id：显示当前用户的 id 信息。

4. 常用备份压缩命令

(1) tar：文件、目录打(解)包。

用法：tar [主选项+辅选项]文件或目录。

主选项：

-t 列出文档中的内容。

-c 创建新的档案文件。

-r 把要存档的文件追加到档案文件末尾。

-x 从档案文件中释放文件。

辅选项：

-f 使用档案文件或设备，该选项通常是必选的。

-k 保存已经存在的文件，在还原文件过程中遇到相同文件，不会进行覆盖。

-v 详细报告 tar 处理的文件信息。

-w 每一步都要求确认。

范例：tar -zcvf myfile.tar.gz mydir，将 mydir 目录打包后压缩。

tar -zxvf myfile.tar.gz，解压缩。

(2) gzip：压缩(解压)文件或目录，压缩文件后缀名为 gz。

(3) compress：压缩(解压)文件或目录，压缩文件后缀名为 z。

(4) bzip2：压缩(解压)文件或目录，压缩文件后缀名为 bz2。

5. 常用系统管理命令

(1) mount：挂装文件系统。umount：解挂装文件系统。

范例：mount 表示查看系统自动挂装的文件系统。mount /mnt/cdrom 表示挂装光驱。mount -t vfat /dev/hda10 /mnt/win，将本地 FAT32 分区挂到/mnt/win 目录下。umount /mnt/win，解挂装分区。

(2) chmod：更改文件或目录的权限。

用法：chmod [-cfvR][--help][--version][+-=]mode file…。

说明：利用 chmod 可以控制档案如何存取。mode 权限设定字串，格式如下：[ugoa…][[+-=][rwxX]…][…]，其中 u 表示该档案的拥有者，g 表示与该档案的拥有者属于同一个群体(group)者，o 表示其他以外的人，a 表示这三者皆是。+表示增加权限，-表示取消权限，=表示唯一设定权限。r 表示可读取，w 表示可写入，x 表示可执行，x 表示只有当该档案是子目录或者该档案已经被设定过，为可执行。

参数[-cfvR]主要用于用户更改过程中或者更改后相关信息的显示，以及对子目录的更改限制，例如：

-c 只有该档案的权限确实已经被更改，才显示其更改的信息。

-f 即使该档案的权限无法按照要求更改，也不会向用户显示错误信息。

-v 显示权限变更的详细资料。

-R 对当前目录下的所有档案与子目录进行相同的权限变更。

-help 显示辅助说明。

-version 显示版本。

范例：chmod u-=rw,g=r,o=r myfile，对 myfile 文件的权限进行设置，设置后 owner 用户拥有对该文件的读/写权，group 用户和 other 用户拥有只读权。

另外，权限设置相同时，还可按以下方式合并参数：

chmod ugo=r myfile，表示将三种类型用户的权限都设置为只读；

chmod u+rW,g+r,o+r filename，则表示在原来权限的基础上，对 owner 用户添加读/写权限，对 group 用户和 other 用户添加只读权限。

(3) su 转换用户并改变相应环境变量。

用法：su，-用户账号名。

su 用于转换当前用户到指定的用户账号，并改变相应的环境变量为新用户的值。

范例：su -sdul。

(4) ps：显示系统中所运行进程的详细信息。

ps 命令不加任何参数时，显示当前控制台的进程。ps -e 命令显示系统中所有进程。

(5) kill：停止指定的进程运行。

用法：kill 进程号。

范例：
```
#ps |grep vi
7740 pts/0 00:00:00 vi
#kill 7740
```

(6) rpm，对 rpm 软件包进行各种维护操作。

用法：

rpm -qa		用于查询系统中安装的所有 RPM 软件包。
rpm - q	软件包名	用于查询指定的软件包在系统中是否安装。
rpm -qi	软件包名	查询系统中已安装软件包的描述信息。
rpm -ql	软件包名	查询系统中已安装软件包里所包含的文件列表。
rpm -qf	文件全路径名	查询系统中指定文件所属的软件包。
rpm -qp	RPM 包文件全路径名	查询 RPM 包文件中的信息，用于未安装前了解包中信息。
rpm -i	RPM 包文件全路径名	安装指定的 RPM 包到当前系统。
rpm -ivh	RPM 包文件全路径名	安装 RPM 包并显示安装信息。“i”代表安装，“v”设置在安装过程中将显示详细信息，“h”设置在安装过程中显示“#”来表示安装进度。
rpm -e	RPM 包名称	删除已安装的软件包。
rpm -u	RPM 包文件全路径名	使用命令中指定的 RPM 软件包对当前系统中已安装的同一软件的较低版本进行升级。

上述内容仅仅是 Linux 下的常用命令，如果在使用时需要查看命令的详细用法，可以使用如下命令：man command 或者 command -help。

2.3 Linux 文件与目录系统

2.3.1 Linux 文件系统类型介绍

文件系统是操作系统领域中的十分重要的一个概念。对于不同的操作系统，它们使用的文件系统一般也不一样。简单地说，文件系统是用来组织和存储文件的。Linux 操作系统不仅支持多个不同的文件系统，如 ext、ext2、ext3、JFS、ReiserFS、fat、vfat、NFS 等，还支持这些文件系统进行相互访问。每一种文件系统都有自己的组织结构和文件操作函数，相互之间差别很大，在这种情况下，要实现多个文件系统并支持它们之间的相互访问，就要把各种不同的文件系统的操作和管理纳入到一个统一的框架中。让内核中的文件系统界面成为一条文件系统总线，使得用户程序可以通过同一个文件系统界面(也就是同一组系统)调用，对各种不同的文件系统或文件进行操作。这样，就可以对用户程序隐去各种不同文件系统的实现细节，为用户程序提供一个统一的、抽象的、虚拟的文件系统界面，这就是所谓的“虚拟文件系统”(Virtual Filesystem Switch，VFS)。这个抽象的界面主要由一组标准的、抽象的文件操作构成，以系统调用的形式提供给用户程序，如 read()、write()、lseek()等。这样，用户程序就可以把所有的文件都看作是一致的、抽象的“VFS 文件”，通过这些系统调用对文件进行操作，而无须关心具体的文件属于什么文件系统。例如，在 Linux 操作系统中，可以按 DOS 格式的磁盘或分区(即文件系统)“安装”到系统中，然后用户程序就可以按完全相同的方式访问这些文件，就好像它们也是 ext2 格式的文件一样。如图 2.1 所示是通过虚拟文件系统操作的示意图，VFS 执行的动作是使用 cp(1)命令从 ext3 文件系统格式的硬盘将数据复制到 ext2 文件系统格式的移动磁盘上。两种不同的文件系统以及两种不同的介质，连接到同一个 VFS 上。

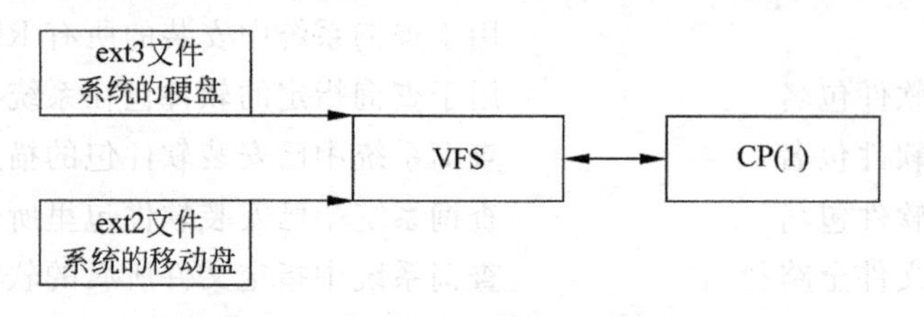

图 2.1 虚拟文件系统操作示意图

1. ext、ext2 与 ext3

ext 是第一个专门为 Linux 而开发的文件系统类型，叫做扩展文件系统。它是 1992 年 4 月完成的，对 Linux 早期的发展产生了重要作用。但是，由于其在稳定性、速度和兼容性上存在许多缺陷，现在已经很少使用了。

ext2 是为解决 ext 文件系统的缺陷而设计的可扩展的、高性能的文件系统，它又被称为二级扩展文件系统。它是 Linux 文件系统类型中使用最多的格式，在速度和 CPU 利用率上有较大优势，是 GNU/Linux 系统中标准的文件系统。它存取文件的性能很好，对于中、小型的文件更能显示出其优势，这主要得益于其簇块存储的优良设计。ext2 可以支持 256 字节的长文件名，其单一文件大小和文件系统本身的容量上限以及文件系统本身的簇大小有关。在常见的 Intel x86 兼容处理器的系统中，最大簇为 4KB，单一文件大小上限为 2048GB，而文件系统的容量上限为 6384GB。尽管 Linux 可以支持种类繁多的文件系统，但是在 2000 年以前，几乎所有的 Linux 发行版都使用 ext2 作为默认的文件系统。由于 ext2 的设计者主要考虑了文件系统性能方面的问题，在写入文件内容的同时，并没有写入文件的 meta-data（和文件有关的信息，例如权限、所有者及创建和访问时间），如果在写入文件内容之后，但在写入文件的 meta-data 之前系统突然断电，就可能造成文件系统处于不一致的状态。在一个有大量文件操作的系统中，出现这种情况会导致很严重的后果。另外，由于 Linux 2.4 内核所能使用的单一分割区最大只有 2048GB，尽管文件系统的容量上限为 6384G，但是实际上能使用的文件系统容量最多也只有 2048GB。

在介绍 ext3、JFS 和 ReiserFS 文件系统之前，先介绍一下日志文件系统。日志文件系统通过增加一个叫做日志的新的数据结构来解决 fsck 问题。该日志位于磁盘上，在对元数据做任何改变以前，文件系统驱动程序会向日志中写入一个条目，这个条目描述了它将要做什么。在分区中保存日志记录文件的好处是：文件系统写操作首先是对记录文件进行操作，若整个写操作由于某种原因（如系统掉电）而中断，则在下次系统启动时就会读日志记录文件的内容，恢复到没有完成的写操作。ext3 是由开放资源社区开发的日志文件系统，它在 ext2 的基础上加入了记录元数据的日志功能，努力保持向前和向后的兼容性。和 ext2 相比，ext3 提供了更优良的安全性，这就是数据日志和元数据日志之间的不同。ext3 是一种日志式文件系统，其优越性在于由于文件系统都有快取层参与运作，如不使用时必须将文件系统卸下，以便将快取层的资料写回磁盘中。因此，每当系统要关机时，必须将其所有的文件系统全部卸下后才能进行关机。如果在文件系统尚未卸下前就关机（如停电），那么重开机后就会造成文件系统的资料不一致，这时必须做文件系统的重整工作，将不一致与错误的地方修复。然而，这个过程是相当耗时的，特别是容量大的文件系统不能百分之百保证所有的资料都不会丢失，特别是在大型的服务器上可能会出现问题。除了与 ext2 兼容之外，

ext3 还通过共享 ext2 的元数据格式继承了 ext2 的其他优点。例如，ext3 用户可以使用一个稳固的 fsck 工具。由于 ext3 基于 ext2 的代码，所以它的磁盘格式和 ext2 相同，这意味着一个完全卸装的 ext3 文件系统可以作为 ext2 文件系统重新挂装。ext3 最大的缺点是，它没有现代文件系统所具有的高性能——提高文件数据处理速度和解压。此外，使用 ext3 文件系统还要注意硬盘限额问题，在这个问题解决之前，不推荐在重要的企业应用中采用 ext3＋Disk Quota（磁盘配额）。

2. JFS

JFS 是一种提供日志的字节级文件系统。该文件系统主要是为满足服务器的高吞吐量和可靠性需求而设计、开发的。JFS 文件系统是为面向事务的高性能系统而开发的。在 IBM 的 AIX 系统上，JFS 已经过较长时间的测试，结果表明它是可靠、快速和容易使用的。2000 年 2 月，IBM 宣布在一个开放资源许可证下移植 Linux 版本的 JFS 文件系统。JFS 也是一个有大量用户安装使用的企业级文件系统，具有可伸缩性和稳定性。与非日志文件系统相比，它的突出优点是快速重启能力，JFS 能够在几秒或几分钟内就把文件系统恢复到一致状态。虽然 JFS 主要是为满足服务器的高吞吐量和可靠性需求而设计的，但还可以用于想得到高性能和可靠性的客户机配置，因为在系统崩溃时，JFS 能提供快速的文件系统重启时间，所以它是因特网文件服务器的关键技术。使用数据库日志处理技术，JFS 能在几秒或几分钟之内把文件系统恢复到一致状态。而在非日志文件系统中，文件恢复可能要花费几小时或几天。JFS 的缺点是，使用 JFS 日志文件系统在性能上会有一定损失，系统资源占用的比例也偏高，因为当它保存一个日志时，系统需要写许多数据。

3. ReiserFS

1997 年 7 月 23 日，Hans Reiser 在网络上公布了基于平衡树结构的 ReiserFS 文件系统。Hans 和他的组员们相信，最好的文件系统是能够有助于创建独立的共享环境或命名空间的文件系统，应用程序可以在其中更直接、有效和有力地相互作用。为了实现这一目标，文件系统应该满足使用者对性能和功能方面的需要。那样使用者就能够继续直接地使用文件系统，而不必建造运行在文件系统之上（如数据库之类）的特殊目的层。ReiserFS 使用了特殊的、优化的平衡树（每个文件系统各一个）来组织所有的文件系统数据，这为其自身提供了非常不错的性能改进，也能够减轻文件系统设计上的人为约束。使用平衡树的另一个好处是，ReiserFS 能够像其他大多数下一代文件系统一样，根据需要动态地分配索引节，而不必在文件系统创建时建立固定的索引节。这有助于文件系统更灵活地适应面临的各种存储需要，同时提供附加的空间有效率。ReiserFS 被看作是一个更加激进和现代的文件系统。传统的 UNIX 文件系统是按磁盘块来进行空间分配的，对于目录和文件等的查找使用了简单的线性查找。这些设计在当时是合适的，但随着磁盘容量的增大和应用需求的增加，传统文件系统在存储效率、速度和功能上已显得落后。在 ReiserFS 的下一个版本 Reiser4 中，将提供对事务的支持。ReiserFS 突出的地方还在于其设计着眼于实现一些未来的插件程序，这些插件程序可以提供访问控制列表、超链接，以及一些其他非常不错的功能。

ReiserFS 最大的缺点是，每升级一个版本都要将磁盘重新格式化一次，而且它的安全性能和稳定性与 ext3 相比有一定的差距。因为 ReiserFS 文件系统还不能正确处理超长的文件目录，如果创建一个超过 768 字符的文件目录，并使用 ls 或其他 echo 命令，将有可能导致系统挂起。

4. vfat 与 NFS

vfat：在 Linux 下，把 DOS 下的所有 FAT 文件系统都统称为 vfat，其中包括 FAT12、FAT16 和 FAT32。

NFS：Sun 公司推出的网络文件系统，用于在系统间通过网络进行文件共享，用户可以把网络中 NFS 服务器提供的共享目录挂载到本地文件系统目录中，就可以像对本地文件系统一样操作 NFS 文件系统中的内容。

2.3.2 Linux 目录系统

Linux 系统中典型的目录结构如下：

```
/
/bin
/boot
/dev
/etc
/home
/lib
/mnt
/proc
/root
/sbin
/tmp
/usr
/var
```

下面我们对每个子目录分别进行介绍。

1. /根目录

开机时，系统会将根分区挂载在该目录下。

2. /bin

/bin 目录是系统中最主要的可执行文件的存放地，这些可执行文件大都是 Linux 系统里最常用的命令，一般用户和超级用户经常使用该目录下的命令，例如：ls、SH、mount 等。

3. /boot

/boot 目录下存放的是系统启动时的内核文件和其他一些信息文件，如 initrd. img、vmlinuz、system-map 等。该目录下存放的文件不可任意删除。另外，有的版本的 Linux 系统中可能没有该目录，把该目录下的内容直接放在根目录下。

4. /dev

/dev 目录下面的所有文件都是特殊文件，Linux 系统把所有的外设都看成是一个文件，即对于代表该外设的文件的操作就表示了对该外设的操作。因此/dev 对系统是非常重要的。如果想对软盘进行 EXT2 文件系统的格式化，那么就要这样做：mke2fs /dev/fd0，这里的 fd0 就代表软盘驱动器。

5. /etc

/etc 目录用于存放系统的配置文件，和系统关系十分密切的配置文件一般都放在该目录下，也就是说，对系统的配置主要就是对该目录下的文件进行修改。该目录下大多是文本文件，例如 inittab、lilo.conf 等。

6. /home

/home 是系统默认的普通用户的主目录的根目录，也就是普通用户的主目录设置为：/home/[userid]目录。在使用过程中，用户的数据一般均存放在其主目录中。

7. /lib

/lib 目录用于存放系统的链接库文件，许多系统启动时所需要用到的重要的共享函数库都在此目录下，没有该目录，则系统就无法正常运行。该目录下包含最重要的 GNU C library，另外，凡是名为 library.so.version 的共享函数库，通常也放在/lib 目录下。另外，在/usr 目录下还有一个/lib 目录，/usr/lib/目录与/lib 目录不同之处在于：/lib 是系统启动时所需要用到重要的共享函数库，而/usr/lib 则是关于应用软件安装函数库的地方。

8. /mnt

/mnt 是系统提供安装额外文件系统时的安装目录，其主要目的是为了不打乱原来的目录系统结构，否则安装在哪里都是可以的，只要那个目录没被使用。通常把软驱和光驱挂装在这里的 floppy 和 cdrom 子目录下。

9. /proc

/proc 目录中的文件其实不是存放在磁盘上的，该目录的文件系统叫做 proc 文件系统，是系统内核的映像。也就是说，该目录里面的文件是存放在系统内存里面的。可以通过查看这些文件来了解系统的运行情况。如果更改这个目录，有可能导致系统的死锁。

10. /root

/root 目录是超级用户 root 的默认主目录，对于一般用户来说，该目录是没有进入权限的。一般自己的文件都复制到自己的主目录下面，以免打乱原来的系统层次结构。

11. /sbin

/sbin 目录和/bin 一样，主要是存放可执行文件的目录，只不过这里的可执行文件主要是给超级用户管理用于管理系统时使用的，普通用户几乎没有权限执行其中的程序，如：mke2fs、ifconfig 等。

12. /tmp

/tmp 目录的作用和 DOS 或 Windows 的 temp 目录相同，即在该目录下面存放临时文件。

13. /usr

/usr 目录是 Linux 系统里面占用磁盘空间最大的目录，该目录下面一般包含了不需要修改的应用程序、命令程序文件、程序库、手册和其他文档等。它的子目录也比较复杂，而且不同系统之间区别也比较大。

14. /var

它主要是一些系统记录文件的存放地，同时也存放一些系统的配置文件。因系统不同而异。

2.4 shell 简介

shell 是一种具备特殊功能的程序，它是介于使用者和 Linux 操作系统内核之间的一个接口。操作系统是系统资源的管理者与分配者，当用户有需求时，需要向系统提出；从操作系统的角度来看,它也必须防止用户错误操作而造成系统的伤害。众所周知,操作计算机需要通过命令(command)或是程序(program);程序需要编译器(compiler)将程序转换为二进制代码,然后执行。而计算机对于命令的接收和处理则需要用到shell,shell首先向用户提供一个界面系统,用户通过该界面可以向计算机发出指令,同时,shell对命令进行解释,并向内核提出请求。所以,简单地说,shell就是一个命令解释器。用户可以用shell来启动、挂起、停止甚至是编写一些程序。UNIX/Linux将shell独立于核心程序之外,使得它如同一般的应用程序,可以在不影响操作系统本身的情况下进行修改、更新版本或添加新的功能。

在Linux下,也可以像Windows下的批处理程序(bat文件)一样,它把一连串的命令存入一个文件,然后执行该文件。而且,这种文件有的还支持若干现代程序语言的控制结构,例如,能做条件判断、循环、传送参数等。当然,要写这种文件,不仅要学习程序设计的结构和技巧,而且需要对UNIX/Linux公用程序及如何运作有深入的了解。有些公用程序的功能非常强大(例如grep、sed和awk)。实际上,如果使用shell命令来编写类批处理文件,也就相当于把shell当做程序语言来使用。

可以用下面的命令来查看你自己的shell类型#echo $SHELL。$SHELL是一个环境变量,它记录用户所使用的shell类型。可以用命令#shell-name来转换到别的shell,这里shell-name是想要尝试使用的shell的名称,如ash等。这个命令为用户又启动了一个shell,这个shell在最初登录的那个shell之后,称为下级的shell或子shell。使用命令$exit可以退出这个子shell。在大部分的UNIX系统中三种著名且广被支持的shell是Bourne shell(AT&T shell,在Linux下是BASH)、C shell(Berkeley Shell,在Linux下是TCSH)和Korn shell(Bourne shell的超集)。这三种shell在交互(interactive)模式下的表现相当类似,但作为命令文件语言时,在语法和执行效率上就有些不同了。第4章将详细介绍shell的编程。

2.5 网络服务简介

2.5.1 Linux支持的网络协议

1. TCP/IP

TCP/IP从一开始就集成到了Linux系统之中,并且其实现完全是重新编写的。现在,TCP/IP已成为Linux系统中最稳定、速度最快和最可靠的部分,这也是Linux系统成功的一个关键因素。

2. TCP/IP版本6

IPv6也称为IPng(IP next generation),是IPv4协议的升级,并解决了其中的很多问题,例如,IPv4缺少足够的可用IP地址,没有处理实时网络请求的机制,缺少网络层的安全机制等。

3. IPX/SPX

IPX/SPX(Internet Packet Exchange/Sequenced Packet Exchange)是Novell公司基于XNS(Xerox Network Systems)的网络协议集。IPX/SPX在20世纪80年代早期成为Novell公司NetWare的一部分。Linux系统中有IPX/SPX的完整实现。Linux系统可以

设置为：

(1) IPX 路由器。

(2) IPX 网桥。

(3) NCP(Network Core Protocol)客户机和/或 NCP 服务器。

(4) Novell 打印客户机，Novell 打印服务器。

并且可以：

(5) 具有 PPP/IPX 功能，Linux 系统可以作为 PPP 服务器/客户机。

(6) IPX 通过 IP 互连，允许两个 IPX 网络通过 IP 链路互连。

4. AppleTalk 协议集

AppleTalk 是 Apple 公司的网络互联协议。它提供对等的网络互联模型(peer-to-peer)，并提供文件共享、打印共享等基本网络功能。每台计算机都可以设置为客户机和服务器，但同时每台计算机都要安装必要的硬件和软件。

Linux 可以提供整套 AppleTalk 网络功能。NetaTalk 是 AppleTalk 协议的核心层实现，它最初是为 BSD UNIX 系统编写的。

5. 广域网

很多厂商提供 T-1、T-3、X.25 和帧中继的 Linux 产品。

6. ISDN

Linux 内核中集成了 ISDN 功能。Isdn4linux 可以控制 ISDN 的 PC 卡，并能模拟调制解调器。其应用从终端程序通过 HDLC 连接一直到通过 PPP 连接因特网。

7. PPP、SLIP 及 PLIP

Linux 内核中也集成了对 PPP(Point to Point Protocol)和 SLIP(Serial Line IP)及 PLIP(Parallel Line IP)的支持。个人计算机用户连接 ISP(Internet Service Provider)的最常用方式就是 PPP。PLIP 允许实现两台计算机通过并行口的简单连接，速率可达到 10～20Kb/s。

8. 业余无线电

Linux 内核中还集成了对业余无线电(amateur radio)协议的支持。特别令人感兴趣的是对 AX.25 协议的支持。AX.25 协议提供了有连接和无连接两种操作方式。AX.25 既可用来实现点到点的连接，也可用来传送其他协议，例如 TCP/IP 和 NetRom。此协议在结构上和 X.25 第二层十分接近，只是做了扩展，以便更适合业余无线电环境。

9. ATM

Linux 对 ATM 的支持还处于实验阶段。现有一个测试版本支持 ATM 连接、通过 ATM 的 IP 连接及局域网仿真等。

2.5.2 Linux 的网络服务

Linux 是十分优秀的内联网/因特网服务器平台。Linux 提供的内联网/因特网服务包括邮件、新闻、WWW 服务和其他一些服务。

1. 邮件

邮件服务器。Sendmail 是 UNIX 平台上 Mail 服务器程序的工业标准。它的功能十分强大，易于扩展。如果硬件配置得当，Sendmail 可以轻松处理成千上万个网络请求。其他的邮件服务器程序，如 smail 和 qmail 可以作为 Sendmail 的替代。

(1) 远程邮件存取。在公司机构或 ISP 中，用户可能在本地远程存取邮件。Linux 系统提供了几种选择方案用于处理这种情况，包括 POP(Post Office Protocol)和 IMAP(Internet Message Access Protocol)服务器。POP 一般用来从服务器向客户机传送信息，而 IMAP 允许用户处理服务器中的信息，远程建立和删除服务器的文件夹，同时存取共享的邮件文件夹等。

(2) 邮件用户代理。无论在图形方式下还是在文本方式下，Linux 系统都有很多邮件用户代理 MUA(Mail User Agent)。广泛使用的 MUA 有 pine、elm、mutt 和 Netscape。

(3) 邮件列表管理程序。在 UNIX 系统中有很多 MLM(Mail List Management)，Linux 系统中也有很多此类软件。

(4) 读取邮件。一个和邮件有关的功能就是 Fetchmail，它是一个免费的、功能全面、稳定性好、文档组织好的远程邮件读取和发送工具。它主要用于 TCP/IP 的需求应用链接(例如 SLIP 或者 PPP 链接)。它支持各种因特网上正在使用的远程邮件协议，甚至支持 IPv6 和 IPSEC。Fetchmail 从远程邮件服务器中读取邮件，并通过 SMTP 传送，所以一般的邮件用户代理 MUA (Mail User Agent)，如 mutt、elm 或 BSD Mail 都可以读取邮件。Fetchmail 可以用来作为整个 DNS 域的 POP/IMAP-to-SMTP 网关，它从 ISP 的单个信箱中收集邮件，并根据信头地址使用 SMTP 发送。因此，一个规模较小的公司可以使用单个信箱中集中管理邮件。Fetchmail 程序收集所有的发出邮件，发送到因特网上，并同时收取寄入的邮件。

2. Web 服务器

大多数 Linux 发布包括 Apache(http://www. apache. org)。Apache 可以说是因特网上的头号服务器。超过半数的因特网站点正在运行 Apache 或 Apache 的变形。Apache 的优点包括其模块化设计、超常的稳定性和速度。只要硬件配置得当，Apache 能够负担极大的网络流量。Yahoo、AltaVista、GeoCities、Hotmai 都使用 Apache 服务器的定制版本。

(1) Web 浏览器。Linux 平台有很多浏览器可供选择。网景公司的导航者(Netscape Navigator)一开始就集成在 Linux 的系统中，而 Mozilla(http: www. mozilla-org)也有 Linux 版本。另一个十分流行的基于文本的 Web 浏览器是 lynx。在没有图形的环境下，lynx 十分方便和快捷。

(2) FTP 服务器和客户机。FTP 服务器允许用户链接并下载文件。Linux 系统中包括很多 FTP 服务器和客户机端软件，其中既有基于文本的，也有基于图形界面的。

(3) 新闻服务。Usenet 是一个大的公告牌系统，涉及各式各样的主题并按层次结构组织。因特网上的计算机通过 NNTP(Network News Transport Protocol)协议交换文章。Linux 系统包括多种新闻服务的实现方法，分别适用于网络流量很大的站点和仅包括几个新闻组的站点。

3. 域名系统

DNS 服务器的任务是把域名翻译为 IP 地址。一个 DNS 当然无法知道所有的 IP 地址，但它可以向其他服务器询问自己不知道的地址。DNS 会返回已知的 IP 地址，或者告诉用户其要求的名字没有找到。大多数 UNIX 的域名服务是由一个叫做 named 的程序完成的，这也是因特网软件系统的一部分。

(1) DHCP 和 bootp。DHCP 和 bootp 是允许客户机从服务器中获取网络信息的协议。现在有很多公司开始使用这些协议,因为这些协议为管理网络带来极大的便利,尤其是比较大的网络和有很多移动用户的网络。

(2) NIS。NIS 提供了一个由数据库和处理程序组成的网络查询服务。它的目的是为整个网络上的计算机提供信息服务。例如,NIS 允许一个人能够登录到运行 NIS 的网络的任何计算机上,而管理员无须在每台计算机上增加口令,只需在主数据库增加口令即可。

2.6 本章小结

本章简要介绍 Linux 的基础知识,这些内容是今后进行嵌入式开发的必备知识,包括:

(1) Linux 系统的特点、组成、版本控制及开发过程。

(2) Linux 字符界面及常用命令。

(3) Linux 文件系统及目录系统结构。

(4) Linux 支持的网络协议及网络服务。

2.7 思考题

(1) 简要描述 Linux 的优缺点。学习 Linux 你能得到什么?

(2) Linux 的 4 大基础、4 大组成是什么?

(3) 详述 Linux 内核版本的控制方式,理解 Bazaar 模型和 Cathedral 模型的特点。

(4) Linux 文件系统有哪几类? VFS 的作用是什么? 解释图 2.1 的含义。

(5) 解释 Linux 系统中典型的目录结构及目录项作用。

(6) Linux 支持哪些网络协议? 提供哪些网络服务?

第3章 Linux 编程环境

CHAPTER 3

本章主要内容

- Linux 编程环境介绍
- VIM 及 Emacs 的使用
- GNU make 使用及 Makefile 编程
- GDB 的使用方法
- 本章小结

3.1 Linux 编程环境介绍

众所周知，程序的运行需要操作系统支持，程序的优化必然也要考虑到操作系统的特性。创建一个进程要比创建一个线程耗用更多的时间和空间资源，这也使得在 Windows 中开发多任务程序时，往往采用多线程来实现。在 Linux 下创建进程的 fork 函数非常高效，因此在 Linux 下频繁使用它。如果要想编写高效、安全、稳定、易维护的软件，不考虑特定的系统平台几乎是不可能的。

3.1.1 开发工具环境

现在的程序员们早已习惯了可视化的编程工具，习惯使用“向导”。系统将进行校对，提醒代码是否有错，完成后，单击“编译”按钮，就可以生成可执行程序。也可以画出用户界面，生成基本的程序框架，然后根据需要加以修改，就完成了程序。这就是在 Windows 环境下的程序员所享受的生活。而 Linux 世界却是另一个世界，一切都显得那样的原始、古朴、原汁原味。一定会勾起那些从 DOS 世界，或更早的世界中走出来的程序员对往事的回忆，那些来自 UNIX 世界的程序员都会感到无比的亲切。

Windows 一面以友好的界面展现给程序员，但却严格限制程序员对其透彻地研究，将自己用华丽的外表包装起来。而 Linux 则一直以真面目示人——神秘、费解，而内心是对刻苦者敞开的。

一套完整的开发工具应包括编辑工具、编译工具和调试工具，大型项目还要有配置工具和项目管理工具。开发环境分为基于文本的开发平台(vim/emacs＋gcc＋gdb)和集成开发平台(Eclipse＋CDT 插件)。近年来，Linux 受到越来越多的开发者和普通用户的喜爱，Linux 上的集成开发工具也越来越多，比较常用的有 Kylix、Eclipse 等。

3.1.2 基于文本模式的开发平台

(1) 编辑工具。早些时候,Linux 中尚未拥有集成化环境,开发者们使用经典的 vi 来编辑源程序,更复杂一点的有 joe、emacs 等。

(2) 编译工具。Linux 支持大量的语言有 C、C++、Java、Pascal 等,在本书中以 C 语言为主。一般用命令行的方式使用编译工具,先用编辑工具输入源程序,然后再执行一长串包括参数的命令进行编译,最后还需要为其赋予可执行的权限,这样才完成了整个工作。

(3) 调试工具。程序运行中,发现存在缺陷,就需要确定出错的位置、出错的原因以及一些运行时的数据。这时,就需要 gdb 的帮助,通过 gdb 调试程序,可以查看程序运行中某一变量值,支持断点调试等功能。

如果程序分成很多源文件,就不得不先把每个源文件都编译成目标代码,最后再链接成可执行文件。为了完成这种繁重的重复性劳动,可以使用 make 的工具。make 依据一个 Makefile 文档来工作,而一个简单的 Makefile 文档其实就是 gcc 命令的集合。编辑好之后,输入 make 就可以让它自动运行这些编译命令。Makefile 文档中一个重要的概念就是目标,它告诉 make 要完成什么工作,后续章节将详细论述 make。

对于稍微大一点的程序,大家都不会自己去写 Makefile 文档,而是用 automake 的工具来自动生成 Makefile,当然也会用到其他一些如 autoscan、autolocal、autoconf 等工具。虽然标准的 GNU 软件推荐使用这些工具,但初学者完全可以跳过它们,只需对 make 的工作方式有基本的了解就可以了。为了供不同的开发人员之间的分工合作,Linux 还提供了 CVS,用于版本控制、软件配置管理。

3.1.3 集成开发平台 Eclipse+CDT

Eclipse 是一个由 IBM、Borland 等公司资助的开源开发环境,其功能可以通过插件方式进行扩展。尽管 Eclipse 主要用于 Java 程序开发,但其体系结构确保了它对其他程序语言的支持。Eclipse CDT(Eclipse C/C++Development Tool)是用于 C/C++程序开发的一组插件,CDT 项目致力于为 Eclipse 平台提供功能完整的 C/C++集成开发环境,该项目重点面向 Linux 平台。

在下载和安装 CDT 之前,首先必须确保 GNU C 编译器 GCC 及所有附带的工具(make、binutil 和 GDB)都是可用的。如果正在运行 Linux,只要通过使用适于你分发版的软件包管理器来安装开发软件包。Eclipse 可从官方网站(http://www. eclipse. org/)下载,网站上也有 CDT 的下载链接。需注意的是,不同版本的 Eclipse 需要特定版本的 CDT 插件的支持。

下一步是下载 CDT 二进制文件。由于 CDT 与平台有关,选择下载相关的操作系统的 CDT,然后,将归档文件解压到临时目录中,从临时目录将所有插件目录内容都移到 Eclipse plugins 子目录下。还需要将 features 目录内容移到 Eclipse features 子目录中。现在,重新启动 Eclipse。Eclipse 再次启动之后,更新管理器将告诉你它发现了更改,并询问是否确认这些更改。现在你将能够看到两个可用的新项目:C 和 C++。

在 Eclipse 中安装 CDT 之后,浏览至 File|New|Project,可看到 3 个新的可用项目类型:C(Standard C Make Proiect)、C++(Standard C++ Make Project)和 Convert to C or

C++Projects。从 Standard Make C++Project 开始，可创建源代码。在 C/C++Projects 视图中，单击鼠标右键，然后选择 New|Simple|File，对文件命名并保存。你可能会用这种方法创建许多头文件及 C/C++实现代码文件。最后是 Makefile，GNU make 将使用它来构建二进制文件。对该 Makefile 使用常见的 GNU make 语法。

通常会将现有的源代码导入 Eclipse，可使用 Import 向导，将文件从文件系统目录复制到工作台。转至主菜单栏，选择 File|Import|File System。单击 Next 按钮，打开源目录，选择要添加文件的目录。单击 Select All 按钮以选择目录中的所有资源，然后从头到尾检查，取消不需要添加的资源，指定将作为导入目标的工作台项目或文件夹。还可以通过从文件系统拖动文件夹和文件并将它们放入 Navigatoin 视图中，或者通过复制和粘贴来导入文件夹和文件。

CDT 依赖于三个 GNU 工具：GCC、GDB 和 Make。大多数 Linux 源代码软件包使用 autoconf 脚本来检查构建环境，所以必须运行 configure 命令，该命令在编译之前创建 Makeflile。CDT 没有提供编辑 autoconf 脚本的方法，所以必须手动编写。然而，你可以配置构建选项以在编译之前调用 configure 命令。

可以使用默认设置通过调用 make 命令来构建项目。如果要使用更复杂的方法进行构建，则必须在 Build Command 文本框中输入适当的命令(例如，make -f make_it_all)。

接下来，在 C/C++ Project 视图中，选择 C/C++ Project，然后单击鼠标右键并选择 Rebuild Project。所有来自 make、编译器和链接程序的编译消息都重定向到控制台窗口。

编译成功之后，就可以运行应用程序，用于运行和调试的选项都位于 Eclipse 主菜单的 Run 菜单下。必须预先定义好用于运行项目的选项。通过转至主菜单中的 Run 选项来完成这一步。例如，可以将一个概要文件用于测试目的，而将另一个概要文件用于运行最终版本。另外，可以定义希望要传递给应用程序的参数，或者设置环境变量。其他选项用于设置调试选项，例如使用哪个调试器(GNU GDB 或 Cygwin GDB)。

3.1.4 文档帮助环境

Windows 程序开发人员如果遇到不太熟悉的函数，可以求助于 MSDN。在 Linux 下，虽然最初的文档很不齐全且管理混乱，给开发人员带来了不少困难。但随着 Linux 文档计划(见网址 http://www.tldp.org/)的开展，以及对原版英文文档的翻译，Linux 文档逐渐丰富起来。

在 Linux 下开发应用程序时，手册页(manpage)是主要的参考信息来源。手册页中存放的是参考信息，对于每一条 shell 命令、系统调用、库函数、配置文件和系统的守护程序，都有相关的一页对其进行说明。手册页分为 8 个部分：

- 第 1 部分：shell 命令和用户级程序；
- 第 2 部分：系统调用相关文档；
- 第 3 部分：C 和 C++库函数和宏调用相关文档；
- 第 4 部分：在内核模块、/dev 目录、/proc 等目录中的特殊文件和设备的相关文档；
- 第 5 部分：系统的不同文件格式；
- 第 6 部分：因历史原因而包含的游戏相关文档；
- 第 7 部分：有关语言或小语言的文档；

• 第 8 部分：守护程序或者其他系统管理员命令的相关文档。

可以在 shell 提示下输入命令 man 和命令的名称，来阅读有关的说明书页。例如，要阅读关于 ls 命令的说明书页，输入以下命令：

```
[root@localhost~]# man ls
```

会显示如下信息：

```
LS(1)       User Commands      LS(1)
NAME
     ls - list directoy contents
SYNOPSIS
     ls [OPTION]…[FILE]…
DESCRIPTION
     List information about the FILEs (the current directory by default).
     Sort entries alphabetically if none of -cftuSUX nor --sort is specified

     Mandatory arguments to long options are mandatory for short options
     too.
     a, --all
          do not hide entries starting with. -
     A, --almost-all
          do not list implied.and..
      --author
          with-l; print the author of each file
…
```

其中，NAME 字段显示了可执行文件的名称和对其功能的简短解释；SYNOPSIS 字段显示了可执行文件的常用方法，如要声明的选项和它支持的输入类型（文件或数值）；DESCRIPTION 字段显示了和文件或可执行文件相关的可用选项和数值；See Also 显示了相关的术语、文件和程序。

如果要翻阅说明书，可以使用 Page Down 和 Page Up 键，或使用空格键来向后翻一页，使用字符“b”来向前翻。要退出说明书页，输入字符“q”。要在说明书中搜索关键字，输入“/”和要搜索的关键字或短语，然后按 Enter 键。所有出现在说明书中的关键字都会被突出显示，并允许快速地阅读上下文中的关键字。打印说明书页是给常用命令归档的便利方法，可以把它们装订起来以便使用。如果你有一台打印机，并在 Linux 中配置了，就可以在 shell 提示下输入以下命令来打印说明书：

```
[root@localhost~]# manls | col -b | lpr
```

以上命令把分开的命令并入一个独特的功能。man ls 会把 ls 的说明书的内容输出给 col，这个命令会格式化内容，使其适合打印页的大小。lpr 命令把格式化后的内容发送给打印机。

3.2 常用编辑器

常用的编辑器有：图形模式下的 gedit、kwrite、OpenOffice，文本模式下的 VIM、Emacs 和 nano。VIM 和 Emacs 是在 Linux 下最常用的两个编辑器。Emacs 的功能比 VIM 多。下面简单介绍一下两者的常用功能，更多的功能可以查阅帮助文档。

3.2.1 VIM 编辑器

VIM 是 Linux 最基本的文本编辑工具，虽然没有类似于图形界面编辑器中单击鼠标的简单操作，但在系统管理、服务器管理中，永远不是图形界面的编辑器能比的。当没有安装 Windows 桌面环境或桌面环境崩溃时，字符模式下的编辑器 VIM 就派上用场了。另外，VIM 编辑器是创建和编辑简单文档最高效的工具。

1. VIM 的模式

VIM 的模式有 6 种，为避免初学者搞混，一般分成三种：

(1) 一般模式。进入 VIM 就处于一般模式，只能通过按键向编辑器发送命令，不能输入文字。这些命令可能是移动光标的命令，也可能是编辑命令或寻找替换命令。

(2) 编辑模式。在一般模式下按 i 键就会进入编辑模式(也称插入模式)，此时可以输入文字、写文章，按 Esc 键就又回到一般模式。

(3) 命令模式。在一般模式下按冒号键"："就会进入命令模式，屏幕左下角会有一个冒号出现，此时可输入命令并执行。同样地，按 Esc 键回到一般模式。

2. VIM 的启动保存和退出

(1) 在命令行中指定打开文件。例如打开 test. txt 文件，输入 vim test. txt 即可。此时 VIM 处于一般模式，也是其默认模式。

(2) 先进入 VIM 后打开文件。进入 VIM 后，进入命令模式，使用冒号命令：e test. txt，就可以编辑 test. txt 这个文件。使用以上两种打开文件方式时，如果 test. txt 不存在，就会打开一个新的以 test. txt 命名的文件。

(3) 编写文件。进入 VIM 后，按 i 键进入编辑模式，就可以编写文件了。通过方向键控制光标的移动，退格键可消去光标前一个字母，若是中文则消去一个字。Delete 键可删除光标所在处的字母(或汉字)。

(4) 保存文件和退出。如果写好了文件，就可以先按 Esc 键回到一般模式，然后使用冒号命令:w，就会保存文件，但这时还没有离开 VIM，如果要离开 VIM，则可以通过冒号命令：q!。另外，也可以把以上两个命令合起来使用，如：wq，这样就会存盘并退出。

3. 光标快速移动

当 VIM 处于一般模式下时，可以用下列快捷键位来快速移动光标：

j	向下移动一行；
k	向上移动一行；
h	向左移动一个字符；
l	向右移动一个字符；
ctrl+b	向上移动一屏；
ctrl+f	向下移动一屏；
向上箭头	向上移动；
向下箭头	向下移动；
向左箭头	向左移动；
向右箭头	向右移动。

对于 j、k、l 和 h 键，还能在这些动作命令前面加上数字，例如 3j，表示向下移动 3 行。

4. 文本的插入

进行此类操作前，VIM 应处于一般模式，操作后 VIM 处于编辑模式：

i　　在光标之前插入；
a　　在光标之后插入；
I　　在光标所在行的行首插入；
A　　在光标所在行的行末插入；
o　　在光标所在行的下面插入一行；
O　　在光标所在行的上面插入一行；
s　　删除光标后的一个字符，然后进入插入模式；
S　　删除光标所在的行，然后进入插入模式。

5. 文本内容的删除操作

进行此类操作前，VIM 应处于一般模式，操作后 VIM 仍处于一般模式：

x　　删除一个字符；
#x　　删除几个字符，# 表示数字，例如 3x；
dw　　删除一个单词；
#dw　　删除几个单词，使用数字表示，例如 3dw 表示删除三个单词；
dd　　删除一行；
#dd　　删除多行，# 表示数字，例如 3dd 表示删除光标行及光标的下两行；
d$　　删除光标到行尾的内容；
J　　清除光标所处的行与下一行之间的空格，把光标行和下一行接在一起。

6. 恢复修改及恢复删除操作

u　　恢复修改及恢复删除操作。

进行此操作前，VIM 应处于一般模式，操作后 VIM 仍处于一般模式。在一般模式下按 u 键来撤销以前的删除或修改；如果希望撤销多个以前的修改或删除操作，需要多按几次 u 键。这和 Word 的撤销操作没有太大的区别。

7. 复制和粘贴的操作

"删除"有"剪切"的含义，当删除文字后，按下 Shift＋p 组合键就把内容贴在原处，然后再移动光标到某处，按 p 键或 Shift＋p 组合键就能粘贴上了。

p　　在光标之后粘贴；
Shift＋p　　在光标之前粘贴。

例如，希望把一个文档的第三行复制下来，然后粘贴到第五行的后面，先把光标移动到第三行处，然后用 dd 动作，接着再按一下 Shift＋p 组合键，这样就把刚才删除的第三行粘贴在原处了。接着再用 k 键移动光标到第五行，然后再按一下 p 键，这样就把第三行的内容又粘贴到第五行的后面了。要注意的是：此处所有的操作都在一般模式下完成。

8. 查找

首先进入命令模式；再输入/或？就可以使用查找功能了。

/要查找的单词　　正向查找，按 n 键把光标移动到下一个符合条件的地方；
？要查找的单词　　反向查找，按 Shift＋n 组合键，把光标移动到下一个符合条件的地方。

9. 替换

按 Esc 键进入命令模式。

:s/SEARCH/REPLACE/g　　注：把当前光标所处的行中的 SEARCH 单词，替换成 REPLACE，并把所有 SEARCH 高亮显示；

:%s SEARCH/REPLACE　　注：把文档中所有 SEARCH 替换成 REPLACE；

:#,#s/SEARCH/REPLACE/g　　注：#号表示数字，表示从多少行到多少行，把 SEARCH 替换成 REPLACE 在这里，g 表示全局查找；注意到，即使没有替换的地方，也会把 SEARCH 高亮显示。

10. 关于行号

当编译程序出现错误或警告时，就需要转到对应的行号去编辑源文件，VIM 可以方便地显示行号。

在命令模式下，输入 set number，就会在每行的行首显示出行号。如下所示：

```
27 安装 ethtool - 3 - 1.i386.
28 安装 expat - 1.95.8 - 6.i386.
29 安装 gdbm - 1.8.0 - 25.i386.
```

以上介绍的只是 VIM 创建、编辑和修改文件使用的最基本的命令格式，也没有涉及更为高级的 VIM 用法。它包含的命令还很多，如果把 VIM 所有的功能都一一列出来，足够单独出一本书了。如果想了解更多，请查找 man 或 help：

```
man vim 或 vim -help
```

3.2.2 Emacs 编辑器

作为一个文本编辑器，Emacs 的确是太庞大了(有 70 多兆字节)。但是，如果把 Emacs 视为一个环境，则是非常优秀的，70MB 的体积也就不算什么了。作为普通用户，不推荐使用 Emacs，用 VIM 就可以了。但是如果你是一个程序员或系统管理员，你所关心的就不会是绚丽的界面，而是强大的功能和工作的效率——而这就是 Emacs 能带给你的。Emacs 并不比惯用的其他编辑器，如 UltraEdit、TextPad、EmEditor 等更难使用，只是在使用 Emacs 的时候，需要重新适应 Emacs 定义的快捷键。一旦你熟悉了它的快捷键，就能像用其他软件一样自如。

1. 概念介绍

为了方便以后的学习，在介绍 Emacs 使用方法之前，先介绍以下几个概念：

(1) 缓冲区(buffer)。缓冲区是一块用来保存输入的数据的内存区域。在 Emacs 里，一切都是在内存中进行的，直到按下 C-x，C-s 键来保存，文件才会被改变，几乎所有的文本编辑器都是这样工作的。

(2) 窗口(frame)。指所编辑的文本被显示的区域。这一点类似于在 UltraEdit 里打开的各个文件所在的小窗口。

(3) 模式(mode)。模式是 Emacs 里最重要的概念，Emacs 的强大功能基本上都是由各种模式提供的。常用的有 C/C++模式、shell 模式、Perl 模式、SGML/HTML 模式等。

2. 文件缓冲区和窗口操作

首先，可以在 Emacs 里同时编辑多个文件。随时可以使用 C-x 和 C-f(即 Ctrl＋x 和 Ctrl＋f)来打开(或者创建)文件。默认情况下，编辑器自动进入到新的文件窗口中。如果希望同时看到两个文件，就必须首先对窗口进行分割。使用 C-x2 键对窗口进行水平分割。分割完毕的两个窗口里的内容竟然完全一样。只是分割了窗口，但是并没有切换缓冲区，因此依旧是显示原来缓冲区的内容。使用 C-xo 键切换到想去看的窗口，然后在缓冲区列表里选择目标文件。这样就可以在同一屏中审视两个文件了。也可以用 C-x3 键将屏幕垂直分割成左右两个区域。理论上来说，窗口可以无限分割，因此完全可以将屏幕分割成倒“品”字形，只需依次按下 C-x2、C-x3 键即可。

窗口和缓冲区的概念是完全不同的，因此可以“关闭”窗口，而非“关闭”缓冲区，让它暂时从我们的视线里消失，这相当于图形环境下的“最小化窗口”。使用 C-x0 键关闭当前窗口，使用 C-x1 键关闭当前窗口以外的其他窗口。

下面的内容很直观地显示了对窗口和缓冲区的键盘操作。

窗口操作如下：

功能键	功能
C-x0	删除当前窗口，对缓冲区无影响。注意：这里是数字(最小化当前窗口)。
C-x1	删除当前以外的所有窗口，对缓冲区无影响(最小化其他窗口)。
C-x2	水平分割当前窗口。
C-x3	垂直分割当前窗口。
C-xo	切换窗口(当且仅当有一个以上的窗口存在)。注意：这里是字母 o。

缓冲区操作如下：

功能键	功能
C-x C-f	打开(创建)文件，创建一个新的缓冲区。
C-x C-s	保存当前缓冲区到文件。
C-x C-w	保存当前缓冲区到其他文件(文件另存为)。
C-x k	关闭当前缓冲区。
C-x C-b	缓冲区列表。你可以用方向键来选择要切换的缓冲区。
C-x C-c	关闭所有的缓冲区，退出 Emacs。

3. 简单的光标移动操作

从当前位置出发，移动光标的命令如图 3.1 所示(其中 C 表示 Ctrl 键，M 表示 Alt 键)。

4. 插入与删除

如果要插入文字，输入它即可。可以看到的字符，像是 A、7、* 等被 Emacs 视为文字并且可以直接插入。输入< Return >(carriage-return 键)以插入一个 Newline 字符。输入< Delete >键以删除光标处的字符。当一行文字变得比“在窗格中的一行”长时，这一行文字会“接续”到下一行。这时，一个小小的弯弯的箭头会出现在其右边界，以指出此行未完。如果连续输入几个相同的字符(例如 ********)，可以利用命令 C-u 8 * 实现。

现在已经学到了输入字符到 Emacs 及修正错误的大部分基本方法。当然也可以以字或行为单位进行删除。这里有份关于删除操作的摘要：

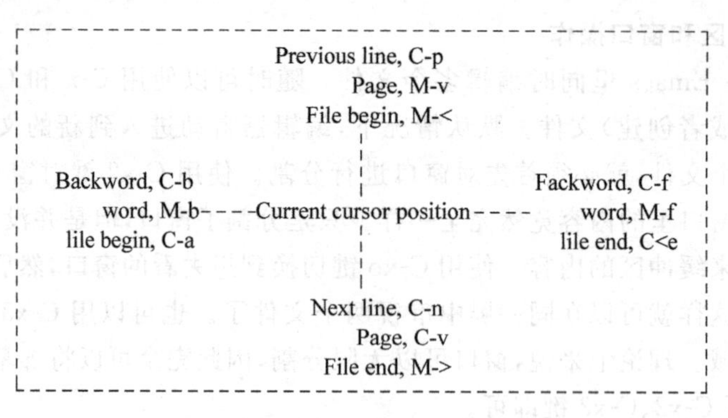

图 3.1 移动光标的命令

<BackSpace> 删除光标所在的前一个字符。

C-d 删除光标所在的后一个字符。

M-<BackSpace> 删除光标所在的前一个字。

M-d 删除光标所在的后一个字。

C-k 删除从光标所在位置到“行尾”间的字符。

M-k 删除从光标所在位置到“句尾”间的字符。

也可以只以一种方法来删除缓冲区内的任何部分,先移动到要删除的部分的一端,然后输入 Ctrl+空格组合键,再移到那部分的另一端,接着输入 C-w。这样就会把介于这两个位置间的所有文字删除。

5. 取消动作

如果对文字做了一些改变,后来觉得这些改变是错误的,就可以用 C-x u 命令来取消这一改变。通常 C-x u 会把一个命令所造成的改变取消掉;如果在一行中重复了许多次 C-x u,每一个重复都会取消额外的命令。但是有两个例外:

(1) 当行中没有发生过改变文本的操作时,例如光标移动命令。

(2) 自行输入的字符以一群一群(每群最多 20 个)来进行处理。

这是为了减少在取消“输入文字动作”所必须输入 C-x u 的次数。

6. 查找和替换

以下列出的是 Emac 中的查找和替换操作命令:

功能键 功能

C-s 向前搜索;连续按 C-s 键,跳到下一个搜索到的目标。

C-s RET 普通搜索。

C-r 向前搜索。

C-s RET C-w 按单词查询。

M-% 查询替换,也就是替换前会询问一下。

M-x replace-string 普通替换。

除了作为文本编辑器外,Emacs 还集成了万维网浏览器、邮件阅读器、FTP、Telnet、新闻组阅读器、版本控制系统等。Emacs 的集成功能实在太多了,这里不再讨论。

3.3 gcc 编译器的使用

gcc 是 GNU 项目的编译器套件，能够编译用 C、C++和 Objective C 等编写的程序，通过使用 gcc，程序员能够对编译过程有更多的控制。编译过程分为四个阶段：预处理、编译、汇编、链接。程序员可以在编译的任何阶段结束后停止整个编译过程，以检查编译器在该阶段的输出信息。gcc 可以在生成的二进制执行文件中加入不同数量和种类的调试码，也能优化代码。gcc 能够在生成调试信息的同时对代码进行优化，但不建议使用该特性，因为优化后的代码中，静态变量可能被取消，循环也可能被展开，优化后的代码与源代码已经不是行行对应了。

gcc 的软件包如表 3-1 所示。

表 3-1 gcc 的软件包

名　称	功能描述
cpp	C 预处理器
g++	C++编译器
gcc	C 编译器
gccbug	创建出错(bug)报告的 Shell 脚本
gcov	覆盖测试工具，用来分析在哪处程序进行优化的效果最好
libgcc	gcc 的运行库
libstdc++	标准 C++库，包含许多常用的函数
libsupc++	提供支持 C++语言的函数库

gcc 有 30 多个警告和 3 个“call-all”警告级。同时，gcc 是一个交叉平台编译器，所以能够在当前 CPU 平台上为不同体系结构的硬件系统开发软件。最后，gcc 对 C 和 C++作了大量扩展，这些扩展大部分能够提高程序执行效率，或有助于编译器进行代码优化，或使编程更加容易，但不建议使用，因为这是以降低移植性为代价的。

gcc 的基本用法：gcc[options][filenames]，该命令行使 gcc 在给定文件(filenames)上执行编译选项(options)指定的操作。

一个基本实例，如源码清单 3-1：

源码清单 3-1

```
#include <stdio.h>
void main()
{
    printf("Hello world!\n");
}
```

使用 gcc 编译器编译一下：

```
gcc  -c  test.c
```

用户将会在同一目录下得到一个名为 a.out 的文件，然后在命令提示符下执行：

```
$./a
```

就可以显示结果 Hello world!。要注意的是：a.out 是默认生成的目标文件名，如果在同一个目录下，编译另外一个源程序且没有指明生成的目标文件名，原先的 a.out 文件会被覆盖。我们可以使用-o 选项指定生成的目标文件名，如：

```
gcc  -o test  -c  test.c
```

这样在同一目录下会生成名为 test.o 的目标文件，然后执行 $./test 即可，会得到同样的输出(Hello World!)。

3.3.1 gcc 的主要选项

gcc 有一百多个编译选项，并支持多个选项同时使用，只要它们不互相冲突即可。现在介绍经常使用的主要选项，如表 3-2 所示。如果需要了解选项的具体说明和完整列表，可以参考 gcc 联机帮助，即在命令行上输入：man gcc。

表 3-2 gcc 选项列表

选 项	说 明
-werror	把所有警告转换为错误，以在警告发生时中止编译过程
-w	关闭所有警告，不建议使用
-W	允许发出 gcc 能提供的所有有用的警告，也可以用-W{warning}来标记指定的警告
-V	显示在编译过程中每一步用到的命令
-traditional	支持 Kernighan&Ritchie C 语法
-static	链接静态库
-pedantic-errors	允许发出 ANSI/ISO C 标准所列出的所有错误
-pedantic	允许发出 ANSI/ISO C 标准所列出的所有警告
-ON	指定代码优化级别为 N，$0 \leqslant N \leqslant 3$
-o FILE	指定输出文件名，在编译为目标代码时该项不是必须的，如果 FILE 没有指定，默认文件名是 a.out
-O	优化编译过的代码
-MM	输出一个 make 兼容的相关列表
-l FOO	链接名为 libFOO 的函数库
-L Dirname	将 Dirname 加入到库文件的搜索目录列表中，默认情况下 gcc 只链接共享库
-I Dirname	将 Dirname 加入到头文件搜索目录列表中
-ggdb	在可执行程序中包含只有 GNU debugger 才能识别的大量调试信息
-g	在可执行程序中包含标准调试信息
-DFOO=BAR	在命令行定义预处理宏 FOO，其值为 BAR
-C	只编译不链接
-ansi	支持 ANSI/ISO C 的标准语法，取消 GNU 的语法中与该标准有冲突的部分(但该选项并不能保证生成 ANSI 兼容代码)
-S	只对文件进行预处理，但不编译汇编和链接
-p	产生 prof 所需的信息
-pg	产生 gprof 所使用的信息

现在讨论-o 选项的使用，不论是否生成输出数据，-o FILE 告诉 gcc 把输出定向到 FILE 文件。如果不指定-o 选项，对于名为 FILE.SUFFIX 的输入文件，其生成可执行程序

名为 a. out，目标文件代码是 FILE. o，汇编代码在 FILE. s 中。

下面简单介绍几个选项的使用。

1. 指定函数库和包含文件的查找路径

如果需要链接函数库或不在标准位置下的包含文件，可以使用-L{Dirname}和-I{Dirname}选项指定文件所在目录，以确保该目录的搜索顺序在标准目录之前。例如，要编译的程序要包含 paint. h，而该文件位于/usr/include/sam 目录下，不在默认路径下，可以使用如下命令：

```
gcc -Wall -I/usr/include/sam -o paint  -c paint.c
```

预处理器就能找到需要的 paint. h 文件。

类似地，如果使用/home/sst/目录下的库文件和头文件编译自己的程序，可以使用如下命令：

```
gcctest.c -L/home/sst/lib -I/home/sst/include -o test -lnew
```

使用该命令编译时，gcc 首先分别在/home/sst/lib 和/home/sst/include 下寻找所需要的库文件和头文件。该命令中的选项-I 表示要链接的库文件名为 libnew. so。gcc 在默认情况下只链接动态共享库，如果要链接静态库，需要使用-static 选项，如果上例中库文件 libnew 为静态库，则应该使用如下命令：

```
gcc test.c -L/home/sst/lib -I/home/sst/include -o test -lnew -static
```

命令中-static 选项表明要链接的库文件为静态库 libnew. a。链接了静态库的可执行程序比链接动态库时要大很多，不过链接静态库时，程序在任何情况下都可以执行，而链接动态共享库的程序只有在系统中包含了所需的共享库时才可以运行。有的程序如 Netscape 浏览器生成两类可执行程序，Netscape 需要使用付费 Motif，但多数 Linux 用户不能承担在系统中安装 Motif 的费用，所以 Netscape 在用户系统中实际上安装了两个版本的浏览器，一个是链接共享库（netscape -dynMotif），另一个是链接静态库（netscape -statMotif），而"可执行"netscape 实际上是一个 shell 脚本。可以检查系统中是否安装 Motif 共享库，以决定需要启动哪一个二进制程序。

2. 出错检查及警告

从上面的选项中可以看到 gcc 的检查出错和生成警告功能。其中，选项-pedantic 表示 gcc 只发出 ANSI/ISO C 标准所列出的所有警告，-pedantic -errors 与-pedantic 相近，但它针对的是错误。选项-ansi 支持 ANSI/ISO C 的标准语法，取消 GNU 的语法中与该标准有冲突的部分，但该选项并不能保证生成 ANSI 兼容代码。下面看一下具体用法，见源码清单 3-2：

源码清单 3-2

```
#include <stdio.h>
void main()
{
    long long i = 1;
    printf("a simple sample");
    return i;
}
```

这段代码中有两处明显缺陷，一是在定义变量 i 时使用了 gcc 扩展语法，二是在返回值时与函数声明中的无返回类型不符。如使用 gcc -c test2. c -o test 或 gcc -ansi test. c -o test 编译此文件，不会出现编译错误。原因是使用第一个命令时，gcc 略去了返回值的错误，第二个命令中虽有-ansi 命令，但是 gcc 生成标准语法所要求的诊断信息，并不保证没有警告的程序就遵循 ANSI C 标准。

现在使用-pedantic 选项。使用-pedantic 选项来编译会得到警告信息，但编译可以成功；如果使用选项-pedantic -errors 会得到出错信息，编译不能成功，如下所示：

```
$ gcc - pedantic - errors test.c   - o test
test.c: In function 'main':
test.c: 9: warning: ANSI C does not support 'long long'
```

以上实例说明-ansi、-pedantic、-pedantic -errors 并不能保证被编译程序的 ANSI/ISO 的兼容性。

3. 优化选项

gcc 的命令行选项中的代码优化选项可以改进程序的执行效率，但代价是需要更长的编译时间和在编译期间需要更多的内存。-O 选项与-O1 等价，告诉 gcc 对代码长度和执行时间进行优化。在这个级别上执行的优化类型取决于目标处理器，但一般都包括线程跳转和延迟退栈这两种优化。线程跳转优化的目的是减少跳转操作的次数。而延迟退栈是指在嵌套函数调用时推迟退出堆栈的时间，如不做这种优化，每次函数调用完成后都要弹出堆栈中的函数参数，做这种优化后，在栈中保留了参数，直到完成所有的递归调用后才同时弹出栈中积累的函数参数。-O2 选项包含-O1 级所做的优化，还包括安排处理器指令时序。使用-O2 优化时，编译器保证处理器在等待其他指令的结果或来自高速缓存或主存的数据延迟时仍然有可执行的指令，它的实现与处理器密切相关。-O3 级优化包含所有-O2 级优化，同时还包含循环展开及其他一些与处理器结构有关的优化内容。

依据对目标处理器系列相关信息的多少，还可以使用-f{< flag}选项来指定具体优化类型。常用的类型有 3 种：-ffastmath、-finline-function 和-funroll-loops。-ffastmath 对浮点数学运算进行优化以提高速度，但是这种优化违反 IEEE 和 ANSI 标准；-finline-functions 选项把所有简单函数像预处理宏一样展开，当然是由预处理器决定什么是简单函数；-funroll-loops 选项用于让编译器展开在编译期间就可以确定循环次数的循环。使用以上选项后，因为展开函数和确定性的循环避免了部分变量的查找和函数调用工作，因而理论上可以提高执行速度，但是，上述展开可能会导致目标文件或可执行代码的急剧增长，因而必须通过试验才能决定使用以上选项是否合适。用户可以使用 time 命令来查看程序执行时间。优化带来的问题如下：

(1) 优化级别越高，程序执行得越快，但程序编译时间也将越长。这提醒程序员在集中开发时不要使用优化选项，而在版本发行时或者开发即将结束时再优化。

(2) 优化级别越高，程序量越大，特别是-O3 级在优化时需要有一定的交换空间，它和程序对 RAM 的要求成正比，在一定程度上，过于庞大的程序会带来负面效果。

(3) 在使用优化时，程序调试会变得困难。因为优化器会删除最终版本中不用的代码，或者重组更多声明，跟踪可执行文件变得困难，所以在调试代码时不要使用优化选项。

在一般情况下，使用-O2 优化已经足够。

4. 调试选项

程序员开发程序总免不了错误,所以需要进行程序的调试以排除错误。如果想在编译后的程序中插入调试信息以便于调试,可以使用 gcc 的-g 和-ggdb 选项。调试选项-gN 中,N 可以取 1、2 或 3,N 越大,加入的调试信息就越多。使用级别 1 时仅生成必要的信息以创建回退和堆栈转储,而不包含与局部变量和行号有关的调试信息。选项 2 是默认级别,调试信息会包括扩展的符号表、行号及局部或外部变量信息。3 级选项除包含 2 级的所有信息以外,还包含了宏定义信息。

如果所使用的调试器是 GNU Debugger、gdb,需要使用-ggdb 选项来生成额外的调试信息以方便 gdb 的使用。但这样做也使得程序不能被其他调试器调试。-ggdb 能接受的调试级别和-g 一样,它们对调试输出有同样的影响。但使用任何选项都会使程序大小急剧增长,这样文件中大部分是调试信息,而不是代码,用其他调试器已失去意义。使用标准调试选项(-g)不会使文件大小增加太多,且生成的调试信息已经足够使用。

除了以上两个选项以外,还有-P、-pg、-a 和-save-temps,它们将统计信息添加到二进制文件中,利用这些信息,程序员可以找到性能瓶颈。-p 选项在代码中加入 prof 能够读取的统计信息,而-pg 选项在代码中加入的符号则只能被 GNU 的 prof 所解释。此外,-a 选项在代码中加入记录代码块执行次数的计数器,-save-temps 选项用于保存在编译过程中生成的中间文件,如目标文件和汇编文件。

最后,gcc 虽然允许在优化代码的同时插入调试信息,但是代码优化后,源程序中声明和使用的变量很可能不再使用,控制流也可能会突然跳转到意外的地方等,所以最好优化之前彻底调试好程序。在本节中提到的优化只是指编译器所能做的那部分优化,同时注意,不要因为编译器的优化能力而忽略程序设计阶段的优化工作,高效的算法对程序效率的影响比编译器优化的影响大得多。

3.3.2 GNU C 扩展简介

GNU C 在很多方面扩展了 ANSI 标准,如果不介意编写非标准代码,其中一些扩展会很有用。下面只介绍在 Linux 系统头文件和源代码中常见的那些 GNU 扩展。

(1) gcc 使用 long long 数据类型来提供 64 位存储单元,如 long long long_int_var。

(2) 内联函数。只要足够短小,内联函数就能像宏一样在代码中展开,从而减少函数调用的开销,同时编译器在编译时对内联函数进行类型检查,所以使用内联函数比宏安全。但是,在编译时至少要使用-o 选项才能够使用内联函数。

(3) 使用 attribute 关键字指明代码相关信息以方便优化。很多标准库函数没有返回值,如果编译器知道某些函数没有返回值,可以生成较为优化的代码。自定义函数也可以没有返回值,gcc 提供 noreturn 属性来标识这些属性,以提示 gcc 在编译时对其进行优化。如:void exit_on_error(void) _ _attribute_ _((noreturn)),但定义和平常一样。

```
void exit_on_error(void)
{
    exit(1);
}
```

也可以对变量指定属性。Aligned 属性指定编译器在为变量分配内存空间时按指定字节边界对齐。如 int int_var _ _attribute_ _((aligned 16)) = 0；使 int_var 变量的边界按 16 字节对齐。packed 属性使 gcc 为变量或结构分配最小空间，定义结构时，packed 属性使得 gcc 不会为了对齐不同变量的边界而插入额外的字节。

(4) gcc 还对 case 做了扩展。在 ANSI C 中，case 语句只能对应于单个值的情况，扩展后 case 语句可以对应于一个范围。使用语法是：在 case 关键字后列出范围的两个边界值，边界值之间使用空格-省略号-空格分开，即 case LOWVAL … HIGHVAL：在这里省略号前后的空格是必需的，如伪代码：

```
switch (i){
    case 0 … 10:
        /* 事务处理代码 */
        break;
    case 11 … 100:
        /* 事务处理代码 */
        break;
    default:
        /* 默认情况下的事务处理代码 */
}
```

3.4 GNU make 管理项目

3.4.1 make 简介

当使用 GNU 中的编译语言如 gcc、GNU C++编程开发应用时，绝大多数情况下要使用 make 管理项目。为什么要使用 make 呢？首先，包含多个源文件的项目在编译时都有长而复杂的命令行，使用 make 可以通过把这些命令行保存在 Makefile 文件中而简化这个工作；其次，使用 make 可以减少重新编译所需要的时间，因为它可以识别出那些被修改的文件，并且只编译这些文件；最后，make 在一个数据库中维护了当前项目中各文件的相互关系，从而可以在编译前检查是否可以找到所有需要的文件。

要使用 make 进行项目管理必须编写 Makefile 文件。Makefile 文件是一个文本形式的数据库文件，其中包含的规则指明 make 编译哪些文件及怎样编译这些文件。一条规则包含 3 方面内容：make 要创建的目标文件(target)，编译目标文件所需的依赖文件列表(dependencies)，通过依赖文件创建目标文件所需要执行的命令组(commands)。make 在执行时按序查找名为 GNUmakefile、makefile 和 Makefile 的文件进行编译，为保持与 Linux 操作系统源代码开发的一致性，建议用户使用 Makefile。

Makefile 规则通用形式如下：

```
target: dependency file1 dependency file2[ … ]
    command1
    command2
    [ … ]
```

每一个命令行的首字符必须是 Tab 制表符，仅使用 8 个空格是不够的。除非特别指定，否则 make 的工作目录就是当前目录。

下面介绍一个简单的 Makefile 实例，见源码清单 3-3：

源码清单 3-3

```
printer : printer.o shape.o op_lib.o
    gcc -o printer printer.o shape.o op_lib.o
printer.o : printer.c printer.h shape.h op_lib.h
    gcc -c printer.c
shape.o : shape.c shape.h
    gcc -c shape.c
op_lib.o : op-lib.c op_lib.h
    gcc -c op_lib.c
clean:
    rm printer *.o
```

第一行中的 3 个依赖文件并不存在，如果是在 shell 上用命令行编译则会出错并退出，但在 make 管理项目中，在执行 gcc 时会先检查依赖文件是否存在，若不存在，则会先执行别的规则以生成缺少的依赖文件，最后生成相关的目标文件。如果依赖文件已经存在，则并不急于执行后面的命令重新得到它们，而是比较这些依赖文件及与其对应的源文件的生成时间，如果有一个或多个源文件比相应的依赖文件更新，则重新编译这些文件以反映相关源文件的变化，否则，使用旧的依赖文件生成目标文件。

3.4.2 编写 Makefile 文件的规则

1. 伪目标

在编写 Makefile 文件时，既可以建立普通目标，也可以建立伪目标，伪目标不对应实际文件，如上面的 clean 就是一个伪目标。由于伪目标没有依赖文件，它不会自动执行，原因是：make 在执行到目标 clean 时，make 先检查它的依赖文件是否存在，由于 clean 没有依赖文件，make 就认为该目标 clean 是最新版本，不需要重新创建。要想启动伪目标，必须使用如下命令：make[virtual target]，在上例中是执行 make clean。

实际上可以使用特殊的 make 目标.PHONY，目标.PHONY 的依赖文件含义与通常一样，但 make 不会检查是否存在它的依赖文件而直接执行.PHONY 所对应规则的命令，见源码清单 3-4：

源码清单 3-4

```
printer : printer.o shape.o op_lib.o
    gcc -o printer printer.o shape.o op_lib.o
printer.o : printer.c printer.h shape.h op_lib.h
    gcc -c printer.c
shape.o : shape.c shape.h
    gcc -c shape.c
op_lib.o : op-lib.c op_lib.h
    gcc -c op_lib.c
.PHONY : clean
clean:
    rm printer *.o
```

2. 变量

编写 Makefile 时也可以使用变量，所谓变量就是用指定文本串在 Makefile 中定义的一个名字，Makefile 中变量一般用大写，并用等号给它赋值。引用时只需用括号将变量名括起来并在括号前加上 $ 符号，如 VARNAME=some-text。

当编写大型应用程序的 Makefile 时，其中涉及的依赖文件和规则繁多，如果使用变量表示某些依赖文件的路径，则会大大简化 Makefile。一般在 Makefile 文件开始就定义文件中所需的所有变量，这样使 Makefile 文件清晰且便于修改，见源码清单 3-5：

源码清单 3-5

```
一个简单的 Makefile 文件
OBJECT = printer.o shape.o op_lib.o
HEADER = printer.h shape.h op_lib.h
printer : $(OBJECT)
    gcc -o printer $(OBJECT)
printer.o : printer.c $(HEADER)
    gcc -c printer.c
shape.o : shape.c shape.h
    gcc -c shape.c
op_lib.o : op_lib.c op_lib.h
    gcc -c op_lib.c
.PHONY : clean
clean:
    rm printer *.o
```

3. make 变量

以上所说的变量都是自定义变量，make 管理项目也允许在 Makefile 中使用 make 变量。make 变量包括环境变量、自动变量和预定义变量。

环境变量是系统环境变量，make 命令执行时会读取系统环境变量并创建与其同名的变量，但是如果 Makefile 有同名变量，则用户定义变量会覆盖系统的环境变量值。

make 管理项目允许使用的自动变量全部以符号"$"开头，以下是部分自动变量：

$@	扩展为 Makefile 文件中规则的目标文件名。
$<	扩展为 Makefile 文件中规则的目标的第一个依赖文件名。
$^	扩展为 Makefile 文件中规则的目标所对应的所有依赖文件的列表，以空格分隔。
$?	扩展为 Makefile 文件中规则的目标所对应的依赖文件中新于目标的文件列表，以空格分隔。
$(@D)	扩展为 Makefile 文件中规则的目标文件的目录部分(如果目标在子目录中)。
$(@F)	扩展为 Makefile 文件中规则的目标文件的文件名部分(如果目标在子目录中)。

make 管理项目支持的预定义变量主要用于定义程序名，以及传给这些程序的参数和标志值。变量含义如下：

AR	归档维护程序，默认值为 ar。

AS 汇编程序，默认值为 as。
CC C语言编译程序，默认值为 CC。
CPP C语言预处理程序，默认值为 cpp。
RM 文件删除程序，默认值为 rm -f。
ARFLAGS 传给归档维护程序的标志，默认值为 rv。
ASFLAGS 传给汇编程序的标志，无默认值。
CFLAGS 传给C语言编译程序的标志，无默认值。
CPPFLAGS 传给C语言预处理程序的标志，无默认值。
LDFLAGS 传给连接程序的标志，无默认值。

4. 隐式规则

以上介绍的 Makefile 规则都是用户自己定义的，make 还有一系列隐式规则集。如有下面一个 Makefile 文件源码清单 3-6：

源码清单 3-6

```
#a simple Makefile
OBJECT = printer.o shape.o op_lib.o
printer : $(OBJECT)
    gcc -o printer $(OBJECT)
.PHONY : clean
clean:
    rm printer *.o
```

默认目标 printer 的依赖文件是 printer. o shape. o op_lib. o，但在 Makefile 中并没有提及如何生成这些目标的规则，这时，make 使用所谓的隐式规则。实际上，对每一个名为 somefile. o 的目标文件，make 先寻找与之对应的 somefile. c 文件，并用 gcc -c somefile. c -o somefile. o 编译生成这个目标文件。目标文件(. o)可以从 C、Pascal 等源代码中生成，所以 make 符合实际情况的文件。例如，如果在该目录下有 printer. p shape. p op_lib. p(Pascal 源文件)，make 就会激活 Pascal 编译器来编译它们。注意：如果在项目中使用多种语言时，不要使用隐式规则，因为使用隐式规则得到的结果可能与预期结果不同。

5. 模式规则

模式规则是指用户自定义的隐式规则。隐式规则和普通规则格式一致，但是目标和依赖文件必须带有百分号符号“%”。该符号可以和任何非空字符串匹配，例如：%. o %. c。实际上 make 已经对一些模式规则进行了定义，如：

```
%.o : %.c
        $(CC) -c $(CFLAGS) $(CPPFLAGS) $< -o $@
```

此规则表示所有的 Object 文件都由 C 源码生成，使用该规则时，它利用自动变量 $<和 $@代替第一个依赖文件和 Object 文件，变量 CC、CFLAGS、CPPFLAGS 使用系统预定阈值。

6. make 命令

建立 Makefile 文件后，就可以使用 make 命令生成和维护目标文件了。命令格式为：

```
make [options] [macrodef] [target]
```

选项 options 指定 make 的工作行为；选项 macrodef(宏定义)指定执行 Makerfile 时的宏值；目标(target)是要更新的文件列表。这些参数都是可选的，参数之间用空格隔开。

通过在命令行中指定 make 命令的选项(options)，可以使 make 以不同方式运行。现在将一些常用选项列举如表 3-3 所示。

7. 宏

在 make 中使用宏，首先要定义宏，在 makefile 中引用宏的定义格式为：

```
宏名  赋值符号  宏值
```

宏名由用户指定，可以使用字母、数字、下画线(_)的任意组合，不过不能以数字开头，习惯上一般使用大写字母，并使名字有意义，便于阅读和维护。

赋值符号有如下 3 种：

(1) =　　直接将后面的字符串赋给宏。

(2) :=　　后面跟字符串常量，将它的内容赋给宏。

(3) +=　　宏原来的值加上一个空格，再加上后面的字符串，作为新的宏值。

一般常用的是第一种。除了空格，赋值符号的前面不能有制表符或其他任何分隔符号，否则都会被 make 当作宏名的一部分，从而引起语法错误。

宏的引用有如下两种格式：

```
$(宏名)  或 ${宏名}
```

当宏名只有单个字符时，可以省略括号，如 $A 就等于 $(A)。由于 make 将美元符号 $ 作为宏引用的开始，因此要表示 $ 符号需要用两个 $(即 $$)。

make 处理时会先扫描一遍整个 makefile，确定所有宏的值。因此，注意宏的引用可以在定义之后，而且使用的是最后一次赋予的值。例如源码清单 3-7：

源码清单 3-7

```
All : print1 print2
var1 = hello
print1 : ; @echo $(var1)
var1 += world
print2 : ; @echo $(var1)
```

则两次打印的都是 hello world。

表 3-3 给出了 make 的选项列表。

表 3-3 make 的选项列表

选项	说明
-C dir	make 开始运行之后的工作目录为指定目录。如果有多个-C，后面的 dir 指定的是相对于前一个的目录，如-C/-C etc 等价于-c/etc
-d	打印除一般处理信息之外的调试信息，例如进行比较的文件的时间、真正被重新构建的文件等
-e	不允许在 makefile 中对环境的宏赋新值
-f file	使用指定的文件为 makefile
-i	忽略运行 makefile 文件时命令行产生的错误，不退出 make

续表

选项	说　明
-I dir	指定搜索被包含的 makefile 的目录。如果命令行中有多个-I 选项，按出现的顺序依次搜索。与 make 的其他选项不同，允许 dir 紧跟在-I 之后（一般的选项和参数之间一定要加空格），这是为了与 c 预处理器兼容
-k	执行命令出错时放弃当前的目标文件，尽可能地维护其他目标
-n	按实际运行时的执行顺序显示命令，包括以@开头的命令，但不真正执行
-o file	不维护指定文件，即使它比其依赖文件更旧。如果认为某个文件太陈旧了，没有必要再加以维护，可以使用该选项忽略该文件以及与之有关的规则
-p	显示 makefile 中所有宏定义和描述内部规则的规则，然后按一般情况执行。如果只想打印这些信息而不真正进行维护，可以使用 make - p - f /dev/null
-q	“问题模式”。如果指定的目标目前没有过期，就返回 0，否则返回一个非零值。不运行任何命令或打印任何信息
-r	忽略内部规则，同时清除默认的后缀规则
-s	执行但不显示执行的命令
-S	执行 makefile 命令菜单时出错即退出 make。这是 make 的默认工作方式，所以一般不必指定
-t	修改每个目标文件的创建日期，但不真正重新创建文件
-v	打印 make 的版本号，然后正常执行。如果希望只打印信息而不真正维护，使用 make -v - f /dev/null

宏还允许嵌套使用，处理时依次展开，例如：

```
HEADFILE = myfile.h
HEADFILE 1 = myfile2.h
INDEX = 1
```

现在引用 $(HEADFILE $(INDEX))，首先展开宏 INDEX，得到 $(HEADFILE1)，最后的结果是 myfile2. h。

宏的定义可以出现在三个地方。一是在 makefile 中定义，二是在 mde 命令行中指明，三是载入环境中的宏定义。在 makefile 中定义只需直接书写上面的定义式，也可以用前面介绍过的伪目标. include 从其他文件中获得宏定义。在 make 命令行中定义时，应放在“属性”之后，“目标文件”之前。

3.5 GDB 调试

3.5.1 GDB 命令介绍

Linux 包含了一个 GNU 调试程序 GDB，即 GNU Debugger。GDB 主要做 4 件事，包括为了完成这些事而附加的功能，帮助找出程序中的错误：

(1) 运行程序，设置所有能影响程序运行的选项。

(2) 保证程序在指定的条件下停止。

(3) 当程序停止时，进行检查。

(4) 改变程序。可以试着修正某个缺陷引起的问题，然后继续查找另一个缺陷。

当然，可以用 GDB 来调试用 C 和 C++写的程序。在 shell 命令行输入 gdb 然后按

Enter 键启动 GDB 调试器，如果正常启动，则在屏幕上会看到：

```
GDB is free software and you are welcome to distribute copies of it
Under certain conditions; type "show copying" to see the conditions
There is absolutely no warranty for GDB type "show warranty" for details
GDB 4.14(i486 - slakware - Linux),Copyright 1995 Free Software Foundation,
Inc.
(gdb)
```

也可以在 shell 命令上输入 gdb filename，告诉 GDB 装入名为 filename 的可执行文件，并对其调试，但在使用该命令前，要求源代码在编译时使用-g 选项，用以生成增强的符号表。也可以用 GDB 去检查一个因程序异常终止而产生的 core 文件，或与一个正在运行的程序相连。可以通过参考页或者在命令行上输入 gdb -h，得到一个有关 GDB 选项的简单列表，或在 gdb 下输入 help 来查看如何使用 GDB。

载入程序后，接下来就是要进行断点的设置，以及要监视的变量的添加等工作，下面对在这个过程中常会用到的命令逐一进行介绍。

(1) list：显示程序中的代码，常用的格式有：

```
list            输出从上次调用 list 命令开始往后的 10 行程序代码
list  -         输出从上次调用 list 命令开始往前的 10 行程序代码
list  n         输出第 n 行附近的 1 0 行程序代码
list  function  输出函数 function 前后的 10 行程序代码
```

(2) forward/search：从当前行向后查找匹配某个字符串的程序行。使用格式：

```
forward/search 字符串
```

查找到的行号将保存在 $ _变量中，可以用 print $ _命令来查看。

(3) reverse-search：和 forward/search 相反，向前查找字符串。使用格式同上。

(4) break：在程序中设置断点，当程序运行到指定行上时，会暂停执行。使用格式为：

```
break 要设置断点的行号
```

(5) tbreak：设置临时断点，在设置之后只起一次作用。使用格式为：

```
tbreak 要设置临时断点的行号
```

(6) clear：和 break 相反，clear 用于清除断点。使用格式为：

```
clear 要清除的断点所在的行号
```

(7) run：启动程序，在 run 后面带上参数可以传递给正在调试的程序。

(8) awatch：用来增加一个观察点(add　watch)，使用格式为：

```
awatch 变量或表达式
```

当表达式的值发生改变或表达式的值被读取时，程序就会停止运行。

(9) watch：与 awatch 类似，用来设置观察点，但程序只有当表达式的值发生改变时才会停止运行。使用格式为：

```
watch 变量或表达式
```

需要注意的是，awatch 和 watch 都必须在程序运行的过程中设置观察点，即在运行 run 之后才能设置。

(10) commands：设置在遇到断点后执行特定的指令。使用格式有：

```
commands      设置遇到最后一个断点时要执行的命令
commands n    设置遇到断点号 n 时要执行的命令
```

注意，commands 后面跟的是断点号，而不是断点所在的行号。

在输入命令后，就可以输入遇到断点后要执行的命令，每行一条命令，输入最后一条命令后再输入 end 就可以结束输入。

(11) delete：清除断点或自动显示的表达式。使用格式为：

```
delete 断点号
```

(12) disable：让指定断点失效。使用格式为：

```
disable 断点号列表
```

断点号之间用空格间隔开。

(13) enable：和 disable 相反，恢复失效的断点。使用格式为：

```
enable 断点编号列表
```

(14) ignore：忽略断点。使用格式为：

```
ignore 断点号忽略次数
```

(15) condition：设置断点在一定条件下才能生效。使用格式为：

```
condition 断点号条件表达式
```

(16) cont/continue：使程序在暂停在断点之后继续运行。使用格式为：

```
cont      跳过当前断点继续运行
cont n    跳过 n 次断点,继续运行
```

当 n 为 1 时，cont 1 即为 cont。

(17) jump：让程序跳到指定行开始调试。使用格式为：

```
jump 行号
```

(18) next：继续执行语句，但是跳过子程序的调用。使用格式为：

```
next      执行一条语句
next n    执行 n 条语句
```

(19) nexti：单步执行语句，和 next 不同的是，它会跟踪到子程序的内部，但不打印出子程序内部的语句，使用格式同上。

(20) step：与 next 类似，它会跟踪到子程序的内部，而且会显示子程序内部的执行情况。使用格式同上。

(21) stepi：与 step 类似，但是比 step 更详细，是 nexti 和 step 的结合。使用格式同上。

(22) whatis：显示某个变量或表达式的数据类型。使用格式为：

```
whatis 变量或表达式
```

(23) ptype：和 whatis 类似，用于显示数据类型，它还可以显示 typedef 定义的类型等。使用格式为：

```
ptype 变量或表达式
```

(24) set：设置程序中变量的值。使用格式为：

```
set 变量 = 表达式
set 变量: = 表达式
```

(25) display：增加要显示值的表达式。使用格式为：

```
display 表达式
```

(26) info display：显示当前所有的要显示值的表达式。

(27) delete display/undisplay：删除要显示值的表达式。使用格式为：

```
delete display/undisplay 表达式编号
```

(28) disable display：暂时不显示一个表达式的值。使用格式为：

```
disable display 表达式编号
```

(29) enable display：与 disable display 相反，使用表达式恢复显示。使用格式为：

```
enable display 表达式编号
```

(30) print：打印变量或表达式的值。使用格式为：

```
print 变量或表达式
```

表达式中有两个符号有特殊含义：$ 和 $ $。$ 表示给定序号的前一个序号，$ $ 表示给定序号的前两个序号。

如果 $ 和 $ $ 后面不带数字，则给定序号为当前序号。

(31) backtrace：打印指定个数的栈帧(stack frame)。使用格式为：

```
backtrace 栈帧个数
```

(32) frame：打印栈帧。使用格式：

```
frame 栈帧号
```

(33) info frame：显示当前栈帧的详细信息。

(34) select -frame：选择栈帧，选择后可以用 info frame 来显示栈帧信息。使用格式：

```
select -frame 栈帧号
```

(35) kill：结束当前程序的调试。

(36) quit：退出 GDB。

如要查看所有的 GDB 命令，可以在 GDB 下输入两次 Tab(制表符)，运行"help command"可以查看命令 command 的详细使用格式。

3.5.2 GDB 调试例程

下面用一个实例介绍怎样用 GDB 调试程序。该程序称为 greeting，它显示一个简单的问候，再用反序将它打印出来，见源码清单 3-8：

源码清单 3-8

```
#include <stdio.h>
    main()
    {
        char my_string[] = "hello there";
        my_print(my string);
        my_print2(my string);
    }
    void my_print(char * string)
    {
        printf("The string is %s\n",string);
    }
    void my_print2(char * string)
    {
        char * string2;
        int size,i;
        size = strlen(string);
        string2 = (char * )malloc(size + 1);
        for(i = 0;i < size;i++)
            string2[size - i] = string[i];
        string2[size + 1] = '\0';
        printf("The string Iprinted backward is %s\n",string2);
    }
```

用 gcc 编译它：

```
gcc -g -o test test.c
```

程序执行时显示如下结果：

```
The string is hello there
The string printed backward is
```

输出第一行是正确的，但第二行打印出的字符并不是所期望的。期望的输出应该是：

```
The string printed backward is ereht olleh
```

毫无疑问，my_print2 函数没有正常工作。现在，用 GDB 看看问题究竟出在哪儿，先输入如下命令：

```
gdb greeting
```

如果输入命令时忘了把要调试的程序作为参数传给 GDB，可以在 GDB 提示符下用 file 命令加载它：

```
(gdb) file greeting
```

这个命令加载 greeting 可执行文件，就像在 GDB 命令行里加载它一样。

现在可以用 GDB 的 run 命令来运行 greeting 了。当它运行在 GDB 中时，结果会像这样：

```
(gdb)run
starting program:/root/greeting
The string is hello there
The string printed backward is
Program exited with code 041
```

这个输出和在 GDB 外面运行的结果一样。可是，为什么反序打印没有工作呢？为了找出问题所在，可以在 my_print2 函数的 for 语句后设一个断点。具体的做法是在 gdb 提示符下执行三次 list 命令，列出源代码：

每次执行 list 命令会列出 10 行代码。

第一次执行 list 命令的输出如下：

```
1    #include<stdio.h>
2
3    main()
4    {
5      char my_string[ ] = "hello there";
6
7      my_print(my_string);
8      my_print2(my_string);
9    }
10
```

如果按下 Enter 键，GDB 将再执行一次 list 命令，输出下列代码：

```
11  my_print(char * string)
12  {
13      printf("The string is %s\n",string);
14  }
15
16  my_print2(char'string)
17  {
18      char * string2;
19      int size, i;
20  }
```

再按一次 Enter 键将列出 greeting 程序的剩余部分：

```
21      size=strlen(string);
22      string2 = (char * )malloc(size+1);
23      for(i=0;i<size;i++)
24      string2[size-i]=string[i];
25      string2[size+1]  = '\0';
26      printf ("The string printed backward is %s\n",string2);
27  }
```

根据列出的源程序，可以看到应该将断点设在第 24 行，在 GDB 命令行提示符下输入如下设置断点：

```
(gdb) break 24
```

gdb 将做出如下响应：

```
Breakpoint 1 at 0x139: file greeting.c,line 24
(gdb)
```

现在再执行 run 命令，将产生如下的输出：

```
Starting program:/root/greeting
The string is hello there
Breakpoint 1, my_print2(string = 0xbfffdc4"hello there")at greeting.c, 24
24   string2[size - i] = string[i]
```

可以通过设置一个观察 string2[size-i]变量值的观察点来找出错误的产生原因，做法如以下语句：

```
(gdb) watch string2[size - i]
```

GDB 将做出如下响应：

```
Watchpoint 2: string2[size - i]
```

现在可以用 next 命令来一步步地执行 for 循环了：

```
(gdb)next
```

经过第一次循环后，GDB 告诉我们 string2[size-i]的值是'h'。GDB 显示如下信息：

```
Watchpoint 2,string2[size - i]
Old value = 0 '\000'.
New value = 104'h'
my_print2(string = 0xbfffdc4"hello there")at greeting.c: 23
23    for(i = 0;i < size;i++)
```

这个值正是期望的。后来的数次循环的结果也都是正确的。当 i＝10 时，表达式 string2[size-i]的值等于'e'，size-i 的值等于 1，最后一个字符已经复制到新的字符串中了。

如果再把循环执行下去，会看到已经没有值分配给 string2[0]了，而它是新字符串的第一个字符，因为 malloc 数在分配内存时把它们初始化为空(null)字符。所以 string2 的第一个字符是空字符。这解释了为什么在打印 string2 时没有任何输出。

找出了问题的所在，修正这个错误也就会变得很容易。可以把代码里写入 string2 的第一个字符的偏移量改为 size-1 而不是 size。这是因为 string2 的大小为 12，但起始偏移量是 0，串内的字符从偏移量 0 偏移到 10，偏移量 11 为空字符保留。

为了使代码正常工作，有很多种修改办法。一种是另设一个变量，它比字符串的实际大小要小 1。

下面是这种解决办法的代码，见源码清单 3-9：

源码清单 3-9

```
#include <stdio.h>
```

```
main()
{
    char my_string[] = "hello there";
    my_print(my_string);
    my_print2(my_string);
}
my_print(char string)
{
    printf("The string is % s\n",string);
}
my_print2(char * string)
{
    char   * string2;
    int size, size2, i;
    size = strlen(string);
    size2 = size - 1;
    string2 = (cha r * ) malloc(size + 1);
    for(i = 0; i < size; i++)
        string2[size2 - i] = string[i];
    string2[size] = '\0';
    printf("The string printed backward is % s\n",string2);
}
```

3.5.3 基于 GDB 的图形界面调试工具

1. xxgdb

xxgdb 是早期的 GDB 前端，用法与 GDB 类似，最后的版本号是 1.12。xxgdb 是 GDB 的一个基于 X Windows 系统的图形界面。xxgdb 包括了命令行版的 GDB 上的所有特性。xxgdb 使你能通过按钮来执行常用的命令。设置了断点的地方也用图形来显示。

可以在一个 Xterm 窗口里输入下面的命令来运行它：

```
xxgdb
```

可以用 GDB 里任何有效的命令行选项来初始化 xxgdb。

2. DDD

GNU DDD 是命令行调试程序，如 GDB、DBX、WDB、Ladebug、JDB、XDB、Perl Debugger 或 Python Debugger 的可视化图形前端。它特有的图形数据显示功能(graphical datadisplay)可以把数据结构按照图形的方式显示出来。DDD 最初源于 1990 年 Andreas Zeller 编写的 VSL 结构化语言，后来经过一些程序员的努力，演化成今天的模样。DDD 的功能非常强大，可以调试用 C\C++、Ada、FORTRAN、Pascal、Modula-2 和 Modula-3 编写的程序；可以超文本方式浏览源代码；能够进行断点设置、回溯调试和历史记录编辑；具有程序在终端运行的仿真窗口，并在远程主机上进行调试的能力。图形数据显示功能是创建该调试器的初衷之一，能够显示各种数据结构之间的关系，并将数据结构以图形化形式显示；它具有 GDB/DBX/XDB 的命令行界面，包括完全的文本编辑、历史记录、搜寻引擎。

3. kdbg

kdbg 是基于 KDE 的调试工具，是采用 KDE GUI 的 GDB 前端，对 KDE/QT 等 C++ 程

序支持得较好，与集成开发环境 kdevelop 集成得比较好。使用习惯类似于 Visual C++等现代调试工具。

3.6 本章小结

本章详细介绍了 Linux 的编程环境，包括：集成开发平台 Eclipse＋CDT、编辑工具 VIM 和 Emacs、gcc 的编辑工具、GNU make 管理工具以及 GDB 调试器，这些是今后进行嵌入式 Linux 系统开发的具体基础。

3.7 思考题

(1) GNU 的 gcc 的软件包包括哪几大部分？

(2) 如何使用 vi 编辑器进行查找、替换、复制和粘贴等操作？

(3) 给下列 makefile 源代码作注释：

```
1   INCLUDES = -I /home/nie/mysrc/include \
2    -I /home/nie/mysrc/extern/include \
3    -I /home/nie/mysrc/src \
4    -I /home/nie/mysrc/libsrc \
5    -I. \
6    -I..
7   EXT_CC_OPTS = -DEXT_MODE
8   CPP_REQ_DEFINES = -DMODEL= tune1   -DRT -DNUMST=2 \
9                     -DTID01EQ = 1 -DNCSTATES = 0 \
10                    -DMT = 0 -DHAVESTDIO
11  RTM_CC_OPTS = -DUSE_RTMODEL
12  CFLAGS = -O -g
13  CFLAGS += $(CPP_REQ_DEFINES)
14  CFLAGS += $(EXT_CC_OPTS)
15  CFLAGS += $(RTM_CC_OPTS)
16  SRCS = tune1.c rt_sim.c rt_nonfinite.c grt_main.c rt_logging.c \
17      ext_svr.c updown.c ext_svr_transport.c ext_work.c
18  OBJS = $(SRCS: .c = .o)
19  RM = rm -f
20  CC = gcc
21  LD = gcc
22  all: tune1
23   %.o : %.c
24       $(CC) -c -o $@ $(CFLAGS) $(INCLUDES) $<
25  tune1 : $(OBJS)
26       $(LD) -o $@ $(OBJS) -lm
27  clean :
28       $(RM) $(OBJS)
```

(4) 请在 Linux 平台下对本章介绍的 greeting 例程进行编译，并按书中的调试流程对原来的错误代码进行调试，以熟悉 GDB 的调试方法。

第4章 Linux外壳程序编程

CHAPTER 4

本章主要内容

- 创建和运行外壳程序
- 外壳程序的编程
- 本章小结

shell是Linux操作系统内核的外壳,它为用户提供使用操作系统的命令接口。用户在提示符下输入的每个命令(称为shell命令)都由shell先解释然后发送给Linux内核。Linux系统的shell是命令语言、命令解释程序及程序设计语言的统称。shell在系统中的位置如图4.1所示。当从shell或其他程序向Linux传递命令时,内核会做出相应的响应。

shell是一个命令语言解释器,它拥有自己内建的shell命令,shell也可以由系统中其他程序调用。shell分为内部命令和外部命令,用户不必关心一个命令是建立在shell内部还是一个单独的程序。但是,操作shell设计者必须知道哪些是内部命令,哪些是外部命令。shell自身是一个解释型的程序设计程序语言,shell程序设计语言支持函数、变量、数组和程序控制结构。shell编程语言简单易学,在提示符下能输入的任何命令都能放到一个可执行的shell程序中。在shell程序中还可以执行一些批处理命令,这些批处理命令在Linux中叫做外壳脚本(shell script)。当然,不同外壳的脚本多少会有一些差异,写给A外壳的脚本一般不能在B外壳中执行。在Linux系统中最经常使用外壳有Bourne外壳和C外壳,本章结合这两个外壳的相同点和不同点来介绍外壳编程。

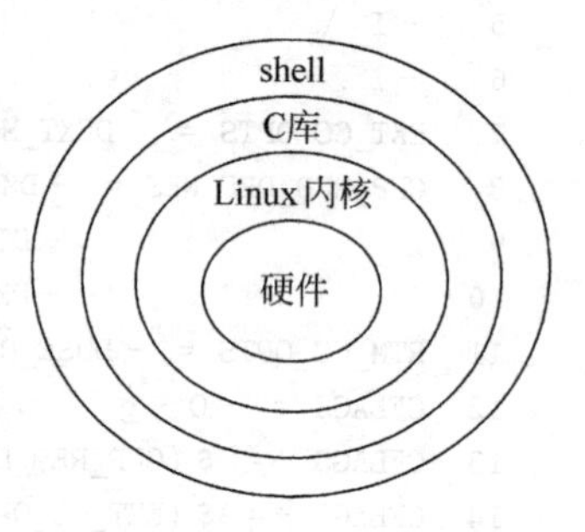

图4.1 shell在系统中的位置

4.1 创建和运行外壳程序

4.1.1 创建外壳程序

因为外壳程序是以文本方式进行存储的,所以可以用任何的文本编辑器来编辑外壳程序,只需按照外壳脚本的格式要求,将要执行的外壳或Linux命令写入外壳程序,然后保存的时候给出一个文件名。当需要运行的时候,可以通过一定的方式调用自己命名的脚本程序,以便执行程序里面包含的所有指令。

4.1.2　运行外壳程序

一般运行写好的外壳脚本文件有四种方法，下面分别对这几种方法进行介绍。

第一种方法修改外壳脚本的权限。我们可以先把外壳脚本的权限设置为可执行，这样就可以在外壳提示符下直接执行。可以使用下列命令更改外壳脚本的权限：

```
chmod u+x  filename  只有自己可以执行,其他人不能执行
chmod ug+x filename  只有自己及同一工作组的人可以执行,其他人不能执行
chmod +x   filename  所有人都可以执行
```

接下来需要指定使用哪一个外壳来解释执行该外壳脚本。一般有以下几种指定方式：

(1) 如果外壳脚本的第一个非空白字符不是"#"，则它会使用Bourne外壳。

(2) 如果外壳脚本的第一个非空白字符是"#"，但不以"#!"开头，则它会使用C外壳。

(3) 如果外壳脚本以"#!"开头，则"#!"后面所跟的字符串就是所使用的外壳的绝对路径名。Bourne外壳的路径名称为/bin/sh，而C外壳则为/bin/csh。

举例如下：

(1) 如使用Bourne外壳，可用以下方式：

```
echo enter filename   或者   #! /bourne/sh
```

(2) 如使用C外壳，可用以下方式：

```
#c 外壳 script   或者   #! /bin/csh
```

(3) 如使用/etc/perl作为外壳，可用以下方式：

```
#! /etc/perl
```

第二种方法通过向外壳命令传递参数。在调用执行的外壳命令后面跟随外壳脚本的文件名作为命令行参数。例如，使用tcsh执行一个名为remount的外壳脚本：

```
tcsh remount
```

该命令将启动一个新的外壳，并令其执行remount文件。

第三种方法是在pdksh和bash下使用句点命令，或在tcsh下使用source命令。例如，在pdksh和bash下执行remount外壳脚本：

```
. remount
```

或在tcsh下执行remount外壳脚本：

```
source remount
```

第四种方法是使用命令替换。对用户来说，这种方法比较有用。例如，如果想要使某个命令的输出成为另一个命令的参数时，就可以使用这个方法。将命令列于两个引号之间，而外壳会以这个命令执行后的输出结果代替这个命令以及两个引号符号。例如：

```
str = 'Current directory is ' 'pwd '
echo $ str
```

其结果如下：

```
Current directory is /users/cc/mydir
```

在上面的例子中，pwd 这个命令输出/uses/cc/mydir，而后整个字符串代替原来的“pwd”设定 str 变量，所以 str 变量的内容则会包括 pwd 命令的输出。

4.2 使用外壳变量

就像其他的任何高级语言一样，在外壳脚本中使用变量也是十分重要的。

4.2.1 给变量赋值

因为外壳语言是一种不需要类型检查的解释语言，所以在使用变量之前无须事先定义，这和 C 或 Pascal 语言不一样。我们是在第一次用到它们的时候创建它们的。在默认的情况下，所有变量都被认为是字符串，即使它们被赋值为数值时也是如此。shell 和其他一些工具程序会把“数值”型字符串依次转换为正确的数值，并且按照正确的方式对它们进行操作。需要注意的是，Linux 是一个区分字母大小写的系统，因此，shell 会认为变量 foo 与 Foo 是不同的，而这两者与 FOO 又是不同的。

在 pdksh 和 bash 中，给变量赋值的方法是一样的，即在变量名后跟着等号和变量值。例如，想要把 5 赋给变量 count，则使用如下的命令：

```
count = 5
```

（注意在等号的两边不能有空格，并且如果字符串中有空格的话，要用引号把它括起来。如：test = "Hello World" ）

在 tcsh 中，可以使用如下命令：

```
set count = 5
```

可以使用同一个变量来存储字符串或整数。给字符串赋值的方法和给整数赋值的方法一样。例如：

```
name = Garry        (在 pdksh 和 bash 中)
set name = Garry    (在 tcsh 中)
```

4.2.2 读取变量的值

使用符号“$”引用变量的值。例如，用如下的命令将 count 变量的内容输出到屏幕上：

```
echo $count
```

另外，当要把一个用户的输入赋值给一个变量的时候，可以使用 read 命令。它的基本格式是 read val，其中 var 是 read 命令的一个参数，即准备接收用户输入数据的变量。该命令执行时，会等待用户输入字符串，只有当用户按下回车键时，read 命令才继续往下执行。

4.2.3 位置变量和其他系统变量

位置变量用来存储外壳程序后面所跟的参数。位置参数“$0”包含脚本的名称，从

“$1”才开始赋以实际的参数。如果参数超过9个,必须使用$\{\}语法,例如:“{10}”用以获得参数值。传给每个脚本或者函数的位置参数是局部和只读的。但是其他变量是默认全局变量,除非你使用local关键字声明它们。这些变量为系统保留变量,所以你不能为这些变量赋值。同样,你可以使用$来读取这些变量的值。例如,你可以编写一个外壳程序reverse,执行过程中它有两个变量。输出时,将两个变量的位置颠倒。

```
#program reverse, prints the command line parameters out in reverse order
echo "$2" "$1"
```

在外壳下执行此外壳程序:

```
reverse hello there
```

其输出为:

```
there hello
```

除了位置变量以外,还有其他的一些系统变量,下面分别加以说明。

(1) 有些变量在启动外壳时就已经存在,可以使用这些系统变量,并且可以赋予新值:

$HOME:用户自己的目录。

$PATH:执行命令时所搜寻的目录。

$TZ:时区。

$MAILCHECK:每隔多少秒检查是否有新的邮件。

$PS1:在外壳命令行的提示符。

$PS2:当命令尚未输入完时,外壳要求再输入时的提示符。

$MANPATH:man指令的搜寻路径。

(2) 在执行外壳程序时,系统就设置好了某些变量,并且不能加以修改:

$#:存储外壳程序中命令行参数的个数。

$?:存储上一个执行命令的返回值。

$0:存储外壳程序的程序名。

$*:是所有位置参数(不包括“$0”)的列表,其形式是单个字符串,串中每个参数由内部域分隔符$IFS(bash的另一个环境变量)分隔。

“$@”:存储所有命令行输入的参数,是所有位置参数被分别表示为双引号中的N(N为参数个数)个字符串,分别表示为(“$1”“$2”…)。

$$:存储外壳程序的PID。

$!:存储上一个后台执行命令的PID。

4.2.4 引号的作用

在外壳编程中,各种不同的引号之间的区别是十分重要的。单引号(‘’)、双引号(“”)和反斜杠(\)都用作转义。这三者之中,双引号的功能最弱。当把字符串用双引号括起来时,外壳将忽略字符串中的空格,但其他字符都将继续起作用。双引号在将多于一个单词的字符串赋给一个变量时尤其有用。例如,把字符串hello there赋给变量greetting时,应当使

用下面的命令：

```
greeting = "hello there"          (在 bash 和 pdksh 环境下)
set greeting = "hello there"      (在 tcsh 环境下)
```

这两个命令将 hello there 作为一个单词存储在 greeting 变量中。如果没有双引号，bash 和 pdksh 将产生语法错误，而 tcsh 则将 hello 赋给变量 greeting。

单引号的功能最强。当把字符串用单引号括起来时，外壳将忽视所有单引号中的特殊字符。例如，如果想把登录时的用户名也包括在 greeting 变量中，应该使用下面的命令：

```
greeting = 'hello there $LOGNAME'          (在 bash 和 pdksh 环境下)
set greeting = 'hello there $LOGNAME'      (在 tcsh 环境下)
```

如果你是以 root 身份登录，这将会把 hello there root 存储在变量 greeting 中。如果你在上面使用单引号，则单引号将会忽略 $ 符号的真正作用，而把字符串 hello there $LOGNAME 存储在 greeting 变量中。

使用反斜杠是第三种使特殊字符发生转义的方法。反斜杠的功能和单引号一样，只是反斜杠每次只能使一个字符发生转义，而不是使整个字符串发生转义。请看下面的例子：

```
greeting = hello\there          (在 bash 和 pdksh 环境下)
set greeting = hello\there      (在 tcsh 环境下)
```

在该命令中，反斜杠使外壳忽略空格，从而将 hello there 作为一个单词赋予变量 greeting。

当想要将一个特殊的字符包含在一个字符串中时，可用反斜杠。例如，想把一盒磁盘的价格 $5.00 赋予变量 disk_price，则使用如下的命令：

```
disk_price = \$5.00          (在 bash 和 pdksh 环境下)
set disk_price = \$5.00      (在 tcsh 环境下)
```

如果没有反斜杠，外壳就会试图寻找变量 5，并把变量 5 的值赋给 disk_price。

4.3 数值运算命令

如果需要处理数值运算，可以使用 expr 命令，下面介绍数值运算符及其用法：

```
expr  expression
```

说明：expression 是由字符串以及运算符所组成的，它的一般格式为：

```
expr  expression1  operator  expression2
```

每个字符串或运算符之间必须用空格隔开。表 4-1 列出了运算符的种类及功能，运算符的优先顺序以先后次序排列，可以利用小括号来改变运算的优先次序。其运算结果输出到标准输出设备上。

表 4-1 数值运算命令

运算符	运算符作用说明
:	运算符进行字符串比较。比较的方式是以两字符串的第一个字母开始，查看第二个字符串中的字符是否与第一个字符串的对应字符全部相同。如果相同，则输出第二个字串的字母个数，如果不同，则返回 0
*	运算符进行乘法运算
/	运算符进行除法运算
%	运算符进行取余数运算
+	运算符进行加法运算
-	运算符进行减法运算
<	运算符进行小于比较
<=	运算符进行小于等于比较
=	运算符进行等于比较
!=	运算符进行不等于比较
>=	运算符进行大于等于比较
>	运算符进行大于比较
&	运算符进行 AND 运算
|	运算符进行 OR 运算

注意：当 expression 中含有 *、(、) 等符号时，必须在其前面加上反斜杠\，以免被外壳解释成其他意义。例如：

```
expr 2 \ * \(3 + 4\)
```

其输出结果为 14。

下面介绍 test 命令。

在 bash 和 pdksh 环境中，test 命令用来测试条件表达式。其用法如下：

```
test expression 或者[expression]
```

test 命令可以和多种系统运算符一起使用。这些运算符可以分为四类：整数运算符、字符串运算符、文件运算符和逻辑运算符，如表 4-2 所示。

tcsh 中没有 test 命令，但它同样支持表达式。tcsh 支持的表达式形式基本上和 C 语言一样。这些表达式大多数用在 if 和 while 命令中。tcsh 表达式的运算符也分为整数运算符、字符串运算符、文件运算符和逻辑运算符四种，如表 4-3 所示。

表 4-2 四类运算符

1) 在 bash 和 pdksh 环境中，整数运算符	
int1 -eq int2	如果 int1 和 int22 相等，则返回真
int1-ge int2	如果 int1 大于等于 int2，则返回真
int1-gt int2	如果 int1 大于 int2，则返回真
int1-le int2	如果 int1 小于等于 int2，则返回真
int1-lt int2	如果 itn1 小于 int2，则返回
int1-ne int2	如果 int1 不等于 int2，则返回真

续表

2）在 bash 和 pdksh 环境中，字符串运算符	
str1＝str2	如果 str1 和 str2 相同，则返回真
str1！＝str2	如果 str1 和 str2 不相同，则返回真
str	如果 str 不为空，则返回真
-n str	如果 str 的长度大于零，则返回真
-z str	如果 str 的长度等于零，则返回真
3）在 bash 和 pdksh 环境中，文件运算符	
-d filename	如果 filename 为目录，则返回真
-e filename	如果文件存在则结果为真
-f filename	如果 filename 为普通的文件，则返回真
-r filename	如果 filename 可读，则返回真
-s filename	如果 filename 的长度大于零，则返回真
-w filename	如果 filename 可写，则返回真
-x filename	如果 filename 可执行，则返回真
4）在 bash 和 pdksh 环境中，逻辑运算符	
i expr	如果 expr 为假，则返回真
expr1 -a expr2	如果 expr1 和 expr2 同时为真，则返回真
expr1-o expr2	如果 expr1 或 expr2 有一个为真，则返回真

表 4-3　tcsh 运算符

1）在 tcsh 环境中，整数运算符	
int1＜＝int2	如果 int1 小于等于 int2，则返回真
int1＞＝int2	如果 int1 大于等于 int2，则返回真
int1＜int2	如果 int1 小于 int2，则返回真
int1＞int2	如果 int1 大于 int2，则返回真
2）在 tcsh 环境中，字符串运算符	
str1＝＝str2	如果 str1 和 str2 相同，则返回真
str1！＝str2	如果 str1 和 str2 不相同，则返回真
3）在 tcsh 环境中，文件运算符	
-r file	如果 file 可读，则返回真
-w file	如果 file 可写，则返回真
-r file	如果 filename 可读，则返回真
-x file	如果 file 可执行，则返回真
-e file	如果 file 存在，则返回真
-o file	如果当前用户拥有 file，则返回真
-z file	如果 file 长度为零，则返回真
-f file	如果 file 为普通文件，则返回真
-d file	如果 file 为目录，则返回真
4）在 tcsh 环境中，逻辑运算符	
expr1 || expr2	如果 exp1 为真或 exp2 为真，则返回真
expr1&& expr2	如果 exp1 和 exp2 同时为真，则返回真
! exp	如果 exp 为假，则返回真

4.4 条件表达式

bash、pdksh 和 tcsh 都有两种条件表达方法，即 if 表达式和 case 表达式。

4.4.1 if 表达式

bash、pdksh 和 tcsh 都支持嵌套的 if…then…else 表达式，它们的格式稍微有点差别。bash 和 pdksh 的表达式如下：

```
if [expression ]
then
    commands
elif [expression2]
then
    commands
else
    commands
fi
```

elif 和 else 在 if 表达式中均为可选部分。elif 是 else if 的缩写。只有在 if 表达式和任何它的 elif 表达式都为假时，才执行 else。fi 关键字表示 if 表达式的结束。

在 tcsh 中，if 表达式有两种形式。第一种形式为：

```
if (expression1) then
    commands
else if (expression2) then
    commands
else
    commands
endif
```

tcsh 还有另外一种形式，是第一种形式的简写。它只执行一个命令，如果表达式为真，则执行；如果表达式为假，则不做任何事。其用法如下：

```
if(expression) command
```

下面是一个 bash 或 pdksh 环境下 if 表达式的例子。它用来查看当前目录下是否存在一个名为.profile 的文件。

```
if [  -f .profile]
then
    echo "There is a .profile file in the current directory."
else
    echo "Could not find the .profile file."
fi
```

在 tcsh 环境下为：

```
    #
if({ -f .profile}) then
    echo "There is a .profile file in the current directory"
else
    echo "Could not find the .profile file."
endif
```

4.4.2 case 表达式

有时在编程时往往会遇到对同一变量进行多次的测试，这种情况可以用多个 elif 语句来实现，也可以用 case 语句实现。case 语句允许从几种情况中选择一种情况执行，而且 case 语句不但取代了多个 elif 和 then 语句，还可以用变量值对多个模式进行匹配，当某个模式与变量值匹配后，其后的一系列命令将被执行。所以，外壳中的 case 语句的功能要比 Pascal 或 C 语言的 case 或 switch 语句的功能稍强。

bash 和 pdksh 的 case 表达式如下：

```
case stringl in
str1)
    commands;;
str2)
    commands;;
*)
    commands
esac
```

在此，将 string1 和 str1、str2 比较。如果 str1 和 str2 中的任何一个和 string1 相符合，则它下面的命令一直到两个分号(;;)将被执行。如果 str1 和 str2 中没有和 string1 相符合的，则星号(*)下面的语句被执行。星号是默认的 case 条件，因为它和任何字符串都匹配。

tcsh 的选择语句称为开关语句。它和 C 语言的开关语句十分类似。

```
switch(stringl)
case str1:
    statements
    breaksw
case str2:
    statements
    breaksw
defauit:
    statements
    breaksw
endsw
```

在此，string1 和每一个 case 关键字后面的字符串相比较。如果任何一个字符串和 string1 相匹配，则其后面的语句直到 breaksw 将被执行。如果没有任何一个字符串和 string1 匹配，则执行 default 后面直到 breaksw 的语句。

下面是 bash 或 pdksh 环境下 case 表达式的一个例子。它检查命令行的第一个参数是否为-i 或-e。如果是-i，则计算由第二个参数指定的文件中以 i 开头的行数。如果是-e，则计算由第二个参数指定的文件中以 e 开头的行数。如果第一个参数既不是-i 也不是-e,则在屏幕上显示一条错误的信息。

```
case $1 in
-i)
    count = 'grep ^i $2 |wc -l'
    echo "The number of lines in $2 that start with an i is $count"
    ;;
-e)
    count = 'grep ^e $2|wc - l'
    echo "The number of lines in $S2 that start with an e is $count"
    ;;
*)
    echo "That option is not recognized"
    ;;
esac
```

此例在 tcsh 环境下为:

```
#remember that the first line must start with a# when using tcsh
    switch($1)
    case -i | i:
        set count = 'grep ^i $2 | wc -l'
        echo "The number of lines in$2 that begin with i is $count"
        breaksw
    case -e | e:
        set count = 'grep ^e $2 | wc -l'
        echo "The number of lines in$2 that begin with e is $count"
        breaksw
    default:
        echo "That option is not recognized"
        breaksw
    endsw
```

4.5 循环语句

shell 中一般可以对三种循环语句进行处理: for 语句、while 语句和 until 语句。

4.5.1 for 语句

bash 和 pdksh 中有两种使用 for 语句的表达式。

第一种形式是:

```
for varl in list
do
    commands
done
```

在此形式时,对于在 list 中的每一项,for 语句都执行一次。list 可以是包括几个单词的、由空格分隔开的变量，也可以是直接输入的几个值。每执行一次循环，var1 都被赋予 list 中的当前值，直到最后一个为止。

第二种形式是：

```
for var1
do
    statements
done
```

使用这种形式时，对于变量 var1 中的每一项，for 语句都执行一次。此时，外壳程序假定变量 var1 中包含外壳程序在命令行的所有位置参数。

一般情况下，此种方式也可以写成：

```
for var1 in "$@"
do
    statements
done
```

在 tcsh 中，for 循环语句叫做 foreach。其形式如下：

```
foreach name (list)
    commands
end
```

下面是一个在 bash 或 pdksh 环境下的例子。此程序可以以任何数目的文本文件作为命令行参数读取每一个文件，把其中的内容转换成大写字母，然后将结果存储在以.caps 作为扩展名的同样名字的文件中。

```
for file
do
    tr a-z A-z <$file> $file.caps
done
```

在 tcsh 环境下，此例子可以写成：

```
#
foreach file($*)
    tr a-z A-z <$file> $file.caps
end
```

4.5.2 while 语句

while 语句是另一种循环语句。该语句通过判断一个给定的条件，当条件为真时，则一直循环执行下面的语句，直到条件为假。在 bash 和 pdksh 环境下，使用 while 语句的表达式为：

```
while expression
do
    statements
done
```

而在 tcsh 中，while 语句为：

```
while(expression)
    statements
end
```

下面是在 bash 和 pdksh 中 while 语句的一个例子。程序列出所有参数，以及它们的位置号。

```
count = 1
while [ - n " $ * "]
do
    echo "This is parameter number $ count $ 1"
    shift
    set count = 'expr $ count + 1'
done
```

其中，shift 命令用来将命令行参数左移一个位置。

在 tcsh 中，此例子为：

```
#
set count = 1
while( " $ * " != " ")
    echo "This is parameter number $ count $ 1"
    shift
    set count = 'expr $ count + 1'
end
```

4.5.3 until 语句

从上面例子可以看到，while 语句中，只要某条件为真，则重复执行循环代码。而 until 语句正好同 while 相反，该语句使循环代码重复执行，直到遇到某一条件为真才停止。

until 语句在 bash 和 pdksh 中的写法为：

```
until expression
do
    commands
done
```

用 until 语句重写上面的例子：

```
count = 1
until[ - z " $ * "]
do
    echo "This is parameter number $ count $ 1"
    shift
    count = 'expr $ count + 1'
done
```

在应用中，until 语句不是很常用，因为 until 语句可以用 while 语句重写。

4.5.4 repeat 语句

repeat 语句只存在于 tcsh 中，在 pdksh 和 bash 中没有相似的语句。repeat 语句用来使一个单一的语句执行指定的次数。repeat 语句表达式如下：

```
repeat count command
```

下面给出 repeat 语句的一个例子。它读取命令行后的一串数字，并根据数字在屏幕上分行输出句号。

```
#
foreach num( $ * )
repeat $num echo -n "."
    echo " "
end
```

任何 repeat 语句都可以用 while 或 for 语句重写。repeat 语句只是更加方便而已。

4.6 shift 命令

bash、pdksh 和 tcsh 都支持 shift 命令。shift 命令用来将存储在位置参数中的当前值左移一个位置。例如当前的位置参数是：

```
$1 = -r   $2 = file1   $3 = file2
```

执行 shift 命令：

```
shift
```

位置参数将会变为：

```
$1 = file1   $2 = file2
```

也可以指定 shift 命令每次移动的位置个数，下面的例子将位置参数移动两个位置：

```
shift 2
```

下面是一个应用 shift 命令的例子。该程序有两个命令行参数，一个为输入文件，另一个为输出文件。程序读取输入文件，将其中的内容转换成大写，并将结果存储在输出文件中。

```
while [ "$1"]
do
if ["$1" = "-i"] then
    infile= "$2"
    shift 2
elif ["$1"="-o"]
then
    outfile= "$2"
    shift 2
else
```

```
    echo "Program $0 does not recognize option $1"
fi
done
tr a-z A-Z <$infile> $outfile
```

4.7 select 语句

select 语句只存在于 pdksh 中，在 bash 或 tcsh 中没有相似的表达式。select 语句自动生成一个简单的文字菜单。其用法如下：

```
select menuitem [in list_of_items]
do
    commands
done
```

其中，方括号中是 select 语句的可选部分。当 select 语句执行时，pdksh 为在 list_of_items 中的每一项创建一个标有数字的菜单项。list_of_items 可以是包含几个条目的变量，就像 choice1 choice2，或者是直接在命令中输入的选择项，例如：

```
select menuitem in choice1 choice2 choice3
```

如果没有 list_of_items，select 语句，则使用命令行的位置参数，就像 for 表达式一样。一旦选择了菜单项中的一个，select 语句就将选中的菜单项的数字值存储在变量 menuitem 中。然后可以利用 do 中的语句来执行选中的菜单项要执行的命令。

下面是 select 语句的一个例子。

```
select menuitem in pick1 pick2 pick3
do
    echo "Are you sure you want to pick $menuitem"
    read res
if[ $res = "y" -o $res = "Y"]
then
    break
fi
done
```

4.8 函数

外壳语言可以定义自己的函数，就像在 C 或其他高级语言中一样。使用函数的最大好处就是程序更加清晰可读。下面是如何在 bash 和 pdksh 中创建一个函数：

```
fname(){
    command
    …
    command;
}
```

在 pdksh 中也可以使用如下的形式：

```
function fname{
    command
    …
    command;
}
```

使用函数时，只需输入以下命令：

```
fname [parm1 parm2 parm3 … ]
```

tcsh 外壳中不支持函数。在调用一个函数之前要先对其定义，这有点像 C 语言里函数必须先于调用而被定义的概念，但 shell 里不允许出现任何形式的向前引用。对于用户来说，只要把所有函数定义都放在任何一个函数的调用之前就可以了。在调用一个函数时，脚本程序的位置参数"$ *"、"$@"等会被替换为函数的参数：这也是读取传递给函数的参数的办法，函数执行完毕之后，有关参数会被恢复为它们原先的值。

可以传递任何数目的参数给一个函数。函数将会把这些参数视为位置参数。请看下面的例子，此例子包括四个函数：upper()、lower()、print()和 usage_error()，它们的任务分别是：将文件转换成大写字母、将文件转换成小写字母、打印文件内容和显示出错信息。upper()、lower()、print()都可以有任意数目的参数。如果将此例命名为 convert，可以在外壳提示符下这样使用该程序：

```
convert -u file1 file2 file3
upper() {
    shift
        for i
        do
        tr a-z A-z<$1>$1.out
        rm $1
        mv $1.out $1
        shift
    done;
}
lower(){
    shift
    for i
    do
        tr A-Z a-z<$1>$1.out
        rm $1
        mv $1.out $1
        shift
    done;
}
print(){
    shift
    for i
    do
        lpr $1
```

```
        shift
    done;
}
usage_error(){
    echo " $1 syntax is $1 <option> < input files>"
    echo ""
    echo "where option is one of the following"
    echo "P  -  to print frame files"
    echo "u  -  to save as uppercase"
    echo "1  -  to save as lowercase"}
    case $1
    in
        p| -p) print  $@;;
        u| -u) upper  $@;;
        l| -l) lower  $@;;
         * ) usage_error $0;;
    esac;
}
```

要明确的是，与C语言和Pascal语言相比，bash的接口非常原始，既没有错误检查也没有办法传递值参。但是，与C和Pascal语言一样，在一个函数内部可以使用local关键字来声明一个本地变量，并且如果程序中存在一个同名全局变量，那么仅在声明local变量的函数内部，本地局部变量的值覆盖全局变量的值。举例如下：

```
#! /bin/bash
sample_text = "Global variable"
foo(){
    local sample_text = "Local variable"
    echo  $sample_text
}
echo "Script starting"
echo  $sample_text
foo
echo "Script ended"
exit 0
```

虽然外壳语言功能强大而且简单易学，但在有些情况下，外壳语言无法解决所有的问题。这时，可以选择Linux系统中的其他语言，例如C和C++、gawk Perl等。

4.9 shell 应用举例

1. 文件处理

下面是一个文件，里面有一些信息。

```
            LISTING OF PERSONNEL FILE
            TAKEN AS AT 12/2011
Louise Conrad: Accounts: ACC8589
Peter James: Payroll: PR4 89
Fred Terms: Customer: CUS0 11
```

```
James Lenod: Accounts: ACC8 77
Frank James: Payroll: PR4 55
```

假定现在需要处理此文件，文件头两行并不包含个人信息，因此需要跳过这两行；也不需要处理雇员 Peter James，这个人已经离开公司，但没有从人员文件中删除。

对于头信息，只需简单计算所读行数。当行数大于 2 时开始处理，如果处理人员名字为 Peter James，将跳过此记录。脚本如下：

```
#! /bin/sh
SAVEDIFS = $IFS
IFS = :
INPUT_FILE = names2.txt
NAME_HOLD = "Peter James"
LINE_NO = 0
if [ -s $INPUT_FILE ] then
    while read NAME DEPT ID
    do
        LINE_NO = 'expr $LINE_NO + 1'
        if [ "$LINE_NO" -le 2] then
            #如果 LINE_NO 的值大于 2,则跳过
            continue
        fi
        if [ "$NAME" = "$NAME_HOLD" ] then
            #如果 NAME_HOLD 的值为 Peter James,则跳过
            continue
        else
            echo "Now processing… $NAME $DEPT $ID"
            #所有的处理都到达此处
        fi
    done< $INPUT_FILE
    IFS = $SAVEDIFS
    else
        echo " 'basename $0': Sorry file not found or there is no data in the file" >&2
    exit 1
fi
```

运行上面脚本，得出：

```
Louise Conrad : Accounts::ACC8589
Fred Terms : Customer: CUS011
James Lenod : Accounts: ACC877
Frank James : Payroll: PR455
```

2. 使用函数

下面给出一个使用函数的例子，该例子用于测试目录是否存在。

```
! /bin/sh
# function file
is_directory()
{
    #is_directory
```

```
    _DIRECTORY_NAME = $1
    if[ $# -lt 1] then
        echo "is_directory : I need a directory name to check"
        return 1
    fi
    #判断是否为一个目录?
    if [ ! -d $_DIRECTORY_NAME] then
        return 1
    else
        return 0
    fi
}
#-----------------------------------------------------------------------
error_msg()
{
    #error_msg
    #beeps; display message; beeps again!
    echo -e "\007"
    echo $@
    echo -e "\007"
    return 0
}
#----------------------------------------END OF FUNCTIONS-----------------
echo -n "enter destination directory"
read DIREC
if is_directory $DIREC
then:
else
    error_msg " $DIREC does not exit…Creating it now"
    mkdir $DIREC>/dev/null 2>&1
    if [ $? != 0]
    then
        error_msg "Could not create directory::check it out!"
        exit 1
    else:
    fi
fi #not a directory
echo "extracting files…"
```

上述脚本中,两个函数定义于脚本开始部分,并在脚本主体中调用。所有函数都应该在任何脚本主体前定义。注意错误信息语句,这里使用函数 error_msg 显示错误,反馈所有传递到该函数的参数,并加两声警报。

3. 日志文件处理

系统中的有些日志文件增长十分迅速,每天手工检查这些日志文件的长度并倒换这些日志文件(通常是给文件名加个时间戳)是非常乏味的。可以编写一个脚本来自动完成这项工作。该脚本将提交给 cron 进程来运行,如果某个日志文件超过了特定的长度,那么它的内容将被倒换到另一个文件中,并清除原有文件中的内容。你可以很容易地改编这个脚本,用于清除其他的日志文件。使用另外一个脚本来清除系统日志文件,它每周运行一次,截断相应的日志文件。

如果需要再回头看这些日志文件，只需在备份中寻找即可，这些日志文件的备份周期为16周，这个周期长度应该是足够的。

该脚本中日志文件的长度限制是由变量BLOCK_LIMIT设定的。这一数字代表了块数目，在本例中是8块(每块大小为4KB)。可以按照自己的需求把这一数字设得更大。所有要检查的日志文件名都保存在变量LOGS中。这里使用了一个for循环来依次检查每一个日志文件，使用do命令来获取日志文件长度。如果相应的文件长度大于BLOCK_LIMIT变量所规定的值，那么该文件将被复制到一个文件名含有时间戳的文件中，并改变这个文件所属的组，原先的文件长度将被截断为0。

该脚本由cron每周运行几次，生成了一些文件名中含有时间戳的日志文件备份，如果系统出现了任何问题，还可以回到这些备份中查找。

```
#! /bin/sh
#logrolll
#roll over the log files if sizes have reached the MARk
#could also be used for mail boxes?
#limit size of log
#4096k
BLOCK_LIMIT = 8

MYDATE = 'date +  %d%m'
#list of logs to check… yours will different!

LOGS= "/var/spool/audlog/var/spool/networks/netlog/etc/dns/named_log"
for LOG_FILE in $LOGS
do
if [ -f $LOG_FILE ] then
    #get block size
    F_SIZE = 'du -a $LOG_FILE | cut-f1 '
else
    echo " 'basename $0 'can    not find $LOG_FILE" >&2
    #could exit here,but 1 want to make sure we hit all
    #logs
    continue
fi

if[ "$F_SIZE" -gt " $BLOCK-LIMIT"]
then
    #copy the log across and append a ddmm date on it
    cp $LOG_FILE $LOG_FILE $MYDATE
    #create /zero the new log
    >$LOG FILE
    Chgrp admin $LOG_FILE $MYDATE
fi
done
```

4.10 本章小结

(1) shell是Linux操作系统内核的外壳,它为用户提供使用操作系统的命令接口。用户在提示符下输入的每个命令都由shell先解释然后发送给Linux内核。当从shell或其他程序向Linux传递命令时,内核会做出相应的响应。

(2) Linux系统的shell是命令语言、命令解释程序及程序设计语言的统称。

(3) 目前使用的shell有bash、pdksh和tcsh外壳,本章详细介绍了各种shell外壳的编程技术及其应用方法。

4.11 思考题

请在Linux平台下对本章中的“shell应用举例”进行编程,以熟悉shell的编程方法。

第5章 构建嵌入式Linux开发平台

CHAPTER 5

本章主要内容

- GNU跨平台开发工具链
- 嵌入式Linux内核及根文件系统
- Bootloader简介
- 本章小结

5.1 GNU跨平台开发工具链

5.1.1 基础知识

GCC的不断发展完善使许多商业编译器相形见绌，GCC由GNU创始人Richard Stallman首创，是GNU的标志产品。由于UNIX平台的高度可移植性，GCC几乎在各种常见的UNIX平台上都有，即使是Win32/DOS也有GCC的移植。GNU软件包括C编译器gcc、C++编译器g＋＋、汇编器as、链接器ld、压缩及解压文件工具ar、二进制转换工具(OBJCOPY，OBJDUMP)、调试工具(GDB，GDBSERVER，KGDB)和基于不同硬件平台的开发库，这些均称为工具链。第1章详细介绍了嵌入式开发的Host/Target模式，主机对即将在目标机上运行的应用代码进行编译，生成可以在目标机上运行的代码格式，然后移植到目标机上运行，都要用到跨平台开发工具链。

在GNU GCC支持下，用户可以使用流行的C/C++语言开发应用程序，满足生成高效率运行代码、易掌握的编程语言的用户需求。这些工具都是按GPL版权声明发布，任何人可以从网上获取全部的源代码，无须支付任何费用。关于GNU和公共许可证协议的详细资料，可参看GNU网站的中文介绍。本章以在Linux系统上针对目标主机arm为例，详细介绍建立跨平台开发工具链的方法。

5.1.2 GNU跨平台开发工具链的建立过程

主机系统可以使用Red Hat、Ubuntu、Cywin或虚拟机等，以下详细介绍在Redhat Linux 9.0环境下，建立基于ARM＋Linux的嵌入式跨平台开发工具链的过程。

1. 选定软件版本

我们需要选用适当的版本，找到适合主机和目标板的组合。选择之前，可以查阅已成功应用的组合，例如到网上的论坛中查找，也可以自己测试可用的版本组合。一开始使用每个套件最新的稳定版本，如果无法建立，再依次换成较旧的版本。当发现一个可以编译成功的新版本组合时，务必测试其产生的工具链是否可以使用。有些版本的组合或许可以编译成功，但是使用时仍会失败。我们选用的宿主机为Redhat Linux9.0，目标机为arm，选择的版本以及下载地址如下：

(1) binutils.2.11-2.tar.gz，包含有ld、ar、as等一些产生或处理二进制文件的工具。它的下载地址为：

ftp://ftp.gnu.org/gnu/binutils/binutils-2-11.2.tar.gz

(2) gcc-core-2.95.3.tar.gz，包含gcc的主体部分。它的下载地址为：

ftp://ftp.gnu.org/gnu/gcc/gcc2.95.3/gcc-core-2.95.3.tar.gz

(3) gcc-g++2.95.3.tar.gz，该版本可以使gcc编译C++程序。它的下载地址为：

ftp://ftp.gnu.org/gnu/gcc/gcc-2.95.3/gcc-g++-2.95.3.tar.gz

(4) glibc-2.2.4.tar.gz，libc是很多用户层应用都要用到的库，即C链接库。它的下载地址为：

ftp://ftp.gnu.org/gnu/glibc/glibc-2.2.4.tar.gz

(5) glibc-linuxthreads-2.2.4.tar.gz，该libc用于支持POSIX线程单独发布的压缩包。它的下载地址为：

ftp://ftp.gnu.org/gnu/glibc/glibc-linuxthreads-2.2.4.tar.gz

(6) linux-2.4.21.tar.gz+rmkl，Linux的内核及其支持ARM的补丁包。它的下载地址为：

ftp://ftp.kernel.org/pub/linux/kernel/v2.4/linux-2.4.21.tar.gz

ftp://ftp.arm.linux.org.uk/pub/linux/arm/kernel/v2.4/patch-2.4.21-rmk1.gz

2. 建立工作目录

$ cd /home/work　进入工作目录。

$ pwd　查看当前目录，此时将显示为：/home/work

$ mkdir　embedded-system　创建工具链文件夹。

$ ls　查看/home/work建立的所有文件，此时将显示为：embedded-system

现在已经建立了顶层文件夹embedded-system，下面在此文件夹下建立如下几个目录：

setup-dir　存放下载的压缩包。

src-dir　存放binutils、gcc、glibc解压之后的源文件。

kernel　存放内核文件，对内核的配置和编译工作也在此完成。

build-dir　编译src-dir下面的源文件，一般源文件目录与编译目录分离。

tool-chain　交叉编译工具链的安装位置。

Program　存放编写程序。

doc　说明文档和脚本文件。

下面建立目录，并且下载源文件。

```
$ pwd
/home/work/
$ cd    embedded - system
$ mkdir  setup - dir  src - dir  kernel  build - dir  tool - chain  program  doc
```

```
$ ls
build-dir  doc  kernel  program  setup-dir  src-dir  tool-chain
$ cd setup-dir
$ wget  ftp://ftp.gnu.org/gnu/binutils/binutils-2.11.2.tar.gz  #下载源文件
$ wget  ftp://ftp.gnu.org/gnu/gcc/gcc-2.95.3/gcc-core-2.95.3.tar.gz
$ wget  ftp://ftp.gnu.org/gnu/gcc/gcc-2.95.3/gcc-g++-2.95.3.tar.gz
$ wget  ftp://ftp.gnu.org/gnu/glibc/glibc-2.2.4.tar.gz
$ wget  ftp://ftp.gnu.org/gnu/glibc/glibc-linuxthreads-2.2.4.tar.gz
$ wget  ftp://ftp.kernel.org/pub/linux/kernel/v2.4/linux-2.4.21.tar.gz
$ wget  ftp://ftp.arm.linux.org.uk/pub/linux/arm/kernel/v2.4/patch-2.4.21-rmk1.gz
$ ls
binutils-2.11.2.tar.gz  gcc-g++-2.95.3.tar.gz  libc-linuxthreads-2.2.4.tar.gz patch
-2.4.21-rmk1.gz
gcc-core-2.95.3.tar.gz  glibc-2.2.4.tar.gz linux-2.4.21.tar.gz
$ cd../build-dir
$ mkdir  build-binutils  build-gcc  build-glibc  #建立编译目录
```

3. 设置输出环境变量

在建立与使用某些工具程序时，可能会用到这些目录的路径，如果设计一个简短的命令脚本，设定适当的环境变量，则可以简化操作过程。下面就建立命令脚本 hjbl(环境变量)：

```
$ pwd
/home/work/embedded-system/build-dir
$ cd../doc
$ mkdir scripts
$ cd scripts
$ emacs hjbl    文本编辑器 emacs 编译环境变量脚本
```

在随后打开的 emacs 编辑窗口中输入下面内容：

```
export    PRJROOT=/home/work/embedded-system
export    TARGET = arm-linux
export    PREFIX =  $PRJROOT/tool-chain
export    TARGET_PREFIX =  $PREFIX/$TARGET
export    PATH=$PREFIX/bin:$PATH
```

保存后关闭 emacs 窗口，如果要在目前的窗口中执行此脚本，即让环境变量生效，还需要执行下面的语句：

```
$ . hjbl(注意：在点和 hjbl 之间有一个空格)
$ cd  $PRJROOT   验证环境变量是否生效
$ ls
build-dir  doc  kernel  program  setup-dir  src-dir  tool-chain
```

该环境变量的作用时间仅在 Terminal 当前窗口，如果将窗口关闭，开启一个新的窗口，则环境变量失效，需要重新执行下面的命令：

```
$ . /home/work/embedded-system/doc/scripts/hjbl
```

说明：TARGET 变量用来定义目标板的类型，以后会根据此目标板的类型来建立工具链，见表 5-1。目标板的定义与主机的类型是没有关系的，但是如果更改 TARGET 的值，

GNU 工具链必须重新建立一次。

PREFIX 变量提供了指针，指向目标板工具程序将被安装的目录。

TARGET_PREFIX 变量指向与目标板相关的头文件和链接库将被安装的目录。

PATH 变量指向二进制文件(可执行文件)将被安装的目录。

表 5-1 TARGET 变量值

实际的目标板	TARGET 变量值
PowerPC	powerpc-linux
ARM	arm-linux
MIPS(big endian)	mips-linux
MIPS(little endian)	mipsel-linux
SuperH4	sh-liunx

4. 内核头文件的配置

内核头文件的配置是建立工具链的第一步。它与后面将要执行的其他步骤类似，大多需要执行下面几步操作：解压缩包、为跨平台开发设定包的配置、建立包和安装包。

```
$ pwd
/home/work/embedded-system/
$ cd kernel
$ tar xvzf ../setup-dir/linux-2.4.21.tar.gz                 #解压缩
$ gunzip ../setup-dir/patch-2.4.21-rmk1.gz
$ cd linux-2.4.21
$ patch p1<../../setup-dir/patch-2.4.21-rmk1                #给 Linux 内核打补丁
$ make ARCH=arm CROSS-COMPILE=arm-linux- menuconfig         #配置
$ make dep
```

变量 ARCH 和 CROSS_COMPILE 的值与目标板的架构类型有关。如果使用 PPC 目标板，则：

```
ARCH = ppc  CROSS-COMPILE=ppc-linux-
```

如果使用 i386 目标板，则：

```
ARCH = i386  CROSS-COMPILE=i386-linux-
```

make menuconfig 是以文本菜单方式配置。

make xconfig 是以图形界面方式配置。

make config 是以纯文本界面方式配置。

一般选择 make menuconfig，注意在选项 System Types 中选择正确的硬件类型。配置完退出并保存，检查以下内核目录中的 kernel/linux-2.4.21/include/linux/version.h 和 autoconf.h 文件是不是生成了，这是编译 glibc 时要用到的。如果这两个文件存在，则说明生成了正确的头文件。

然后，建立工具链需要的 include 目录，并将内核头文件复制过去。

```
$ cd include
$ ln -s asm-arm asm
```

```
$ cd asm
$ ln -s arch-epxa arch
$ ln -s proc-armv proc
$ mkdir -p $TARGET_PREFIX/include
$ cp -r $PRJROOT/kernel/linux-2.4.21/include/linux $TARGET-PREFIX/include
$ cp -r SPRJROOT/kernel/linux-2.4.21/include/asm-arm
$ TARGET_PREFIX /include/asm
```

在具体的建立过程中，要注意两点：首先，只要处理器或系统的类型没有改变，就不必在每次重新设定内核配置后都去重建工具链；其次，把 asm-linux 文件夹放到目标文件夹 $TARGET_PREFIX/include/时，要将其更改名称为 asm，因为配置文件的 include 包含的都是< asm/ *.h >方式。

5. binutils 二进制工具程序的设置

binutils 包中的工具常用来操作二进制目标文件。该包中最重要的两个工具就是 GNU 汇编器 as 和链接器 ld。

```
$ cd   $PRJROOT/src-dir
$ tar  xvzf../setup-dir/binutils-2.11.2.tar.gz
$ cd   $PRJROOT/build-dir/build-binutilg
$ ../../src-dir/binutils-2.11.2/configure --target=$TARGET -prefix=$PREFIX
$ make
$ make install
$ ls $PREFIX/bin                                                    #验证安装的结果是否正确
arm-linux-addr2line arm-linux-id arm-linux-readelf
arm-linux-ar arm-linux-nm arm-linux-size
arm-linux-as arm-linux-objcopy arm-linux-strings
arm-linux-c++filt arm-linux-objdump arm-linux-strip
arm-linux-gasp arm-linux-ranlib
```

注意：文件名的前缀都是前面为 TARGET 变量设定的值。如果目标板是 i386-linux，那么这些工具的文件名前缀就会是 i386-linux-。这样就可以根据目标板类型找到正确的工具程序。

6. 初始编译器的建立

开始只能建立支持 C 语言的引导编译器，因为缺少 C 链接库(glibc)的支持。等到 glibc 编译好之后，可以重新编译 gcc 并提供完整的 C++语言支持。

```
$ cd    $PRJROOT/setup-dlr
$ mv   gcc-core-2.95.3.tar.gz gcc-2.95.3.tar.gz   #重命名
$ cd   $PRJROOT/src-dir
$ tar  xvzf ../setup-dir/gcc-2.95.3.tar.gz
$ cd    $PRJROOT/buiid-dir/buiid-gcc
$ ../../src-dir/gcc-2.95.3/configure --target=$TARGET --prefix=$PREFIX
--without-headers
--enable-languages = c
```

因为是交叉编译器，还不需要目标板的系统头文件，所以需要使用-without-headers 这个选项。-enable-language=c 用来告诉配置脚本，需要产生的编译器支持何种语言，现在只能支持 C 语言。-disable-threads 是因为 threads 需要 glibc 的支持。

准备好了 Makefile 文件，进行编译之前，需要修改 src-dir/gcc-2.95.3/gcc/config/arm/t-linux 文件，在 TARGET_LIBGCC2_CFLAGS 中添加两个定义：-Dinhibit_libc -D_ gthr_posix_h，否则会报错。

```
$ make
$ make install
```

7. 建立 C 库(glibc)

这一步是最为繁琐的过程。目标板必须靠它来执行或者开发大部分的应用程序。glibc 套件常被称为 C 链接库，但是 glibc 实际产生很多链接库，其中之一是 C 链接库 libc。在这里，以标准 GNU C 为例建立工具链。

```
$ cd  $ PRJROOT/src - dir
$ tar  xvzf .. /setup - dir/glibc - 2.2.4.tar.gz
$ tar  xvzf .. /setup - dir/glibc - linuxthreads - 2.2.4.tar.gz
-- directory = glibc - 2.2.4
$ cd  $ PRJROOT/build - dir/build - glibc
$ cc = arm - linux - gcc .. / .. /src - dir/glibc - 2.2.4/configure -- host = $ TARGET
-- prefix = "/usr"
-- enable - add - ons -- with - headers =  $ TARGET_PREFiX/include
$ make
$ make install_root =  $ TARGET_PREFIX prefix = " " install
```

在这里设定了 install_root 变量，指向链接库组件目前所要安装的目录。这样可以让链接库及其头文件安装到通过 TARGET_PREFIX 指定的与目标板有关的目录，而不是建立系统本身的/usr 目录。因为之前使用-prefix 选项来设定 prefix 变量的值，而且 prefix 的值会被附加到 install_root 的值之后，成为链接库组件的安装目录，所以需要重新设定 prefix 的值。这样，所有的 glibc 组件将会安装到 $ TARGET_PREFIX 指定的目录下。

```
$ cd $ TARGET_PREFIX/lib
$ cp ./libc.so . /libc.so.orig
```

编辑文件 libc.so，更改如下：

```
/ * GNU id script
Use the shared library,but some functions are only in
the static library,so try that secondarily.  * /
GROUP(libc.so.6 libc_nonshated.a)
```

8. 完整编译器的设置

现在可以为目标板安装支持 C 和 C++ 语言的完整编译器了。这个步骤相对于前面的建立过程要简单一些。

```
$ cd $ PRJROOT/build - dir/build - gcc
$ .. /.. /src - dir/gcc - 2.95.3/configure -- target = $ TARGET -- prefix = $ PREFIX
-- enable - languages = c,c++
$ make all
$ make install
```

9. 完整工具链的设置

```
$ cd $TARGET_PREFIX/bin
$ file as ar gcc id nm ranlib strip                  #查看文件是否为二进制文件
$ arm-linux-gcc -print -search -dirs                 #查看默认的搜寻路径
$ mv as ar gcc ld nm ranlib strip $PREFIX/lib/gcc-lib/arm-linux/2.95.3          #转移文件
$ for file in as ar gcc id nm ranlib strip
>do
>ln -s $PREFIX/lib/gcc-lib/arm-linux/2.95.3/$file
>done
```

如图 5.1 所示是生成嵌入式开发工具链的流程图。

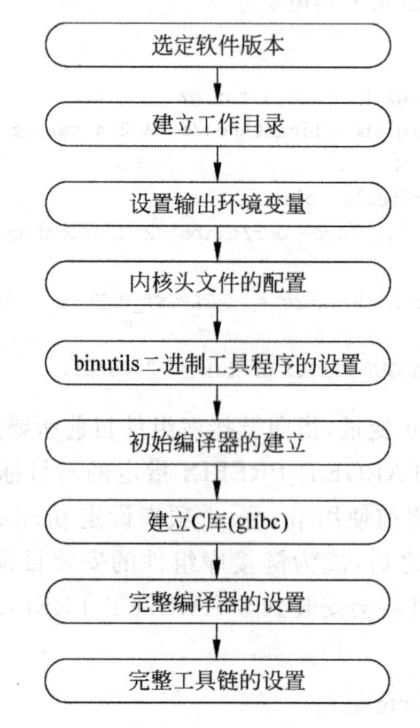

图 5.1　生成嵌入式开发工具链的流程图

10. 使用工具链

下面编写一个简单的 C 语言程序，使用建立的工具链。

```
$ cd $PRJROOT/program
$ emacs hello.c
```

在文本编辑器 emacs 中编写：

```
#include<stdio.h>
int main()
{
    int i;
    for(i=1;i<9;i++)
        printf("Hello World %d times!\n",i);
}
```

保存退出。

```
$ gcc -g hello.c -o hello
$ gdb
(gdb)file hello
(gdb)l
#include<stdio.h>
int main()
{
    int i;
    for(i=1;i<9;i++)
        printf("Hello World%d times!\n",i);
}
(gdb)r
(gdb)q
$ arm-linux-gcc -g hello.c -o hello-linux
$ file hello-linux
hello-linux: ELF 32-bit LSB executable,ARM,version 1(ARM),for GNU/Linux2.0.0,
dynamically linked(uses shared libs),not stripped
```

上面的输出说明：一个能在arm体系结构下运行的hello-linux编译成功了，证明了该编译工具制作成功了。

5.2 嵌入式Linux内核

1. 初始化环境

在Linux安装和运行期间，系统的usr/src/linux目录可能生成一些文件，为了防止这些文件影响内核的编译，需要使用如下命令进行清除：

```
#make clean
```

另外，如果要使系统内核的配置文件(.config)恢复到默认值，可以运行如下命令：

```
#make mrproper
```

2. 配置核心

第8章将详细介绍配置方法。

3. 编译内核

处理器的编译环境：这个编译环境就是指编译内核所需的工具ld、as、ar、ranlib、gcc以及相关的库文件。可以下载下列工具建立交叉编译环境，这与5.1节介绍的类似：

(1) binutils-*.*.*.tar.gz：这个包里包含GNU的连接器ld、汇编代码编译器as、用来将文件打包重组的ar及为ar打包的文件建立符号表的ranlib等工具。

(2) Linux-2.4.*.tar.gz：Linux内核源代码。

(3) patch-2.4.*-rmk1.gz：ARM Linux Project为Linux内核做的补丁。

(4) gcc-*.*.*.tar.gz和gcc-*.*.*diff.bz2：GNU的C编译器，diff文件是ARM Linux Project为gcc打的补丁。

(5) glibc-*.*.*.tar.gz和glibc-linuxthreads*.*.*.tar.gz：GNU的C库以及线程库。

当交叉编译环境建立好以后，就可以用它来编译相关的体系的内核了。要编译特定体系的内核，需要修改 Linux/目录下的 Makefile 文件。

将下面一行注释掉：

```
ARCH: = $(shell uname - m I sed - e s/i.86/i386/ - e s/sun4u/sparc64/ - es/arm.*/arm/ - e s/sa110/arm/)
```

然后添上下面这句：

```
ARCH: = arm
```

指定交叉编工具所在目录：

```
CROSS_COMPILE = 交叉编译器所在目录
```

修改之后要做的就和编译普通内核一样了。

```
#make dep
#make zImage
```

内核的详细配置方法见第 8 章。

5.3 嵌入式 Linux 根文件系统

嵌入式 Linux 启动时需要一个根文件系统，可以以多种方式组织这个根文件系统。嵌入式 Linux 的文件系统的目录结构及作用在第 2 章已详细介绍过，这里不再赘述。

在建立文件系统时，要根据自己的需要选取所要的命令和库，如果目标系统的文件系统载体(Flash 或者 DOC)不够大，那就要好好裁减一下了。例如，文件系统结构如下：

/bin 下的命令有：

bash、date、sh、login、mount、umount、cp、ls、ping。

/sbin 下包含：

mingetty、reboot、halt、sulogin、init、fsck、telinit、mkfs、jffs2、mkfs。

/etc 包含：

HOSTNAME、Bashrc、fstab、group、inittab、nsswitch、pam. d、passwd、pwdb. conf、rc. d、rc0. d、rc1. d、rc2. d、rc3. d、rc4. d、rc5. d、rc6. d、rc. local、init. d 等。

/dev 至少要包含：

console、kmem、mem、tty1、ttyS0、mtd、mtd0、mtd1、mtd2、mtdblock、mtdblock0、mtdblock1、mtdblock2。

/lib 包含：

libc. so. 6，这是 Linux 系统中所有命令的基本库文件；

ld-linux. so. 2，这是基本库文件 libc. so. 6 的装载程序库；

libcom-err. so. 2，这对应命令出错处理的装载程序库；

libcrypt. so. 2，这对应加密处理的程序库；

libpam. so. 0，这对应可拆卸身份验证模块的程序库；

libpam-misc. so. 2，这对应可拆卸身份验证模块解密用的程序库；

libuuid. so. 2,这对应身份识别信息的程序库;

libtermcap. so. 2,这对应描述终端和脚本的程序库;

security,此目录用来提供安全性所需的配置,与 libpam. so. o 配合使用。

5.4　Bootloader 简介

从软件的角度来看,嵌入式 Linux 系统通常可分为四层,从下往上分别是 Bootloader、内核、文件系统和应用程序,如图 5.2 所示。

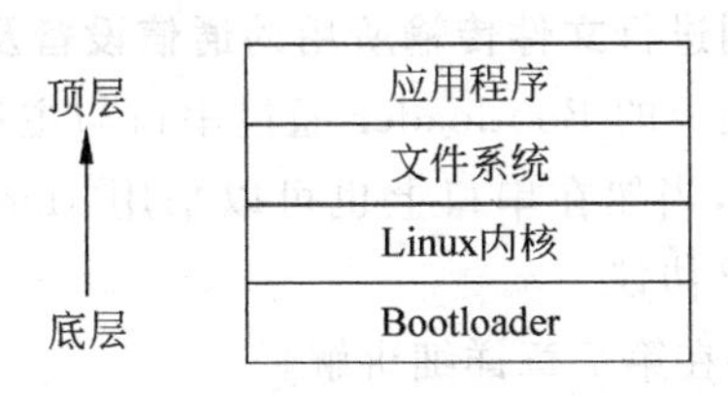

图 5.2　嵌入式 Linux 系统软分层

作为嵌入式系统软件的最底层,Bootloader 是上电后启动的第一个程序,它类似于 PC 机上的 BIOS 程序功能,主要负责整个硬件系统的初始化和软件的启动准备工作。其最主要的作用是,为操作系统的启动和正常运行提供合适的硬件和软件的环境。和 PC 的 BIOS 程序相比,嵌入式系统的 Bootloader 要简单得多,并且侧重点也有较大的不同。

通常,BootLoader 是依赖于硬件而实现的,特别是在嵌入式领域,为嵌入式系统建立一个通用的 Bootloader 是很困难的。当然,可以归纳出一些通用的概念,以便我们了解特定 Bootloader 的设计与实现。

1. Bootloader 的移植和修改

每种不同的 CPU 体系结构都有不同的 Bootloader。除了依赖于 CPU 的体系结构外,Bootloader 实际上也依赖于具体的嵌入式板级设备的配置,例如目标板的硬件地址分配、RAM 芯片的类型、其他外设的类型等。也就是说,对于两块不同的嵌入式开发板而言,即使它们是基于同一种 CPU 而构建的,如果它们的硬件资源和配置不一致,要想让运行在一块板子上的 Bootloader 程序也能运行在另一块板子上,也还是需要做一些必要的修改的。

2. Bootloader 的安装

系统加电或复位后,所有的 CPU 通常都从 CPU 制造商预先安排的地址上取指令。例如,S3C4480 在复位时都从地址 0x00000000 取第一条指令。而嵌入式系统通常都有某种类型的固态存储设备(如 ROM、EEPROM 或 Flash 等)被安排在这个起始地址上,因此在系统加电后,CPU 将首先执行 Bootloader 程序。

3. 用来控制 Bootloader 的设备或机制

串口通信是最简单也是最廉价的一种双机通信设备,所以往往在 Bootloader 中,主机和目标机之间都通过串口建立连接。Bootloader 程序在执行时通常会通过串口来进行输入/输出,例如:输出打印信息到串口、从串口读取用户控制字符等。当然,如果认为出口通信速度不够,也可以采用网络或者 USB 通信,那么相应地在 Bootloader 中就需要编写各自的驱动程序。

4. Bootloader 的启动过程

多阶段的 Bootloader 能提供更为复杂的功能，以及更好的可移植性。从固态存储设备上启动的 Bootloader 大多都是两阶段的启动过程，也即启动过程可以分为 stage1 和 stage 2 两部分。

5. Bootloader 的操作模式

大多数 Bootloader 都包含两种不同的操作模式。"启动加载"模式和"下载"模式，这种区别仅对于开发人员才有意义。但从最终用户的角度看，Bootloader 的作用就是用来加载操作系统，并不存在所谓的启动加载模式与下载工作模式的区别。

6. Bootloader 与主机之间进行文件传输所用的通信设备及协议

最常见的情况是：目标机上的 Bootloader 通过串口与主机之间进行文件传输，传输可以简单地采用直接数据收/发，当然在串口上也可以采用 xmode/ymode/zmode 协议，如果在以太网上则可以采用 TFTP 协议。

Bootloader 的工作原理将在第 7 章详细讲解。

5.5 本章小结

(1) GNU 跨平台开发工具链软件包括：C 编译器 gcc、C++ 编译器 g++、汇编器 as、链接器 ld、压缩及解压文件工具 ar、二进制转换工具(OBJCOPY、OBJDUMP)、调试工具(GDB、GDBSERVER、KGDB)和基于不同硬件平台的开发库。

(2) 开发嵌入式系统需要合适的 Linux 内核版本。嵌入式 Linux 启动时需要一个根文件系统的支持。

(3) 嵌入式 Linux 系统从软件的角度看通常可分为 4 层，从下往上分别是 Bootloader、内核、文件系统和应用程序等。

5.6 思考题

(1) 构建本章所介绍的基于 ARM+Linux 的嵌入式开发工具链。

(2) 嵌入式 Linux 的文件系统一般包含哪几个必备的目录？

(3) 在 arm 体系结构下运行本章中的 hello 程序，验证你的编译工具是否成功。

第 6 章 ARM 调试环境

CHAPTER 6

本章主要内容

- ARM 调试工具简介
- ADS 软件调试工具
- 本章小结

当一套嵌入式系统的硬件设计和制作完成后，得到的裸板是没有任何程序的。到这一步，开发者要做的就是把软件系统加入到硬件系统中。为了能方便地把第一个程序下载到系统中，主流 CPU 都含有 JTAG(Joint Test Action Group)接口。JTAG 符合 IEEE 1149.1 标准的边界扫描测试(Boundary Scan Testing，BST)规范，通过这个接口，可以移位访问 CPU 的所有寄存器和全部寻址空间。这样，在最初上电开机后，可以通过 JTAG 接口访问 CPU，初始化一些必要的寄存器和外设，其中最主要的是 CPU 和 SDRAM。然后，再通过 JTAG 接口和 CPU 寻址，把程序和数据写到 SDRAM 对应的空间。最后，控制 CPU 从 SDRAM 开始运行程序。通过这种方式，就可以控制 CPU 把程序烧写到 Flash 中，从而完成把第一个程序安装进系统的要求。

本章介绍了关于 ARM 处理器调试用到的调试工具的使用方法，调试工具包括 Multi-ICE 仿真器、Multi-ICE Server、AXD Debugger V1.3 及 RealView Debugger V2.0。

6.1 ARM 调试工具简介

6.1.1 JTAG 仿真器

JTAG 仿真器通过 ARM 芯片的 JTAG 边界扫描接口调试设备，连接方便，仿真接近于目标硬件。目前支持 ARM 核 CPU 的 JTAG 仿真器有很多种，包括 ARM 公司的 Multi-ICE、Segger 公司的 J-Link、德国 Lauterbach 公司的 TRACE32、瑞士 ABATRON 公司的 BDI2000 及国内的 Embest IDE for ARM 等。本章主要介绍 Multi-ICE。Multi-ICE 仿真器是一款高性能实时仿真器，是进行基于 ARM 开发调试的必备工具。Multi-ICE 仿真器的特点如下：

(1) 支持内含 Embedded ICETM logic 的 ARM 内核芯片，包括 ARM7、ARM710、ARM720、ARM740、ARM9、ARM920、ARM10、ARM11 等 ARM 内核调试。

(2) 支持目标系统的电源为 1.8～5.0V，自适应。

(3) 支持高速数据下载，下载速度最高可达 1040Kb/s。

(4) 通过 JTAG 仿真器可修改寄存器或存储器、设置硬件断点和增加观察窗口等。

(5) 可以在二进制文件的开始位置或者结束位置保存自定义的数据和调色板。

Multi-ICE 的外观如图 6.1 所示。一端接口 USB 与 PC 相连,另一端为 20 孔标准 JTAG 接口与目标板上的 JTAG 相连。PC 通过 USB 向 Multi-ICE 发送数据,Multi-ICE 根据 IEEE 1149.1 标准对目标板的 JTAG 接口产生相应的操作。Multi-ICE 内部的硬件系统的供电来自目标板,通过 20 芯的接口取电。Multi-ICE 的调试系统如图 6.2 所示。

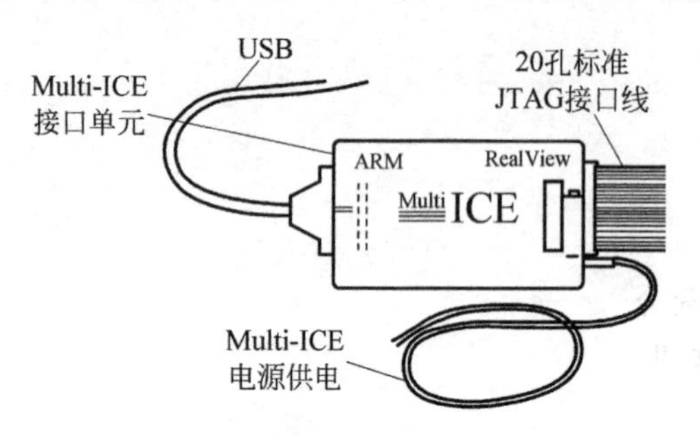

图 6.1　Multi-ICE 仿真器外观图

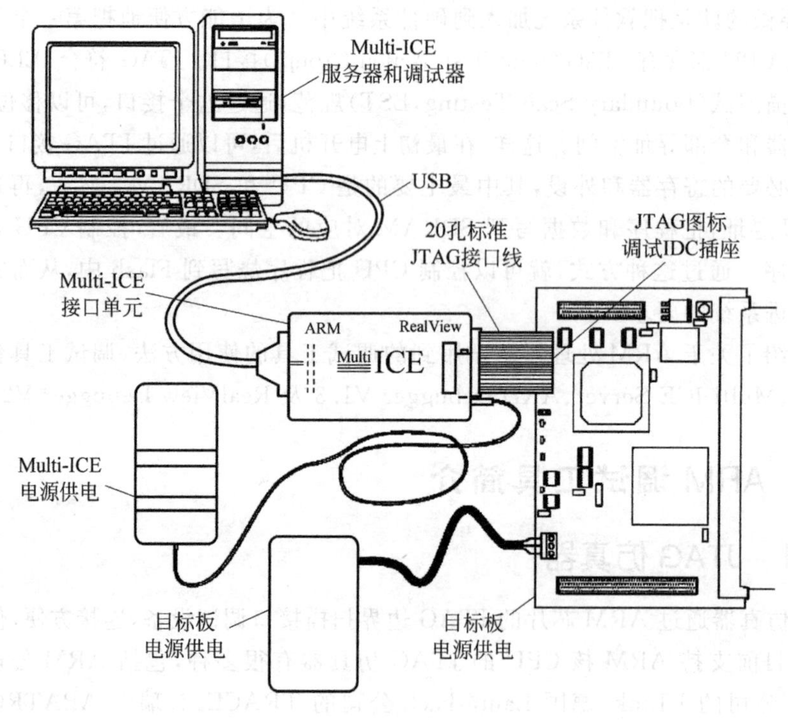

图 6.2　Multi-ICE 调试系统

6.1.2 Multi-ICE Server

Multi-ICEServer 是由 ARM 公司提供的应用程序,用于实现与 Multi-ICE 接口的连接。Multi-ICE Server 可以在不影响板上其他设备的情况下,单独与板上的每一个 JTAG 设备地址相对应,建立虚拟连接。调试软件只依赖所有虚拟连接中的一条虚拟连接线,而不需要知道板上的其他设备的任何信息。Multi-ICE Server 的运行界面如图 6.3 所示。

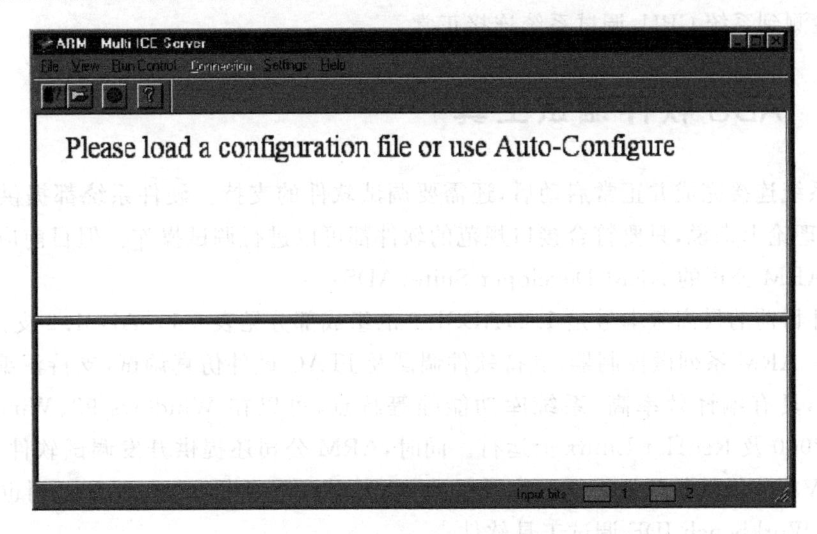

图 6.3 Multi-ICE Server 界面

每次使用 Multi-ICE 调试时，都要在 Multi-ICE Server 中依次运行 File、Auto、Configue，来检测目标板上的 CPU。如果系统正常，在 Multi-ICE Server 中会显示检测到的 CPU，如图 6.4 所示，这样就表示系统连接和启动正常，可以进入下一步了。

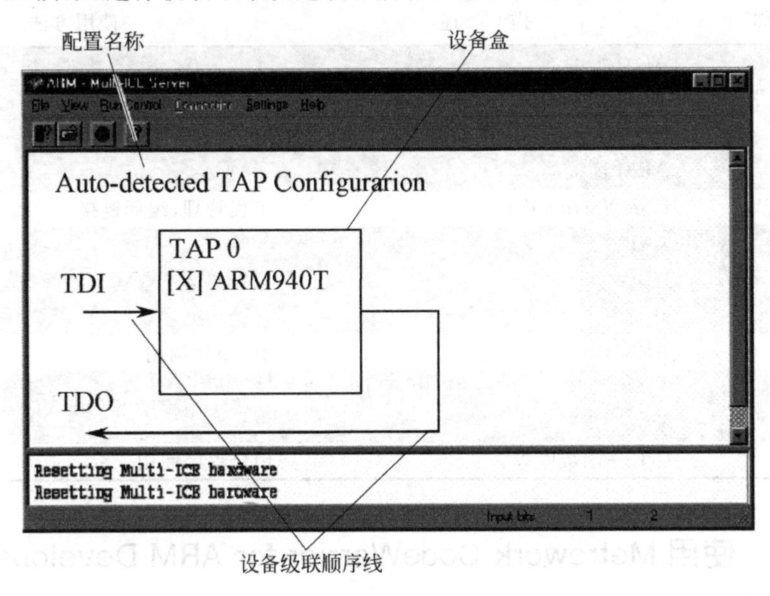

图 6.4 Multi-ICE 检查目标板上的 CPU

接下来要运行相应的仿真调试软件，将在后面的章节进行介绍。硬件连接部分的调试步骤总结如下：

(1) 如图 6.2 所示连接调试系统；

(2) 目标板上电开机；

(3) 在 PC 端开启 Multi-ICE Server 软件；

(4) 依次运行 Auto、Configure；

(5) 检测到系统 CPU，调试系统连接正常。

6.2 ADS 软件调试工具

硬件系统连接完成并正常启动后，还需要调试软件的支持。硬件系统都提供了相应的软件接口，理论上来说，只要符合接口规范的软件都可以进行调试操作。但目前应用最为普遍的还是 ARM 公司的 ARM Developer Suite(ADS)。

该软件目前的最高版本号是 1.2，ADS1.2 的组成部分见表 6-1。ADS1.2 支持 ARM10 之前的所有 ARM 系列微控制器，支持软件调试及 JTAG 硬件仿真调试，支持汇编、C、C++ 语言源程序，具有编译效率高、系统库功能强等特点，可以在 Windows 98、Windows XP、Windows 2000 及 RedHat Linux 上运行。同时，ARM 公司还提供开发调试软件 RealView Debugger V2.0，为软件开发者开发高质量的 ARM 代码。此外，瑞典 IAR 公司也提供 IAR Embedded Workbench IDE 调试工具软件。

ARM ADS 包括两个套件：一个是 Metrowork CodeWarrior for ARM Developer Suite，是 ARM 的编译环境。另一个是 AXD Debugger，是 ARM 的仿真调试环境。

表 6-1 ADS1.2 的组成部分

名　称	描　述	使用方法
代码生成工具	ARM 汇编器 ARM 的 C、C++语言编译器 Thumb 的 C、C++语言编译器 ARM 连接器	由 CodeWarrior IDE 调用
集成开发环境	CodeWarrior IDE	工程管理，编译链接
调试器	AXD ADW/ADU armsd	仿真调试
指令模拟器	ARMulator	由 AXD 调用
ARM 开发包	一些底层的例程实用程序（如 fromELF)	一些实用程序由 CodeWarrior IDE 调用
ARM 应用库	C、C++函数库等	用户程序使用

6.2.1 使用 Metrowork CodeWarrior for ARM Developer Suite

Metrowork CodeWarrior for ARM Developer Suite 是 ARM ADS 中集成的 CodeWarrior 软件，负责对程序编写和编译，界面如图 6.5 所示。在 CodeWarrior 中，程序是通过工程管理的。每一个工程包括若干个单独的程序文件。工程管理文件以.mcp 作为文件后缀。

首先，通过依次运行 File、Open，打开工程管理文件。本章以 ledflash.mcp 工程为例，如图 6.6 所示。在 Files 页面，会看到该工程的所有文件，如图 6.7 所示。工程中的文件可以分为三类：

(1) .scf(Space Confige File)文件：描述了工程编译后，在加载到目标板的内存中时，各个代码段和堆栈的位置。

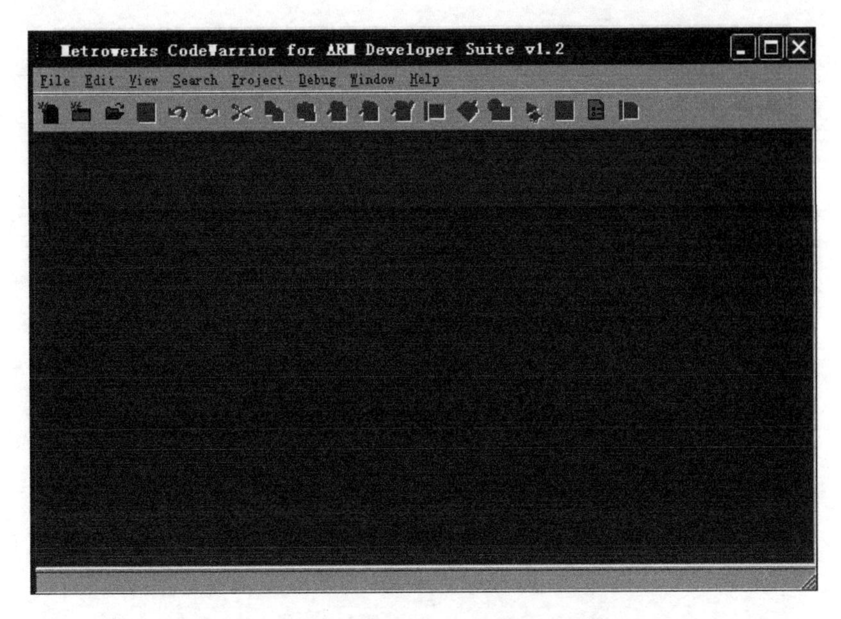

图 6.5　Metrowork CodeWarrior 界面

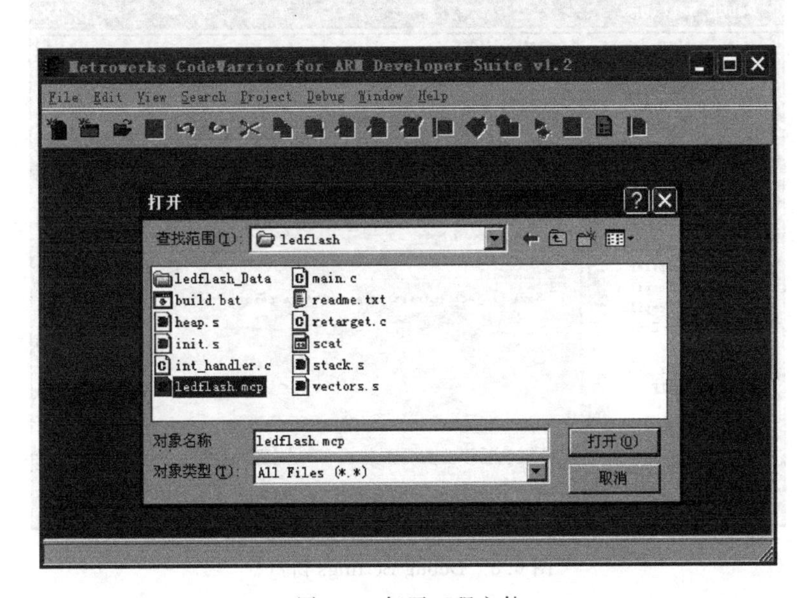

图 6.6　打开工程文件

(2) 汇编语言文件(.s 文件)：在系统中，最初的入口程序一般都是汇编语言，完成系统的初始化，即读/写寄存器的操作。

(3) C 语言文件(.c 和.h 文件)：系统完成了用汇编语言写的初始化程序后，一般都会跳转到 C 语言程序中，以便后续的程序开发。

工程的设置可以通过依次运行 Edit、Debug Settings 进行修改，如图 6.8 所示。对应于左边不同的条目，右边的界面会有不同的设置选项，图 6.8 是 Target Settings 设置选项，关键设置有：

(1) Access Paths：设置工程所含文件的路径。

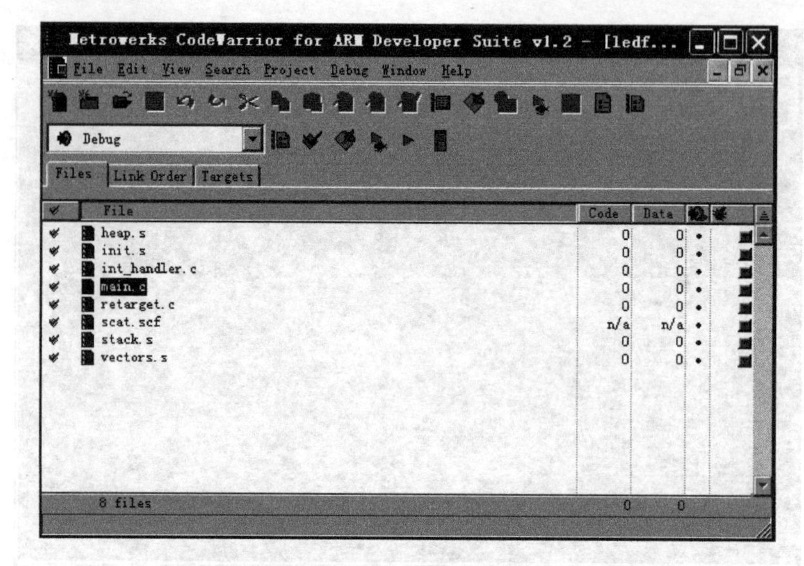

图 6.7　工程文件列表

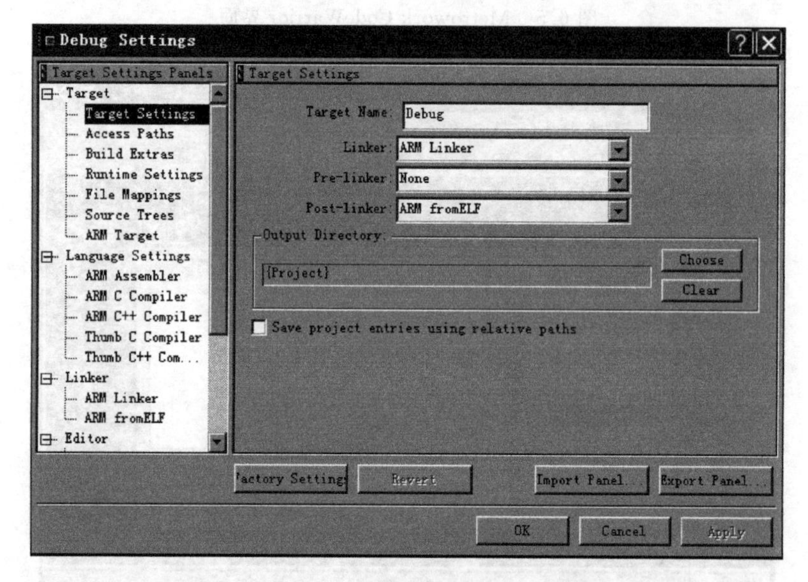

图 6.8　Debug Settings 窗口

(2) ARM Assembler 和 ARM C Compiler：为编译器设置 CPU 的种类。

(3) ARM Linker：设置加载代码时使用的内存空间和堆栈空间。

在为工程加载完所有需要的文件后，依次选择 Project、Make，工程文件会自动编译，并且在窗口中显示报告，如图 6.9 所示。图中的窗口显示了编译时产生的错误和警告，并且当把光标移动到相应的错误和警告时，下面的窗口会自动显示出现错误或者警告的位置。

如果编译成功，窗口会显示工程文件所占用的各个段的大小，同时在工程文件所在目录生成数据目录，在数据目录下的 debug 目录中会有生成的.axf 镜像文件。这个镜像文件就是用来加载并调试程序的。

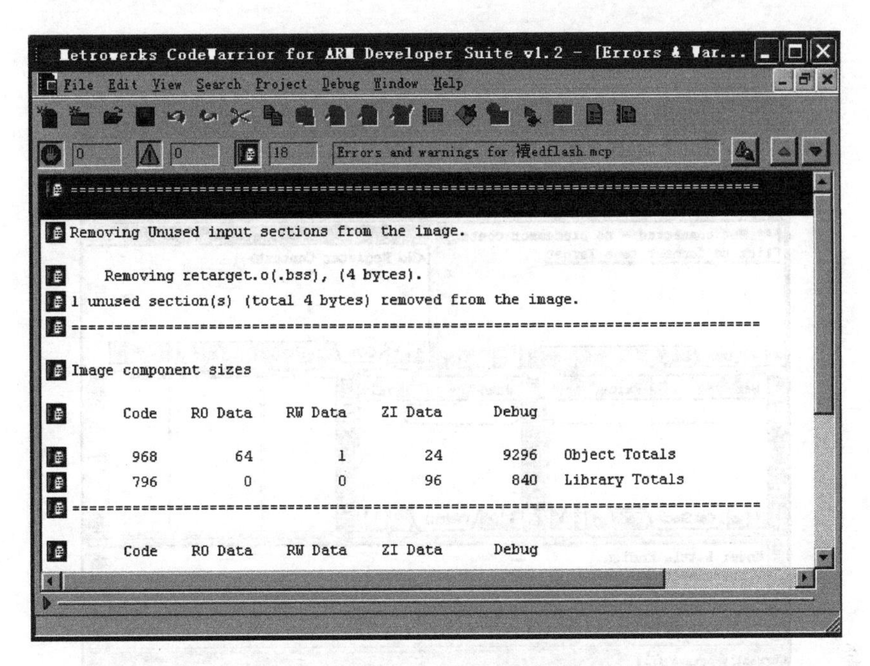

图 6.9 CodeWarrior 工程编译结果

6.2.2 使用 RealView Debugger

RealView Debugger 是由 ARM 公司提供的调试软件，RealView Debugger 的主要特点有：

(1) 支持简单和复杂的断点设置。

(2) 提供观察窗口，可查看变量的变化情况。

(3) 支持所有新的和已经存在的 ARM 处理器。

(4) 增强的 Windows 管理模式。

(5) 增强的数据显示、修改和编辑。

(6) 提供完备的命令行接口。

1. 安装 ARM RealView Developer Suite V2.0

ARM RealView Developer Suite V2.0 是由 ARM 公司提供的 RealView Debugger 安装程序。安装前，请先阅读 ARM 的相关文档。

2. 运行 RealView Debugger

运行 RealView Debugger 后，RealView Debugger 的窗口如图 6.10 所示。

3. 连接 Target

单击 Click to Connect to a Target 选项，弹出如图 6.11 所示的窗口。在图中已经添加 Multi-ICE。

4. 选择 Multi-ICE

选中“ARM926EJ”(打上钩后表示选中)，如图 6.12 所示。此时 Multi-ICE Server 与 RealView Debugger 已连接，可以使用 Multi-ICE 工具。

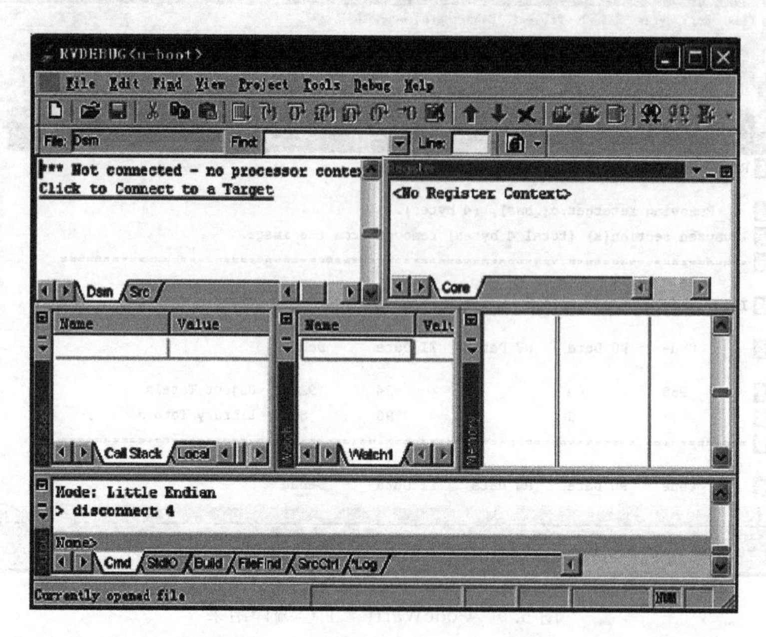

图 6.10　RealView Debugger 窗口

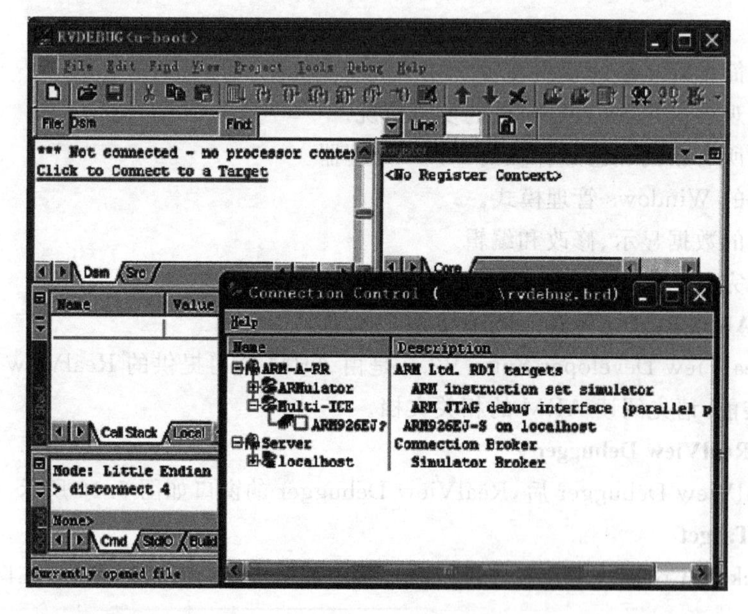

图 6.11　Choose Target 窗口

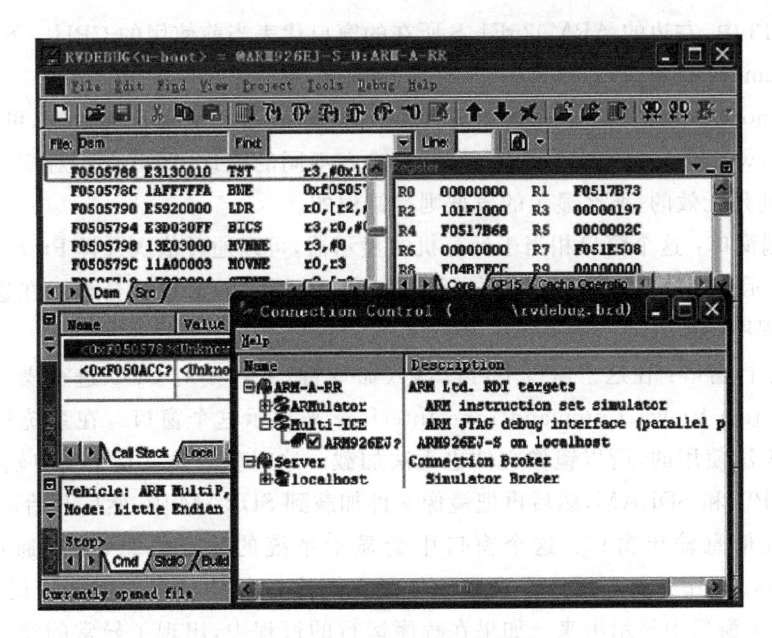

图 6.12 Multi-ICE 配置信息窗口

6.2.3 使用 AXD Debugger

AXD Debugger 是 ADS 中用来仿真调试 ARM 嵌入式系统的组件，单击 AXD Debugger 的图标即可运行该组件，也可以依次选择 CodeWarrior 中的 Project、Debug，即可以直接调用 AXD Debugger 并将当前编译的镜像文件加载到 AXD Debugger 中。AXD Debugger 的运行界面如图 6.13 所示。

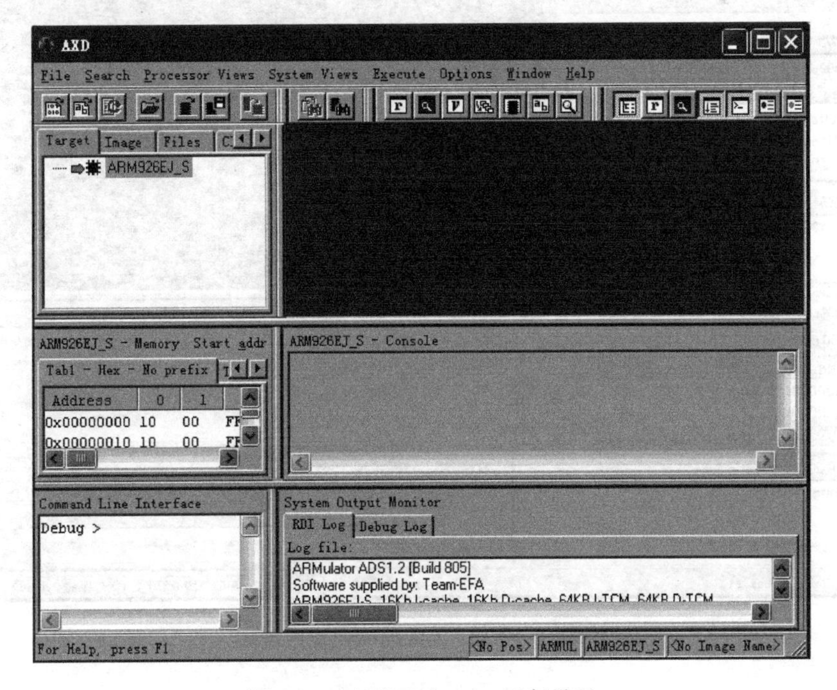

图 6.13 AXD Debugger 运行界面

在图 6.13 中，左边的 ARM926EJ_S 所在的窗口代表当前使用的 CPU。下面的 4 个窗口分别为 Memory 查看窗口、终端窗口、命令行窗口、系统信息输出窗口。

(1) Memory 查看窗口：这个窗口分为 4 页，用来查看相应地址的数据，可以依次选择 Processor Views、Memory 来显示这个窗口。输入不同的地址，即可查看对应地址的数据。若对应的地址是无效的，那么显示的数据则是错误的。

(2) 终端窗口：这个窗口相当于计算机的显示器，可以通过依次选择 Processor Views、Console 来显示这个窗口。在程序中向标准输出设备打印的信息都会显示在这个窗口上。所以可以在程序中加入适当的 printf 语句，在这个窗口中显示调试信息。

(3) 命令行窗口：在这个窗口中可以输入命令行，来直接对 CPU 进行操作，可以通过依次选择 System Views、Command Line Interface 来显示这个窗口。在系统初始化之前，SDRAM 是无法使用的，所以镜像文件也无法加载。这时就需要从这个窗口输入相应的命令，初始化 CPU 和 SDRAM，然后再把镜像文件加载到 SDRAM 中，然后开始运行。

(4) 系统信息输出窗口：这个窗口中会显示系统的输出信息，可以通过依次选择 System Views、Output 来显示这个窗口。如果在程序运行的过程中出现错误或者其他信息，就会在这个窗口中显示出来。如果在程序运行的过程中，出现了异常的错误，也可以在这里查找相应的错误信息。

还可以使用寄存器窗口和变量窗口，在程序运行过程中来随时查看系统的情况，界面如图 6.14 所示。

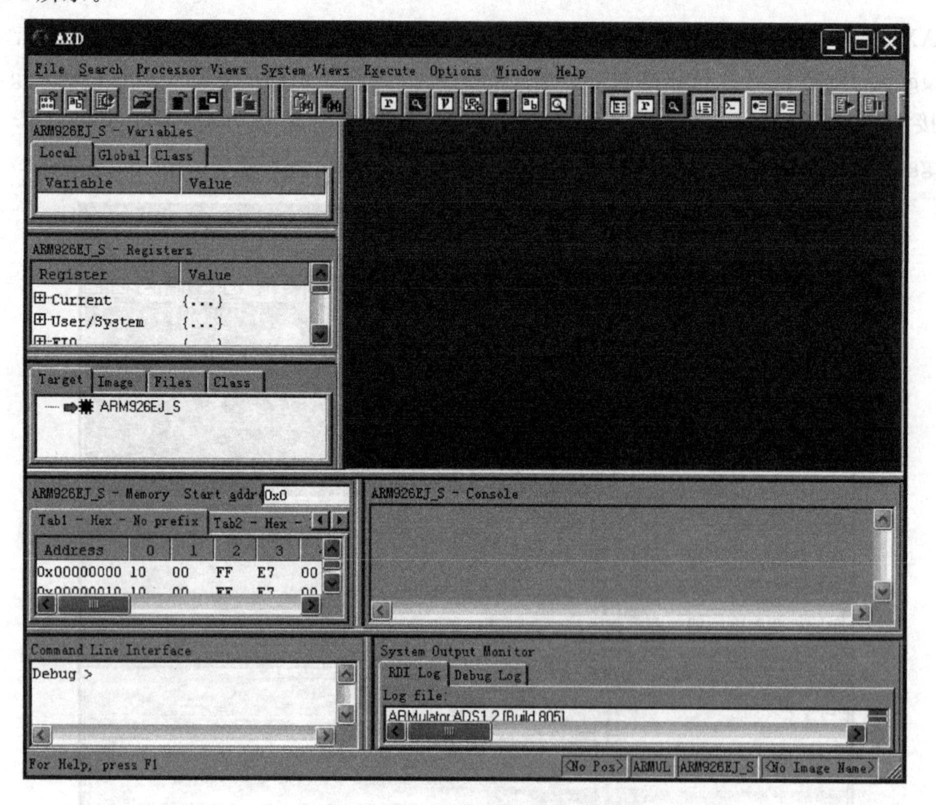

图 6.14 AXD Debugger 的常用窗口

寄存器窗口：可以查看和修改 CPU 中寄存器的值，通过依次选择 Processor Views、Registers 来显示这个窗口。在不同的模式下，分别对应不同的寄存器，双击数字来对寄存器的值进行修改。

变量窗口：可以查看程序中的变量的值，通过依次选择 Processor Views、Variables 来显示这个窗口。在运行程序时，各个变量的值会被显示在窗口中。

在能正常使用 AXD Debugger 进行调试仿真前，必须配置软件，使之与相应的目标 CPU 相连接。AXD Debugger 可以连接到虚拟的 CPU，进行仿真调试，也可以连接到 Multi-ICE 或者其他仿真器来连接真正的 ARM 系统，把软件下载到系统的 RAM 中进行调试。这个设置通过依次选择 AXD Debugger 的 Options、Configure Target 来设置。设置窗口如图 6.15 所示。图中的不同 Target 就代表了不同的目标 CPU。其中 ADP 和 ARMUL 是默认的设置。ARMUL 是用软件模拟的 ARM7TDMI 处理器。当使用 ARMUL 作为目标时，PC 系统可以不连接任何目标板，CPU 的动作完全由软件模拟。

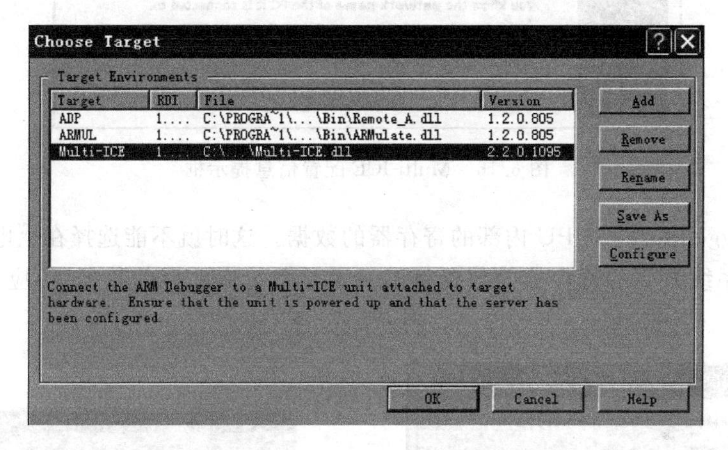

图 6.15 Choose Target 窗口

通常使用 ADS 对实际的 ARM 系统进行调试，都要用仿真器和目标板连接。这里以使用 Multi-ICE 仿真器为例来说明使用方法。

由于 AXD Debugger 的默认设置中并没有设置 Multi-ICE 作为目标。需要在图 6.15 的界面中选择 Add 命令，打开 Multi-ICE Server 的安装目录，选择 Multi-ICE.DLL 文件。这样，在 Target 中就会出现 Multi-ICE，如图 6.15 所示。选择 Multi-ICE，然后选择 Configure，此时显示如图 6.16 所示，单击 OK 按钮后，出现配置关于 Multi-ICE 的接口设置，如图 6.17 所示。

在这个窗口中，需要配置关于 Multi-ICE 和目标板的设置。由于 AXD Debugger 支持在网络上连接其他计算机所连接的 Multi-ICE 仿真器，所以可以在 Location of Multi-ICE 中选择。对于使用本地的 Multi-ICE，选择 This computer 即可。在 Device selection 中可以看到当前使用的 CPU 的内核型号，在 Details 中可以看到具体的 CPU 版本信息。在 Connection Name 中可以给该连接起一个标识用的名字。

Processor Settings 标签页如图 6.18 所示。用来设置在启动 AXD Debugger 时是否要对目标板复位。该选项可以根据需要灵活设置。有时，用户每次需要启用 AXD Debugger 时，系统都复位一下，以便用户开始全新的操作。但有时，用户需要目标板自行启动，然后开

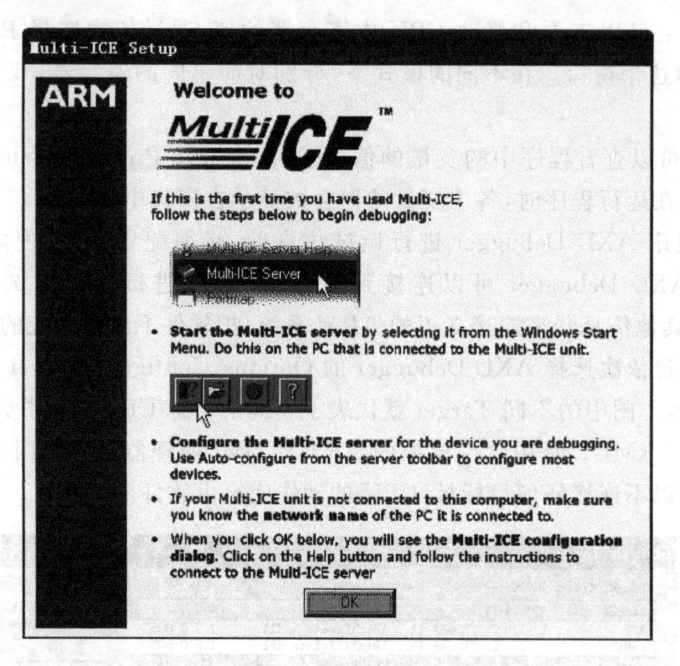

图 6.16 Multi-ICE 配置信息提示框

启 AXD Debugger 来观察 CPU 内部的寄存器的数据。这时就不能选择在上电时复位系统，如果复位了，系统看到的寄存器的数据就不一定是系统启动后的数据了，应根据需要灵活设置。

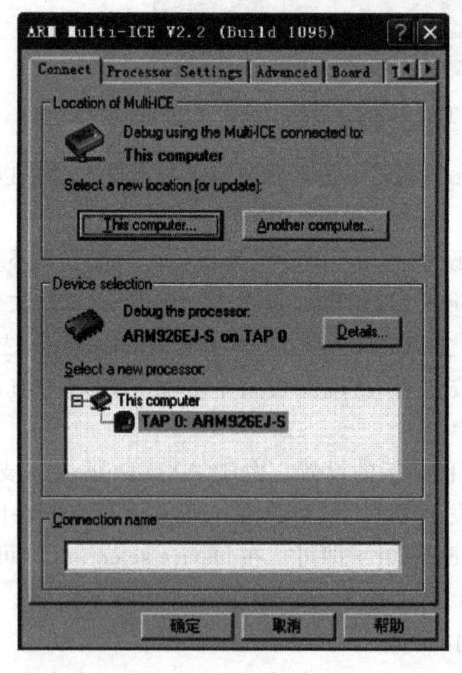

图 6.17 Connect 标签页

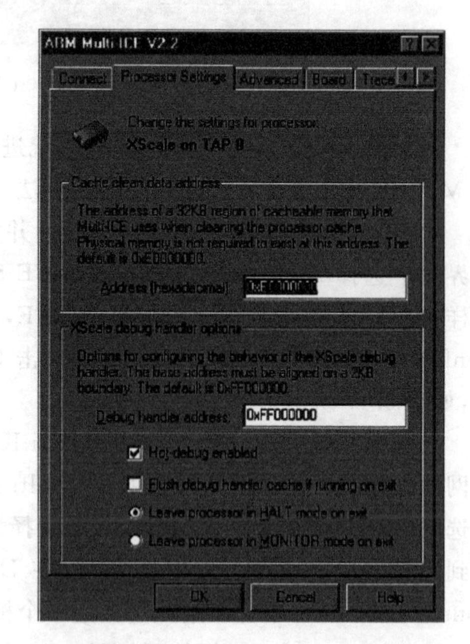

图 6.18 Processor Settings 标签页

Advanced 标签页如图 6.19 所示，在这个属性页中，设置一些关于 CPU 的配置信息。Target Settings 设置 CPU 的 endian 模式(或称为大小端模式)。由于 ARM 系统是 32 位系统，一个 32 位的数据存放在系统中时，高位数据放在高地址或低地址，分别对应了两种 endian 模式。Little-endian 模式(也被称为小端模式)表示高位数据放在高地址；Big-endian 模式(也被称为大端模式)表示高位数据放在低地址。例如，要把 0x12345678 存放到地址 0xC8000000，具体的存放格式如表 6-2 所示。

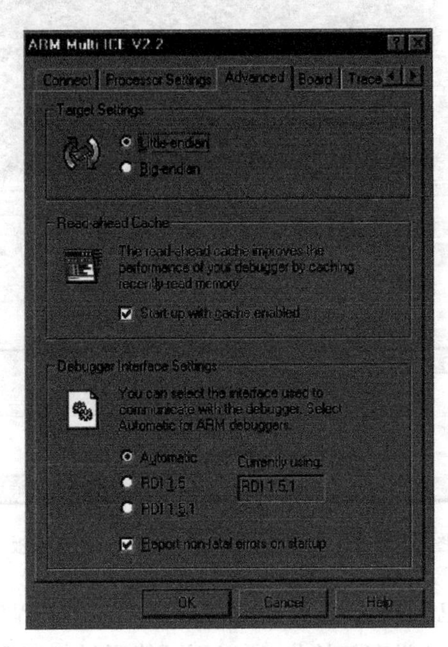

图 6.19 Advanced 标签页

表 6-2 Endian 模式的区别

地 址	数据(Littte-endian)	数据(Big-endian)
0xC8000000	0x78	0x12
0xC8000001	0x56	0x34
0xC8000002	0x43	0x56
0xC8000003	0x21	0x78

```
*((volatile U32 *)0xC8000000) = 0x12345678
/* 把 0x12345678 存放到 0xC8000000 */
```

在选择 endian 模式的时候要与硬件配置相符。

Read-ahead Cache 选择是否在启动时开启缓冲，可以缓冲最近读/写的数据。

Debugger Interface Settings 设置与仿真器的接口，一般选择 Automatic 即可。

在剩余的 Board、Trace、About 标签页都使用默认设置即可。

配置完目标 Multi-ICE 后，单击 OK 按钮。AXD Debugger 会显示如图 6.20 所示的界面。然后就可以开始进行调试和仿真了。

到这一步，调试环境已经建立好了。该系统中还是没有任何程序，而且 AXD Debugger 也没有对 CPU 作操作。因此，目标系统上的 CPU、SDRAM 等都还没有初始化，需要首先

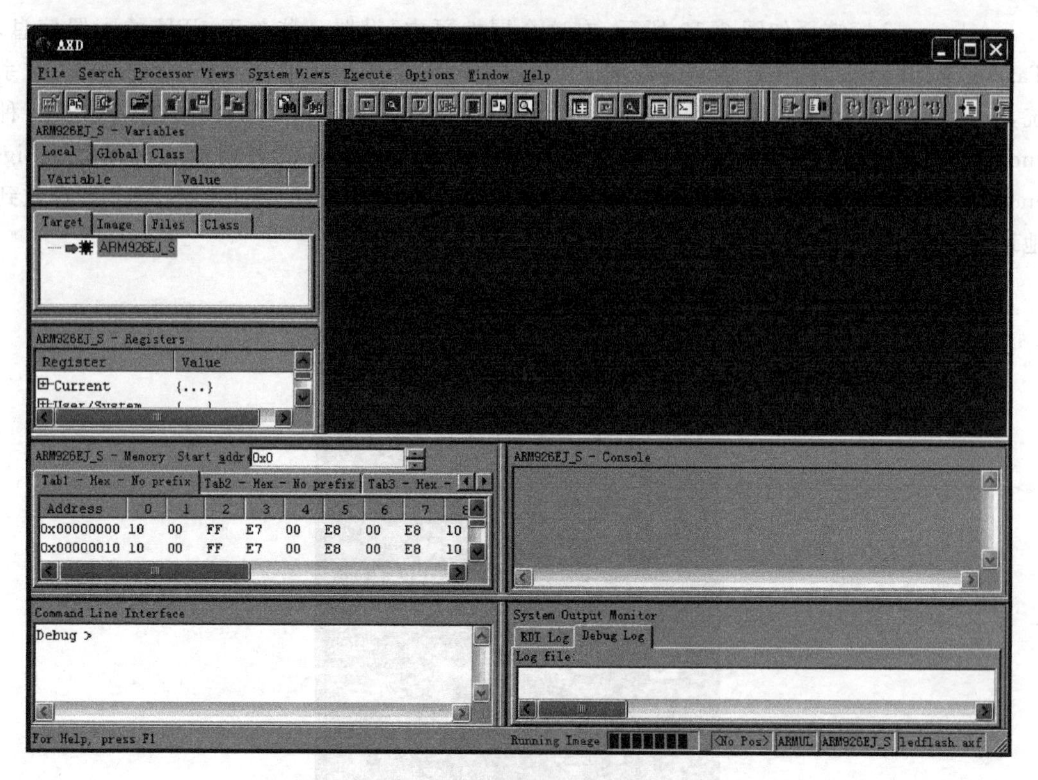

图 6.20 AXD Debugger 检测到目标系统板

对系统进行初始化。前面已经讨论过了,如果加载程序,要把程序加载到目标系统的内存中,但目标系统的 SDRAM 还没有初始化,所以不可能通过加载程序来初始化系统。这样,就只能通过 AXD Debugger 的命令行接口来直接向 CPU 发出指令。

Command Line Interface 窗口的命令语法在 ARM 公司的文档中有详细的说明,请参见 ADS_AXDarmsdGuide_D. PDF,文档编号为 ARM DUI 0066D、Chapter 6 AXD Command-line interface。一般情况下,只需要使用这种方法来初始化目标系统,所以只需要掌握一些常用的命令语言即可,即 setmem、memory、comment 三个命令。

setmem 是往地址写数据的命令。格式为 setmem address data width。例如 setmem 0x10000000 0x00040304 32,表示把 0x00040304 写到地址 0x10000000 中,宽度为 32 位。

memory 是从地址读数据的命令。格式为 memory address + num width。例如 memory 0xC0000000 + 32,表示从 0xC0000000 开始读一个字,字宽度为 32 位。

comment 是注释命令。跟在后面的内容不会对 CPU 产生任何操作。

一般来说,会把初始化的命令先写成一个文本文档,便于修改和整理。需要从命令行窗口输入的时候,只要复制、粘贴就可以了,非常方便。初始化完成后,系统的 SDRAM 就可以正常使用了。因此也可以把程序加载到 SDRAM 中了。依次选择 File、Load Image,打开想加载的镜像程序(.axf 文件)。完成后,界面如图 6.21 所示。

如图 6.21 中所示会出现一个显示程序源代码的窗口,旁边的箭头表示当前要运行的行。可以使用 F9 键在代码中加上或者去掉断点,来帮助程序进行调试。也可以使用单步运行、进入函数、跳出函数等来控制程序的运行。

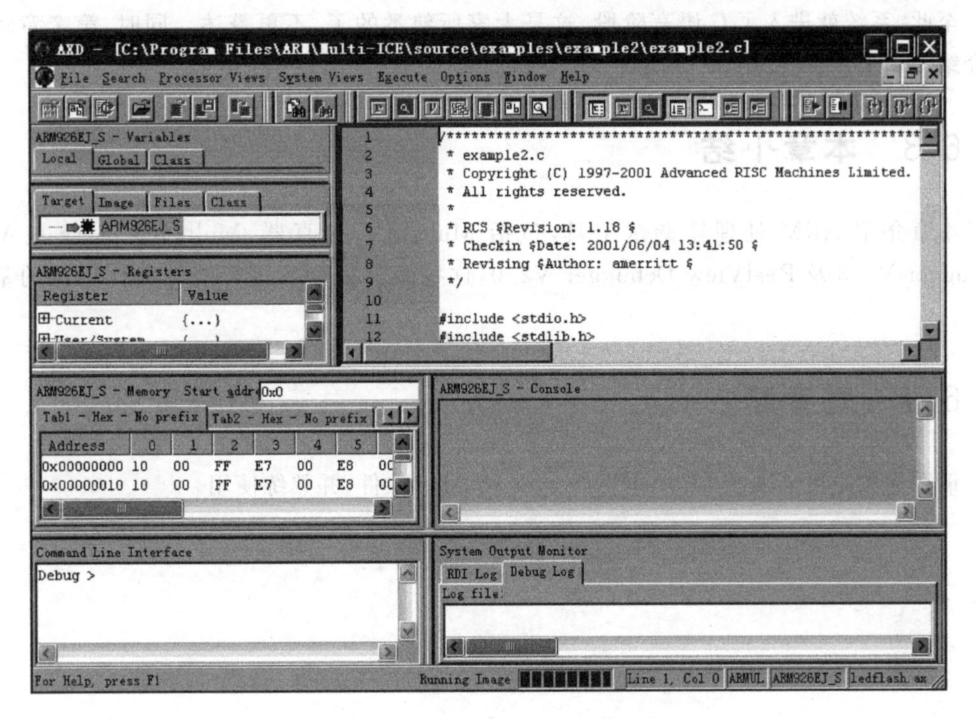

图 6.21 AXD Debugger 加载程序

单击 Go 按钮后，程序会自动向下运行，直到程序结束，或者到达断点。在每个程序中，系统会自动在 main()函数的入口处设置一个断点。这样在单击 Go 按钮后，程序在进入 main()后就会暂停。这时 main()函数的源代码就出现在窗口中，如图 6.22 所示。

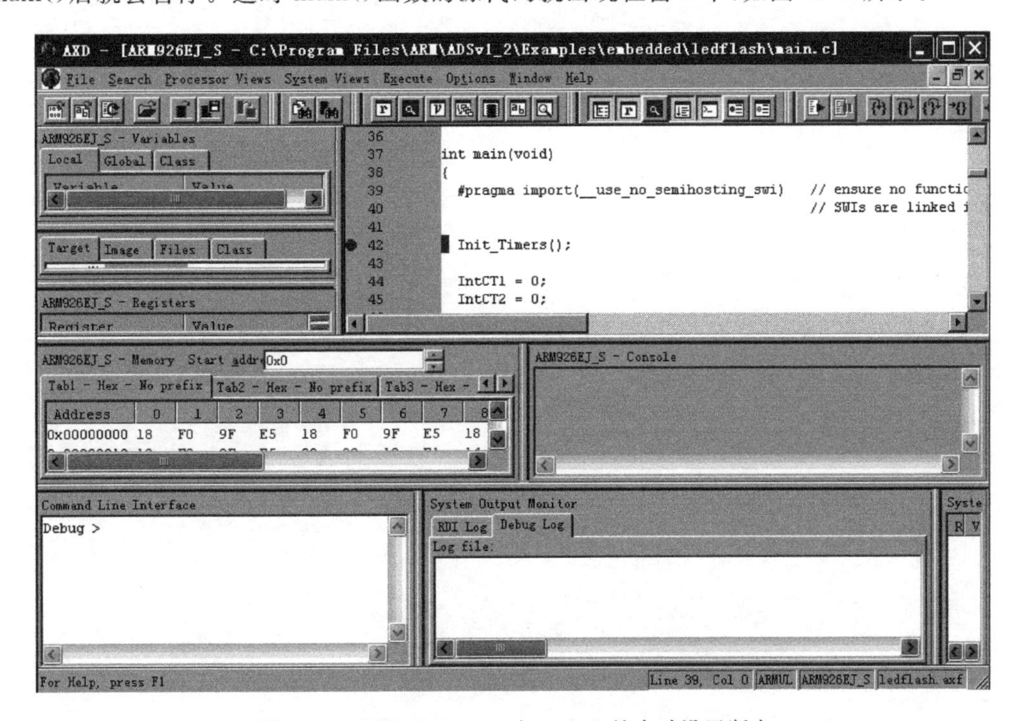

图 6.22 AXD Debugger 在 main()处自动设置断点

至此,系统就进入了 C 语言阶段,这是大家所熟悉的了,不再赘述。同时,第 7 章将详细介绍 BootLoader 使用 ADS 的调试方法。

6.3 本章小结

本章介绍 ARM 处理器调试工具,包括 Multi-ICE 仿真器、Multi-ICE Server、AXD Debugger V1.3 及 RealView Debugger V2.0,这些工具是今后进行硬件软件调试的基础工具。

6.4 思考题

请在你的主机上安装 Multi-ICE Server 和 ADS 软件,并熟练使用。

第 7 章 嵌入式 Bootloader 技术

CHAPTER 7

本章主要内容

- Bootloader 的基本概念
- Bootloader 典型结构框架
- 典型 Bootloader 分析和移植
- 本章小结

计算机操作系统的引导装载程序是系统必不可少的一部分，引导装载程序是系统加电后运行的第一段代码。在普通的 PC 体系结构中，引导装载程序一般由两部分组成，BIOS 和 Bootloader。其中，BIOS 负责完成硬件检测和资源分配，BIOS 完成任务后，会将控制权交给系统的 Bootloader，而 Bootloader 的任务是将操作系统内核从硬盘上读入 RAM 中，然后跳转到内核的入口点，从而启动操作系统。

在嵌入式系统中，由于硬件资源的限制，通常没有像 BIOS 那样的固件程序，所以整个系统的加载启动全部由 Bootloader 来完成。本章将首先介绍 Bootloader 的基本概念，然后介绍 Bootloader 的典型结构框架，对 Blob 及 U-Boot 进行分析和移植，最后简单介绍其他形式的 Bootloader。

7.1 Bootloader 的基本概念

Bootloader 是在运行操作系统内核之前所运行的一段小程序。通过这段小程序，可以对系统的硬件设备进行初始化、建立内存空间的映射图，从而将系统的软、硬件设置成一个合适的环境，以便为最终调用操作系统内核做好准备。在嵌入式系统中，Bootloader 通常依赖于硬件来实现。因此，在嵌入式系统里建立一个通用的 Bootloader 几乎是不可能的。但是，仍然可以对 Bootloader 归纳出一些通用的概念，从而供用户对特定的 Bootloader 的设计与实现进行参考。

7.1.1 Bootloader 的安装点和启动过程

嵌入式系统加电或复位后，CPU 通常都从某个由 CPU 制造商预先安排的地址上取指令。例如，基于 ARM7TDMI 内核的 CPU 在加电或复位时，通常都从地址 0x00000000 取第一条指令。而基于这种 CPU 构建的嵌入式系统，通常都有某种类型的固态存储设备被映射到这个预先安排的地址上，从而可以使系统在加电后，CPU 首先执行 Bootloader 程序。

图 7.1 为 Bootloader、内核启动参数及其他系统映像在固态存储设备上的分配示意图。

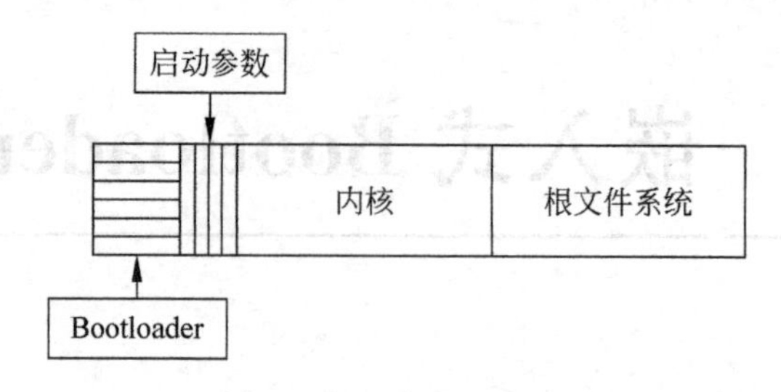

图 7.1 Bootloader 所在的存储设备的空间分配

通常，多阶段的 Bootloader 能提供更为复杂的功能及更好的可移植性。从固态存储设备上启动的 Bootloader 大多为两阶段的启动过程，也就是说启动过程可以分为 stage1 和 stage2 两部分。至于在 stage1 和 stage2 具体完成哪些任务，将在下面讨论。

7.1.2 Bootloader 的模式

大多数 Bootloader 都包含两种不同的操作模式：启动加载模式和下载模式。这种区别仅对开发人员有意义，从最终用户的角度看，Bootloader 的作用就是用来加载操作系统，而并不存在所谓的启动加载模式与下载模式的区别。

(1) 启动加载(Bootloading)模式：该模式也称为"自主"(autonomous)模式，即 Bootloader 从目标机上的某个固态存储设备上将操作系统加载到 RAM 中运行，整个过程并没有用户的介入。这种模式是 Bootloader 的正常工作模式，因此在嵌入式产品发布时，Bootloader 必须工作在这种模式下。

(2) 下载(Downloading)模式：在这种模式下，目标机上的 Bootloader 将通过串口连接或网络连接等通信手段从主机(host)下载文件，例如：下载更新的 Bootloader、下载内核映像和根文件系统映像等。从主机下载的文件通常首先被 Bootloader 保存到目标机的 RAM 中，然后再被 Bootloader 写到目标机上的 Flash 类固态存储设备中。Bootloader 的这种模式通常在第一次安装内核与根文件系统时使用；此外，以后的系统更新也会使用 Bootloader 的这种工作模式。工作于这种模式下的 Bootloader 通常都会向它的终端用户提供一个简单的命令行接口。

像 Blob 或 U-Boot 等这样功能强大的 Bootloader 通常同时支持这两种工作模式，而且允许用户在这两种工作模式之间进行切换。例如，U-Boot 在启动时处于正常的启动加载模式，但是它会延时 10s 等待终端用户按下任意键而将 U-Boot 切换到下载模式。如果在 10s 内用户没有按键，则 U-Boot 继续启动 Linux 内核。如图 7.2 所示为 Bootloader 启动流程示意图。

7.1.3 Bootloader 与主机之间的通信方式

主机和目标机之间一般通过串口建立连接，Bootloader 软件在执行时通常会通过串口来进行输入/输出，例如：输出打印信息到串口、从串口读取用户控制字符等。最常见的情况就是，目标机上的 Bootloader 通过串口与主机之间进行文件传输，传输协议通常是 xmodem/ymodem/zmodem 协议中的一种。但是，串口传输的速度是有限的，因此通过以太

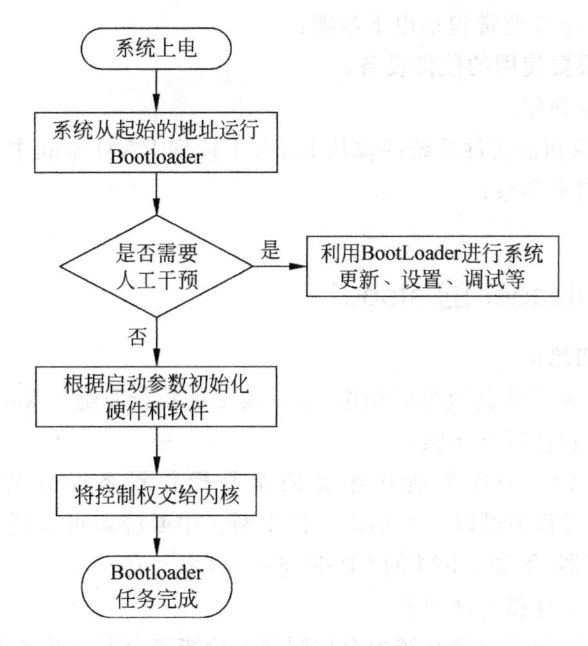

图 7.2 Bootloader 启动流程示意图

网连接并借助 TFTP 协议来下载文件是更好的选择。当然，如果想通过以太网连接和 TFTP 协议来下载文件，主机方必须有一个软件用来提供 TFTP 服务，详见第 1 章。

7.2 Bootloader 典型结构框架

7.2.1 Bootloader 总体流程

在继续本节的讨论之前，首先假定内核映像与根文件系统映像都加载到 RAM 中运行。之所以提出这样一个假设，是因为在嵌入式系统中内核映像与根文件系统映像也可以直接在 ROM 或 Flash 中直接运行，但这种做法是以牺牲运行速度为代价的。

另外，由于 Bootloader 的实现依赖于 CPU 的体系结构，因此大多数 Bootloader 都分为 stage1 和 stage2 两大部分。依赖于 CPU 体系结构的代码，如设备初始化的代码，通常都放在 stage1 中，一般采用汇编语言来实现，以达到短小精悍的目的，其代码量一般不会超过 256B；由于该代码是在内核启动前运行的第一段程序，因此一般放在 Flash 上运行；有的文献把这一阶段称为“Flashloader”阶段。而 stage2 则代码量较大，有上千行，通常用 C 语言来实现，多数时候需要嵌入汇编语言，可以实现复杂的功能；代码具有更好的可读性和可移植性；在 SDRAM 等随机存储器中运行；这一阶段是真正的“Bootloader”阶段。

Bootloader 的 stage1 通常包括以下步骤：

① 硬件设备初始化；

② 为加载 Bootloader 的 stage2 准备 RAM 空间；

③ 复制 Bootloader 的 stage2 到 RAM 空间中；

④ 设置好堆栈；

⑤ 跳转到 stage2 的 C 程序入口点。

Bootloader 的 stage2 通常包括以下步骤：

① 初始化本阶段要使用的硬件设备；

② 检测系统内存映像；

③ 将 kernel 映像和根文件系统映像从 Flash 上读到 RAM 空间中；

④ 为内核设置启动参数；

⑤ 调用内核。

7.2.2 Bootloader 的 stage1

1. 基本的硬件初始化

这是 Bootloader 一开始就执行的操作，为 stage2 的执行及随后 kernel 的执行准备好基本的硬件环境。通常包括以下步骤：

① 屏蔽所有中断。为中断提供服务通常是操作设备驱动程序的责任，因此在 Bootloader 的执行全过程中可以不必响应任何中断。中断屏蔽可以通过写 CPU 的中断屏蔽寄存器或状态寄存器(例如 ARM 的 CPSR 寄存器)来完成。

② 设置 CPU 的速度和时钟频率。

③ RAM 初始化。包括设置系统内存控制器的功能寄存器以及各内存控制寄存器等。

④ 初始化状态指示 LED。典型地，通过 GPIO 来驱动 LED，其目的是表明系统的状态是正确还是出错。如果板上没有 LED，可以通过初始化 UART 向串口打印 Bootloader 的 Logo 字符信息来完成。

⑤ 关闭 CPU 内部指令/数据缓冲。

2. 为加载 stage2 准备 RAM 空间

为了获得更快的执行速度，通常把 stage2 加载到 RAM 空间中来执行，因此必须为加载 Bootloader 的 stage2 准备好一段可用的 RAM 空间。由于 stage2 通常是 C 语言执行代码，因此在考虑空间大小时，除了 stage2 可执行映像的大小外，还必须把堆栈空间考虑进来。此外，空间大小最好是内存页(memory page)大小(通常是 4KB)的倍数。一般而言，1MB 的 RAM 空间就已足够。具体的地址范围可以任意安排，例如 Blob 就将它的 stage2 可执行映像安排到从系统 RAM 起始地址 0xC0200000 开始的 1MB 空间内执行。将 stage2 安排到整个 RAM 空间的最顶端 1MB(也即(RamEnd-1MB)-RamEnd)是一种值得推荐的方法。

为了后面叙述方便，这里把所安排的 RAM 空间范围的大小 stage2_size(字节)的起始地址和终止地址分别记为：stage2_start 和 stage2_end(这两个地址均以 4B 边界对齐)，即：

```
stage2_end = stage2_start + stage2_size
```

另外，还必须确保所安排的地址范围的确是可读写的 RAM 空间，因此，必须对所安排的地址范围进行测试。具体测试方法可以采用类似 Blob 的方法，即：以内存页为被测试单位，测试每个内存页开始的两个字是否是可读写的。为了后面叙述方便，记这个检测算法为：

```
test_mempage
```

其具体步骤如下：

① 保存内存页开始两个字的内容。

② 向这两个字中写入任意的数字。例如，向第一个字写入 0x55，向第 2 个字写

入 0xaa。

③ 立即将这两个字的内容读回。显然,读到的内容应该分别是 0x55 和 0xaa。如果不是,则说明这个内存页所占据的地址范围不是一段有效的 RAM 空间。

④ 再向这两个字中写入任意的数字。例如,向第一个字写入 0xaa,向第 2 个字中写入 0x55。

⑤ 将这两个字的内容立即读回。显然,读到的内容应该分别是 0xaa 和 0x55。如果不是,则说明这个 memory page 所占据的地址范围不是一段有效的 RAM 空间。

⑥ 恢复这两个字的原始内容。测试完毕。

为了得到一段干净的 RAM 空间范围,也可以将所安排的 RAM 空间范围进行清零操作。

3. 复制 stage2 至 RAM 中

如图 7.3 所示是 Bootloader 的 stage2 可执行映像被复制到 RAM 空间时的系统布局,复制时要确定两点:

(1) stage2 的可执行映像在固态存储设备的存放起始地址和终止地址;

(2) RAM 空间的起始地址。

4. 设置堆栈指针 sp

堆栈指针的设置为执行 C 语言代码做好准备。通常可以把 sp 的值设置为(stage2_end),也即在 7.2.2 节所安排的整个 1MB 的 RAM 空间的最顶端(堆栈向下生长)。此外,在设置堆栈指针 sp 之前,也可以关闭 LED 灯,以提示用户准备跳转到 stage2。经过上述执行步骤后,系统的物理内存布局如图 7.3 所示。

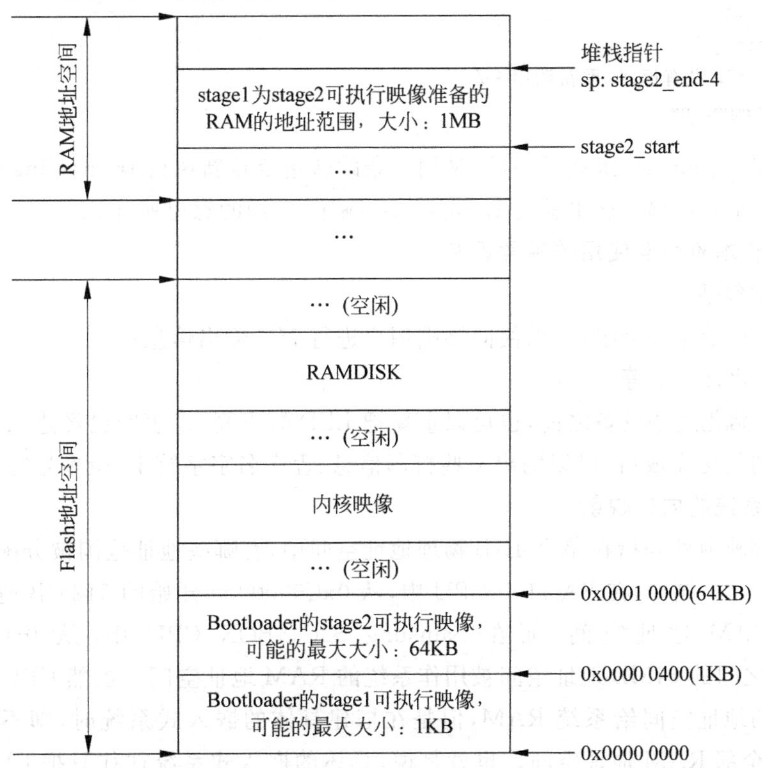

图 7.3 Bootloader 的 stage2 可执行映像刚被复制到 RAM 空间时的系统内存布局

5. 跳转到 stage2 的 C 程序入口点

在上述一切就绪后，就可以跳转到 Bootloader 的 stage2 去执行了。如在 ARM 系统中，可以通过修改 PC 寄存器为合适的地址来实现。

7.2.3 Bootloader 的 stage2

stage2 的代码通常用 C 语言来实现，以便实现更复杂的功能，并取得更好的代码可读性和可移植性。但是与普通 C 语言应用程序不同的是，在编译和链接 Bootloader 程序时，不能使用 glibc 库中的任何支持函数。这就带来一个问题：从哪里跳转进 main()函数呢？直接把 main()函数的起始地址作为整个 stage2 执行映像的入口点，或许是最直接的想法。但是这样做有两个缺点：无法通过 main()函数传递函数参数，无法处理 main()函数返回的情况。

一种更为巧妙的方法是利用 trampoline(蹦床)概念。即用汇编语言写一段 trampoline 小程序，将这段 trampoline 小程序作为 stage2 可执行映像的执行入口点。然后在 trampoline 汇编小程序中，用 CPU 跳转指令跳入 main()函数中去执行；而当 main()函数返回时，CPU 执行路径显然再次回到 trampoline 程序。简而言之，这种方法的思想就是：用这段 trampoline 小程序来作为 main()函数的外部包裹(external wrapper)。

下面给出一个简单的 trampoline 程序示例(来自 Blob)：

```
.text
globl _trampoline
_trampoline:
    bl main
    如果 main 没有返回,重新调用 * /
    b _trampoline
```

可以看出，当 main()函数返回后，又用一条跳转指令重新执行 trampoline 程序，当然也就重新执行 main()函数，这也就是 trampoline(蹦床)一词的意思所在。

1. 初始化本阶段要使用的硬件设备

它们通常包括：

(1) 至少初始化一个串口，以便向终端用户进行 I/O 输出信息；

(2) 初始化计时器等；

(3) 在初始化这些设备之前，也可以重新把 LED 灯点亮，以表明已经进入 main()函数执行。设备初始化完成后，可以输出一些打印信息、程序名字字符串、版本号等。

2. 检测系统的内存映射

所谓内存映射就是指在整个 4GB 物理地址空间中，有哪些地址范围被分配用来寻址系统的 RAM 单元。例如，在 SA-1100 CPU 中，从 0xC0000000 开始的 512MB 地址空间被用作系统的 RAM 地址空间，而在 Samsung S3C44BOX CPU 中，从 0x0C000000 到 0x10000000 之间的 64MB 地址空间被用作系统的 RAM 地址空间。虽然 CPU 通常预留出一大段足够的地址空间给系统 RAM，但是在搭建具体的嵌入式系统时，却不一定会实现 CPU 预留的全部 RAM 地址空间。也就是说，具体的嵌入式系统往往只把 CPU 预留的全部 RAM 地址空间中的一部分映射到 RAM 单元上，而让剩下的那部分预留 RAM 地址空间处于未使用状态。因此，Bootloader 的 stage2 必须检测整个系统的内存映射情况，即它必须知道 CPU 预留的全部 RAM 地址空间中的哪些被真正映射到 RAM 地址单元，哪些处于“unused(未用)”状态。

1) 内存映射的描述

用如下数据结构来描述 RAM 地址空间中一段连续的地址范围：

```
typedef struct memory_area_struct {
    u32 start;              /* 存储区的基地址 */
    u32 size;               /* 存储区的字节数 */
    int used;
} memory area_t;
```

这段 RAM 地址空间中的连续地址范围可以处于两种状态之一：

(1) used = 1，说明这段连续地址范围已被系统实现，即真正地被映射到 RAM 单元上。

(2) used = 0，说明这段连续地址范围未被系统实现，处于未使用状态。

基于上述 memory_area_t 数据结构，整个 CPU 预留的 RAM 地址空间可以用一个 memory_area_t 类型的数组来表示，如下所示：

```
memory_area_t memory_map[NUM_MEM_AREAS] = {
    [0 … (NUM_MEM_AREAS - 1)] = {
    .start = 0,
    .size = 0,
    .used = 0
    },
};
```

2) 内存映射的检测

下面给出可用来检测整个 RAM 地址空间内存映射情况的算法：

```
/* 数组初始化 */
for(i = 0;i < NUM_MEM_AREAS;i++)
    memory_map.used = 0;
/* 先在所有的内存中写入 0 */
for(addr = ME M_START; addr < MEM_END; addr += PAGE_SIZE)
     * (u32 * )addr = 0;
for(i = 0,addr = MEM_START; addr < MEM_END; addr += PAGE_SIZE) {
    /*
      检测从基地址 MEM_START + i * PAGE_SIZE 开始，大小为
      PAGE_SIZE 的地址空间是否是有效的 RAM 地址空间
    */
    if ( current memory page is not a valid ram page ){
            /* 此处没有 RAM */
            if(memory_map.used)
                i++;
            continue;
    }
    /* 当前页已经是一个被映射到 RAM 的有效地址范围
    但是还要看看当前页是否只是 4GB 地址空间中某个地址页的别名? */
```

```
        if( * (u32 * )addr != 0) { / * alias? * /
        / * 这个内存页是 4GB 地址空间中某个地址页的别名 * /
            if(memory_map.used)
                i++;
            continue;
        }
        / * 当前页已经是一个被映射到 RAM 的有效地址范围
        而且它也不是 4GB 地址空间中某个地址页的别名 * /
        if(memory_map.used == 0) {
            memory_map.start = addr;
            memory_map.size = PAGE_SIZE;
            memory_map.used = 1;
        }else{
            memory_map.size += PAGE_SIZE;
        }
    }/ * for 循环结束 * /
```

在用上述算法检测完系统的内存映射情况后，Bootloader 也可以将内存映射的详细信息通过串口打印出来。

3. 加载内核映像和根文件系统映像

1）规划内存占用的布局

这里包括两个方面：

(1) 内核映像所占用的内存范围；

(2) 根文件系统所占用的内存范围。

在规划内存占用的布局时，主要考虑基地址和映像的大小两个方面。

对于内核映像，一般将其复制到从 MEM_START + 0x00008000 这个基地址开始的大约 1MB 大小的内存范围内（0x00000000～0x00100000，嵌入式 Linux 的内核一般不超过 1MB）。这里要把从 MEM_START 到 MEM_START+0x00008000 这段 32KB 大小的内存空出来，因为 Linux 内核要在这段内存中放置一些全局数据结构，如启动参数和内核页表等信息。

而对于根文件系统映像，则一般将其复制到从 MEM_START+ 0x00100000 开始的地方。如果用 Ramdisk 作为根文件系统映像，其解压后的大小一般是 1MB。

2）从 Flash 上复制

由于像 ARM 这样的嵌入式 CPU 通常都是在统一的内存地址空间中寻址 Flash 等固态存储设备的，因此从 Flash 上读取数据与从 RAM 单元中读取数据没有什么不同。用一个简单的循环就可以完成从 Flash 设备上复制映像的工作：

```
while(count) {
* dest++ = * src++;          / * 根据字边界进行排列 * /
    count -= 4;              / * 字节数 * /
};
```

4. 设置内核的启动参数

在将内核映像和根文件系统映像复制到 RAM 空间中后，就可以准备启动 Linux 内核了。但是在调用内核之前，应设置 Linux 内核的启动参数。Linux 2.4.x 以后的内核都以标记列表(tagged list)的形式来传递启动参数。启动参数标记列表以标记 ATAG_CORE 开始,以标记 ATAG_NONE 结束。每个标记由标识被传递参数的 tag_header 结构及随后的参数值数据结构来组成。数据结构 tag 和 tag_header 定义在 Linux 内核源码的 include/asm/setup.h 头文件中,如源码清单 7-1:

源码清单 7-1

```
/* The new way of passing information: a list of tagged entries */
/* The list ends with an ATAG_NONE node. */
#define ATAG_NONE  0x00000000
struct tag_header {
    u32  size;          /* 注意,这里 size 是字数为单位的 */
    u32  tag;
};
#define ATAG_CORE  0x54410001
struct tag_core {
    u32  flags;         /* bit 0 = read-only */
    u32  pagesize;
    u32  rootdev;
};
/* it is allowed to have multiple ATAG_MEM nodes */
#define ATAG_MEM  0x54410002
struct tag_mem32 {
    u32  size;
    u32  start;         /* physical start address */
};
/* VGA text type displays */
#define ATAG_VIDEOTEXT  0x54410003
struct tag_videotext {
    u8   x;
    u8   y;
    u16  video_page;
    u8   video_mode;
    u8   video_cols;
    u16  video_ega_bx;
    u8   video_lines;
    u8   video_isvga;
    u16  video_points;
};
/* describes how the ramdisk will be used in kernel */
#define ATAG_RAMDISK  0x54410004
struct tag_ramdisk {
    u32  flags;         /* bit 0 = load, bit 1 = prompt */
    u32  size;          /* decompressed ramdisk size in _kilo_ bytes */
    u32  start;         /* starting block of floppy-based RAM disk image */
};
/* describes where the compressed ramdisk image lives (virtual address) */
/* this one accidentally used virtual addresses - as such,its depreciated. */
#define ATAG_INITRD  0x54410005

/* describes where the compressed ramdisk image lives (physical address) */
```

```
#define ATAG_INITRD2  0x54420005
struct tag_initrd {
    u32  start;           /* physical start address */
    u32  size;            /* size of compressed ramdisk image in bytes */
};
/* board serial number. "64 bits should be enough for everybody" */
#define ATAG_SERIAL  0x54410006
struct tag_serialnr {
    u32  low;
    u32  high;
};
/* board revision */
#define ATAG_REVISION  0x54410007
struct tag_revision {
    u32  rev;
};
/* initial values for vesafb-type framebuffers. see struct screen_info
   in include/linux/tty.h */
#define ATAG_VIDEOLFB  0x54410008
struct tag_videolfb {
    u16  lfb_width;
    u16  lfb_height;
    u16  lfb_depth;
    u16  lfb_linelength;
    u32  lfb_base;
    u32  lfb_size;
    u8   red_size;
    u8   red_pos;
    u8   green_size;
    u8   green_pos;
    u8   blue_size;
    u8   blue_pos;
    u8   rsvd_size;
    u8   rsvd_pos;
};
/* command line: \0 terminated string */
#define ATAG_CMDLINE  0x54410009
struct tag_cmdline {
    char  cmdline[1];    /* this is the minimum size */
};
/* acorn RiscPC specific information */
#define ATAG_ACORN  0x41000101
struct tag_acorn {
    u32  memc_control_reg;
    u32  vram_pages;
    u8   sounddefault;
    u8   adfsdrives;
};
/* footbridge memory clock, see arch/arm/mach-footbridge/arch.c */
#define ATAG_MEMCLK  0x41000402
struct tag_memclk {
```

```
    u32  fmemclk;
  };
  struct tag {
      struct tag_header hdr;
      union {
          struct  tag_core       core;
          struct  tag_mem32      mem;
          struct  tag_videotext  videotext;
          struct  tag_ramdisk    ramdisk;
          struct  tag_initrd     initrd;
          struct  tag_serialnr   serialnr;
          struct  tag_revision   revision;
          struct  tag_videolfb   videolfb;
          struct  tag_cmdline    cmdline;
          struct  tag_acorn      acorn;
          struct  tag_memclk     memclk;
      } u;
  };
```

在嵌入式 Linux 系统中，通常需要由 Bootloader 设置的常见启动参数有：ATAG_CORE、ATAG_MEM、ATAG_CMDLINE、ATAG_RAMDISK、ATAG_INITRD 等。

例如，设置 ATAG_CORE 的代码如下：

```
params = (struct tag * ) BOOT_ PARAMS;
params -> hdr.tag = ATAG CORE;
params -> hdr.size = tag_size(tag core);
params -> u.core.flags = 0;
params -> u.core.pagesize = 0;
params -> u.core.rootdev = 0;
params = tag_next(params);
```

其中，BOOT_PARAMS 表示内核启动参数在内存中的起始基地址，指针 params 是一个 struct tag 类型的指针。宏 tag_next()将以指向当前标记的指针为参数，计算紧临当前标记的下一个标记的起始地址。注意，内核的根文件系统所在的设备 ID 就是在这里设置的。

下面是设置内存映射情况的示例代码：

```
for(i = 0;< NUM_MEM_AREAS;i++) {
      if(memory_map.used) {
          params -> hdr.tag = ATAG_MEM;
        params -> hdr.size = tag_size(tag_mem32);
        params -> u.mem.start  =  memory_map.start;
        params -> u.mem.size  =  memory_map.size;
        param = tag_next(params);
    }
}
```

可知，在 memory_map[]数组中，每一个有效的内存段都对应一个 ATAG_MEM 参数标记。

Linux 内核在启动时可以以命令行参数的形式来接收信息，利用这一点可以向内核提供那些内核不能自己检测的硬件参数信息，或重载(override)内核自己检测到的信息。例如,用一个命令行参数字符串"console = ttyS0,115200n8"来通知内核以 ttyS0 作为控制台,且串口采用"115200b/s、无奇偶校验、8 位数据位"这样的设置。下面是一段设置调用内核命令行参数字符串的示例代码:

```
char *p;
for(p = commandline; *p == '';p++)
    /* 跳过不存在的命令行,这样内核可以使用自己的默认命令行 */
if( *p == '\')
    return;
paramg -> hdr.tag = ATAG_CMDLINE;
params -> hdr.size = (sizeof(struct tag_header) + strlen(P) + 1 + 4)>> 2;
strcpy(params -> u.cmdline.cmdline,P);
params = tag_next(params);
```

请注意:在上述代码中,设置 tag_header 的大小时,必须包括字符串的终止符'\0',此外还要将字节数向上调整 4 个字节,因为 tag_header 结构中的 size 成员表示的是字数。

下面是设置 ATAG_INITRD 的示例代码,它告诉内核在 RAM 中的什么地方可以找到 initrd 映像(压缩格式)及它的大小:

```
params -> hdr.tag = ATAG_INITRD2;
params -> hdr.size = tag_size(tag_initrd);
params -> u.initrd.start = RAMDISK_RAM_BASE;
params -> u.initrd.size = INITRD_LEN;
params = tag_next(params);
```

下面是设置 ATAG_RAMDISK 的示例代码,它告诉内核解压后的 Ramdisk 有多大(单位是 KB):

```
params -> hdr.tag = ATAG_RAMDISK;
params -> hdr.size = tag_size(tag_ramdigk);
params -> u.ramdisk.start = 0;
params -> u.ramdisk.size = RAMDISK_SIZE;        /* 请注意,单位是 KB */
params -> u.ramdisk.flags = 1;                  /* automatically load ramdisk */
params = tag_next(params);
```

最后,设置 ATAG_NONE 标记,结束整个启动参数列表:

```
static void setup_end_tag(void){
    params -> hdr.tag = ATAG_NONE;
    params -> hdr.size = 0;
}
```

5. 调用内核

Bootloader 调用 Linux 内核的方法是直接跳转到内核的第一条指令处,也即直接跳转到 MEM_START + 0x8000 地址处。在跳转时,下列条件要满足:

(1) CPU 寄存器的设置。

- R0 = 0;
- R1 =机器类型 ID;关于 Machine Type Number,可以参见 linux/arch/arm/tools/mach.types;

- R2 =启动参数标记列表在 RAM 中的起始基地址。

(2) CPU 模式。

- 必须禁止中断(IRQs 和 FIQs);
- CPU 必须是 SVC 模式。

(3) Cache 和 MMU 的设置。

- MMU 必须关闭;
- 指令 Cache 可以打开也可以关闭;
- 数据 Cache 必须关闭。

如果用 C 语言,可以像下列示例代码那样来调用内核:

```
void( * theKernel) (int zero, int arch, u32 params_addr) = (void( * )(int, int, u32))KERNEL_RAM_
BASE;
...
theKernel(0,ARCH_NUMBER,(u32)kernel_params_start);
```

注意,theKernel()数调用应该永远不返回。如果这个调用返回,则说明出错。

7.3 典型 Bootloader 分析和移植

7.3.1 Blob

1. Blob 简介

Blob 是 Bootloader Object 的缩写,是一款功能强大的 Bootloader,遵循 GPL,源代码完全开放。Blob 既可以用来做简单的调试,也可以启动 Linux kernel。Blob 最初是 Jan-Derk Bakker 和 Erik -Mouw 为一块名为 LART(Linux Advanced Radio Terminal)的目标板写的,该板使用的处理器是 StrongARM SA1100。现在 Blob 已经被移植到很多 CPU 上,包括 S3C4480。MBA4480 是一款基于 S3C4480 的开发板。以下以运行在 MBA4480 开发板上的 Blob 的源代码为基础,针对该开发板进行 Blob 的移植。开发板的主要配置为:

(1) 三星 ARM7 处理器 S3C4480。

(2) 2MB 的 Flash,地址范围为 0x0000 0000~0x0020 0000。

(3) 8MB 的 SDRAM,地址范围为 0x0C00 0000~0x0C80 0000。

(4) 1 个串口,2 个 LED 灯。

(5) JTAG 接口。

(6) 晶振为 6MHz,系统主频为 60MHz。

2. Blob 的运行过程分析

如图 7.4 所示为 Blob 程序启动流程及启动中各种文件间的引用关系。Blob 编译后的代码定义最大为 64KB,并且这 64KB 又分成两个阶段来执行。

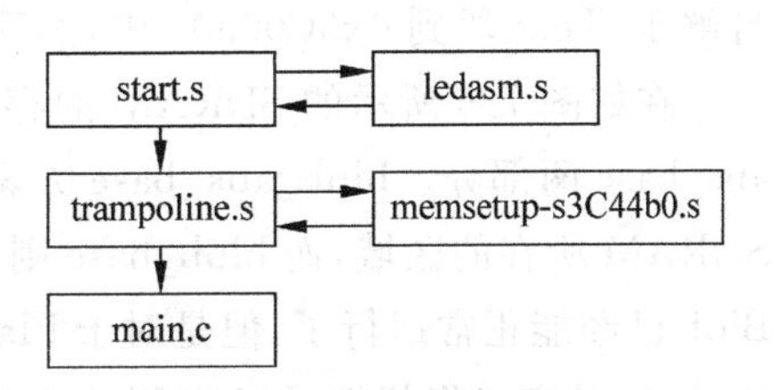

图 7.4 Blob 程序启动流程

第一阶段的代码在 start. s 中定义,大小为 1KB,它包括从系统上电后在 0x00000000 地址开始执行的部分。这部分代码在 Flash 中运行,包括对 S3C4480 的一些寄存器的初始化和将 Blob 第二阶段代码从

Flash 复制到 SDRAM 中。

除去第一阶段的 1KB 代码，剩下的部分都是第二阶段的代码。第二阶段的起始文件为 trampoline. s，被复制到 SDRAM 后，就从第一阶段跳到这个文件，开始执行剩余部分代码。

第二阶段最大为 63KB，单词 trampoline 词义为“蹦床”，所以在这个程序中进行一些 BSS 段设置、堆栈的初始化等工作后，最后跳转到 main. c 进入 C 函数。

代码移植主要需要对上述几个文件进行修改。在进行移植以前，首先需要对存储器的地址空间分配了解清楚。关于存储器空间的定义在/include/blob arch/mba44b0. h 中。

如图 7.5 所示为在 Flash 中的存储器空间分布，如图 7.6 所示为启动后在 SDRAM 中的存储器空间分布。如图 7.5 所示，2MB 的 Flash 空间分别分配给 Blob、Kernel、Ramdisk。系统加电后，先执行第一阶段代码，进行相应的初始化后，接下来将 Blob 第二阶段的代码复制到 RAM 地址 blob_abs_base 处，然后跳转到第二阶段开始执行。

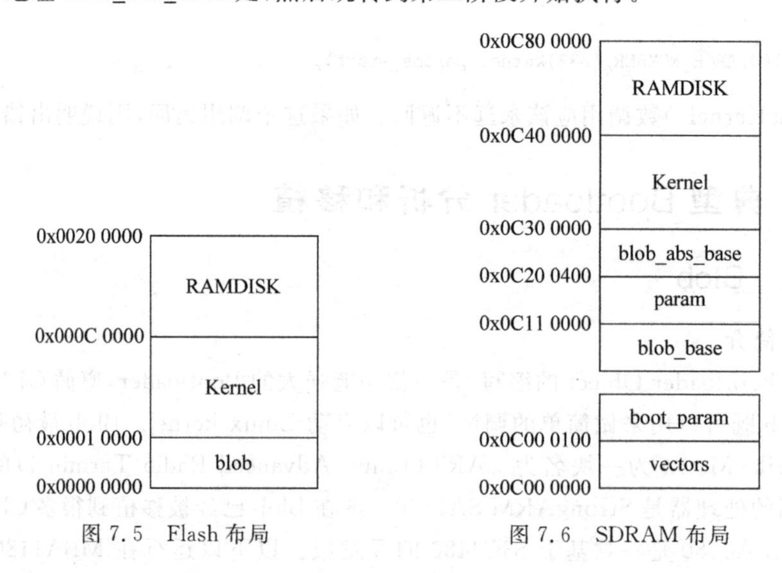

图 7.5 Flash 布局　　　图 7.6 SDRAM 布局

在第二阶段中，从汇编跳转到 C 的 main()函数，继续进行如下工作：

(1) 外围硬件的初始化(串口、USB 等)。

(2) 从 Flash 中将 kernel 加载到 SDRAM 的 kernel 区域。

(3) 从 Flash 中的 ramdisk 加载到 SDRAM 的 ramdisk 区域。

(4) 根据用户选择，进入命令行模块或启动 Kernel。

由于 Flash 的存储空间有限，所以存放在 Flash 中的 Kernel 是经过压缩的。Blob 将压缩的内核加载到 SDRAM 地址 0x0C300000 中。如果选择启动 Kernel，那么压缩的内核将自解压. Text 段到 0x0C00800 中，然后再跳转到该处，开始运行 Linux。

在如图 7.6 所示的 SDRAM 的存储器空间分配图中，可以看到有 blob_base 和 blob_abs_base 两部分。blob_abs_base 大家已经知道了，是 Blob 将自身的第二阶段代码复制到 SDRAM 所在的区域，而 blob_base 则是从 Blob 进行自升级或调试的区域。举例说明，假如 Blob 已经能正常运行了，但是对于 Flash 的擦写还不能很好地支持，就可以使用已经运行的 Blob，通过串口将新编译好的 Blob 下载到 SDRAM 中的该区域，再进行运行调试。调试通过后，可以通过 Blob 烧写进 Flash，覆盖原来的 Blob 进行升级。这样就不必因为对 Blob 做了一点小的改动就重新烧写 Flash,从而减少了烧写 Flash 的次数。

3. Blob 的移植

对 Blob 的运行有了一定了解后,就可以进行具体的移植了。首先要修改的是 start. s 文件,具体工作如下:

(1) 屏蔽掉看门狗 WTCON;

(2) 配置寄存器 SYSCFG,暂时关闭缓存,等 Blob 运行稳定后再开启;

(3) 初始化 I/O 寄存器;

(4) 屏蔽中断;

(5) 配置 PLLCON 寄存器,决定系统的主频;

(6) 调用 ledasm. s,在串口未初始化时,led 状态对于程序是否正常运行很重要;

(7) 调用 memsetup-s3c44b0. s00 中的 memsetup 初始化存储器空间,初始化 SDRAM 刷新速率等;

(8) 将第二阶段复制到 SDRAM,并且跳转到第二阶段。

在 ledasm. s 中,提供 led 的汇编语言驱动程序。在 Blob 中还有个 led. c 文件,它和 Ledasm. s 原理一样,只不过是在 C 语言中调用的。修改 led 是为了方便初期阶段的调试。读者可以根据自己的开发板进行修改。

在 memsetup-s3c44b0. s 中,修改 MEMORY_CONFIG 中设置存储器的相关配置,并设定 SDRAM 刷新速度,相关源码如下所示:

```
MEMORY_CONFIG:
.long   0x11101002                    /* 进行存储器的配置,SDRAM 刷新速度配置等 */
…                                     /* 这里需要根据不同情况进行修改 */
.long   0x20
.globl   memsetup                     /* 定义全局标号,以便能被 start.s 调用 */
memsetup:
    ldr     r0, = MEMORY CONFIG       /* 进行配置 */
    ldmia   r0,{r1 - r13}
    ldr     r0, = 0x01c80000
    stmia   r0,{r1 - r13}
    mov     pc,lr                     /* 程序返回 */
```

Trampoline. s 不需要进行修改。

进入 main()后,串口传输速度在结构体 blob_status 中设定:

```
Blob_status.downloadSpeed = baud_115200;
Blob_status.terminalSpeed = baud_115200;
```

串口的初始化相关代码定义在函数 s3c44bo_serial_init()中,该函数在 serial_s3c44b0. c 中。对于 S3C4480 的串口,一般只需要初始化下面 4 个寄存器串口就可以正常工作。如果不能工作,可能是系统时钟设置不对,只需要按照下列公式计算出 divisor:

```
divisor = (int)(MCLK/(baudx16)) - 1
```

替换下面的 divisor 即可。其中 MCLK 为系统主频,baud 为波特率。

```
REG(UFCON0)      = 0x0;        /* 关闭 FIFO */
```

```
REG(ULCON0)     = 0x03;      /* 设置数据位8,无奇偶校验,1位停止位 */
REG(UCON0)      = 0x0;       /* 脉冲中断,中断请求或查询模式 */
REG(UBRDIV0)    = divisor;  /* 设置波特率 */
```

至此,初级移植工作已经完成,运行./configure ith-board = mba-44b0-with-linux-prefilx = /path/to/linux-src 进行相关配置。在此还可以加一些开关选项进行配置,具体请参阅 Blob 自带文档。如果没有错误,就可以用 make 命令进行编译了。如果编译正确,可在 blob/src/blob 下得到 bin 格式的 Blob,将其烧写到 Flash 里即可运行。关于 Blob 第一部分和第二部分的链接脚本,可以在 start-ld-script 和 rest-ld-script. in 中看到相关的链接地址,编译器是根据这些地址链接程序的。在 blob/src/blob/Makefile 中可以看到,两个阶段分别以 blob-start 和 blob-rest 来编译,最后通过 dd 命令将它们组成一个完整的 Blob 二进制文件。

1) 命令行的修改

在使用的 Blob 版本中,空格键(BackSpace)不起作用,这对于调试非常不方便。查阅源码可以发现,在 src/blob/lib/command. c 中,GetCommand 函数中定义着人机交互部分。将 else if(c==")修改为 else if(c==0x7f)即可支持空格键功能。

2) Blob 的运行

如果前面的工作没有什么问题,将 blob/src/blob/blob 文件烧写进 Flash 后,上电就可以从串口看到欢迎信息。加载 Linux 内核和文件系统后,等待几秒,如果没有操作,将启动操作系统,否则出现提示符:

```
Blob>
```

表示进入 Blob。在该模式下提供了许多命令,可以方便地进行硬件调试、系统升级和系统引导。

Blob 常用的命令有 blob、boot、xdownload、flashreload、dump、reblob、status 等。不同的 Flash 操作有所不同,如果通过 Blob 烧写 Flash 的软件有些问题,为了调试方便,可以编写自己的 Flash 驱动程序。

3) Flash 驱动程序的编写

Flash 作为非易失性的存储器,在开发板上的作用是保存数据且掉电不丢失。和 EPROM 最大的不同在于,对 Flash 编程不需要对特定的引脚加高电平,只是对特定地址写入一组特定的数据即可进行编程,这样就直接在开发板上通过软件进行擦写,不必使用特定的编程器。但是它的缺点是操作过于复杂。SST39VFl60 是 SST 公司的一款 16MB 位的 Flash,16 位数据线宽度,共 2MB 容量,分为 512 个扇区,每个扇区有 4KB(或 32 个块(block)),每个块的容量为 64KB。在对 Flash 编程之前,必须对相应的扇区、块或者整个芯片进行擦除,然后才能进行编程。

通过 S3C4480 进行 Flash 烧写时需要注意,S3C4480 外部地址总线是根据外部数据总线宽度连接的。如果开发板外部数据总线为 16 位宽度,S3C4480 的地址线 A0 就没有接入外部地址总线,而是从 A1 接起。

对 Flash 编程需要对 Flash 写入一个特定的时序。如果 S3C4480 寻址 0x5555,由于外部总线错了一位,这样在 Flash 看来,发送过来的地址信号是 0xAAAA,也就不能正确地完成操作。注意到这一点，根据 Blob 自带的 Flash 驱动程序，就可以很方便地改写出适合自己的 Flash 驱动程序。

7.3.2 U-Boot

1. U-Boot 简介

U-Boot，全称 Universal Bootloader，是遵循 GPL 条款的开放源码项目，从 FADSROM、8xxROM、PPCBOOT 逐步发展演化而来。其源码目录、编译形式与 Linux 内核很相似，事实上，不少 U-Boot 源码就是相应的 Linux 内核源程序的简化，尤其是一些设备的驱动程序，从 U-Boot 源码的注释中能体现这一点。U-Boot 不仅仅支持嵌入式 Linux 系统的引导，还支持 NetBSD、VxWorks、QNX、RTEMS、ARTOS、LynxOS 等嵌入式操作系统，这是 U-Boot 中Universal 的一层含义；另外一层含义则是 U-Boot 除了支持 PowerPC 系列的处理器外，还能支持 MIPS、x86、ARM、NIOS、XScale 等诸多常用系列的处理器。这两个特点正是 U-Boot 项目的开发目标，即支持尽可能多的嵌入式处理器和嵌入式操作系统。U-Boot 对PowerPC 系列处理器的支持最为丰富，对 Linux 的支持最完善，其他系列的处理器和操作系统基本上是在 2002 年 11 月 PPCBOOT 改名为 U-Boot 后逐步扩充的。从 PPCBOOT 向 U-Boot 的顺利过渡，在很大程度上归功于 U-Boot 的维护者——德国 DENX 软件工程中心 Wolfgang Denk 的专业水平和持续不懈的努力，众多有志于开放源码 Bootloader 移植工作的嵌入式开发人员正如火如荼地将各个不同系列嵌入式处理器的移植工作不断展开和深入，以支持更多的嵌入式操作系统的装载与引导。

U-Boot 主要有如下优点：

(1) 开放源码；

(2) 支持多种嵌入式操作系统，如 Linux、NetBSD、VxWorks、QNX、RTEMS、ARTOS 及 LynxOS 等；

(3) 支持多种处理器系列，如 PowerPC、ARM、x86、MIPS、XScale；

(4) 较高的可靠性和稳定性；

(5) 高度灵活的功能设置，适合 U-Boot 调试、操作系统不同引导要求、产品发布等；

(6) 丰富的设备驱动源码，如串口、以太网、SDRAM、Flash、NVRAM、EEPROM、LCD 及键盘等；

(7) 较为丰富的开发调试文档与强大的网络技术支持。

表 7-1 是以华为海思公司开发的 hi3511v100 评估板为例的 U-Boot 主要目录结构，详细目录说明请参见 U-Boot 目录下的 README 文档。

表 7-1 U-Boot 的主要目录结构

目 录 名	描 述
cpu	各种 CPU 的相关代码及 U-Boot 入口代码
board/hi3511v100	海思评估板的相关代码
lib_xxx	各种体系结构的相关代码，如 ARM、MIPS 的通用代码
include	头文件
include/configs	各种单板的配置文件
common	各种功能(命令)实现文件

续表

目录名	描述
drivers	网口、串口等的驱动代码等
drivers/hisilicon	海思芯片部分模块的驱动代码
net	网络协议实现文件
fs	文件系统实现文件

2. U-Boot 的运行过程分析

U-Boot 的启动流程与大部分 Bootloader 一样，分为两个阶段，下面以 U-Boot-1.1.4 及 arm920t 为 CPU 的开发板为例，简单分析 U-Boot 启动流程。

第一阶段：整个程序的入口是/cpu/arm920t/start.s 文件，启动的第一阶段几乎全在这里，如源码清单 7-2：

源码清单 7-2

```
.globl _start
_start:
    b    start_code
    ldr  pc, _undefined_instruction
    ldr  pc, _software_interrupt
    ldr  pc, _prefetch_abort
    ldr  pc, _data_abort
    ldr  pc, _not_used
    ldr  pc, _irq
    ldr  pc, _fiq
    …
    /* 设置 ARM 异常向量表 */
start_code:
    mrs  r0,cpsr
    bic  r0,r0,#0x1f
    orr  r0,r0,#0xd3
    msr  cpsr,r0
    /* CPU 进入 SVC 模式 */
    …
    #if defined(CONFIG_S3C2400) || defined(CONFIG_S3C2410)
    # if defined(CONFIG_S3C2400)
    #define pWTCON          0x15300000
    …
    ldr  r0, =pWTCON
    mov  r1, #0x0
    str  r1, [r0]
    /* 关闭看门狗 */
    …
    mov  r1, #0xffffffff
    ldr  r0, =INTMSK
    str  r1, [r0]
    # if defined(CONFIG_S3C2410)
    ldr  r1, =0x7ff
    ldr  r0, =INTSUBMSK
```

```
    str  r1, [r0]
    # endif
    /* 屏蔽中断 */
    …
    ldr  r0, =CLKDIVN
    mov  r1, #3
    str  r1, [r0]
    /* 设置时钟频率 */
    …
    /* 跳至 cpu_init_crit 标号,关闭 Cache、MMU */
    …
    /* 跳至 lowlevel_init 标号(/board/******/lowlevel_init.S)执行一些开发板相关的初始
化代码,然后返回 start.S */
    …
    /* 本来应该是 U-Boot 的重定向代码,即将 Bootloader 从 Flash 搬移到 RAM 的代码,对于具体
的开发板要自己编写 */
    …
    /* 设置堆栈准备进入第二阶段(b _start_armboot) */
```

第二阶段：从/lib_arm/board.c 中的 start_armboot 函数开始。start_armboot 函数里主要完成了一些本阶段要用到的硬件初始化工作。为此，U-Boot 定义了如下初始化序列：

```
init_fnc_t *init_sequence[] = {
    cpu_init,              /* 在/cpu/arm920t/cpu.c 中,主要是建立了 FIQ 和 IRQ 的栈区 */
    board_init,            /* 板级的初始化,以时钟设置为主 */
    interrupt_init,        /* 对中断进行设置 */
    env_init,              /* 初始化系统的环境变量 */
    init_baudrate,         /* 本文件中定义,波特率初始化 */
    serial_init,           /* 串口通信的初始化函数 */
    console_init_f,        /* 控制台初始化的第一阶段 */
    display_banner,        /* 通过串口向中断发送启动打印信息 */
    …
};
```

此外，还做了如下主要的初始化工作：

```
flash_init();              /* 在 Flash.c 中定义,完成 Flash 初始化功能,并提供 Flash 的 Bank 分
                           布情况,是否擦除、是否上锁等信息 */
…
mem_malloc_init();         /* 系统内存的初始化工作 */
…
env_relocate();            /* 在 env_common.c 中定义,主要完成环境变量空间的分配 */
/* 而后,U-Boot 进入 main_loop()循环: */
for (;;) {
    main_loop ();          /**/
}
```

执行完如上操作，U-Boot 处于等待状态，在预先设定的一个时间里，如果串口没有接收到从终端设备发送过来的数据，则从固定位置开始加载操作系统镜像；如果串口接收到数据，则显示命令行界面，并接收用户指令。前一种就是前面介绍的启动加载模式，一般产品发布就会工作在此状态；而对于后一种，可以进行一些测试，或者下载内核进行启动，也就

是 Bootloader 两种模式中的下载模式。

U-Boot 采用预先设置的命令加载操作系统镜像，加载时，执行命令解析函数 do_commandname()，从 RAM 或从 Flash 中引导操作系统镜像的加载，同时，此函数还可以将可执行文件前面一个 0x40 字节的特殊头文件读出来，获取目标操作系统的种类、目标 CPU 的体系结构、映像文件压缩类型、加载地址、入口地址、映像名称和映像的生成时间等信息，这些信息会在系统启动后通过串口向终端输出。

在启动内核镜像之前，还要设置好 Linux 内核的启动参数，包括内核的内存的起始地址、大小、引导命令行、硬件的版本等信息。之后，U-Boot 就会跳转到内核镜像的第一条指令处，开始启动内核。

U-Boot 可以自建命令，不过，通常情况下，使用如表 7-2 所示的自带的 U-Boot 命令集已经足够了。

表 7-2 U-Boot 的命令集

Help 或?	帮助命令。用于查询 U-Boot 支持的命令并简单说明
bdinfo	查看目标系统参数和变量、目标板的硬件参数、变量参数
setenv	设置环境变量(ip 地址、网关、启动命令等)
printenv	查看环境变量
saveenv	保存设置的环境变量到 Flash
mw	写内存
md	查看内存内容
mm	修改内存
flinfo	查看 Flash 信息
reset	复位
cp [源地址目标地址大小]	内存复制，可以在 RAM 和 Flash 中交换数据
imi [起始地址]	查看内核映像文件
tftpboot [起始地址镜像名]	通过 tftp 从主机系统下载内核映像文件
ping	测试 ping
go	启动没有压缩的 linux 内核，例如 go 0x30008000
bootm	启动通过 U-Boot Tools 制作的压缩内核
bootp	通过网络启动
erase [起始地址结束地址]	擦除 Flash 内容，必须以扇区为单位进行擦除
protect	对 Flash 进行写保护或者取消写保护
nfs	从 NFS 服务器主机下载文件到某个地址
loadb	使用 Kermit 协议接收来自 Kermit 或超级终端传送的文件
usb	usb 相关功能
fatls	列出 DOS FAT 文件系统内容
fatload	读入 fat 文件中

3. U-Boot 的移植

以华为海思公司开发的 hi3511v100 评估板为例，在 hi3511 单板上具有以下功能特性：

- 处理器：hi3511(为 ARM926EJ-S 架构)；
- 支持 8 路 CVBS 输入，H264 Main Profile @ Level 3 视频编解码；
- 1 个 RJ45 网络接口，支持 10/100 Mb/s 全双工或半双工模式；

- 支持 8 路单声道输入，1 路立体声或 MIC 输入，1 路立体声输出；
- 支持 1 个 USB 2.0 OTG 和 1 个 USB 1.1 HOST 设备；
- 支持 2 个 RS232 标准串口，1200～115200 b/s 传输速率；支持 1 路 RS485 接口；
- 支持 IR 红外接收接口；
- 支持 Mini PCI 和 PCI 设备；
- 支持 SD/MMC 卡。

主要的内存芯片型号为：

- DDR SDRAM：HY5PS1G1631CFP-Y5，32b，144MHz，256MB；
- Nor Flash ：S29GL256N，8b，32MB。

如果选用的外围芯片不是以上型号或对单板频率、UART 速率有不同要求时，需要适当修改 U-Boot 代码，对应的单板才能正常运行。

1）创建目录和文件

创建待移植单板相关代码的目录和文件时，复制、修改相应的参考代码即可，不必手动编写所有代码。在本节的示例中，待移植单板的参考代码存放在 U-Boot 的目录 board/和 include/asm-arm/中，这里 hi3511v100-myboard 作为移植单板名称。

2）复制修改参考代码

在 hi3511v100 SDK 中，U-Boot 代码位于 source/os/u-boot-1.1.4 目录中，因此需要先将 board/hi3511v100 目录下的代码复制到目录 board/hi3511v100-myboard 中，操作如下：

```
#cd sorce/os/u - boot - 1.1.4/
#cp  - a board/hi3511V100 board/hi3511v100 - myboard
              /*复制 hi3511 代码到目录 hi3511V100 -  myboard*/
```

再修改 board/hi3511v100-myboard 目录下的 u-boot.lds 文件，将 board/hi3511v100/lowlevel_init.o (.text)替换为 board/hi3511v100-myboard/lowlevel_init.o (.text)。

3）增加新的配置文件

在 include/configs/目录下增加新的单板配置文件 hi3511-myboard.h，并根据具体单板进行修改配置选项：

```
#cp include/configs/hi3511v100.h include/configs/hi3511-myboard.h
```

4）增加编译选项

增加单板配置的编译选项。在 U-Boot 代码根目录下增加 hisilicon_board-myboard.mk 文件，在该文件中增加配置的操作如下：

```
hi3511 - myboard_config: unconfig
@./mkconfig hi3511v100 arm hi3511v100 hi3511 - myboard NULL NULL \
"CFG_CLK_MPLLIN 27000000" "CFG_CLK_BUS 144000000" "REG_CONF_PLLFCTRL(0xC09)"
```

在复制修改参考代码、增加新的配置文件和修改 Makefile 操作完成后，U-Boot 代码已具备移植所需的框架，然后需要对驱动代码做相应的修改和配置。

5）配置 DDR 存储器

存储器配置文件为 cpu/hi3511v100 目录下的 lowlevel_init.c，其主要功能是完成系统控制与 DDRC、SMI 控制器的配置。当选用不同的 DDR SDRAM 时，其对应的电气特性、模式寄存器等需要做相应的修改。在U-Boot中将需要配置的参数以宏定义的形式在单板配置文件中进行定义，即在include/configs/hi3511-myboard.h文件中有如下宏定义，如源码清单7-3：

源码清单 7-3

```
#ifndef  CFG_CLK_MPLLIN
#define  CFG_CLK_MPLLIN     (27 * MHz)                                  /* 具体单板时钟由晶振决定 */
#endif
#define  CFG_CLK_SLOW       (45 * KHz)                                  /* 具体单板时钟由晶振决定 */
#ifndef  CFG_CLK_BUS
#define  CFG_CLK_BUS        (144 * MHz)                                 /* 系统总线频率 */
#endif
#define  CFG_CPUCLK_SCALE   2
#define  CFG_CLK_CPU        (CFG_CLK_BUS * CFG_CPUCLK_SCALE) /* CPU 频率 */
#define  CFG_DEFAULT_CLK_CPU CFG_CLK_CPU
#ifndef  REG_CONF_PLLFCTRL
#define  REG_CONF_PLLFCTRL 0xC09                                         /* 144MHz 下的 PLL 配置值 */
#endif
/* 如需变更频率，可通过修改 u-boot 根目录下的 hisilicon_board-dmeb.mk 中 REG_CONF_PLLFCTRL
值调整 PLL，具体调整数据请参见相关处理器芯片用户指南 */
/* DDRC Config */
#define  CFG_DDRC_BUSWITH  DDRC_BUSWITH_32BITS                           /* DDR BUS 宽度 */
/*
DDRC_BUSWITH_32BITS                                                      /* 32b 宽度 */
DDRC_BUSWITH_16BITS                                                      /* 16b 宽度 */
*/
#define  CFG_DDRC_CHIPCAP  DDRC_CHIPCAP_1Gb                              /* 器件单片容量 */
/*
DDRC_CHIPCAP_64Mb
DDRC_CHIPCAP_128Mb
DDRC_CHIPCAP_256Mb
DDRC_CHIPCAP_512Mb
DDRC_CHIPCAP_1Gb
DDRC_CHIPCAP_2Gb
*/
#define  CFG_DDRC_CHIPBITS DDRC_CHIP_16BITS                              /* 器件单片位宽 */
/*
DDRC_CHIP_8BITS                                                          /* 位宽 8b */
DDRC_CHIP_16BITS                                                         /* 位宽 16b */
DDRC_CHIP_32BITS                                                         /* 位宽 32b */
*/
#define  CFG_DDRC_CHIPBANK        DDRC_CHIP_8BANK
#define  CFG_DDRC_READDELAY_CL    DDRC_READDELAY_4                       /* CAS */
```

针对不同的器件特性修改以上宏定义，DDR初始化配置完成。

6) 修改Flash驱动

U-Boot里的Flash驱动支持CFI(Common Flash Interface)接口标准。如果使用CFI接口Flash芯片，不需要修改Flash驱动；如果使用非CFI接口Flash芯片，需要特殊支持。

7）编译 U-Boot

完成 U-Boot 移植后，就可以编译 U-Boot，操作步骤如下：

```
make mrproper
make hiconfig          /* 然后选择对应的单板 */
make
```

编译成功后，将在 U-Boot 目录下生成 u-boot.bin。

最后需要强调的是，在移植 u-boot 过程中，第二阶段代码移植可在 SDRAM 中调试完成，但第一阶段代码，特别是 NAND FLASH 部分和启动部分的调试，却不够方便。一方面，要把 u-boot 频繁烧写至 NAND FLASH；另一方面，定位跟踪不方便。其实，针对 u-boot 的第一阶段代码部分的调试，可借助 AXD 和 Multi-ICE 来调试。

7.4 其他 Bootloader 简介

7.4.1 Redboot

Redboot 是 Red Hat Embedded Debug and Bootstrap 的缩写，是 RedHat 开发的一个标准嵌入式系统引导和调试环境，集 Bootloader、调试、Flash 烧写等功能于一体。Redboot 是一个功能非常强大的 Bootloader，它基于 eCos（Embedded Configurable Operating System）操作系统的硬件抽象层（Hard Abstraction Layer，HAL）。eCos 是以高度“可设定性”和“模块性”为发展目标的嵌入式操作系统，Redboot 可看作是在它上面开发的一个 Bootloader。Redboot 具有以下特点：

（1）支持 Boot 脚本；

（2）通过串口或以太网提供 Redboot 配置和管理的简单命令行界面；

（3）集成 GDB，可通过串口或以太网链接到调试主机；

（4）属性配置；

（5）支持网络 Boot，可以通过 BOOTP、DHCP 和 TFTP 进行设置和下载；

（6）支持上电自检功能。

7.4.2 ARMBoot

ARMBoot 是一个为基于 ARM 处理器的嵌入式系统所设计的。它支持多种类型的 Flash；允许映像文件经由 bootp、tftp 从网络传输；支持从串口线下载 s-record 或者 binary 文件；允许内存的显示及修改；支持 jffs2 文件系统等。ARMBoot 源码公开，从 http://www.sourceforg.net/projects/armboot 可以下载。

7.4.3 PPCBoot

PPCBoot 是德国 DENX 小组开发的用于多种嵌入式 CPU 的 Bootloader 引导程序，主要由德国的工程师 WolfgangDenk 和因特网上的自由开发人员对其进行维护和开发。支持 PowerPC、ARM、MIPS、m68K 等多种处理器平台，易于裁剪和调试。PPCBoot 遵循 GPL 公约，完全开放源代码。PPCBoot 源代码可以在 sourceforge 网站的社区服务器中获得，它的项目主页是 http://sourceforge.net/projects/ppcboot，也可以从 DENX 的网站 http://www.denx.de 下载。

7.5 本章小结

(1) Bootloader 是在运行操作系统内核之前所运行的一段小程序，从操作系统的角度看，Bootloader 的最终目标是正确地调用内核，并引导其执行。

(2) Bootloader 有两种启动模式，执行过程分为两个阶段。

(3) Blob、U-Boot 遵循 GPL，源代码完全开放。U-Boot 可以支持多架构的的嵌入式处理器及开发板，也支持多种嵌入式操作系统。

(4) 每种不同的 CPU 体系结构都有不同的 Bootloader。除了依赖于 CPU 的体系结构外，Bootloader 实际上也依赖于具体的嵌入式板级设备的配置，要想让运行在一块板子上的 Bootloader 程序也能运行在另一块板子上，必须进行裁剪和移植。

(5) 本章也简单介绍了其他形式的 Bootloader，这有助于针对你的具体的应用选择相应的 Bootloader。

7.6 思考题

(1) Bootloader 的启动分为哪两个阶段(模式)？它们各有什么特点？

(2) 简述 Bootloader 的安装位置。

(3) 简述 U-Boot 的目录结构。

(4) 在你曾经开发的嵌入式项目中，使用的是哪种 Bootloader？它有什么特点？

(5) 借助 AXD 和 Multi-ICE 对 U-Boot 第一阶段的代码进行调试。

第8章 Linux内核配置

CHAPTER 8

本章主要内容

- 内核开发特点
- 嵌入式 Linux 内核代码结构
- 嵌入式 Linux 内核配置
- 本章小结

8.1 内核概述

内核是操作系统的核心。系统其他部分必须依靠内核软件提供服务，如管理设备、分配系统资源等。内核也称为超级管理者。通常内核由中断服务程序、调度程序、内存管理程序和网络、进程间通信服务程序共同组成。内核独立于普通应用程序，一般处于系统态，拥有受保护的内存空间和访问硬件设备的所有权限。这种系统态和被保护起来的内存空间，统称为**内核空间**。相对地，应用程序在用户空间执行，它们只能看到允许它们使用的部分系统资源，并且不能使用某些特定的系统功能，不能直接访问硬件。当内核运行的时候，系统以内核态进入内核空间，相反，普通用户程序以用户态进入用户空间。应用程序通过系统调用和内核通信来运行，应用程序通常调用库函数(如 C 库函数)，再通过系统调用界面让内核代其完成各种不同任务。当一个应用程序请求执行一条系统调用时，可以认为内核正在代其执行。在这种情况下，应用程序被认为通过系统调用在内核空间运行，而内核被认为运行于进程上下文中，参见 1.2.3 节。

内核还要负责管理系统的硬件设备。Linux 支持的体系结构，都提供了中断机制。当硬件设备想和系统通信的时候，它首先要发出一个异步的中断信号去打断内核正在执行的工作。中断通常对应着一个中断号，内核通过这个中断号查找相应的中断服务程序，并调用这个程序响应和处理中断。许多操作系统的中断服务程序都不在进程上下文中执行。它们在一个与所有进程都无关的、专门的中断上下文中运行。之所以存在这样一个专门的执行环境，就是为了保证中断服务程序能够在第一时间响应和处理中断请求，然后快速地退出。图 8.1 是应用程序、内核和硬件的关系示意图。实际上，可以将处理器在任何指定时间点上的活动范围概括为下列三者之一：

(1) 运行于内核空间，处于进程上下文中，代表某个特定的进程执行；

(2) 运行于内核空间，处于中断上下文中，与任何进程无关，处理某个特定的中断；

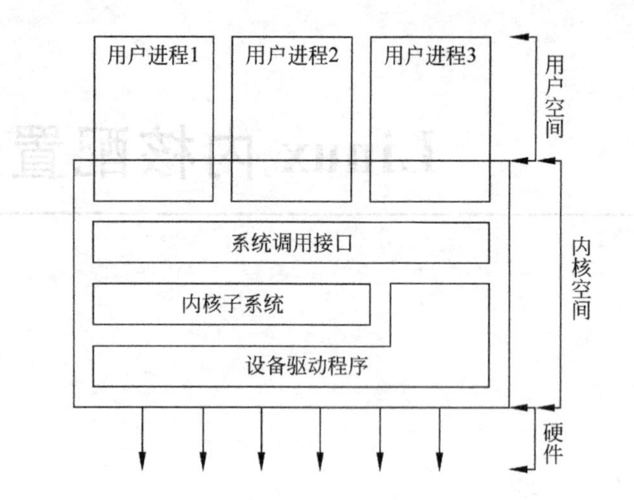

图 8.1 应用程序、内核和硬件的关系示意图

(3) 运行于用户空间,执行用户进程。

以上所列包括所有情况,例如,当 CPU 空闲时,内核就运行一个空闲进程,处于进程上下文中,但运行于内核空间。

8.2 嵌入式 Linux 内核代码结构

安装好的 Linux 或从 www.kernel.org 内核网站下载的 Linux,展开后都在一个名为 Linux 的目录中,Linux 内核有两千个文件夹、两万个文件和六百万行代码,为了方便理解和掌握记忆,给出该目录的结构示意图如图 8.2 所示。该目录下文件夹、文件和代码的功能大致如下。

(1) COPYING:GPL 版权声明。对具有 GPL 版权的源代码改动而形成的程序,或使用 GPL 工具产生的程序,具有使用 GPL 发表的义务,如公开源代码。

(2) CREDITS:光荣榜。对 Linux 作出过很大贡献的一些人的信息。

(3) MAINTAINERS:维护人员列表,介绍当前版本的内核各部分都由谁负责。

(4) ReadMe:Linux 内核安装、编译、配置方法等的简单介绍。

(5) Makefile:第一个 Makefile 文件。用来组织内核的各模块,记录各模块间的相互之间的联系和依托关系,编译时使用。仔细阅读各子目录下的 Makefile 文件对弄清各个文件之间的联系和依托关系很有帮助。

(6) Rules.make:各种 Makefile 所使用的一些共同规则。

(7) Documentation/:文档目录,没有内核代码,但这是一套非常有用的文档,很多时候,对内核不明白的地方可以从这里找到答案。

(8) arch/:arch 子目录包括了所有和体系结构相关的核心代码。它的每一个子目录都代表了一种支持的体系结构,例如 m68k 就代表了由 Freescale 开发的 68000 系列 CPU。

(9) drivers/:放置系统所有的设备驱动程序,包括各种块设备和字符设备的驱动程序。每种驱动程序又各占用一个子目录,如/block 下为块设备驱动程序,如 ide (ide.c)。

(10) fs/:所有的文件系统代码和各种类型的文件操作代码,它的每一个子目录支持一

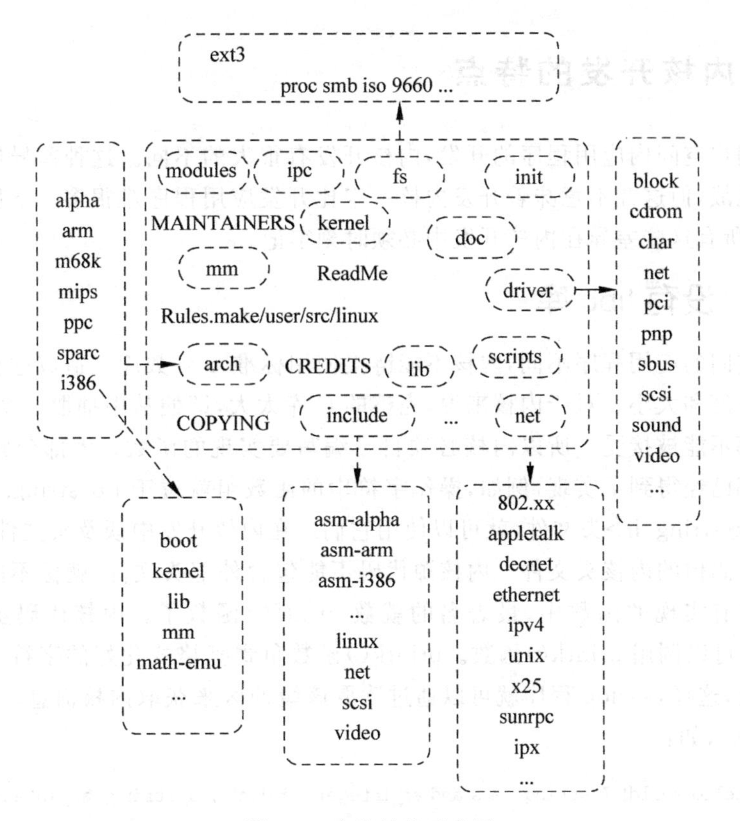

图 8.2 内核结构示意图

个文件系统,如 fat 和 ext2。还有些共同的源程序则用于虚拟文件系统(VFS)。

(11) include/:include 子目录包括编译核心所需要的大部分头文件。与平台无关的头文件在 include/linux 子目录下;与 Intel CPU 相关的头文件在 include/asm-i386 子目录下;而 include/scsi 目录则是有关 SCSI 设备的头文件目录。通用的子目录 asm 则根据系统配置而"符号连接"到具体 CPU 的专用子目录,如 asm-i386、asm-m68k 等。除此之外,还有通用的子目录 linux、net。

(12) init/:包含核心的初始化代码,即内核的 main()函数及其初始化过程,包含两个文件 main.c 和 version.c,这是研究核心如何工作的最好起点之一。

(13) ipc/:包含核心的进程间通信的代码,包括 util.c,sem.c,msg.c 等文件。

(14) kernel/:主要的核心代码,此目录下的文件实现了大多数 Linux 系统的内核函数,其中最重要的文件当属 sched.c;同样地,和体系结构相关的代码在 arch/*/kernel 中。

(15) lib/:放置核心的库代码。

(16) mm/:包括所有独立于 CPU 体系结构的内存管理代码,如页式存储管理内存的分配和释放等;而和体系结构相关的内存管理代码则位于 arch/*/mm/,arch/i386/mm/fault.c。

(17) modules/:模块文件目录,一般为空目录,用于存放编译时产生的模块目标文件。

(18) net/:内核与网络相关的代码,包含了各种不同网卡和网络规程的驱动程序。

(19) scripts/:用于系统配置的命令文件,是一个脚本,用于对核心的配置。

8.3 内核开发的特点

相对于用户空间内应用程序的开发，内核开发有很大的不同。这种差异给开发内核带来了特别的挑战，但这并不意味着开发内核一定比开发应用程序难很多。下面介绍最重要的七点差异，所有这些差异在内核开发中必须时刻牢记。

8.3.1 没有libc库

与用户空间的应用程序不同，内核不能链接使用标准C函数库。造成这种情况的最主要原因在于速度和大小。对于内核来说，完整的C库太大，即便从中抽取一个合适的子集，大小和效率都不能被接受。所以内核必须自己编写要实现的函数。大部分常用的C库函数在内核中都已经得到了实现，例如，操作字符串的函数组就位于lib/string.c文件中。只要包含<linux/string.h>头文件，就可以使用它们。在内核开发中谈及头文件时，指的都是组成内核源代码树的内核头文件。内核源代码不能包含外部头文件，就像不能用外部库一样。在所有没有实现的函数中，最著名的就数printf()函数了。内核代码虽然无法调用printf()，但它可以调用printk()函数。printk()函数负责把格式化好的字符串复制到内核日志缓冲区上，这样，syslog程序就可以通过读取该缓冲区来获取内核信息。printk()的用法很像printf()，如：

```
printk ("Hello world! A string: %s and an integer: %d\n" , a_string, an_integer);
```

8.3.2 GNU C

Linux内核是用C语言编写的，内核并不完全符合ANSI C标准。实际上，只要有可能，内核开发者总是要用到gcc提供的许多语言扩展部分。与标准C的区别，通常也是人们不熟悉的那些变化，多数集中在GNU C上。以下是内核代码中所使用到的C语言扩展部分。

1. 内联(inline)函数

GNC的C编译器支持的内联函数inline会在它所调用的位置上展开。这么做可以消除函数调用和返回所带来的“开销”，而且，由于编译器会把调用函数的代码和函数本身放在一起进行优化，所以也有进一步优化代码的可能。不过，这么做是有代价的——代码会变长，这就意味着占用更多的内存空间或者占用更多的指令缓存。内核开发者通常把那些对时间要求比较高，而本身长度又比较短的函数定义成内联函数。定义一个内联函数的时候，需要使用static作为关键字，并且用inline限定它。例如：

```
static inline void dog(unsigned long tail_size)
```

内联函数必须在使用之前就定义好，否则编译器就没法把这个函数展开。实践中一般在头文件中定义内联函数。由于使用了static作为关键字进行限制，所以，编译时不会为内联函数单独建立一个函数体。如果一个内联函数仅仅在某个源文件中使用，那么也可以把它定义在该文件开始的地方。在内核中，为了类型安全起见，优先使用内联函数而不是复杂的宏。

2. 内联汇编

gcc 编译器支持在 C 函数中嵌入汇编指令。当然，在内核编程的时候，只有知道对应的体系结构，才能使用这个功能。Linux 的内核混合使用了 C 语言和汇编语言。在靠近体系结构的底层或对执行时间要求严格的地方，一般使用汇编语言。而内核其他部分的大部分代码是用 C 语言写的。

3. 分支声明

对于条件选择语句，gcc 内建了一条指令用于优化，在一个条件经常出现，或者该条件很少出现的时候，编译器可以根据这条指令对条件分支选择进行优化。内核把这条指令封装成了宏，例如 likely()和 unlikely()，这样使用起来比较方便。

例如，下面是一个条件选择语句：

```
if (foo) {
    / * …… * /
}
```

如果想要把这个选择标记成绝少发生的分支：

```
/ * 我们认为 foo 绝大多数时间都会为 0… …  * /
if (unlikely (foo)) {
    / *  …… * /
}
```

相反地，如果我们想把一个分支标记为通常为“真”的选择：

```
if (likely (foo)) {
    / * ……  * /
}
```

在想要对某个条件选择语句进行优化之前，一定要搞清楚其中是不是存在这么一个条件，在绝大多数情况下都会成立。这一点十分重要：如果你的判断正确，确实是这个条件占压倒性的地位，那么性能会得到提升，如果你搞错了，性能反而会下降。在对一些错误条件进行判断的时候，常常用到 unlikely()和 likely()。

8.3.3 没有内存保护机制

如果一个用户程序试图进行一次非法的内存访问，内核会发现这个错误，发送 SIGSEGV，并结束整个进程。然而，如果是内核自己非法访问了内存，那后果就很难控制了。内核中发生的内存错误会导致 oops，这是内核中出现的最常见的一类错误。在内核中，不应该去做访问非法的内存地址、引用空指针之类的事情，否则它可能会死掉，却并不发出警告，内核里的风险常常会比外面大一些。此外，内核中的内存都不分页。即每用掉一个字节，物理内存就减少一个字节。所以，想往内核里加入什么新功能的时候，要记住这一点。

8.3.4 不要轻易在内核中使用浮点数

在用户空间的进程内进行浮点操作的时候，内核会完成从整数操作到浮点数操作的模式转换。在执行浮点指令时到底会做些什么，因体系结构不同，内核的选择也不同，但是，内核通常捕获陷阱并做相应处理。和用户空间进程不同，内核并不能完美地支持浮点操作，因为它本身不能陷入。在内核中使用浮点数时，除了要人工保存和恢复浮点寄存器，还有其他一些琐碎的事情要做。因此，不要在内核中使用浮点数。

8.3.5 容积小而固定的栈

用户空间的程序可以从栈上分配大量的空间来存放变量，甚至巨大的结构体或者包含许多数据项的数组的存放都没有问题。之所以可以这么做，是因为用户空间的栈本身比较大，而且还能动态地增长。内核栈的准确大小随体系结构而变。在 x86 上，栈的大小在编译时配置，可以是 4KB 也可以是 8KB。从历史上说，内核栈的大小是两页，这就意味着，32 位机的内核栈是 8KB，而 64 位机是 16KB，这是固定不变的。每个处理器都有自己的栈。

8.3.6 同步和并发

内核很容易产生竞争条件。和单线程的用户空间程序不同，内核的许多特性都要求能够并发地访问共享数据，这就要求有同步机制保证不出现竞争条件，尤其是以下情形。

(1) Linux 是抢占多任务操作系统。内核的进程调度程序即兴对进程进行调度和重新调度。内核必须对这些任务同步。

(2) Linux 内核支持多处理器系统。所以，如果没有适当的保护，在两个或两个以上的处理器上运行的代码很可能会同时访问共享的同一个资源。

(3) 中断是异步到来的，完全不顾及当前正在执行的代码。也就是说，如果不加以适当的保护，中断完全有可能在代码访问共享资源的过程中到来，这样，中断处理程序就有可能访问同一资源。

(4) Linux 内核可以抢占。所以，如果不加以适当的保护，内核中一段正在执行的代码可能会被另外一段代码抢占，从而有可能导致几段代码同时访问相同的资源。

常用的解决竞争的办法是使用自旋锁和信号量。

8.3.7 可移植性的重要性

尽管用户空间的应用程序不太注意移植问题，然而 Linux 却是一个可移植的操作系统，大部分 C 语言代码应该与体系结构无关，在许多不同体系结构的计算机上都能够编译和执行，因此，必须把与体系结构相关的代码从内核代码树的特定目录中适当地分离出来。诸如保持字节序、64 位对齐、不假定字节长和页面长度等一系列准则都有助于移植性。对移植性的深度讨论将在后面的章节进行。

8.4 嵌入式 Linux 内核的配置

Linux 内核以其简洁、层次分明的组织结构使之具有良好的扩展性。所有有兴趣的开发人员都可以向其中添加新的内容或修复缺陷。这一切都归结于 Linux 的模块化的内核配置系统。这种模块化的配置结构保证了内核良好的层次和扩展性。Linux 内核的配置系统由以下三部分组成：

(1) Makefile：分布在 Linux 内核源代码中的 Makefile，定义 Linux 内核的编译规则；

(2) 配置文件(config.in)：给用户提供配置选择的功能；

(3) 配置工具：包括配置命令解释器(对配置脚本中使用的配置命令进行解释)和配置用户界面(提供基于字符界面、基于 Ncurses 图形界面以及基于 XWindows 图形界面的用户配置界面,各自对应于 make config、make menuconfig 和 make xconfig)。这些配置工具都是使用脚本语言的,如 Tcl/TK、Perl 编写的代码。

8.4.1 Makefile

1. Makefile 概述

Makefile 的作用是根据配置的情况,构造出需要编译的源文件列表,然后分别编译,并把目标代码链接到一起,最终形成 Linux 内核二进制文件。

由于 Linux 内核源代码是按照树形结构组织的,所以 Makefile 也分布在目录树中。

Linux 内核中的 Makefile 及与 Makefile 直接相关的文件有以下 5 种：

(1) Makefile：顶层 Makefile,是整个内核配置、编译的总体控制文件；

(2) .config：内核配置文件,包含由用户选择的配置选项,用来存放内核配置后的结果；

(3) arch/ * /Makefile：位于各种 CPU 体系目录下的 Makefile,如 arch/arm/Makefile,是针对特定平台的 Makefile；

(4) 各个子目录下的 Makefile：如 drivers/Makefile,负责所在子目录下源代码的管理；

(5) Rules.make：规则文件,被所有的 Makefile 使用。

以上文件之间的相互调用关系和步骤有如下 6 种：

(1) 用户通过 make config(或 make menuconfig、make xconfig)配置后,产生.config。

(2) 顶层 Makefile 读入.config 中的配置选择。

(3) 顶层 Makefile 有两个主要的任务：产生 vmlinux 文件和内核模块(module)。

(4) 顶层 Makefile 递归进入内核的各个子目录,分别调用位于子目录中的 Makefile,至于到底进入哪些子目录,取决于内核的配置。在顶层 Makefile 中,有一语句：include arch/$(ARCH)/Makefile,包含了特定 CPU 体系下的 Makefile 和平台相关信息。

(5) 位于各个子目录下的 Makefile 同样也根据.config 给出的配置信息,构造出当前配置下需要的源文件列表,并且文件的最后有 include $(TOPDIR)/Rules.make。

(6) Rules.make 文件起到非常重要的作用,它定义了所有 Makefile 共同的编译规则。例如,如果需要将本目录下的所有的 C 程序编译成汇编代码,需要在 Makefile 中包含以下的编译规则：

```
%.s : %.c
    $(CC) $(CFLAGS) -S $< -o$@
```

在子目录下都有同样的规则要求,Linux 内核中把此类的编译规则统一放置到 Rules.make 中,并在各自的 Makefile 中包含 Rules.make(include Rules.make),这样就避免了在多个 Makefile 中重复同样的规则。对于上面的例子。在 Rules.make 中对应的规则为：

```
%.s : %.c
    $(CC) $(CFLAGS) $(EXTA_CFLAGS) $(CFLAGS_$(*F)) $(CFLAGS-S@) -S $< -o $@
```

2. Makefile 中的变量

顶层 Makefile 定义并向环境中输出了许多变量，为各个子目录下的 Makefile 传递一些信息。有些变量，如 SUBDIRS，不仅在顶层 Makefile 中定义并且赋初值，而且在 arch/ * / Makefile 还做了扩充。Makefile 中常用的变量有以下六类：

(1) 版本信息。

版本信息有：VERSION、PATCHLEVEL、SUBLEVEL、EXTRAVERSION、KERNELRELEASE。版本信息定义了当前内核的版本，如 VERSION＝2、PATCHLEVEL＝4、SUBLEVEL＝18、EXATAVERSION＝-rmk7，它们共同构成内核的发行版本 KERNEL-RELEASE：2.4.18-rmk7。

(2) CPU 体系结构：ARCH。

在顶层 Makefile 的开头，用 ARCH 定义目标 CPU 的体系结构，如 ARCH：＝arm 等。许多子目录的 Makefile 中，要根据 ARCH 的定义选择编译源文件的列表。

(3) 路径信息：TOPDIR 和 SUBDIRS。

TOPDIR 定义了 Linux 内核源代码所在的根目录。通过这个变量，各个子目录下的 Makefile 通过 $(TOPDIR)/Rules.make 就可以找到 Rules.make 的位置。SUBDIRS 定义了一个目录列表，在编译内核或模块时，顶层 Makefile 就是根据 SUBDIRS 来决定进入哪些子目录的。SUBDIRS 的值取决于内核的配置。在顶层 Makefile 中 SUBDIRS 赋值为 kernel drivers mm fs net ipc lib。根据内核的配置情况，在 arch/ * /Makefile 中还扩充了 SUBDIRS 的值。

(4) 内核组成信息：HEAD、CORE_FILES、NETWORKS、DRIVERS、LIBS。

Linux 内核文件 vmlinux 是由以下规则产生的：

```
vmlinux: $(CONFIGURATION) init/main.o init/version.o init/do_mounts.o linuxsubdirs
    $(LD) $(LINKFLAGS) $(HEAD) init/main.o init/version.o init/do_mounts.o \
        -- start - group \
        $(CORE_FILES) \
        $(DRIVERS) \
        $(NETWORKS) \
        $(LIBS) \
        -- end - group \
        - o vmlinux
```

可以看出，vmlinux 由 HEAD、main.o、version.o、CORE_FILE、DRIVERS、NETWORKS 和 LIBS 组成。这些变量都是用来定义连接生成 vmlinux 的目标文件和库文件列表的。其中，HEAD 在 arch/ * /Makefile 中定义，用来确定被最先链接进 vmlinux 的文件列表。例如，对于 ARM 系列的 CPU，HEAD 定义为：

```
HEAD: = arch/arm/kernel/head - $( PROCESSOR).o arch/arm/kernel/init_task.o
```

它表明 head-$(PROCESSOR).o 和 init_task.o 需要最先被链接到 vmlinux 中。PROCESSOR 为 armv 或 armo，取决于目标 CPU。CORE_FILES、NETWORK、DRIVERS 和 LIBS 在顶层 Makefile 中定义，并且由 arch/ * /Makefile 根据需要进行扩充。CORE_FILES 对应着内核的核心文件。由 kernel/kernel.o、mm/mm.o、fs/fs.o、ipc/ipc.o 可以看

出，这些是组成内核最为重要的文件。同时，arch/arm/Makefile 对 CORE_FILES 进行了扩充：

```
# If we have a machine - specific directory, then include it in the build.
MACHDIR       : = arch/arm/mach- $(MACHINE)
ifeq ($(MACHDIR),$(wildcard $(MACHDIR)))
SUBDIRS       += $(MACHDIR)
CORE_FILES    : = $(MACHDIR)/$(MACHINE).o $(CORE_FILES)
endif
HEAD          : =arch/arm/kernel/head- $(PROCESSOR).o \
                 arch/arm/kernel/init_task.o
SUBDIRS       +=arch/arm/kernel arch/arm/mm arch/arm/lib arch/arm/nwfpe
CORE_FILES    : =arch/arm/kernel/kernel.o arch/arm/mm/mm.o $(CORE_FILES)
LIBS          : =arch/arm/lib/lib.a $(LIBS)
```

(5) 编译信息：CPP、CC、AS、LD、AR、CFLAGS、LINKFLAGS。

在 Rules.make 中定义的是编译的通用规则，具体到特定的场合，需要明确给出编译环境，编译环境就是在以上变量中定义的。针对交叉编译的要求，定义了 CROSS_COMPILE，例如：

```
CROSS_COMPILE = arm - linux -
CC            = $(CROSS_COMPILE)gcc
LD            = $(CROSS_COMPILE)ld
…
```

CROSS_COMPILE 定义了交叉编译器前缀 arm-linux-，表明所有的交叉编译工具都是以 arm-linux-开头的，所以在各个交叉编译器工具之前，都加入了 $(CROSS_COMPILE)，以组成一个完整的交叉编译工具文件名，如 arm-linux-gcc。

CFLAGS 定义了传递给 C 编译器的参数。

LINKFLAGS 是链接生成 vmlinux 时，由链接器使用的参数。LINKFLAGS 在 arm/*/Makefile 中定义，如：

```
#arch/arm/Makefile
LINKFLAGS      : =  -p -X - T arch/arm/vmlinux.lds
```

(6) 配置变量 CONFIG_*。

.config 文件中有许多的配置变量等式，用来说明用户配置的结果。例如 CONFIG_MODULES=y 表明用户选择了 Linux 内核的模块功能。.config 被顶层 Makefile 包含后，就形成许多的配置变量，每个配置变量具有确定的值：Y 表示本编译选项对应的内核代码被静态编译进 Linux 内核；m 表示本编译选项对应的内核代码被编译成模块；n 表示不选择此编译选项；如果根本就没有选择，那么配置变量的值为空。

3. Rules.make 变量

Rules.make 是编译规则文件。所有的 Makefile 中都会包括 Rule.make。Rule.make 文件定义了许多变量，最为重要是编译、链接列表变量。

(1) O_OBJ、L_OBJS、OX_OBJS、LX_OBJS：需要编译进 Linux 内核 vmlinux 的目标文件列表，其中 OX_OBJS 和 LX_OBJS 中的“X”表明目标文件使用了 EX_PORT_SYMBOL

输出符号。

(2) M_OBJS、MX_OBJS：需要被编译成可装载模块的目标文件列表。同样地，MX_OBJS 中的“X”表明目标文件使用了 EXPORT_SYMBOL 输出符号。

(3) O_TARGET、L_TARGET：每个子目录下都有 O_TARGET 或 L_TARGET，Rules.make。首先从源代码编译生成 O_OBJS 和 OX_OBJS 中所有的目标文件，然后使用 $(LD) -r 把它们链接成一个 O_TARGET 或 L_TARGET。O_TARGET 以.o 结尾，而 L_TARGET 以.a 结尾。

4. 子目录 Makefile

子目录 Makefile 用来控制本级目录以下源代码的编译规则。下面通过一个例子来讲解子目录 Makefile 的组成，如源码清单 8-1：

源码清单 8-1

```
#
#Makefile for the Linuxkernel:
#
#All of the (potential) objects that export symbols.
#This list comes from'grep -1 EXPORT_SYMBOL *.[hc]'
export - objs: = tc.o
#Object file lists
obj-y     : =
obj-m     : =
obj-n     : =
obj-      : =
obj - $(CONFIG_TC)  + = tc.o
obj- $ (CONFIG_ZS)  += zs.o
obj- $ (CONFIG_VT)  += ik201.o ik201 - map.o ik201 - remap.o
#Files that are both resident and modular: remove from modular
obj - m    : = $(filter-out $(obj-y), $(obj-m))
#Translate to Rules.make lists
L_TARGET    : = tc.a
L_OBJS      : = $(sort $(filter-out $(export-objs), $(obj-y)))
LX_OBJS     : = $(sort $(filter $(export-objs), $(obj-y)))
M_OBJS      : = $(sort $(filter-out $(export-objs), $(obj-m)))
MX_OBJS     : = $(sort $(filter $(export-objs), $(obj-m)))
include $(TOPDIR)/Rules.Make
```

(1) 注释。

它是对 Makefile 的说明和解释，由#号开始。

(2) 编译目标定义。

类似于 Obj -$(CONFIG_TC) += tc.o 的语句用来定义编译的目标，是子目录 Makefile 中最重要的部分。编译目标定义那些在本子目录下，需要编译到 Linux 内核中的目标文件列表。为了只在用户选择了此功能后才编译，所有的目标定义都融合了对配置变量的判断。

每个配置变量取值范围是：Y、n、m 和空，obj-$(CONFIG_TC)分别对应着 obj-y、obj-n、obj-m、obj-。如果 CONFIG_TC 配置为 y，那么 tc.o 就进入了 obj-y 列表。obj-y 为包含到

Linux 内核 vmlinux 中的目标文件列表；obj-m 为编译成模块的目标文件列表；obj-n 和 obj-中的文件列表被忽略。配置系统就根据这些列表的属性进行编译和链接。

export-objs 中的目标文件都使用了 EXPORT-SYMBOL()定义的公共的符号，以供可装载模块使用。在 tc. o 文件的最后部分，有"EXPORT_SYMBOL(search_tc_card)；"，就表明 tc. o 有符号输出。

这里需要指出的是，对于编译目标的定义，存在着两种格式，分别是老式定义和新式定义。老式定义就是前面 Rules. make 使用的那些变量，新式定义就是 obj-y、obj-m、obj-n 和 obj-。Linux 内核推荐使用新式定义，不过由于 Rules. make 不理解新式定义，需要在 Makefile 中的适配段将其转换成老式定义。

(3) 适配段。

适配段的作用是将新式定义转换成老式定义。在上面的例子中，适配段就是将 obj-y 和 obj-m 转换成 Rules. make 能够理解的 L_TARGET、L_OBJS、LX_OBJS、M_OBJS、MX_OBJS。

L_OBJS ：＝ $(sort $(filter-out $(export-objs)，$(obj-y)))定义了 L_OBJS 的生成方式：在 obj_y 的列表中过滤掉 export-objs(tc. o)，然后排序，并去除重复的文件名。这里使用到了 GNU Make 的一些特殊功能，具体的含义可参考 Make 的文档(info make)。

(4) include $(TOPDIR)/Rule. make。

这是使用顶层目录的共用规则。

8.4.2 配置文件

1. 配置功能概述

除了 Makefile 的编写，另外一个重要的工作就是把新功能加入 Linux 的配置选项中，提供此项功能的说明，让用户有机会选择此项功能。所有的这些都需要在 config. in 文件中用配置语言来编写配置脚本。在 Linux 内核中，配置命令有多种方式，如表 8-1 所示。

表 8-1 配置命令

配置命令	解释脚本
Make config，make oldconfig	scripts/Configure
Make menuconfig	scripts/Menuconfig
Make xconfig	scripts/tkparse

以字符界面配置(make config)为例，顶层 Makefile 调用 scripts/Configure，按照 arch/arm/config. in 来进行配置。命令执行后产生文件. config，其中保存着配置信息。下一次再做 Make config 将产生新的. config 文件，原. config 改名为. config. old。

2. 配置语言

在 Linux 内核配置的时候，所有的配置选项均来自于配置文件，为了更好地理解配置过程，这里对常用的配置语言语法进行解释。

(1) 顶层菜单。

mainmenu_name/prompt/ /prompt/是用"或"包围的字符串，"与"的区别是在"…"中可使用美元符号 $ 引用变量的值。mainmenu_name 设置最高层菜单的名字，它只在 make xconfig 时才会显示。

(2) 询问语句。

```
bool     /prompt/ /symbol/
hex      /prompt/ /symbol/ /word/
int      /prompt/ /symbol/ /word/
string   /prompt/ /symbol/ /word/
tristate /prompt/ /symbol/
```

询问语句首先显示一串提示符/prompt/，等待用户输入，并把输入的结果赋给/symbol/所代表的配置变量。不同的询问语句的区别在于它们接收的输入数据类型不同，如 bool 接受布尔类型(Y 或 n)，hex 接收十六进制数据。有些询问语句还有第 3 个参数/word/，用来给出默认值。

(3) 定义语句。

```
define_bool     /symbol/ /word/
define_hex      /symbol/ /word/
define_int      /symbol/ /word/
define_string   /symbol/ /word/
define_tristate /symbol/ /word/
```

询问语句等待用户输入，定义语句有所不同——显示给配置变量/symbol/赋值/word/。

(4) 依赖语句。

```
dep_bool      /prompt/ /symbol/ /dep/...
dep_mbool     /prompt/ /symbol/ /dep/...
dep_hex       /prompt/ /symbol/ /word/ /dep/...
dep_int       /prompt/ /symbol/ /word/ /dep/...
dep_string    /prompt/ /symbol/ /word/ /dep/...
dep_tristate  /prompt/ /symbol/ /dep/...
```

与询问语句类似，依赖语句也是定义新的配置变量。不同的是，配置变量/symbol/取值范围将依赖于配置变量列表/dep/…。这就意味着：被定义的配置变量所对应功能的取舍取决于依赖列表所对应功能的选择。以 dep_bool 为例，如果/dep/…列表的所有配置变量都取值 y，则显示/prompt/，用户可输入任意的值给配置变量/symbol/，但是只要有一个配置变量的取值为 n，则/symbol/被强制成 n。

不同依赖语句的区别在于它们由依赖条件所产生的取值范围不同。

(5) 选择语句。

```
choice/prompt/ /word/ /word/
```

choice 语句首先给出一串选择列表，供用户选择其中一种。例如，Linux for ARM 支持多种基于 ARM 核的 CPU，Linux 使用 choice 语句提供一个 CPU 列表供用户选择：

```
choice 'ARM system type'\
" Anakin                CONFIG_ARCH_ANAKIN\
Archimedes/A5000        CONFIG_ARCH_ARCA5K\
Cirrus-CL-PS7500FE CONFIG_ARCH_CLPS7500\
```

```
…
SA1100 - based          CONFIG_ARCH_SA1100\
Shark                   CONFIG_ARCH_SHARK" RiscPC
```

choice首先显示/prompt/,然后将/word/分解成前后两个部分,前部分为对应选择的提示符,后部分是对应选择的配置变量。用户选择的配置变量为y,其余的都为n。

(6) if语句。

```
if[/expr/];then
    /statement/
    …
fi

if [/expr/];then
    /statement/
    …
else
    /statement/
    …
fi
```

if语句对配置变量(或配置变量的组合)进行判断,并做出不同的处理。判断条件/expr/可以是单个配置变量或字符串,也可以是带操作符的表达式。操作符有=、!=、-o、-a等。

(7) 菜单块(menu block)语句。

```
mainmenu_option next_comment
    comment '…'
    …
endmenu
```

引入新的菜单。在向内核增加新的功能后,需要相应地增加新的菜单,并在新菜单下给出此项功能的配置选项。comment后带的注释就是新菜单的名称。所有归属于此菜单的配置选项语句都写在comment和endmenu之间。

(8) source语句。

```
source/word/
```

/word/是文件名,source的作用是调入新的文件。

3. 默认配置

Linux内核支持非常多的硬件平台,对于具体的硬件平台而言,有些配置是必需的,有些配置不是必需的。另外,新增加功能的正常运行往往也需要一定的先决条件,针对新功能必须做相应的配置。因此,特定硬件平台能够正常运行对应着一个最小的基本配置,这就是默认配置。Linux内核中针对每个ARCH都会有一个默认配置。在向内核代码增加新的功能后,如果新功能对于这个ARCH是必需的,就要修改此ARCH的默认配置。修改步骤如下(在Linux内核根目录下):

(1) 备份.config 文件,cp arch/arm/deconfig .config;

(2) 修改.config;

(3) 恢复 .config,cp .config arch/arm/deconfig。

若新增的功能适用于许多的 ARCH,只要针对具体的 ARCH,重复上面的步骤就可以了。

4. 配置帮助文件

在配置 Linux 内核时,总会遇到不懂含义的配置选项,可以通过查看它的帮助文档,从而采用帮助文件的建议。下面举例说明如何给一个配置选项增加帮助信息。

所有配置选项的帮助信息都在 Documentation/Configure.help 文档中,它的格式为:

```
<description>
    <variable name>
<help file>
```

<description>给出本配置选项的名称,variable name 对应配置变量,<help file>对应配置帮助信息。在帮助信息中,首先,简单描述此功能;其次,说明选择了此功能后会有什么效果,不选择又有什么效果;最后,不要忘了写上"如果不清楚,选择 N(或者)Y",给"不知所措"的用户以提示。

8.4.3 Linux 内核配置选项

(1) Code maturity level options:代码成熟等级。

```
Prompt for development and/or incomplete/drivers [Y/n/?]
```
如果有兴趣测试一下内核中尚未最终完成的某些模块,就选 Y,否则选 N,想知道更详细的信息选问号"?"会看到联机帮助(以下的问号"?"的含义相同),N 大写表示默认值。

(2) Loadable module support:对模块的支持。

```
Enable loadable module support(CONFIG_MODUIES)[Y/n/?]
```
启动动态载入额外模块的功能,根据具体情况来选择,一般需要选择 Y。
```
Set version information on all symbols for modules (CONFIG_MODVERSIONS) [Y/n/?]
```
通常,在更新核心版本之后,要重新编译模块。这个选项可以为某个版本的内核编译的模块在另一个内核下使用,但通常用不到,选 N。
```
Kernel module loader(CONFIG_KMOD)[N/y/?]
```
如果启用这个选项,用户可以通过 Kernel 程序的帮助在需要的时候自动载入或卸载那些可载入式的模块,建议选上。注意:把在开机时就会安装(mount)的分区"partition"中的 FS、device driver,记得要编译进 Kernel,不能把它弄成模块"modules"。千万不要将文件系统(file system)部分的代码编译为可加载模块,如果将文件系统部分的代码编译为可加载模块,结果将是内核无法读取它自己的文件系统。然后内核无法加载它自己的配置文件——很明显,这些是在正常启动 Linux 时所必需的。

(3) System Type:系统类别(这里以 ARM920T 为例)。

```
(MX1ADS) ARM system type
```
括号"()"内是默认值,这里表示是基于 Freescale 的 MXI 的开发系统。

(4) General setup:常规内核选项。

```
Support for hot-pluggabel devices   [Y/n/?]
```

热插拔设备支持。根据需要选择。

Networking support(CONFIG_NET)[Y/n/?]

Linux 网络支持,根据需要选择。

System V IPC(CONFIG_SYSV IPC) [Y/n/?]

进程间通信函数和系统调用。Linux 内核的 5 大组成部分之一。一定要选。

Sysctl support(CONFIG_SYSCTL)[Y/n/?]

在内核正在运行的时候修改内核。用 8KB 空间换取某种方便。

Kernel core(/proc/kcore/) format [Y/n/?]

现在的 Linux 发行版以 ELF 格式作为它们的"内核核心格式"。

Kernel support for A.OUT binaries(CONFIG_BINFMT_AOUT)[Y/m/n/?]

a.out 的执行文件是比较古老的可执行码,用在比较早期的 UNIX 系统上。Linux 最初也是使用这种码来执行程序的,一直到 ELF 格式的可执行码出来后,有越来越多的程序码随着 ELF 格式的优点而变成了 ELF 的可执行码。将来势必完全取代 a.out 格式的可执行码。根据需要选择。

Kernel support for elf binaries (CONFIG_BINFMT_ELF)[Y/m/n/?]

该选项让用户的系统得以执行用 ELF 格式存储的可执行文件,而 ELF 是现代 Linux 的可执行文件、目标文件和系统函数库的标准格式。当操作系统要和编译器及连接器合作时会需要这些标准,一般选择 Y。

Kernel support for MISC binaries(CONFIG_BINFMT_MISC)[Y/m/n/?]

用于支持 Java 等代码的自动执行,根据需要选择。

Power Management support.

电源管理支持,根据需要选择。

(5) Parallel port support:配置并口。

Parallel port support(CONFIG_PARPORT) [N/y/m/?]

并口设备,如打印机。

(6) Memory Technology Devices(MTD):配置存储设备。

这个选项能使 Linux 可以读取闪存卡(Flash card)之类的存储器。

(7) plug and play support:即插即用设备支持。

(8) Block devices:块设备支持。

Normal PC floppy disk support(CONFIG_BLK_DEV_FD)[Y/m/n/?]

普通 PC 软盘支持。嵌入式系统中一般没有该设备,因此一般选择 N。

Loopback device support [Y/n/?]

这个选项的意思是说,可以将一个文件挂成一个文件系统。

Network block device support [Y/n/?]

支持网络块设备。

(9) Multiple devices driver support:多设备驱动支持。

(10) Networking options:网络选项。

Packet Socket(CONFIG_PACHET) [Y/m/n/?]

如果支持网络的话,一般选择 Y,来与网卡进行通信而不需要在内核中实现网络协议。大多数选项是关闭的,除非需要特殊的支持。

TCP/IP networking [Y/n/?]

选择 Y,内核将支持 TCP/IP 协议。

IP:multicasting [Y/m/n/?]

所谓的 multicasting 是群组广播,它是用在视频会议上的协议,如果想发送一个网络封包(网络的数据),同样的 1 份数据将送往 10 台机器上。可以连续发送 10 次给 10 台机器(点对点传送),也可以同时发送 1 次,然后让 10 台机器同时接收到。当然后者比前者好,由于视频会议要求是最好每个人都能同时收到同一份信息，所以如果有类似的需要，这个选项就要打开。

(11) Network Device Support：网络设备支持。

Network Device Support [Y/m/n/?]
网络设备支持。上面选好协议了，现在需要选设备。由于网络设备的产品繁多，为了方便对一类设备的支持，大概分为 ARCnet 设备、Ethernet(10 or 100 Mb/s)、Ethernet(1000Mb/s)、Wireless LAN (non-hamradio)、Token Ring device、Wan interfaces、PCMCIA network device support 几大类。
PPP(point-to-point) support[Y/n/?]
点对点协议。一般拨号需要选择这个选项。
SLIP(serial line)support[Y/n/?]
这是 MODEM 族常用的一种通信协议，必须通过一台 Server(叫 ISP)获取一个 IP 地址，然后利用这个 IP 地址，可以模拟以太网络，使用有关 TCP/IP 的程序。
Ethernet(10 or 100 Mb/s)
如果使用网卡，那么这个选项一定要选 Y，否则以下对网络卡的选择将不会出现。
Token Ring driver support
Token Ring 是 IBM 计算机上的网络。它叫令牌环网络，类似于以太网络的一种网络。如果希望使用的 Token Ring 网络卡连接到这种网络，那么选 Y，一般都选 N。
ARCnet support
这也是一种网卡，很少用到，所以选 N。

(12) Amateur Radio support：配置业余广播支持。

Amateur RadiO support[Y/m/n/?]
如果希望使用业余广播支持，应该打开这个选项，并且打开相应的驱动。大多数人不需要这个选项。这个选项可以用来启动无线网络的基本支持。目前的无线网络可以通过公众频率传输数据，如果有此类设备就可以启用，具体请参考 AX25 和 HAM HOW TO 文档。

(13) IrDA(infrared)support：配置红外(无线)通信支持。

IrDA(infrared)support [Y/n/?]
如果有红外无线设备，如无线鼠标或无线键盘，应该打开这个选项。

(14) ATA/IDE/MEM/RLL support：配置对 ATA、IDE、MEM 和 RLL 的支持。
(15) SCSI support：SCSI 设备的支持。

SCSI support
如果有 SCSI 卡，当然需要打开相关选项。
SCSI disk support
指硬盘，如果有 SCSI 硬盘，则需要选这个选项。
SCSI tape support
指磁带机，如果有 SCSI 的磁带机，则需要选这个选项。
SCSI CDROM support
指 CDROM，如果有 SCSI 光驱，则需要选这个选项。
SCSI generic support
指其他有关 SCSI 接口的设备，或者是一台 SCSI 的扫描器或烧录机，或其他有关 SCSI 的配备。
Probe all LUNS on each SCSI device
通常大部分的人都不会选这个选项。
Verbose SCSI error reporting(kernel size + = 12K)
如果认为 SCSI 硬件配备有些问题，想了解一下它出现的错误信息，那么可以选 Y，Linux 内核会报告有关系统 SCSI 配备的问题(如果有)。不过，它会增加核心约 12 KB 左右容量。
SCSI low-level drivers

下面总共有接近30张的SCSI卡，可以依需求做选择SCSI卡牌子。

(16) I2ODevice Support：I2O设备支持。

I2O Device Support
如果有I2O界面，必须选择这个选项。如果没有的话，可以直接将它关闭。I2O是英文“Intelligent Input & Output”的缩写，中文意思是“智能输入输出”，它是用于智能I/O系统的标准接口。

(17) ISDN subsystem：配置ISDN。

ISDN support
如果有ISDN硬件，并且使用ISDN上网，就应该启用该选项，同时应该还会需要启用Support synchronous PPP选项(参考PPP over ISDN)。

(18) Input core support：这个选项提供了2.4. X内核中最重要的特性之一的USB支持。Input core support是处于内核与一些USB设备之间的层(layer)。如果系统拥有其中一种USB设备，必须打开Input core support选项。

(19) Character devices：字符设备。

Linux支持很多特殊的字符设备，如并口、串口控制卡、QIC02磁带驱动器及特定界面的鼠标，此外还有游戏杆、影像摄取、麦克风等，依据需要选择。

Virtual terminal(CONFIG_VT)[Y/n/?]
选择Y，内核将支持虚拟终端。Linux上一般可以用Alt+F1/F2/F3/F4键来切换不同的任务终端，即使在一台计算机上也可以充分使用Linux的多任务能力。一些需要以命令行方式安装合适的软件，如果有虚拟终端的支持就会更方便，一般选Y。
Support for console on virtual terminal(CONFIG_VT_CONSOLE)[Y/n/?]
内核可将一个虚拟终端用作系统控制台，根据需要选择。
Standard/generic(dumb)serial support[Y/n/?]
选择Y，内核将支持串行口。
Support for console on serial port(CONFIG_SERIAL)[Y/m/n/?]
选择Y，内核可将一个串行口用作系统控制台。
Extended dumb serial driver options(CONFIG_SERIAL_EXTENDED)[N/y/?]
如果希望使用“dumb”的非标准特性(如HUB6支持)，选Y，一般选N。
Non-standard serial port support(CONFIG_SERIAL_NONSTANDARD)[N/y/?]
非标准串口。根据需要选择。
UNIX98 PTY support(CONFIG_UNIX98_PTYS)[Y/n/?]
PTY指伪终端，一般用户就选n。但如果想用telnet或者xterms作为终端访问主机，并且已经安装了glibc2.1，就可以选Y。
Maximum number of UNIX98 PTYS in use(0-2048)(CONFIG_UNIX98_PTY_ COUNT)[256]
默认值为256。一般来说，默认值就可以了。
I2C support
I2C是Philips等几家公司极力推动的微控制器应用中使用的低速串行总线协议。如果系统有I2C设备，该项必选。
Mice
鼠标。现在可以支持总线、串口、PS/2、USB、C&T 82C710 mouse port、PCI10 digitizer pad，根据需要选择。
Joysticks
游戏杆。
Watchdog Cards
虽然称为卡(Cards)，但可以用纯软件来实现，当然也有硬件的。如果选择该项，那么就会在系统的/dev下创建一个名为watchdog的文件，它可以记录用户系统的运行情况，一直到系统重新启动的

1min 左右。有了这个文件，用户就可以恢复系统到重启前的状态。

(20) File systems：文件系统。

文件系统的选择应当比较仔细，因为其中的一些选择给某些系统功能提供支持。而且除了 proc、ext3 等文件系统之外，其他的文件系统都可以选择为 m 方式，从而减小内核启动时的体积。

Quota support(CONFIG_QUOTA)[N/y/?]
Quota 可以限制每个用户可以使用的硬盘空间的上限，在多用户共同使用一台主机的情况中十分有效。
DOS FAT fs support(CONFIG_FAT_FS)[N/y/m/?]
DOS FAT 文件格式的支持，可以支持 FAT16、FAT32。
ISO 9660 CD-ROM file system support(CONFIG_ISO9660_FS)[Y/m/n/?]
光盘使用的就是 ISO 9660 的文件格式。
Minix fs support (CONFIG_MINIX_FS) [N/y/m/?]
用于创建启动盘的文件系统，根据需要选择。
NTFS file system support
NTFS 是 NT 使用的文件格式。
/proc filesystem support(CONFIG_PROC_FS)[Y/n/?]
虚拟文件系统，必须选 Y。这是最灵活的文件系统之一。它不是用户硬盘分隔区里的任何东西，而是核心与程序之间的文件系统界面。许多程序工具(像"ps")都会用到它。有些 shells，像 rc，会用/proc/self/fd(在其他系统上为/dev/fd)来处理输出输入。一般选择 Y，有许多重要的 Linux 标准工具是靠它来运作的。
Second extended fs support(CONFIG_EXT2_FS)[Y/m/n/?]
Linux 标准文件系统，一般选 Y。

还有另外 3 个大类：Network File Systems(网络文件系统)、Partition Types(分区类型)、Native Language Support(本地语言支持)。值得一提的是，Network File Systems 里的 NFS 和 SMB 分别是 Linux 和 Windows 相互以网络邻居的形式访问对方所使用的文件系统，根据需要加以选择。

Network file systems
网络文件系统。
Coda filesystem support(advanced network fs)(CONFIG_CODA_FS)[N/y/m/?]
根据需要选择。
NFS filesystem support(CONFIG_NFS_FS)[Y/m/n/?]
选 Y 或 n，能够访问远程 NFS 文件系统。一般如果支持网络，在嵌入式开发的过程中都会选择这项，对调试来说非常方便。
SMB filesystem support(to mount WfW shares etc.)(CONFIG_SMB_FS)[N/y/m/?]
要访问 Windows 系统中的共享资源选 Y。SMB(Server Message Block Protocol)服务器信息块协议是一种 IBM 协议，用于在计算机间共享文件、打印机、串口等。
NCP filesystem support(to mout NetWare volumes)(CONFIG_NCP_FS)[N/y/m/?]
如果需要访问 NetWare 文件系统，就选 Y 或者 m。
Partion Types
分区类型。一般不需要。

(21) Console drivers：配置控制台驱动。

VGA text console(CONFIG_VGA_CONSOLE)[Y/n/?]
选项在 VGA 模式下启动字符模式。在嵌入式系统中，多数不需要它。大多数支持显示的嵌入式系统使用的是 Framebuffer。

(22) Sound：声卡驱动。

可以配置声卡。如果使用的是内核的标准声卡驱动，必须正确选择系统使用的声卡。

(23) USB support：配置 USB 支持。

(24) Bluetooth support：蓝牙支持。

(25) kernel hacking：配置 kernel hacking 选项。

在嵌入式系统中，这个选项里面一般只需要打开：

```
Compile kernel without frame pointer
```

8.5 配置举例

对一个开发者来说，将自己开发的内核代码加入 Linux 内核中，需要有 3 个步骤：

① 确定把自己开发的代码放到内核的位置；

② 把自己开发的功能增加到 Linux 内核的配置选项中，使用户能够选择此功能；

③ 构建子目录 Makefile，根据用户的选择，将相应的代码编译到最终生产的 Linux 内核中去。

下面，通过分析一个简单的例子 test driver，结合前面关于内核组织结构配置的分析，来说明如何向 Linux 内核增加新的功能。

1. 目录结构

test driver 放在 drivers/test/目录下：

```
$ cd drivers/test
$ tree
| - - config.in
| - - Makefile
| - - cpu
|- - Makefile
\- - cpu
| - - test.c
| - - test_client.c
| - - test_ioctrl.c
| - - test_proc.c
| - - test_queue.c
\ - - test
| - - Makefile
            \ - - test.c
```

2. 配置文件

1) drivers/test/config.in

```
#
# TEST driver configuration
#
mainmenu_option next_comment
```

```
comment 'TEST Driver'
bool 'TEST support' CONFIG_TEST
if [ "$ CONFIG_TEST" = "y"]; then
    Tristate 'TEST user - space interface' CONFIG_TEST_USER
bool 'TEST CPU ' CONFIG_TEST_CPU
fi
endmenu
```

由于 test driver 对于内核来说是新的功能，所以首先创建一个菜单 TEST Driver。然后，显示“TEST support”，等待用户选择；接下来判断用户是否选择了 TEST Driver，如果 CONFIG_TEST＝Y，则进一步显示子功能：用户接口与 CPU 功能支持。由于用户接口功能可以被编译成内核模块，所以这里的询问语句使用了 tristate（因为 tristate 的取值范围包括 Y、n 和 m，m 对应模块）。

2）arch/arm/config. in

在 arch/arm/config. in 文件的最后加入：

```
source drivers/test/config.in
```

将 TEST Driver 子功能的配置纳入 Linux 内核的配置中。

3. 相关的 Makefile

1）drivers/test/Makefile

```
#drivers/test/Makefile
#
#Makefile for the TEST
#
SUB_DIRS                    : =
MOD_SUB_DIRS                : =  $ (SUB_DIRS)
ALL_SUB_DIRS                : = $ (SUB_DIRS) cpu
L_LARGET                    : = test.a
export - objs               : = test.o test_client.o
obj - $ (CONFIG_TEST)       +=  test.o test_queue.o test_cleint.o
obj - $ (CONFIG_TEST_USR)   +=  test_ioctl.o
obj - $ (CONFIG_PRO_FS)     +=  test.proc.o
subdir - $ (CINFIG_TEST_CPU) += CPU
include $ (TOPDIR)/RULES.make
clean:
    for dir in $ (ALL_SUB_DIR); do make - C $ $ dir clean; done
rm -f *.[oa].*.flags
```

drivers/test 目录下最终生成的目标文件是 test. a。在 test. c 和 test-client. c 中使用了 EXPORT_SYMBOL 输出符号，所以 test. o 和 test-client. o 位于 export-objs 列表中。然后，根据用户的选择（具体来说，就是配置变量的取值），构建各自对应的 obj-* 列表。由于 TEST Drive 中包含一个子目录 cpu，当 CONFIG_TEST_CPU ＝ y（即用户选择了此功能）时，需要将 CPU 目录加入 subdir － y 列表中。

2）drivers/test/cpu/Makefile

```
#   drivers/test/cpu/Makefile
```

```
#
#   Makefile for the TEST CPU
#
SUB_DIRS                        : =
MOD_SUB_DIRS                    : = $(SUB_DIRS)
ALL_SUB_DIRS                    : = $( SUB_DIRS)
L_LARGET                        : = test_cpu.a

obj- $(CONFIG_test_CPU ) += cpu.o
include $(TOPDIR)/RULES.make
clean:
rm -f *.[oa].*.flags
```

drivers/test/cpu 目录下最终生成的目标文件是 test_cpu. a。obj- * 生成的目标文件是 cpu. o。

3) drivers/Makefile

```
...
subdir - $ (CONFIG_TEST) ?? += test
...
include $(TOPDIR)/RULES.make
```

在 drivers/Makefile 中加入 subdir -$(CONFIG_TEST) +=test，使得用户在选择 TEST Driver 功能后，内核在编译时能够进入 test 目录顺利编译 test。

4) 顶层 Makefile

```
...
DRIVERS - $(CONFIG_PLD)        += drivers/pld/pld.o
DRIVERS - $(CONFIG_TEST)       += drivers/test/test.a
DRIVERS - $(CONFIG_TEST_CPU) += drivers/test/cpu/test_cpu.a
...
```

在顶层 Makefile 中加入 DRIVERS -$(CONFIG_TEST) += drivers/test/test. a 和 DRIVERS -$(CONFIG_TEST_CPU)+= drivers/test/cpu/test_cpu. a。如果用户选择了 TEST Driver，那么 CONFIG_TEST 和 CONFIG_TEST_CPU 都是 y，test. a 和 test_cpu. a 就都位于 DRIVERS -y 列表中，然后又被放置在 DRIVERS 列表中。在前面曾经提到过，Linux 内核文件 vmlinux 的组成中包括 DRIVERS，所以 test. a 和 test_cpu. a 最终可被链接到 vmlinux 中。

8.6 本章小结

(1) 内核是操作系统的核心。系统其他部分必须依靠内核软件提供服务，内核也称为超级管理者。通常内核由中断服务程序、调度程序、内存管理程序和网络、进程间通信服务程序共同组成。

(2) Linux 内核已有二十多年历史，已成为主流的、支持多种架构的操作系统。可以在开源官网(www. kernel. org)找到几乎所有的内核发布版。本章讨论了如何构建和确定组件构成内核映像的具体方法。

(3) 内核代码分解成可以理解的片段是学习如何驾驭这大型软件项目的关键。了解内核最终映像的结构和组成是学习如何定制嵌入式的关键项目。

(4) 本章涵盖了内核构建系统以及如何修改构建系统的过程。

(5) 有多种内核配置工具。本章选择文本配置工具,系统地研究了它是如何驱动和如何修改菜单和菜单项的。这些概念适用于所有图形配置工具。

(6) 内核本身包含有一个完整的所有目录结构的内核文档,文档有利于我们理解内核、浏览内核和操作内核。

8.7 思考题

(1) 详细描述 Linux 内核的目录树的结构,并说明各文件和目录的作用。

(2) 内核程序的开发和用户程序的开发最重要的差异是什么?

(3) Linux 内核的配置系统的三大组成部分是什么?

(4) Linux 内核中的 Makefile 及与 Makefile 直接相关的文件的 5 个文件是什么?

(5) Makefile 相关的文件的相互调用关系和 6 个步骤分别是怎样的?

(6) 详细描述 Liunx 内核配置的整个过程。

第 9 章 ARM-Linux 内核分析和移植

CHAPTER 9

本章主要内容

- ARM 处理器特点
- ARM-Linux 的结构组成
- ARM-Linux 的移植
- 本章小结

ARM-Linux 是由 Russell King 主持开发的，基于 ARM 体系结构的 Linux 内核，它已经为超过 100 多种不同的目标机器成功完成了移植工作。一个完整的 ARM-Linux 包括内存管理、进程管理和调度、中断处理、系统启动和初始化、Linux 的驱动机制及 Linux 的模块机制。本章将首先简要介绍 ARM 体系结构，然后详细讨论 ARM-Linux 的各个组成部分，最后给出一个内核移植的简单实例。

9.1 ARM 微处理器

ARM 也就是 Advanced RISC Machines 的首字母组合，它可以被认为是一个公司的名字，也可以被认为是对一类微处理器的统称。ARM 公司于 1991 年在英国剑桥成立，主要销售芯片设计技术的授权。目前，采用 ARM 技术知识产权的微处理器已经遍及工业控制、消费类电子产品、通信系统、网络系统、无线系统和军用系统。基于 ARM 技术的微处理器的应用大约占据了 32 位 RISC 微处理器 70%的市场份额。但是，ARM 公司本身并不从事芯片的生产，而是从事 RISC 芯片的设计开发，转让设计许可，然后由合作公司来生产各具特色的芯片。半导体生产商购买 ARM 微处理器核以后，加入适当的外围电路后，形成自己的 ARM 微处理器芯片，然后投入市场进行销售。

9.1.1 RISC 体系结构

传统的 CISC(Complex Instruction Set Computer，复杂指令集计算机)普遍采用变长指令。随着计算机技术的发展，不断引入新的复杂指令集，为了支持这些新添加的指令，计算机的体系结构会变得越来越复杂。在 CISC 指令集中，各条指令的使用频率相差很大，一般只有 20%的指令被反复使用，在整个程序中的使用率大约能够占 80%，剩下 80%的指令在整个程序中的使用率只占了大约 20%，使用的频率非常低。所以这种结构显得非常不合理。

基于以上原因，1979 年美国加州大学伯克利分校提出了 RISC(Reduced Instruction Set Computer，精简指令集计算机)的概念。他们减少了指令集的指令数，同时，就如何使计算机的结构更加简单合理，以提高运算速度进行了研究。RISC 结构优先选取使用频率最高的简单指令，避免复杂指令；将指令长度固定，指令格式和寻址方式种类也相对减少；以控制逻辑为主。在早期，RISC 设计在一个时期内明显超过了 CISC 设计，它证明使用 RISC 技术至少可以高效执行 CISC 指令系统通用子集，以致 RISC 的指令与 CISC 的指令之间的性能差距越来越小。尽管 RISC 体系结构早已提出，但是目前并没有一个严格的定义，一般认为，RISC 体系结构应该具有以下特征：

(1) 采用固定长度的指令格式，指令规整、简单，基本寻址方式有 2～3 种；

(2) 采用单周期指令，便于流水线操作执行；

(3) 减少指令数和寻址方式，使控制部件简化，加快执行速度；

(4) 大量使用寄存器，数据处理指令只对寄存器进行操作，只有加载/存储指令可以访问存储器，以提高指令的执行效率。面向运算部件的操作数都经过加载指令和存储指令，从存储器中取出后预先放在寄存器内，以加快速度；

(5) 芯片逻辑不采用或者较少采用微码技术，而采用硬布线逻辑，以减少指令解释的开销。

(6) 编译开销很大，应尽可能优化。

除了以上的特征，ARM 体系结构还采取了其他技术，在保证高性能的前提下尽量缩小芯片的面积，并降低功耗。例如：

(1) 所有的指令都可以根据前面的执行结果决定是否被执行，这提高了指令的执行效率。

(2) 可以用加载/存储指令批量传输数据，以提高数据的传输效率。

(3) 在一条数据处理指令中，可以同时完成逻辑处理和移位处理。

(4) 在循环处理中，使用地址的自动增减来提高运行效率。

尽管与 CISC 体系结构相比，RISC 体系结构具有上述优点，但是，并不能说 RISC 比 CISC 要好，可以取代它。其实，RISC 和 CISC 各有优势，而且随着技术的发展，它们的界限变得不是很明显。例如，现在的 CPU 往往采用 CISC 的外围，而内部加入了 RISC 的特性，如超长指令集(VLIS)CPU 就是融合了 RISC 和 CISC 的优势，成为未来 CPU 发展的方向之一。

9.1.2 ARM 微处理器的类型

ARM 体系结构一共有七个版本，如表 9-1 所示。

表 9-1 ARM 技术版本与发展阶段

版本	版本变种	系列号	处理器核
V1	V1	ARM1	ARM1
V2	V2	ARM2	ARM2
	V2n		ARM2aS
		ARM3	ARM3

续表

版 本	版本变种	系 列 号	处理器核
V3	V3	ARM6	ARM6、ARM600、ARM610
		ARM7	ARM7、ARM700、ARM710
V4	V4T		ARM7TDMI、ARM710T、ARM720T、ARM740T
	V4	ARM8	StrongARM、ARM8、ARM810
	V4T	ARM9	ARM9TDMI、ARM920T、ARM940T
V5	V5TE		ARM9E-S
		ARM10	ARM10TDMI、ARM1020E
V6	V6	ARM11	ARM11、ARM11562-S、ARM1156T2F-S、ARM11JZF-S
V7	V7	ARM Cortex	ARM Cortex-A8、ARM Cortex-R4、ARM Cortex-M3

其中，版本V1、V2、V3这三个早期ARM版本的功能单一，没有大范围占领市场，主要处于试验和开发阶段。从版本V4开始，其性能得到了极大地提高，到达了一个比较成熟的32位RISC技术处理器阶段，ARM技术也在这一阶段取得了极大的成功。

当前主流的ARM处理器内核系列主要有如下几种。

(1) ARM7系列：ARM7系列包括ARM7TDMI、ARM7TDMI-S、带有高速缓存处理器宏单元的ARM720T和扩充了Jazelle的ARM7EJ-S。该系列处理器提供Thumb16位压缩指令集和Embedded-ICE JTAG软件调试方式，适合应用于更大规模的SOC设计中。其中，ARM720T高速缓存处理宏单元还提供8KB缓存、读缓冲和具有内存管理功能的高性能处理器，支持Linux、Symbian OS和Windows CE等操作系统。ARM7系列广泛应用于多媒体和嵌入式设备，包括因特网设备、网络和调制解调器设备及移动电话、PDA等无线设备。

(2) ARM9系列：ARM9系列有ARM9TDMI、ARM920T和带有高速缓存处理器宏单元的ARM940T。所有的ARM9系列处理器都具有Thumb压缩指令集和基于Embedded ICE JTAG的软件调试方式。ARM9系列兼容ARM7系列，而且能够比ARM7进行更加灵活的设计。ARM9系列主要应用于引擎管理、仪器仪表、安全系统、机顶盒、高端打印机、PDA、网络计算机及智能电话中。

ARM9E系列：ARM9E系列为综合处理器，包括ARM926EJ-S、带有高速缓存处理器宏单元的ARM966E-S/ARM946E-S。该系列强化了数字信号处理功能，可应用于需要DSP与微控制器结合使用的情况，将Thumb技术和DSP都扩展到ARM指令集中，并具有EmbeddedICE-RT逻辑(ARM的基于EmbeddedICE JTAG软件调试的增强版本)，更好地适应了实时系统的开发需要。同时，其内核在ARM7处理器内核的基础上使用了Jazelle增强技术，该技术支持一种新的Java操作状态，允许在硬件中执行Java字节码。

(3) ARM10系列：ARM10系列包括ARM1020E和ARM1020E微处理器核。其核心在于使用向量浮点(VFP)单元VFP10提供高性能的浮点解决方案，从而极大地提高了处理器的整型和浮点运算性能，为用户界面的2D和3D图形引擎应用夯实基础，如视频游戏机和高性能打印机等。

(4) SecurCore系列：SecurCore系列涵盖了SC100、SC110、SC200和SC210微处理器核。该系列处理器主要针对安全市场，以一种安全处理器设计为智能卡和其他安全IC开发提供独特的 32 位系统设计，并具有特定的反伪造方法，从而有助于防止对硬件和软件的盗版。

(5) StrongARM 系列和 Xscale 系列：StrongARM 处理器将 Intel 处理器技术和 ARM 体系结构融为一体，致力于手提式通信和消费电子类设备提供理想的解决方案。Intel Xscale 微体系结构则提供全性能、高性价比和低功耗的解决方案，支持 16 位 Thumb 指令和 DSP 指令。

(6) Cortex 系列：Cortex-M3 处理能力相当于 ARM7，处理器结合了多种突破性技术，令芯片供应商提供超低费用的芯片。该处理器还集成了许多紧耦合系统外设，令系统能满足下一代产品的控制需求。Cortex 的优势应该在于低功耗、低成本、高性能三者(或其中两者)的结合。Cortex-M3 处理器采用 ARMv7-M 架构，它包括所有的 16 位 Thumb 指令集和基本的 32 位 Thumb-2 指令集架构，Cortex-M3 处理器不能执行 ARM 指令集。

(7) ARM11 系列：ARM11 系列微处理器基于 ARMv6 指令架构，是根据下一代的消费类电子、无线设备、网络应用和汽车电子产品等需求而制定的。ARM11 的媒体处理能力和低功耗特点，特别适用于无线和消费类电子产品；其高数据吞吐量和高性能的结合非常适合网络处理应用；另外，在实时性能和浮点处理等方面，ARM11 也可以满足汽车电子应用的需求。

ARM920T 处理器核是在 ARM9TDMI 处理器内核基础上，增加了分离式的指令 Cache 和数据 Cache，并带有相应的存储管理器单元指令 MMU 和数据 MMU、写缓冲器及 AMBA 接口等，其构成如图 9.1 所示。

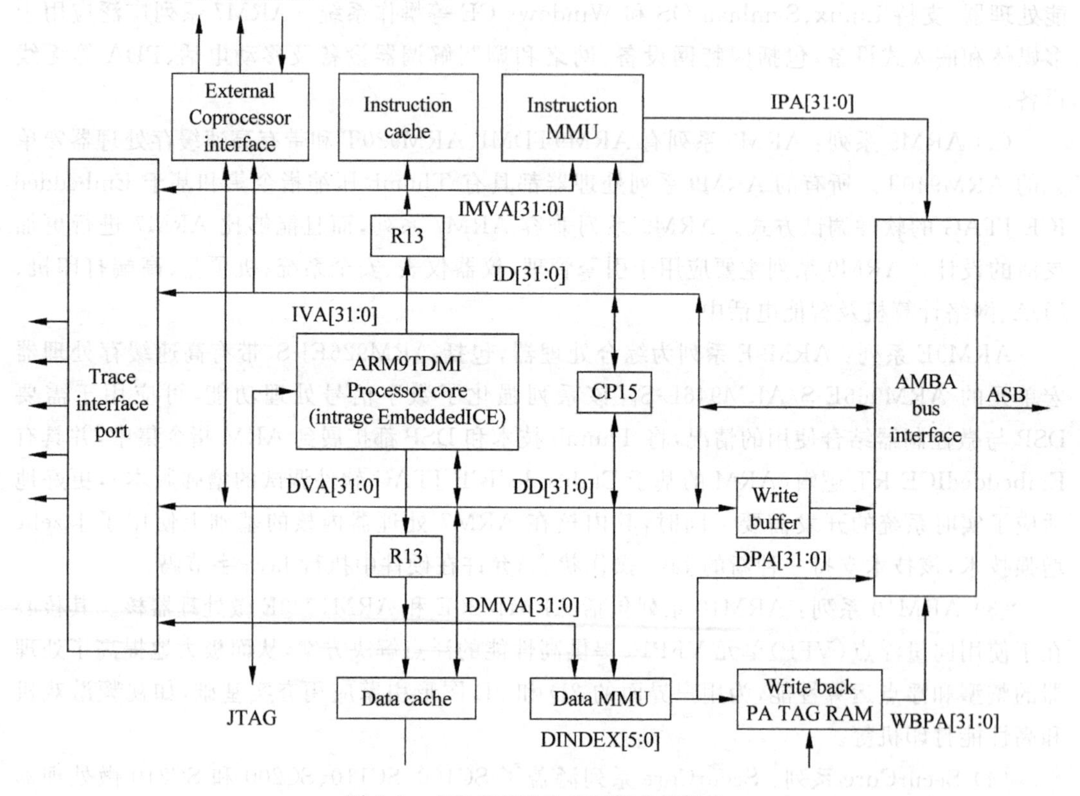

图 9.1 ARM9TDMI 处理器内核结构

9.1.3 ARM微处理器的寄存器结构

ARM处理器共有37个寄存器,根据功能可以被分成许多组,包括:

(1) 31个通用寄存器,包括一个程序计数器,这些寄存器都是32位的;

(2) 6个状态寄存器,主要用来标识CPU的工作状态和程序的运行状态,这些寄存器也是32位的。

ARM处理器有7种不同的工作模式,分别是:用户模式(user mode)、系统模式(system mode)、监督模式(supervisor mode)、终止模式(abort mode)、未定义模式(undefined mode)、中断模式(IRQ mode)和快中断模式(FRQ mode)。ARM处理器有三种指令状态:ARM状态,所有指令为32bit位,按字对齐;Thumb状态,所有指令为16bit位,按半字对齐;Jazelle状态,对于Java字节码(仅适于v5TEJ)所有指令为8bit位。

大部分程序都运行在用户模式下。当处理器处于用户模式下时,执行的程序无法访问一些被保护的系统资源,也不能改变运行模式,否则会引起一次异常。用户模式之外的其他模式可以统称为特权模式,它们可以完全访问系统资源,可以自由地改变模式。另外,除用户模式和系统模式外的其他5种模式叫做异常模式。在每种模式下,均有一组相应的寄存器与之对应。在所有的寄存器中,有些是在7种处理器模式下共用同一个物理寄存器的,而有些则是在不同的模式下使用不同的物理寄存器,例如每种模式下都有自己的堆栈指针和链接寄存器,而程序计数器R15和通用寄存器R0~R7均由所有模式使用,如表9-2所示。

表9-2 寄存器组织

用户模式	系统模式	监督模式	终止模式	未定义模式	中断模式	快中断模式	备注
R0	R0	R0	R0	R0	R0	R0	不分组寄存器
R1	R1	R1	R1	R1	R1	R1	
R2	R2	R2	R2	R2	R2	R2	
R3	R3	R3	R3	R3	R3	R3	
R4	R4	R4	R4	R4	R4	R4	
R5	R5	R5	R5	R5	R5	R5	
R6	R6	R6	R6	R6	R6	R6	
R7	R7	R7	R7	R7	R7	R7	
R8	R8	R8	R8	R8	R8	R8_fiq	
R9	R9	R9	R9	R9	R9	R9_fiq	
R10	R10	R10	R10	R10	R10	R10_fiq	
R11	R11	R11	R11	R11	R11	R11_fiq	
R12	R12	R12	R12	R12	R12	R12_fiq	
R13	R13	R13_svc	R13_abt	R13_und	R13_irq	R13_fiq	=SP
R14	R14	R14_svc	R14_abt	R14_und	R14_irq	R14_fiq	=LR
R15	R15	R15	R15	R15	R15	R15	=PC
CPSR	CPSR	SPSR	SPSR	SPSR	SPSR	SPSR	
		SPSR-svc	SPSR-abt	SPSR-und	SPSR-irq	SPSR-fiq	

注:(1)27个寄存器为R0~R15、CPSR、SPSR_svc、SPSR_abt、SPSR_und、SPSR_irq、SPSR_fiq、R13(R14)_svc、R13(R14)_abt、R13(R14)_und、R13(R14)_irq、R8~R14_fiq。

(2) 6个状态寄存器为CPSR、SPSR_svc、SPSR_abt、SPSR_und、SPSR_irq、SPSR_fiq。

1. 通用寄存器

在所有通用寄存器中，R0～R7 称为不分组寄存器，可以在各种处理器模式下使用；R8～R14 称为分组寄存器，在不同的处理器模式下对应不同的物理寄存器。例如，寄存器 R13 通常作为堆栈指针(SP)，每种异常模式都有属于自己的寄存器，因此在初始化时通常将 R13 指向各异常模式分配的堆栈。在各异常处理程序入口，可将用到的共享寄存器压入堆栈，返回时，再出栈，恢复寄存器值。寄存器 R14 常用作链接寄存器(Link Register，LR)，当进入子程序时，常用来保存 PC 的返回值。寄存器 R15 又叫做程序计数器(即 PC)，所有的模式下都使用同一个 PC，可以直接对其复制，实现程序跳转。

2. 状态寄存器

程序状态寄存器包括寄存器 CPSR 和寄存器 SPSR。当前程序状态寄存器(Current Program Status Register，CPSR)可以在任何工作模式下被使用。而对于程序状态备份寄存器(Storage Program Status Register，SPSR)，每种异常模式下都有自己的 SPSR，即 SPSR_irq、SPSR_fiq、SPSR_svc、SPSR_abt、SPSR_und。用户模式和系统模式下没有 SPSR。当发生异常时，各异常模式用属于自己的 SPSR 来保存 CPSR 的值。

9.1.4 ARM 微处理器的指令结构

从编程的角度看，自从 ARM7TDMI 核产生以后，体系结构中具有 T 变种的 ARM 微处理器有两种工作状态，分别是 ARM 状态和 Thumb 状态。ARM 微处理器执行 32 位的 ARM 指令集时，工作在 ARM 状态；ARM 执行 16 位的 Thumb 指令集时，工作在 Thumb 状态。

ARM 体系结构在 V4 版本中增加了 16 位 Thumb 指令集，Thumb 指令集的功能是 32 位 ARM 指令集的功能子集，使用 Thumb 指令集可以得到密度更高的代码，这对于需要严格控制成本的设计非常有意义。在一些情况(如异常处理)中，必须使用 ARM 指令，此时 Thumb 指令和 ARM 指令需要配合使用。ARM 指令集和 Thumb 指令集均有切换处理器状态的指令，在程序执行过程中，微处理器可以在两种工作状态间转换，并且处理器工作状态的转换并不影响处理器的工作模式和相应寄存器中的内容。ARM 微处理器总是在 ARM 状态下开始执行代码，在由一种工作状态切换到另一种工作状态时，方法如下：

(1) 进入 Thumb 状态：当操作数寄存器的状态位(位[0])为 1 时，可以采用执行 BX 指令的方法，使微处理器从 ARM 状态切换到 Thumb 状态。此外，当处理器处于 Thumb 状态时，若发生异常(如 IRQ、FIQ、Undef、Abort、SWI 等)，则返回时，自动切换到 Thumb 状态。

(2) 进入 ARM 状态：当操作数寄存器的状态位(位[0])为 0 时，执行 BX 指令时可以使微处理器从 Thumb 状态切换到 ARM 状态。此外，在处理器处理异常时，把 PC 指针放入异常模式链接寄存器中，并从异常向量地址开始执行程序，也可以使处理器切换到 ARM 状态。

9.2 ARM-Linux 内存管理

9.2.1 内存管理单元(MMU)

ARM 系统结构具有单独的内存管理单元(Memory Management Unit，MMU)，它在整个 ARM 体系结构中起着重要作用。其主要功能包括两个方面：一个是实现地址映射，另一个是实现地址访问的保护和限制。通常，MMU 会提供一组寄存器，使用这些寄存器来实现上述两个功能。MMU 可以位于芯片中，也可以作为协处理器。不过，在嵌入式系统领域，基于成本和功耗的考虑，系统中往往会有多个协处理器，ARM 的 MMU 通常都是由协处理器来控制的，如在 ARM7 中 MMU 的控制由 CP15 来负责。

9.2.2 ARM-Linux 的存储管理机制

在 ARM 系统结构中，内存的管理机制可以采取两种模式：一种是按段来进行管理，另外一种是按两层页式管理。在段式管理方式中，一般段的大小定义为 1MB，在两层的页式管理方式中，页的大小可以定义为 64KB 或者 4KB。

与普通 Linux 的地址映射相同，虚拟地址和物理地址的映射关系仍然保存在段映射表中，在 ARM-Linux 中，映射表中可以有 4096 个表项，每个表项占用 4Byte，存放虚拟地址的物理段地址及对该地址的访问权限等。当 CPU 进行数据处理要访问内存的内容时，虚拟地址的前 12 位用来定位段表中的项，从段表中读取该虚拟地址的物理段地址，然后跟虚拟地址的后 20 位组成实际的物理地址，也就是该虚拟地址映射到的物理地址。在地址映射过程中，这些映射工作均由内存管理单元负责进行处理。另外，在有的 ARM 系统结构中，添加了 TLB(Translation Lookaside Buffer)，即高速后备缓冲区，在 TLB 中可以存放一部分段表中的内容。当 CPU 访问内存时，先访问 TLB 查找访问的内存映射关系是否存放在 TLB 中。如果在，则从 TLB 中读取映射关系，否则再去访问内存中的段表，从段表中读取映射关系，并把相应的结果添加到 TLB 中，更新它的内容。这样 CPU 下一次又需要该地址映射关系的话，就可以直接从 TLB 取得。因为 TLB 的访问速度比内存的访问速度要快得多，如果采取一定的技术，使访问 TLB 的命中率比较高，就可以大大提高访问内存的速度。

在两层页面映射中，映射表有两层，第一层页面映射表中保存的是第二层映射表的地址，其中每一项有两位标识位，用来表示该表项的作用。00 表示没有到物理地址的映射；01 表示指向粗页面表，即页面大小是 64KB 或 4KB 的二层页表；10 表示段映射；11 表示指向细页面，即页面的大小是 1KB 的二层页表。第二层映射表存放的才是该页面所在的物理页面的地址。采取该种映射方式的具体映射过程可以参见图 9.2。当然，这种映射过程仍然是由 MMU 硬件来完成的。

9.2.3 ARM-Linux 存储机制的建立

尽管原来 ARM 处理器采用过 26 位的地址结构，但是目前大部分的 ARM 处理器都采用 32 位的地址结构。对于 32 位地址结构的 ARM 处理器来说，它能够支持的虚拟地址的大小为 32 位，也就是 4GB。ARM-Linux 内核将这 4GB 大小的虚拟空间划分成两部分：内核空间和用户空间。用户态工作的进程只能使用用户空间的地址，只有内核态进程才能访问内核空间地址。在 ARM-Linux 中，对于内核空间和用户空间大小的划分，往往会根据 CPU 芯片和开发板的不同而有所不同。其大小往往可以通过宏定义反映出来。

普通 Linux 内核的存储管理机制采用了页面映射的方式，而且采用了三层映射模型。在 ARM-Linux 代码中，页面的大小采用了 4KB，段区的大小为 1MB。其中，最高层为 PGD

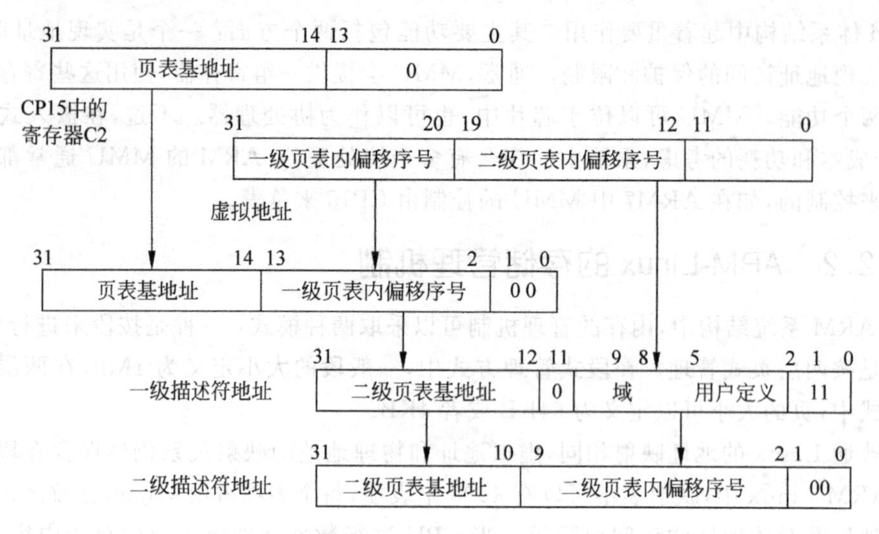

图 9.2　二级页表映射过程

(Page Directory)，第二层为 PMD(Page Middle Directory)，第三层为页面映射表(Page Table Entry，PTE)。图 9.3 表示标准 Linux 三级页表的结构示意图，采用"按需调页"(Demand Paging)技术管理虚拟内存，图中，Level1 对应 PGD，Level2 对应 PMD，Level3 对应 PTE，PFN(Page Frame Number)代表页帧号。

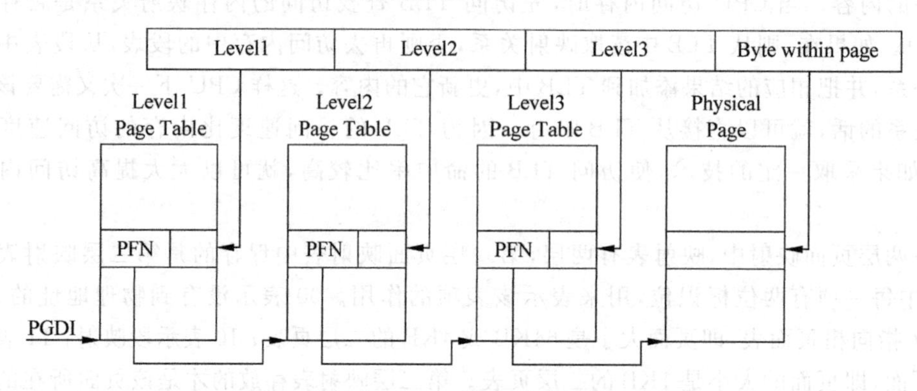

图 9.3　标准 Linux 三级页表的结构示意图

Linux 在启动初始化时，依次执行以下函数：start_kernel()、setup_arch、pageing_init()、memtable_init()和 creat_mapping()，当这些函数一次执行完毕以后，也就建立起了内存区间的映射机制。可以从下面对 creat_mapping()函数(所在目录树\arch\arm\mm\mmu.c)的描述来看一下如何对给定的区间建立映射，如源码清单 9-1：

源码清单 9-1

```
void __init create_mapping(struct map_desc * md)
{
    unsigned long virt, length;
    int prot_sect, prot_l1, domain;
    pgprot_t prot_pte;
    unsigned long off = (u32)__pfn_to_phys(md->pfn);
    if (md->virtual != vectors_base() && md->virtual < TASK_SIZE) {
```

```
    printk(KERN_WARNING "BUG: not creating mapping for "
        "0x%08llx at 0x%08lx in user region\n",
        __pfn_to_phys((u64)md->pfn), md->virtual);
    return;
}
if ((md->type == MT_DEVICE || md->type == MT_ROM) &&
    md->virtual >= PAGE_OFFSET && md->virtual < VMALLOC_END) {
        printk(KERN_WARNING "BUG: mapping for 0x%08llx at 0x%08lx "
        "overlaps vmalloc space\n",
        __pfn_to_phys((u64)md->pfn), md->virtual);
}
Domain   = mem_types[md->type].domain;
prot_pte = __pgprot(mem_types[md->type].prot_pte);
prot_l1  = mem_types[md->type].prot_l1 | PMD_DOMAIN(domain);
prot_sect= mem_types[md->type].prot_sect | PMD_DOMAIN(domain);
/*
 * Catch 36-bit addresses
 */
if(md->pfn >= 0x100000) {
    if(domain) {
        printk(KERN_ERR "MM: invalid domain in supersection "
            "mapping for 0x%08llx at 0x%08lx\n",
            __pfn_to_phys((u64)md->pfn), md->virtual);
        return;
    }
    if((md->virtual | md->length | __pfn_to_phys(md->pfn))
        & ~SUPERSECTION_MASK) {
        printk(KERN_ERR "MM: cannot create mapping for "
            "0x%08llx at 0x%08lx invalid alignment\n",
            __pfn_to_phys((u64)md->pfn), md->virtual);
        return;
    }
    /*
     * Shift bits [35:32] of address into bits [23:20] of PMD
     * (See ARMv6 spec).
     */
    off |= (((md->pfn >> (32 - PAGE_SHIFT)) & 0xF) << 20);
}
virt     = md->virtual;
off      -= virt;
length = md->length;
if (mem_types[md->type].prot_l1 == 0 &&
    (virt & 0xfffff || (virt + off) & 0xfffff || (virt + length) & 0xfffff)) {
    printk(KERN_WARNING "BUG: map for 0x%08lx at 0x%08lx can not "
        "be mapped using pages, ignoring.\n",
        __pfn_to_phys(md->pfn), md->virtual);
    return;
}
while ((virt & 0xfffff || (virt + off) & 0xfffff) && length >= PAGE_SIZE) {
    alloc_init_page(virt, virt + off, prot_l1, prot_pte);
```

```
            virt += PAGE_SIZE;
            length -= PAGE_SIZE;
        }
        /* N.B. ARMv6 supersections are only defined to work with domain 0.
         *   Since domain assignments can in fact be arbitrary, the
         *   'domain == 0' check below is required to insure that ARMv6
         *   supersections are only allocated for domain 0 regardless
         *   of the actual domain assignments in use.
         */
        if ((cpu_architecture() >= CPU_ARCH_ARMv6 || cpu_is_xsc3())
            && domain == 0) {
            /*
             * Align to supersection boundary if !high pages.
             * High pages have already been checked for proper
             * alignment above and they will fail the SUPSERSECTION_MASK
             * check because of the way the address is encoded into
             * offset.
             */
            if (md->pfn <= 0x100000) {
                while ((virt & ~SUPERSECTION_MASK ||
                    (virt + off) & ~SUPERSECTION_MASK) &&
                    length >= (PGDIR_SIZE / 2)) {
                    alloc_init_section(virt, virt + off, prot_sect);
                    virt    += (PGDIR_SIZE / 2);
                    length  -= (PGDIR_SIZE / 2);
                }
            }
            while (length >= SUPERSECTION_SIZE) {
                alloc_init_supersection(virt, virt + off, prot_sect);
                virt     += SUPERSECTION_SIZE;
                length   -= SUPERSECTION_SIZE;
            }
        }
        /*
         * A section mapping covers half a "pgdir" entry.
         */
        while (length >= (PGDIR_SIZE / 2)) {
            alloc_init_section(virt, virt + off, prot_sect);
            virt     += (PGDIR_SIZE / 2);
            length   -= (PGDIR_SIZE / 2);
        }
        while (length >= PAGE_SIZE) {
            alloc_init_page(virt, virt + off, prot_l1, prot_pte);
            virt += PAGE_SIZE;
            length -= PAGE_SIZE;
        }
}
```

从以上代码可以看出，该函数通过 3 个 while 循环来为给定的区间建立映射。如果区间的起点不和 1MB 边界对齐，就先通过 alloc_init_page()建立若干二层页面的映射，直到和1MB边界对齐为止。然后以1MB为单位通过alloc_init_section()逐段建立单层映射，另外，如果区间的终点不和1MB边界对齐，则再通过alloc_init_page()建立若干二层页面映射。

9.2.4 ARM-Linux对进程虚拟空间的管理

进程的虚拟内存包含可执行代码和进程的多个资源数据。因为进程运行过程中并不会同时使用虚拟内存空间中的所有代码和数据，而且有的代码和数据使用的频率非常低，如果进程运行中把所有的代码和数据都装入到物理内存空间中，无疑是对物理内存的浪费。因此，Linux使用页调度技术把那些进程需要访问的虚拟内存装入物理内存中，其他的都存放在进程的虚拟内存中。当进程访问代码或者数据的时候，如果要访问的内容不在物理内存中，系统硬件会产生页面错误，同时将控制权转交给Linux内核，以便处理因页面错误而引起的一系列操作。所以，对于处理器地址空间的每个虚拟内存空间，内核都必须了解这些虚拟内存的详细信息，例如它们从何处而来，如何将它们装入物理内存。这样，内核才能知道如何来处理出现的页面错误。

当然，Linux的虚拟内存实现需要各种机制的支持，例如地址映射机制、内存分配回收机制、缓存和刷新机制、请求页机制、页面交换机制和页面共享机制。内存管理程序会先通过映射机制把用户程序的逻辑地址映射到物理地址，在用户程序运行时如果发现程序中要用的虚拟地址没有对应的物理地址，也就是说页面不在物理内存中，就会发出页请求：如果有空闲的内存可供分配，就请求分配内存，并把正在使用的物理页记录在页缓存中；如果没有足够的内存分配，就调用交换机制，空出一部分内存空间。另外，在地址映射中会通过TLB来寻找物理页，交换机制中要用到交换缓存，并且把物理页内容交换到交换文件中也要修改页表来映射文件地址。

为了实现以上的操作，Linux内核需要管理所有的虚拟内存地址，也需要许多数据结构来对进程的虚拟内存进行描述和管理。例如，vm_area_struct数据结构描述的是进程虚拟内存中的内容，mm_struct数据结构包含了已经加载的可执行映射的信息和指向进程页表的指针。这两种数据结构的具体描述如下：

mm_strut数据结构(所在目录树为\linux-2.6.20\include\linux\sched.h)，如源码清单9-2：

源码清单9-2

```
struct mm_struct {
    struct vm_area_struct * mmap;          /* list of VMAs */
    struct rb_root mm_rb;
    struct vm_area_struct * mmap_cache; /* last find_vma result */
    unsigned long (*get_unmapped_area) (struct file *filp,
                unsigned long addr, unsigned long len,
                unsigned long pgoff, unsigned long flags);
    void (*unmap_area) (struct mm_struct *mm, unsigned long addr);
    unsigned long mmap_base;               /* base of mmap area */
    unsigned long task_size;               /* size of task vm space */
    unsigned long cached_hole_size;   /* if non-zero, the largest hole below free_area_cache */
    unsigned long free_area_cache;    /* first hole of size cached_hole_size or larger */
```

```
        pgd_t * pgd;
        atomic_t mm_users;              /* How many users with user space? */
        atomic_t mm_count;              /* How many references to "struct mm_struct" (users count as 1) */
        int map_count;                  /* number of VMAs */
        struct rw_semaphore mmap_sem;
        spinlock_t page_table_lock;     /* Protects page tables and some counters */
        struct list_head mmlist;        /* List of maybe swapped mm's. These are globally strung
                                         * together off init_mm.mmlist, and are protected
                                         * by mmlist_lock
                                         */
        /* Special counters, in some configurations protected by the
         * page_table_lock, in other configurations by being atomic.
         */
        mm_counter_t _file_rss;
        mm_counter_t _anon_rss;
        unsigned long hiwater_rss;      /* High-watermark of RSS usage */
        unsigned long hiwater_vm;       /* High-water virtual memory usage */
        unsigned long total_vm, locked_vm, shared_vm, exec_vm;
        unsigned long stack_vm, reserved_vm, def_flags, nr_ptes;
        unsigned long start_code, end_code, start_data, end_data;
        unsigned long start_brk, brk, start_stack;
        unsigned long arg_start, arg_end, env_start, env_end;
        unsigned long saved_auxv[AT_VECTOR_SIZE];   /* for /proc/PID/auxv */
        cpumask_t cpu_vm_mask;
        /* Architecture-specific MM context */
        mm_context_t context;
        /* Swap token stuff */
        /*
         * Last value of global fault stamp as seen by this process.
         * In other words, this value gives an indication of how long
         * it has been since this task got the token.
         * Look at mm/thrash.c
         */
        unsigned int faultstamp;
        unsigned int token_priority;
        unsigned int last_interval;
        unsigned char dumpable: 2;
        /* coredumping support */
        int core_waiters;
        struct completion *core_startup_done, core_done;
        /* aio bits */
        rwlock_t      ioctx_list_lock;
        struct kioctx* ioctx_list;
};
```

vm_area_struct 数据结构(所在目录为\linux-2.6.20\include\linux\mm.h)，如源码清单 9-3：

源码清单 9-3

```
struct vm_area_struct {
struct mm_struct * vm_mm;               /* The address space we belong to. */
```

```
    unsigned long vm_start;               /* Our start address within vm_mm. */
    unsigned long vm_end;          /* The first byte after our end address within vm_mm. */
    /* linked list of VM areas per task, sorted by address */
    struct vm_area_struct * vm_next;
    pgprot_t vm_page_prot;                /* Access permissions of this VMA. */
    unsigned long vm_flags;               /* Flags, listed below. */

    struct rb_node vm_rb;
    /*
     * For areas with an address space and backing store,
     * linkage into the address_space->i_mmap prio tree, or
     * linkage to the list of like vmas hanging off its node, or
     * linkage of vma in the address_space->i_mmap_nonlinear list.
     */
    union {
        struct {
            struct list_head list;
            void * parent;                /* aligns with prio_tree_node parent */
            struct vm_area_struct * head;
        } vm_set;
        struct raw_prio_tree_node prio_tree_node;
    } shared;
    /*
     * A file's MAP_PRIVATE vma can be in both i_mmap tree and anon_vma
     * list, after a COW of one of the file pages. A MAP_SHARED vma
     * can only be in the i_mmap tree. An anonymous MAP_PRIVATE, stack
     * or brk vma (with NULL file) can only be in an anon_vma list.
     */
    struct list_head anon_vma_node;       /* Serialized by anon_vma->lock */
    struct anon_vma * anon_vma;           /* Serialized by page_table_lock */
    /* Function pointers to deal with this struct. */
    struct vm_operations_struct * vm_ops;
    /* Information about our backing store: */
    unsigned long vm_pgoff;               /* Offset (within vm_file) in PAGE_SIZE
                                          units, *not* PAGE_CACHE_SIZE */
    struct file * vm_file;                /* File we map to (can be NULL). */
    void * vm_private_data;               /* was vm_pte (shared mem) */
    unsigned long vm_truncate_count; /* truncate_count or restart_addr */
#ifndef CONFIG_MMU
    atomic_t vm_usage;                    /* refcount (VMAs shared if !MMU) */
#endif
#ifdef CONFIG_NUMA
    struct mempolicy * vm_policy;         /* NUMA policy for the VMA */
#endif
};
```

对于进程的这些数据结构之间的关系，可以用图 9.4 对其进行描述。从图 9.4 可以看出，Linux 会为一个进程产生一组 vm_area_struct 结构来描述它的虚拟地址空间段。每个 vm_area_struct 结构描述可执行映像的一部分。同一进程的多个 vm_area_struct 结构通过 vm_next 指针连接组成一个单向链表。系统会以虚拟内存地址的降序排列 vm_area_struct

结构，从而建立起文件的逻辑地址到虚拟线性地址的映射。当进程请求分配虚拟内存时，Linux 并不直接分配物理内存。它只是创建一个 vm_area_struct 结构来描述该虚拟内存，该结构被连接到进程的虚拟内存链表中。当进程试图对新分配的虚拟内存进行写操作时，因为内容并不在物理内存中，所以系统将产生页错误。然后，处理器会尝试解析该虚拟地址，如果找不到与该虚拟地址对应的页表入口，处理器将放弃解析并产生页面错误，并交给 Linux 内核来处理。Linux 则查看此虚拟地址是否在当前进程的虚拟地址空间中。如果是，Linux 会为此进程分配物理页面。包含在此页面中的代码或数据可能需要从文件系统或者交换磁盘上读出，然后进程将从页面错误处开始继续执行。由于物理内存已经存在，所以不会再次产生页面错误。

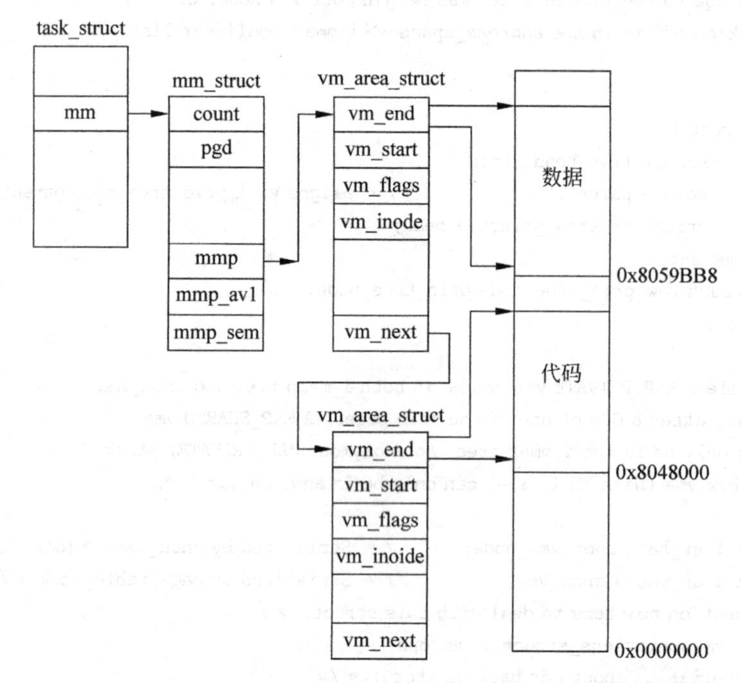

图 9.4 一个进程的虚拟内存及内核数据结构

9.3 ARM-Linux 进程管理与调度

9.3.1 task_struct 数据结构

为了让 Linux 来管理系统中的进程，每个进程用一个 task_struct 数据结构来表示，其结构示意图如 9.5 所示。task_struct 数据结构(所在目录树为\include\linux\sched.h)，见源码清单 9-4：

源码清单 9-4

```
struct task_struct {
volatile long state;                          /* -1 unrunnable, 0 runnable, >0 stopped */
    struct thread_info * thread_info;
    atomic_t usage;
```

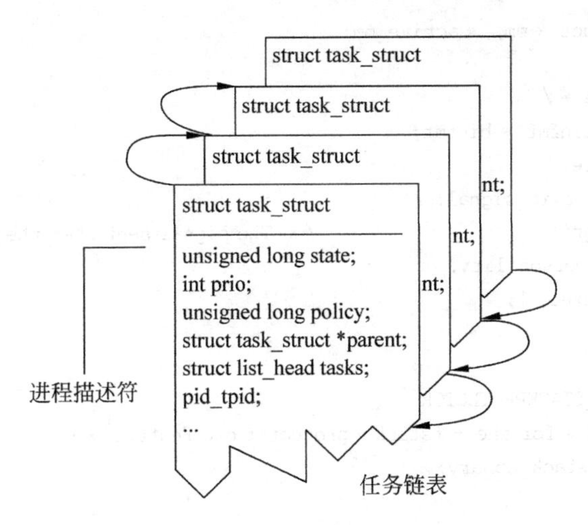

图 9.5 task_struct 数据结构

```
    unsigned long flags;                    /* per process flags, defined below */
    unsigned long ptrace;
    int lock_depth;                         /* BKL lock depth */
#ifdef CONFIG_SMP
#ifdef __ARCH_WANT_UNLOCKED_CTXSW
    int oncpu;
#endif
#endif
    int load_weight;                        /* for niceness load balancing purposes */
    int prio, static_prio, normal_prio;
    struct list_head run_list;
    struct prio_array *array;
    unsigned short ioprio;
#ifdef CONFIG_BLK_DEV_IO_TRACE
    unsigned int btrace_seq;
#endif
    unsigned long sleep_avg;
    unsigned long long timestamp, last_ran;
    unsigned long long sched_time;          /* sched_clock time spent running */
    enum sleep_type sleep_type;
    unsigned long policy;
    cpumask_t cpus_allowed;
    unsigned int time_slice, first_time_slice;
#if defined(CONFIG_SCHEDSTATS) || defined(CONFIG_TASK_DELAY_ACCT)
    struct sched_info sched_info;
#endif
    struct list_head tasks;
    /*
     * ptrace_list/ptrace_children forms the list of my children
     * that were stolen by a ptracer.
     */
    struct list_head ptrace_children;
    struct list_head ptrace_list;
```

```
    struct mm_struct * mm, * active_mm;

    /* task state */
    struct linux_binfmt * binfmt;
    long exit_state;
    int exit_code, exit_signal;
    int pdeath_signal;                   /* The signal sent when the parent dies */
    unsigned long personality;
    unsigned did_exec: 1;
    pid_t pid;
    pid_t tgid;
#ifdef CONFIG_CC_STACKPROTECTOR
    /* Canary value for the -fstack-protector gcc feature */
    unsigned long stack_canary;
#endif
    /*
     * pointers to (original) parent process, youngest child, younger sibling,
     * older sibling, respectively. (p->father can be replaced with
     * p->parent->pid)
     */
    struct task_struct * real_parent;    /* real parent process (when being debugged) */
    struct task_struct * parent;         /* parent process */
    /*
     * children/sibling forms the list of my children plus the
     * tasks I'm ptracing.
     */
    struct list_head children;           /* list of my children */
    struct list_head sibling;            /* linkage in my parent's children list */
    struct task_struct * group_leader;   /* threadgroup leader */
    /* PID/PID hash table linkage. */
    struct pid_link pids[PIDTYPE_MAX];
    struct list_head thread_group;
    struct completion * vfork_done;      /* for vfork() */
    int __user * set_child_tid;          /* CLONE_CHILD_SETTID */
    int __user * clear_child_tid;        /* CLONE_CHILD_CLEARTID */
    unsigned long rt_priority;
    cputime_t utime, stime;
    unsigned long nvcsw, nivcsw;         /* context switch counts */
    struct timespec start_time;
    /* mm fault and swap info: this can arguably be seen as either mm-specific or thread-
specific */
    unsigned long min_flt, maj_flt;

    cputime_t it_prof_expires, it_virt_expires;
    unsigned long long it_sched_expires;
    struct list_head cpu_timers[3];

    /* process credentials */
    uid_t uid,euid,suid,fsuid;
    gid_t gid,egid,sgid,fsgid;
    struct group_info * group_info;
```

```
    kernel_cap_t cap_effective, cap_inheritable, cap_permitted;
    unsigned keep_capabilities: 1;
    struct user_struct * user;
#ifdef CONFIG_KEYS
    struct key * request_key_auth;      /* assumed request_key authority */
    struct key * thread_keyring;        /* keyring private to this thread */
    unsigned char jit_keyring;          /* default keyring to attach requested keys to */
#endif
    /*
     * fpu_counter contains the number of consecutive context switches
     * that the FPU is used. If this is over a threshold, the lazy fpu
     * saving becomes unlazy to save the trap. This is an unsigned char
     * so that after 256 times the counter wraps and the behavior turns
     * lazy again; this to deal with bursty apps that only use FPU for
     * a short time
     */
    unsigned char fpu_counter;
    int oomkilladj;                     /* OOM kill score adjustment (bit shift). */
    char comm[TASK_COMM_LEN];           /* executable name excluding path
                     - access with [gs]et_task_comm (which lock it with task_lock())
                     - initialized normally by flush_old_exec */
        /* file system info */
    int link_count, total_link_count;
#ifdef CONFIG_SYSVIPC
    /* ipc stuff */
    struct sysv_sem sysvsem;
#endif
    /* CPU-specific state of this task */
    struct thread_struct thread;
    /* filesystem information */
    struct fs_struct * fs;
    /* open file information */
    struct files_struct * files;
    /* namespaces */
    struct nsproxy * nsproxy;
    /* signal handlers */
    struct signal_struct * signal;
    struct sighand_struct * sighand;

    sigset_t blocked, real_blocked;
    sigset_t saved_sigmask;             /* To be restored with TIF_RESTORE_SIGMASK */
    struct sigpending pending;

    unsigned long sas_ss_sp;
    size_t sas_ss_size;
    int ( * notifier)(void * priv);
    void * notifier_data;
    sigset_t * notifier_mask;
    void * security;
    struct audit_context * audit_context;
    seccomp_t seccomp;
```

```
    /* Thread group tracking */
    u32 parent_exec_id;
    u32 self_exec_id;
    /* Protection of (de-)allocation: mm, files, fs, tty, keyrings */
    spinlock_t alloc_lock;

    /* Protection of the PI data structures: */
    spinlock_t pi_lock;

#ifdef CONFIG_RT_MUTEXES
    /* PI waiters blocked on a rt_mutex held by this task */
    struct plist_head pi_waiters;
    /* Deadlock detection and priority inheritance handling */
    struct rt_mutex_waiter *pi_blocked_on;
#endif
#ifdef CONFIG_DEBUG_MUTEXES
    /* mutex deadlock detection */
    struct mutex_waiter *blocked_on;
#endif
#ifdef CONFIG_TRACE_IRQFLAGS
    unsigned int irq_events;
    int hardirqs_enabled;
    unsigned long hardirq_enable_ip;
    unsigned int hardirq_enable_event;
    unsigned long hardirq_disable_ip;
    unsigned int hardirq_disable_event;
    int softirqs_enabled;
    unsigned long softirq_disable_ip;
    unsigned int softirq_disable_event;
    unsigned long softirq_enable_ip;
    unsigned int softirq_enable_event;
    int hardirq_context;
    int softirq_context;
#endif
#ifdef CONFIG_LOCKDEP
# define MAX_LOCK_DEPTH 30UL
    u64 curr_chain_key;
    int lockdep_depth;
    struct held_lock held_locks[MAX_LOCK_DEPTH];
    unsigned int lockdep_recursion;
#endif
    /* journalling filesystem info */
    void *journal_info;
    /* VM state */
    struct reclaim_state *reclaim_state;
    struct backing_dev_info *backing_dev_info;
    struct io_context *io_context;
    unsigned long ptrace_message;
    siginfo_t *last_siginfo;            /* For ptrace use. */
    /*
     * current io wait handle: wait queue entry to use for io waits
```

```
     * If this thread is processing aio, this points at the waitqueue
     * inside the currently handled kiocb. It may be NULL (i.e. default
     * to a stack based synchronous wait) if its doing sync IO.
     */
    wait_queue_t *io_wait;
    /* i/o counters(bytes read/written, #syscalls */
    u64 rchar, wchar, syscr, syscw;
    struct task_io_accounting ioac;
#ifdefined(CONFIG_TASK_XACCT)
    u64 acct_rss_mem1;                  /* accumulated rss usage */
    u64 acct_vm_mem1;                   /* accumulated virtual memory usage */
    cputime_t acct_stimexpd;            /* stime since last update */
#endif
#ifdef CONFIG_NUMA
    struct mempolicy *mempolicy;
    short il_next;
#endif
#ifdef CONFIG_CPUSETS
    struct cpuset *cpuset;
    nodemask_t mems_allowed;
    int cpuset_mems_generation;
    int cpuset_mem_spread_rotor;
#endif
    struct robust_list_head __user *robust_list;
#ifdef CONFIG_COMPAT
    struct compat_robust_list_head __user *compat_robust_list;
#endif
    struct list_head pi_state_list;
    struct futex_pi_state *pi_state_cache;
    atomic_t fs_excl;                   /* holding fs exclusive resources */
    struct rcu_head rcu;
    /*
     * cache last used pipe for splice
     */
    struct pipe_inode_info *splice_pipe;
#ifdefCONFIG_TASK_DELAY_ACCT
    struct task_delay_info *delays;
#endif
#ifdef CONFIG_FAULT_INJECTION
    int make_it_fail;
#endif
};
```

从以上代码可以看出：task_struct 数据结构还是非常复杂的。但是，我们仍然可以根据这些变量在运行过程中所负责的不同任务将它们划分成以下几种类型。

1. 与进程状态相关

进程在执行过程中会根据环境来改变状态，一般来说，Linux 进程有如表 9-3 所示的几种状态。进程状态的数据定义如下(所在目录树\include\linux\sched.h)：

```
#define TASK_RUNNING            0
```

```
#define TASK_INTERRUPTIBLE          1
#define TASK_UNINTERRUPTIBLE        2
#define TASK_STOPPED                4
#define TASK_TRACED                 8
/* in tsk->exit_state */
#define EXIT_ZOMBIE                 16
#define EXIT_DEAD                   32
/* in tsk->state again */
#define TASK_NONINTERACTIVE         64
#define TASK_DEAD                   128
```

表 9-3 进程状态表

进程状态	状态描述
运行态(running)	进程正在或准备运行。进程被标示为运行态,可能会被放入可运行进程队列中。在 Linux 中标示和入列并非原子操作,可以认为进程处于随时可以运行的(准备)就绪状态
可唤醒阻塞态(interruptible)	进程处于等待队列中,待资源有效时被激活,也可以由其他进程通过发送信号或者由定时器中断唤醒后进入就绪队列
不可唤醒阻塞态(uninterruptible)	进程处于等待队列中,待资源有效时被激活,不可由其他信号或定时器中断唤醒
僵死状态(zombie)	进程结束运行并且已经释放大部分资源,但还没有释放进程控制块
停滞状态(stopped)	进程运行停止,通常是由进程接收到一个信号所致。当某个进程处于调试状态时也可能被暂停执行

用户进程一经创建,就开始了这五种进程状态的转移,如图 9.6 所示。进程创建时的状态为不可唤醒阻塞态。

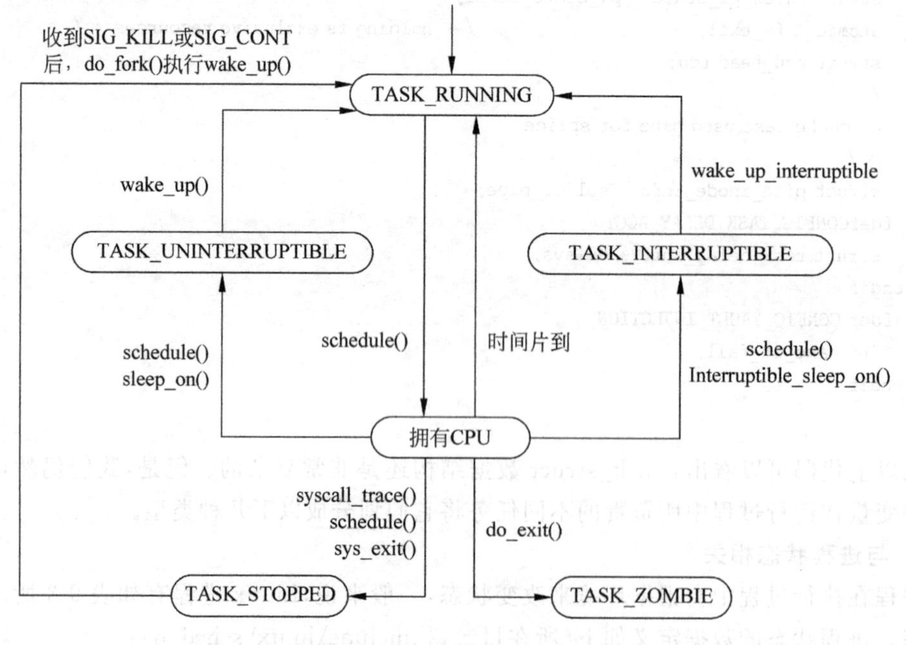

图 9.6 Linux 状态机示意图

当它的所有初始化工作完成之后，被其父进程激活，状态被标示为运行态，进入可运行进程队列。依据一定的进程调度算法，某个处于可运行进程队列的进程被选中，从而获得处理器使用权。在使用过程中，有四种情况发生：第一种情况是，当分配给它的时间片结束之后，该进程会要求放弃其处理器使用权，而后回到可运行进程队列中去；第二种情况是，进程在运行过程中，需要用到某个资源，但是该资源并非空闲，则进程转为不可唤醒阻塞态，当资源申请得到满足之后，进程会自动转成运行态；第三种情况是，进程因为受到某种系统信号或者通过系统调用转入停滞状态，此时，进程同样会因为某种信号激发而转入运行态；第四种情况是，进程自行退出结束其任务，进入僵死状态，等待系统收回它所占有的资源。

2. 与调度信息相关

这些信息用以判定系统中哪个进程最迫切需要运行，由哪个函数调度，如何调度等。

3. 与进程标识相关

系统中每个进程都有进程标识符。进程标识符并不是task数组的索引，它仅仅是一个数字。每个进程还有一个用户与组标识，用来控制进程对系统中文件和设备的存取权限。

4. 与进程间通信相关

系统中进程的运行并不是孤立的，它们之间需要互相通信以交换数据或代码。Linux所支持的进程间通信机制包括信号、管道、信号量、共享内存和消息队列。

5. 与进程间关联信息相关

Linux系统中所有进程都是相互联系的。除了初始化进程外，所有进程都有一个父进程，新进程不是被创建，而是被复制或者从以前的进程复制而来。每个进程对应的task_struct结构中包含有指向其父进程和兄弟进程(具有父进程相同的进程)及子进程的指针。

6. 与时间相关

内核需要记录进程的创建时间以及在其生命期中消耗的CPU时间。时钟每跳动一次，内核就要更新保存在jiffies变量中的值，该变量记录进程在系统和用户模式下消耗的时间量。Linux支持与进程相关的interval定时器，进程可以通过系统调用来设定定时器，以便在定时器到时后向它发送信号。这些定时器可以是一次性的或周期性的。

7. 与文件相关

进程可以自由地打开或关闭文件。进程的task_struct结构中包含一个指向每个打开文件描述符的指针及指向两个VFS inode的指针。每个VFS inode唯一地标记文件中的一个目录或者文件，同时还对底层文件系统提供统一的接口。这两个指针中，一个指向进程的根目录，另一个指向其当前目录或pwd目录。这两个VFS inode包含一个count域，多个进程引用它时，它的值将增加，这就是为什么不能删除进程的当前目录或者其子目录的原因。如图9.7(a)所示为Linux系统中文件进程中的虚存文件系统数据结构示意图。如图9.7(b)所示为Linux文件的物理结构inode(i节点)。(file、inode在目录树\include\linux\fs.h中，files_struct在目录树\linux-2.6.20\include\linux\files_struct中，fs_struct在目录树\include\linux\fs_struct中可以查到。)

8. 与虚拟内存相关

task_struct结构中必须具有相关的变量来跟踪虚拟内存与系统物理内存的映射关系。

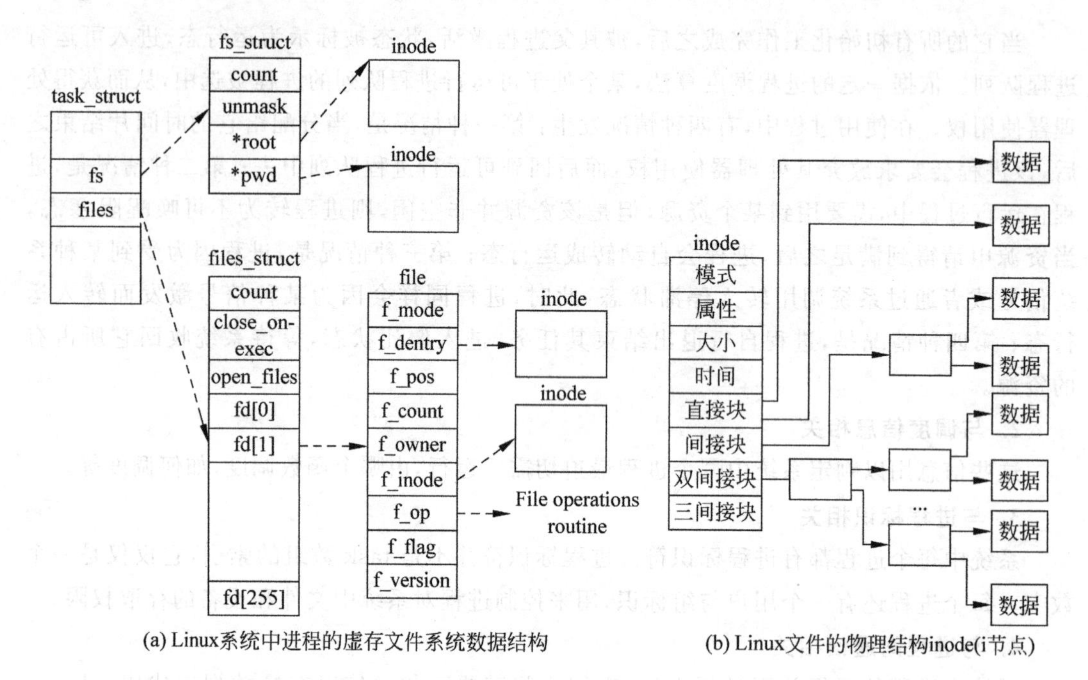

图 9.7 文件进程

9. 与处理器上下文相关

进程可以认为是系统当前状态的总和。进程运行时，它将使用处理器的寄存器及堆栈等，进程被挂起时，进程的上下文必须保存在它的 task_struct 结构中。当调度器重新调度该进程时，所有上下文被重新设定。如图 9.8 所示为上下文切换示意图。

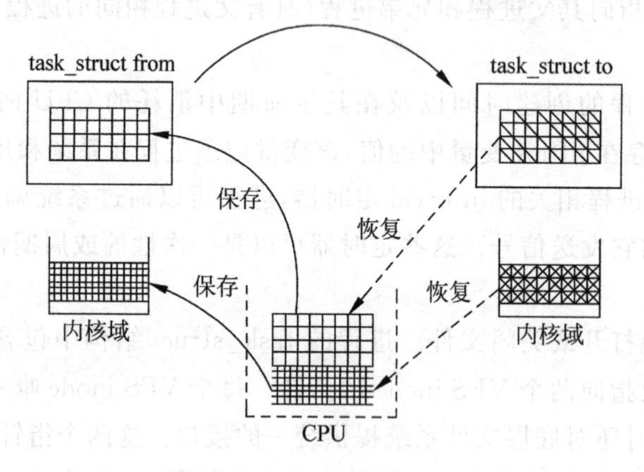

图 9.8 上下文切换

9.3.2 Linux 进程的创建、执行和消亡

1. Linux 进程的创建

系统启动的时候，整个系统中只有一个进程被创建，即初始化进程。初始化进程拥有自己的堆栈、寄存器等基本的结构和资源。初始化进程的所有信息保存在它的 task_struct 结构中。在系统初始化的最后，初始化进程启动一个内核线程 init，该线程主要负责完成系统

的一些初始化设置任务，例如安装根文件系统等。随后，init 线程会调度并执行系统的一些其他初始化程序，例如/etc/init、/bin/init 等。此后，如果没有其他进程需要创建，调度管理器将运行 idle 进程，它是唯一不动态分配 task_struct 的进程。idle 进程的 task_struct 是在内核载入时静态定义的，名称为 init_task。

Linux 中可以通过系统调用 fork 和 clone 来创建新进程。当一个新的进程需要被创建时，系统从物理内存中分配出来一个新的 task_struct 数据结构，同时还有一个或多个包含被复制进程堆栈的物理页面，然后创建唯一的标记此新进程的进程标识符，并将创建的 task_struct结构放入 task 数组中。同时，将父进程的 task_struct 中的内容页表复制到新的 task_struct 中。Linux 允许父进程和子进程共享资源，而不是完全使用自己的复制资源。这些资源包括文件、信号处理过程和虚拟内存等。由于进程的虚拟内存有的可能在物理内存中，有的可能在当前进程的可执行映像中，而有的可能在交换文件中，所以复制将是一个困难且烦琐的工作。为此，Linux 对父进程的任何虚拟内存都没有被复制。Linux 使用一种 COW(Copy On Write)技术，仅当两个进程之一对虚拟内存进行写操作时才复制此虚拟内存块。但是，不管写与不写，任何虚拟内存都可以在两个进程间共享。一般来说，只读属性的内存，如可执行代码，都是可以共享的。同时，为了使 COW 策略工作，Linux 必须将那些可写区域的页表入口标记为只读，同时描述它们的 vm_area_struct 结构，数据都被设置为 COW。当父进程或者子进程试图对虚拟内存进行写操作时，将产生页面错误。这时 Linux 才会复制这一块内存并修改两个进程的页表及虚拟内存数据结构。图 9.9 为进程的生成 fork()及 COW 的示意图。

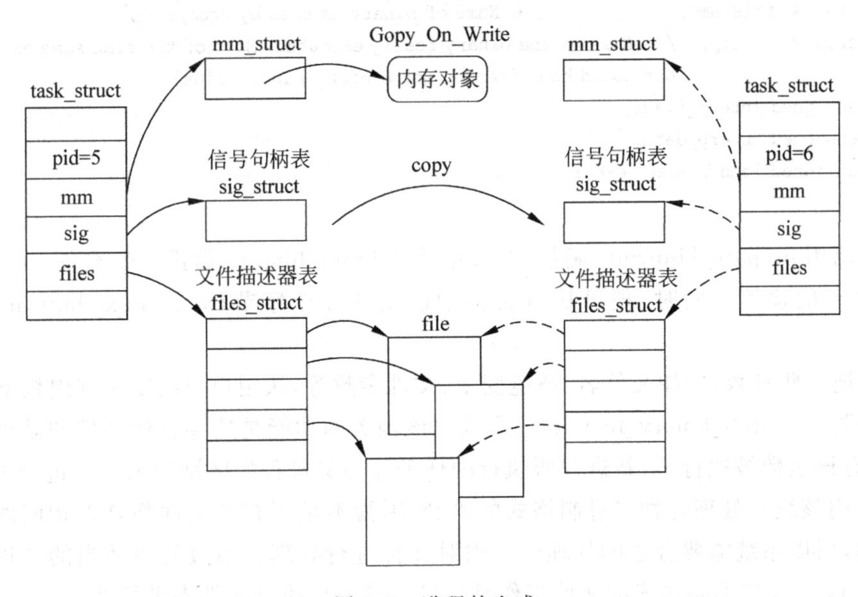

图 9.9 进程的生成

2. Linux 进程的执行

通过 fork 子进程被创建后，子进程拥有了运行时所必需的资源。但是，现在子进程并没有进入运行状态，它只是父进程的一个映像。如果想让新创建的进程运行以处理某些事务，则必须通过系统调用 exec。实际上，exec 是一个通用术语，它包含了一系列的函数，这些函数都可以通过系统调用服务函数 sys_execve()来实现，不同函数可以跟随不同的参数。

sys_execve()函数的执行流程相对来说比较简单，它主要做两件事：一是通过 getname()子函数把可执行文件的名字从用户空间调入内核空间；二是调用 do_execve()函数来执行具体的任务。以下主要对 do_execve()函数的执行流程进行分析介绍。

do_execve()函数的执行流程：

(1) 执行 open 操作，打开可执行文件，并获取该文件的 file 结构。

(2) 读取参数区的长度，并调用 memset()函数把存放参数的页面清零。

(3) 对 linux_binprm 结构中的剩余项进行初始化。结构 linux_binprm 是用来读取并存储运行可执行文件的必要信息的，该结构定义如下（所在目录树为\include\linux\binfmts.h），见源码清单 9-5：

源码清单 9-5

```
struct linux_binprm{
    char buf[BINPRM_BUF_SIZE];    /* 文件头缓冲区,BINPRM_BUF_SIZE = 128 */
    struct page * page[MAX_ARG_PAGES];                  /* 存放参数页面的页表 */
    struct mm_struct * mm;
    unsigned long p;              /* current top of mem */
    int sh_bang;
    struct file * file;
    int e_uid, e_gid;
    kernel_cap_t cap_inheritable, cap_permitted, cap_effective;
    void * security;
    int argc, envc;               /* 参数个数,环境变量 */
    char * filename;              /* Name of binary as seen by procps */
    char * interp;   /* Name of the binary really executed. Most of the time same as filename,
                        but could be different for binfmt_{misc,script} */
    unsigned interp_flags;
    unsigned interp_data;
    unsigned long loader, exec;
};
```

(4) 调用 prepare_binprm()函数，对数据结构 linux_binprm 做进一步准备，并进行访问权限等内容的检测。同时，把可执行文件中的前 128 个字节读入 linux_binprm 中的缓冲区。

(5) 把一些参数，例如文件名、环境变量、文件参数等，从用户空间复制到内核空间。

(6) 调用 search_binary_handler()函数。该函数的功能是搜寻目标文件的处理模块并执行，只有该函数被执行了，新进程所执行的任务才与父进程的区别开来。二进制处理程序是 Linux 内核统一处理各种二进制格式的机制，因为不是所有的文件都是以相同的文件格式存储的，所以系统需要合适的处理程序来对文件进行处理。通过使用适当的二进制处理程序，Linux 可以把不同格式的文件当作是自己特有的可执行文件来进行处理。

在搜索过程中，search_binary_handler()函数会通过一个大循环，遍历搜索 linux_binfmt 结构链表，来找出合适的二进制处理程序。

linux_binfmt 结构定义（所在目录树为\include\linux\binfmts.h）如源码清单 9-6：

源码清单 9-6

```
struct linux_binfmt {
```

```
    struct linux_binfmt      * next;
    struct module            * module;
    int ( * load_binary)(struct linux_binprm * , struct pt_regs * regs);
    int ( * load_shlib)(struct file * );
    int ( * core_dump)(long signr, struct pt_regs * regs, struct file * file);
    unsigned long min_coredump;          /* minimal dump size */
};
```

linux_binfmt 结构中包含了两个指向函数的指针：load_binary 和 load_shlib，使用这两个指针是为了装入可执行代码和要使用的库。另外，由 linux_binfmt 结构中的 next 指针构成一个链表，表头由 Formats 指向。Linux 系统会为每种不同的文件格式定义一个相应的对象，linux_binfmt 的链表就是由这些不同的文件格式的 linux_binfmt 结构构成的一个链表。对于不同格式二进制文件的处理程序会通过注册在相应的 linux_binfmt 中的函数来执行。Linux_binfmt 结构链表如图 9.10 所示。

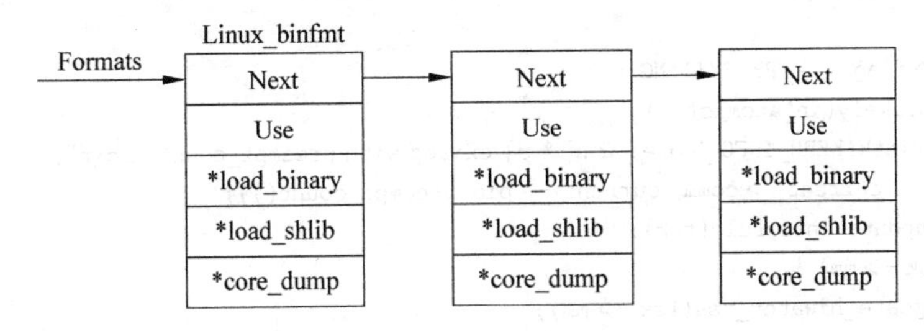

图 9.10 Linux_binfmt 链表

3. Linux 进程的终止

在 Linux 中，进程的终止可以通过执行系统调用 do_exit()来实现。当然，do_exit()函数终止的是当前进程。do_exit()执行时，首先会为当前进程做上 PF_EXITING 的标记，释放当前进程的存储管理信息、文件系统、文件信息、信号响应函数指针数组等，然后将进程状态置成 TASK_ZOMBIE，并通知当前进程的父进程。do_exit()带有一个参数 code，用于传递终止进程的原因。do_exit()的代码(所在目录树为\kernel\exit.c)如源码清单 9-7：

源码清单 9-7

```
fastcall NORET_TYPE void do_exit(long code)
{
    struct task_struct * tsk = current;
    int group_dead;

    profile_task_exit(tsk);
    WARN_ON(atomic_read(&tsk->fs_excl));
    if (unlikely(in_interrupt()))
        panic("Aiee, killing interrupt handler!");
    if (unlikely(!tsk->pid))
        panic("Attempted to kill the idle task!");
    if (unlikely(tsk == child_reaper(tsk))) {
        if (tsk->nsproxy->pid_ns != &init_pid_ns)
            tsk->nsproxy->pid_ns->child_reaper = init_pid_ns.child_reaper;
        else
```

```
            panic("Attempted to kill init!");
    }
    if (unlikely(current->ptrace & PT_TRACE_EXIT)) {
        current->ptrace_message = code;
        ptrace_notify((PTRACE_EVENT_EXIT << 8) | SIGTRAP);
    }
    /*
     * We're taking recursive faults here in do_exit. Safest is to just
     * leave this task alone and wait for reboot.
     */
    if (unlikely(tsk->flags & PF_EXITING)) {
        printk(KERN_ALERT "Fixing recursive fault but reboot is needed!\n");
        if (tsk->io_context)
            exit_io_context();
        set_current_state(TASK_UNINTERRUPTIBLE);
        schedule();
    }
    tsk->flags |= PF_EXITING;
    if (unlikely(in_atomic()))
        printk(KERN_INFO "note: %s[%d] exited with preempt_count %d\n",
            current->comm, current->pid, preempt_count());
    acct_update_integrals(tsk);
    if (tsk->mm) {
        update_hiwater_rss(tsk->mm);
        update_hiwater_vm(tsk->mm);
    }
    group_dead = atomic_dec_and_test(&tsk->signal->live);
    if (group_dead) {
        hrtimer_cancel(&tsk->signal->real_timer);
        exit_itimers(tsk->signal);
    }
    acct_collect(code, group_dead);
    if (unlikely(tsk->robust_list))
        exit_robust_list(tsk);
#ifdefined(CONFIG_FUTEX) && defined(CONFIG_COMPAT)
    if (unlikely(tsk->compat_robust_list))
        compat_exit_robust_list(tsk);
#endif
    if (unlikely(tsk->audit_context))
        audit_free(tsk);
    taskstats_exit(tsk, group_dead);
    exit_mm(tsk);
    if (group_dead)
        acct_process();
    exit_sem(tsk);
    _exit_files(tsk);
    _exit_fs(tsk);
    exit_thread();
    cpuset_exit(tsk);
    exit_keys(tsk);
    if (group_dead && tsk->signal->leader)
```

```
        disassociate_ctty(1);

    module_put(task_thread_info(tsk)->exec_domain->module);
    if (tsk->binfmt)
        module_put(tsk->binfmt->module);
    tsk->exit_code = code;
    proc_exit_connector(tsk);
    exit_task_namespaces(tsk);
    exit_notify(tsk);
#ifdef CONFIG_NUMA
    mpol_free(tsk->mempolicy);
    tsk->mempolicy = NULL;
#endif
    /*
     * This must happen late, after the PID is not
     * hashed anymore:
     */
    if (unlikely(!list_empty(&tsk->pi_state_list)))
        exit_pi_state_list(tsk);
    if (unlikely(current->pi_state_cache))
        kfree(current->pi_state_cache);
    /*
     * Make sure we are holding no locks:
     */
    debug_check_no_locks_held(tsk);
    if (tsk->io_context)
        exit_io_context();
    if (tsk->splice_pipe)
        __free_pipe_info(tsk->splice_pipe);
    preempt_disable();
    /* causes final put_task_struct in finish_task_switch(). */
    tsk->state = TASK_DEAD;
    schedule();
    BUG();
    /* Avoid "noreturn function does return". */
    for (;;)
    cpu_relax();            /* For when BUG is null */
}
```

以上进程通过调用 do_exit()函数来终止的方式，称其为进程的主动终止方式。还有另外一种方式也可以使其终止，也就是其他进程或者用户通过向其发送信号量 9，使其强行被终止，这种方式称为被动终止方式。

9.3.3　ARM_Linux 的进程调度

随着 Linux 内核的不断更新，其调度策略也有所不同。一般来说，Linux 在以下情况下需要进程的调度：

(1) 进程状态转换时，如进程终止、睡眠等；

(2) 可运行队列中增加新的进程时；

(3) 当前进程的时间片耗尽时；

(4) 进程从系统调用返回到用户态时；

(5) 内核处理完中断后，进程返回到用户态时。

尽管不同版本的进程调度策略有所不同，但是，不管是哪个版本，Linux 的进程调度均由位于 kernel/sched.c 中的函数 schedule()来实现，函数执行流程的概括描述如下：

(1) 当前进程所指的内存若为空，则出错返回；

(2) 令 Prev=current；this_cpu=prev-> processor；

(3) 若是中断服务程序调用 schedule()，跳转至 scheduling_in_interrupt；

(4) 释放全局内核锁；

(5) 若有 bottom half 服务请求，调用 do_bottom_half()；

(6) 保存当前 CPU 调度进程的数据区，对运行队列加 spinlock；

(7) 若采用轮转法进行调度，对 counter=0 的情况进行处理；

(8) 检测进程状态：对 need_resched 置零；

(9) 将 next 设置为当前 CPU 的 idle task。对当前 goodness 变量 c 赋值；

(10) 若当前的进程是 TASK_RUNNING 状态，则变量 c 赋值为当前进程 goodness 函数的返回值；

(11) 搜索运行队列，计算出每一个进程的 goodness，并与当前的 goodness 相比较，goodness 值最高的进程将获取 CPU；

(12) 若运行队列中所有进程的时间片都耗尽，则对系统中的所有进程重新分配时间片，转回步骤(9)；

(13) 令 sched_data-> curr=next；

(14) 若下一个进程与当前进程不同，则执行下一步骤；否则，跳转至步骤(17)；

(15) 准备进行进程转换；

(16) 切换至新的进程；

(17) 重新获取全局内核锁；

(18) 若当前进程的重调度标志为零，则返回，退出；否则，跳转至步骤(2)。

schedule()的实现代码如源码清单 9-8：

源码清单 9-8

```
asmlinkage void __sched schedule(void)
{
    struct task_struct * prev, * next;
    struct prio_array * array;
    struct list_head * queue;
    unsigned long long now;
    unsigned long run_time;
    int cpu, idx, new_prio;
    long * switch_count;
    struct rq * rq;

    /*
     * Test if we are atomic. Since do_exit() needs to call into
     * schedule() atomically, we ignore that path for now.
```

```
	 * Otherwise, whine if we are scheduling when we should not be.
	 */
	if (unlikely(in_atomic() && !current->exit_state)) {
		printk(KERN_ERR "BUG: scheduling while atomic: "
			"%s/0x%08x/%d\n",current->comm, preempt_count(), current->pid);
			debug_show_held_locks(current);
		if (irqs_disabled())
			print_irqtrace_events(current);
		dump_stack();
	}
	profile_hit(SCHED_PROFILING, __builtin_return_address(0));

need_resched:
	preempt_disable();
	prev = current;
	release_kernel_lock(prev);
need_resched_nonpreemptible:
	rq = this_rq();
	/*
	 * The idle thread is not allowed to schedule!
	 * Remove this check after it has been exercised a bit.
	 */
	if (unlikely(prev == rq->idle) && prev->state != TASK_RUNNING) {
		printk(KERN_ERR "bad: scheduling from the idle thread!\n");
		dump_stack();
	}

	schedstat_inc(rq, sched_cnt);
	now = sched_clock();
	if (likely((long long)(now - prev->timestamp) < NS_MAX_SLEEP_AVG)) {
		run_time = now - prev->timestamp;
		if (unlikely((long long)(now - prev->timestamp) < 0))
			run_time = 0;
	} else
		run_time = NS_MAX_SLEEP_AVG;

	/*
	 * Tasks charged proportionately less run_time at high sleep_avg to
	 * delay them losing their interactive status
	 */
	run_time /= (CURRENT_BONUS(prev) ? : 1);

	spin_lock_irq(&rq->lock);

	switch_count = &prev->nivcsw;
	if (prev->state && !(preempt_count() & PREEMPT_ACTIVE)) {
		switch_count = &prev->nvcsw;
		if (unlikely((prev->state & TASK_INTERRUPTIBLE) &&
				unlikely(signal_pending(prev))))
			prev->state = TASK_RUNNING;
	else {
```

```
            if (prev->state == TASK_UNINTERRUPTIBLE)
                rq->nr_uninterruptible++;
            deactivate_task(prev, rq);
        }
    }

    cpu = smp_processor_id();
    if (unlikely(!rq->nr_running)) {
        idle_balance(cpu, rq);
        if (!rq->nr_running) {
            next = rq->idle;
            rq->expired_timestamp = 0;
            wake_sleeping_dependent(cpu);
            goto switch_tasks;
        }
    }

    array = rq->active;
    if (unlikely(!array->nr_active)) {
        /*
         * Switch the active and expired arrays.
         */
        schedstat_inc(rq, sched_switch);
        rq->active = rq->expired;
        rq->expired = array;
        array = rq->active;
        rq->expired_timestamp = 0;
        rq->best_expired_prio = MAX_PRIO;
    }
    idx = sched_find_first_bit(array->bitmap);
    queue = array->queue + idx;
    next = list_entry(queue->next, struct task_struct, run_list);
    if (!rt_task(next) && interactive_sleep(next->sleep_type)) {
        unsigned long long delta = now - next->timestamp;
        if (unlikely((long long)(now - next->timestamp) < 0))
            delta = 0;
        if (next->sleep_type == SLEEP_INTERACTIVE)
            delta = delta * (ON_RUNQUEUE_WEIGHT * 128 / 100) / 128;
        array = next->array;
        new_prio = recalc_task_prio(next, next->timestamp + delta);
        if (unlikely(next->prio != new_prio)) {
            dequeue_task(next, array);
            next->prio = new_prio;
            enqueue_task(next, array);
        }
    }
    next->sleep_type = SLEEP_NORMAL;
    if (dependent_sleeper(cpu, rq, next))
        next = rq->idle;
switch_tasks:
    if (next == rq->idle)
```

```
		schedstat_inc(rq, sched_goidle);
	prefetch(next);
	prefetch_stack(next);
	clear_tsk_need_resched(prev);
	rcu_qsctr_inc(task_cpu(prev));

	update_cpu_clock(prev, rq, now);

	prev->sleep_avg -= run_time;
	if ((long)prev->sleep_avg <= 0)
		prev->sleep_avg = 0;
	prev->timestamp = prev->last_ran = now;

	sched_info_switch(prev, next);
	if (likely(prev != next)) {
		next->timestamp = now;
		rq->nr_switches++;
		rq->curr = next;
		++*switch_count;
		prepare_task_switch(rq, next);
		prev = context_switch(rq, prev, next);
		barrier();
		/*
		 * this_rq must be evaluated again because prev may have moved
		 * CPUs since it called schedule(), thus the 'rq' on its stack
		 * frame will be invalid.
		 */
		finish_task_switch(this_rq(), prev);
	} else
		spin_unlock_irq(&rq->lock);

	prev = current;
	if (unlikely(reacquire_kernel_lock(prev) < 0))
		goto need_resched_nonpreemptible;
	preempt_enable_no_resched();
	if (unlikely(test_thread_flag(TIF_NEED_RESCHED)))
		goto need_resched;
}                               /* End for __sched schedule(void) */
EXPORT_SYMBOL(schedule);

#ifdef CONFIG_PREEMPT
/*
 * this is the entry point to schedule() from in-kernel preemption
 * off of preempt_enable. Kernel preemptions off return from interrupt
 * occur there and call schedule directly.
 */
asmlinkage void __sched preempt_schedule(void)
{
	struct thread_info *ti = current_thread_info();
#ifdef CONFIG_PREEMPT_BKL
	struct task_struct *task = current;
```

```
    int saved_lock_depth;
#endif
    /*
     * If there is a non-zero preempt_count or interrupts are disabled,
     * we do not want to preempt the current task. Just return.
     */
    if (likely(ti->preempt_count || irqs_disabled()))
        return;

need_resched:
    add_preempt_count(PREEMPT_ACTIVE);
    /*
     * We keep the big kernel semaphore locked, but we
     * clear ->lock_depth so that schedule() doesnt
     * auto-release the semaphore:
     */
#ifdef CONFIG_PREEMPT_BKL
    saved_lock_depth = task->lock_depth;
    task->lock_depth = -1;
#endif
    schedule();
#ifdef CONFIG_PREEMPT_BKL
    task->lock_depth = saved_lock_depth;
#endif
    sub_preempt_count(PREEMPT_ACTIVE);
    /* we could miss a preemption opportunity between schedule and now */
    barrier();
    if (unlikely(test_thread_flag(TIF_NEED_RESCHED)))
        goto need_resched;
}
EXPORT_SYMBOL(preempt_schedule);

/*
 * this is the entry point to schedule() from kernel preemption
 * off of irq context.
 * Note, that this is called and return with irqs disabled. This will
 * protect us against recursive calling from irq.
 */
asmlinkage void __sched preempt_schedule_irq(void)
{
    struct thread_info *ti = current_thread_info();
#ifdef CONFIG_PREEMPT_BKL
    struct task_struct *task = current;
    int saved_lock_depth;
#endif
/* Catch callers which need to be fixed */
    BUG_ON(ti->preempt_count || !irqs_disabled());
need_resched:
    add_preempt_count(PREEMPT_ACTIVE);
    /*
     * We keep the big kernel semaphore locked, but we
```

```
        * clear -> lock_depth so that schedule() doesnt
        * auto - release the semaphore:
        */
#ifdef CONFIG_PREEMPT_BKL
    saved_lock_depth = task -> lock_depth;
    task -> lock_depth = -1;
#endif
    local_irq_enable();
    schedule();
    local_irq_disable();
#ifdef CONFIG_PREEMPT_BKL
    task -> lock_depth = saved_lock_depth;
#endif
    sub_preempt_count(PREEMPT_ACTIVE);
/* we could miss a preemption opportunity between schedule and now */
    barrier();
    if (unlikely(test_thread_flag(TIF_NEED_RESCHED)))
        goto need_resched;
}
```

9.4 ARM-Linux 中断与中断处理

9.4.1 Linux 处理中断概述

Linux 内核要对连接到计算机上的所有硬件设备进行管理，首先要能和它们相互通信。众所周知，处理器的速度跟外围硬件设备的速度往往不在一个数量级上，因此，如果内核采取让处理器向硬件发出一个请求，然后专门等待回应的办法，显然差强人意。既然硬件的响应这么慢，那么内核就应该在此期间处理其他事务，等到硬件真正完成了请求的操作之后，再回过头来对它进行处理。想要实现这种功能，轮询(polling)可能是一种方法。可以让内核定期对设备的状态进行查询，然后做出相应的处理。不过这种方法很可能会让内核做不少无用功，因为无论硬件设备是正在忙碌着完成任务还是已经大功告成，轮询总会周期性地重复执行。更好的办法是提供一种机制，让硬件在需要的时候再向内核发出信号，变内核主动为硬件主动，这就是中断机制。

1. 中断

中断使得硬件得以与处理器进行通信。中断的本质是一种特殊的电信号，由硬件设备发往处理器。处理器接收中断后，会马上向操作系统反映此信号的到来，然后就由操作系统负责处理这些新到的数据。硬件设备生成中断的时候并不考虑与处理器的时钟同步，它是随机的。因此，内核随时可能因为新到来的中断而被打断。

从物理学的角度看，中断是一种电信号，由硬件设备生成，并直接送入中断控制器的输入引脚上。然后再由中断控制器向处理器发送相应的信号。处理器一经检测到此信号，便中断当前工作转而处理中断。此后，处理器会通知操作系统已经产生中断，这样，操作系统就可以对这个中断进行适当的处理了。

不同的设备对应的中断不同，而每个中断都产生一个唯一的数字标识。这样，操作系统才能给不同的中断提供不同的中断处理程序。中断标识值通常被称为中断请求(IRQ)线。通常 IRQ 都是一些数值量,例如,在 PC 上,IRQ0 是时钟中断,而 IRQ1 是键盘中断。但并非所有的中断号都是这样严格定义的。例如,对于连接在 PCI 总线上的设备而言,中断是动态分配的,而且其他非 PCI 的体系结构也具有动态分配可用中断的特性。重点在于:特定的中断总是与特定的设备相关联的,并且内核要知道这些信息。

2. 异常

异常与中断不同,它在产生时必须考虑与处理器时钟同步。实际上,异常也常常称为同步中断。在处理器执行到由于编程失误而导致的错误指令(例如被 0 除)的时候,或者在执行期间出现特殊情况(例如缺页),必须靠内核来处理的时候,处理器就会产生一个异常。因为许多处理器体系结构处理异常与处理中断的方法类似,因此,内核对于它们的处理也很类似。由硬件产生的异步中断的讨论,大部分也适合由处理器本身产生的同步中断。

3. 中断处理程序

在响应一个特定中断的时候,内核会执行一个函数,该函数叫做中断处理程序(interrupt handler)或中断服务例程(Interrupt Service Routine, ISR)。产生中断的每个设备都有一个相应的中断处理程序。中断处理程序通常不是和特定设备关联的,而是和特定中断关联的,也就是说,如果一个设备可以产生多种不同的中断,那么该设备就可以对应多个中断处理程序,相应地,该设备的驱动程序也就需要准备多个这样的函数。例如,由一个函数专门处理来自系统时钟的中断,而另外一个函数专门处理由键盘产生的中断。一个设备的中断处理程序是它设备驱动程序(driver)的一部分,设备驱动程序是用于对设备进行管理的内核代码。

在 Linux 中,中断处理程序看起来就是普普通通的 C 函数。只不过这些函数必须按照特定的类型声明,以便内核能够以标准的方式传递处理器程序的信息,在其他方面,它们与一般的函数看起来别无二致。中断处理程序与其他内核函数的真正区别在于:中断处理程序是被内核调用来响应中断的,而它们运行于中断上下文的特殊上下文中。中断可能随时发生,因此中断处理程序也就随时可能执行。所以必须保证中断处理能够快速执行,这样才能保证尽可能快地恢复中断代码的执行。因此,尽管对硬件而言,迅速对其中断进行服务非常重要,但对系统的其他部分而言,让中断处理程序在尽可能短的时间内完成运行也同样重要。

即使最精简版的中断服务程序,它也要与硬件进行交互,告诉该设备中断已被接收。但通常我们不给中断服务程序随意减负,相反地,需要依靠它完成大量的其他工作。例如网络设备的中断处理程序除了要对硬件应答,还要把来自硬件的网络数据包复制到内存,对其进行处理后再交给合适的协议栈或应用程序。显而易见,这种工作量不会太小,尤其对于千兆位每秒和万兆位每秒速率的以太网卡而言。

4. 上半部与下半部的对比

想让程序运行得快,又想让程序完成的工作量多,这两个目的显然有所矛盾。鉴于两个目的之间存在不可调和的矛盾,所以一般把中断处理切为两个部分或两半。中断处理程序是上半部(top half)——接收到一个中断,它就立即开始执行,但只做有严格时限的工作,例如对接收的中断进行应答或复位硬件,这些工作都是在所有中断被禁止的情况下完成的。能够被允许稍后完成的工作会推迟到下半部(bottom half)去。此后,在合适的时机,下半部会被中断执行。

以网卡作为例来考虑上半部和下半部的分割。当网卡接收流入网络的数据包时，需要通知内核数据包到了，网卡需要立即完成这件事，从而优化网络的吞吐量和传输周期，以避免超时。因此，网卡立即发出中断："嗨，内核，我这里有最新数据包了。"内核通过执行网卡已注册的中断处理程序来做出应答。中断开始执行，应答硬件，复制最新的网络数据包到内存，然后读取网卡中更多的数据包。这些都是重要的、紧迫而又与硬件相关的工作，在上半部中进行。处理和操作数据包的其他工作在随后的下半部中进行。

5. 注册中断处理程序

中断处理程序是管理硬件的驱动程序的组成部分。每一设备都有相关的驱动程序，如果设备使用中断，那么相应的驱动程序就注册一个中断处理程序。驱动程序可以通过下面的函数注册并激活一个中断处理程序，以便处理中断：

```
/* request_irq: 分配一条给定的中断线 */
int request_irq(unsigned int irq,irqreturn_t (* handler)(int,void *, struct pt_regs *),
    unsigned long irqflags,const char * devname,void *dev_id)
```

第一个参数 irq 表示分配的中断号。对于某些设备，如传统 PC 设备上的系统时钟或键盘，这个值通常是预先确定的。而对于大多数其他设备来说，这个值可以通过探测获取，或者通过编程动态确定。

第二个参数 handler 是一个指针，指向处理这个中断的实际处理程序。只要操作系统一接收到中断，该函数就被调用。要注意，handler 函数的原型是特定的——它接收 3 个参数，并有一个类型为 irqreturn_t 的返回值，本章随后的部分将讨论这个函数。

第三个参数 irqflags 可以为 0，也可能是下列一个或多个标志的位掩码：

(1) SA_INTERRUPT：此标志表明给定的中断处理程序是一个快速中断处理程序(fast interrupt handler)。过去，Linux 将中断处理程序分为快速和慢速两种。那些可以迅速执行但调用频率可能会很高的中断服务程序，会被贴上这样的标志。通常这样做需要修改中断处理程序的行为，使它们能够尽可能快地执行。现在，加不加此标志的区别只在于——在本地处理器上，快速中断处理程序在禁止所有中断的情况下运行。这使得快速中断处理程序能够不受其他中断干扰，得以迅速执行。而默认情况下(没有这个标志)，除了正运行的中断处理程序对应的那条中断线被屏蔽外，其他所有中断都是激活的。除了时钟中断外，绝大多数中断都不使用该标志。

(2) SA_SAMPLE_RENDOM：此标志表明这个设备产生的中断对内核熵池(entropy pool)有贡献。内核熵池负责提供从各种随机事件导出的真正的随机数。如果指定了该标志，那么来自该设备的中断间隔时间就会作为熵填充到熵池。如果你的设备以预知的速率产生中断(例如系统定时器)，或者可能受外部攻击者(例如联网设备)的影响，那么就不要设置这个标志。相反，有其他很多硬件产生中断的速率是不可预知的，所以都能成为一种较好的熵源。

(3) SA_SHIRQ：此标志表明可以在多个中断处理程序之间共享中断线。在同一个给定线上注册每个处理程序必须指定这个标志；否则，在每条线上只能有一个处理程序。有关共享中断处理器程序的更多信息将在下面的小节中提供。

第四个参数 devname 是与中断相关的设备的 ASCII 文本表示法。例如，PC 上键盘中断对应的这个值为“keyboard”。这些名字会被/proc/irq和/proc/interrupt文件使用，以便与用户通信。

第五个参数dev_id主要用于共享中断线。当一个处理程序需要释放时，dev_id将提供唯一的标志信息(cookie)，以便从共享中断处理程序中删除指定的那一个。如果没有这个参数，那么内核不可能知道在给定的中断线上到底要删除哪一个处理程序。如果无须共享中断线，那么将该参数赋为空值(NULL)就可以了，但是，如果中断线是被共享的，那么就必须传递唯一的信息。另外，内核每次调用中断处理程序时，都会把这个指针传递给它，中断处理程序都是预先在内核进行注册回调函数(callback function)，而不同的函数位于不同的驱动程序中，所以在这些函数共享一个中断线时，内核必须准确地为它们创造执行环境，此时就可以通过这个指针将有用的环境信息传递给它们。实践中往往会通过它传递驱动程序的设备结构：这个指针是唯一的，而且有可能在中断处理程序内及设备模式中用到。

request_irq()成功执行返回0。如果返回非0值，就表示有错误发生，在这种情况下，指定的中断处理程序不会被注册。最常见的错误是-EBUSY，它表示给定的中断线已经在使用(或者当前用户没有被指定SA_SHIRQ)。

注意，request_irq()函数可能会睡眠，因此，不能在中断上下文或其他不允许阻塞的代码中调用该函数。在睡眠不安全的上下文中调用request_irq()函数，是一种常见错误。造成这种错误的部分原因是为什么request_irq()会引起睡眠。在注册过程中，内核需要在/proc/irq文件中创建一个与中断对应的项。函数proc_mkdir()就是用来创建这个新的profs项的。proc_makedir()通过调用函数proc_create()对这个新的profs项进行设置，而proc_create()会调用函数kmalloc()来请求分配内存。

在一个驱动程序中请求一个中断线，并在通过request_irq()安装中断处理程序：

```
if (request_irq(irqn, my_interrupt , SA_SHIRQ,"my_device",dev)){
    printk(KERN_ERR "my_device: cannot register IRQ %d/n",irqn);
    return -EIO;
}
```

在这个例子中，irqn是请求的中断线，my_interrupt是中断处理程序，中断线可以共享，设备名为“my_device”，而且通过dev_id传递dev结构体。如果请求失败，那么这段代码将打印出一个错误并返回。如果调用返回0，则说明处理程序已经成功安装。此后，处理程序就会在响应该中断时被调用。有一点很重要，初始化硬件和注册中断处理的顺序必须正确，以防止中断处理程序在设备初始化完成之前就开始执行。如表9-4所示为中断注册方法表。

表9-4 中断注册方法表

函　数	描　述
request_irq()	在给定的中断线上注册一给定的中断处理程序
free_irq()	如果在中断线上没有中断处理程序则注销给定的处理程序，并禁用其中断线

6. 释放中断处理程序

卸载驱动程序时，需要注销相应的中断处理程序，并释放中断线。可以调用函数void free_irq(unsigned int irq, void * dev_id)来释放中断线。

如果指定的中断线不是共享的，那么，该函数删除处理程序的同时将禁用这条中断线。如果中断线是共享的，则仅删除 dev_id 所对应的处理程序，而这条中断线本身只有在删除了最后一个处理程序时才会被禁用。由此可以看出唯一的 dev_id 如此重要。对于共享的中断线，需要一个唯一的信息来区分其上面的多个处理程序，并非让 free_irq()仅仅删除指定的处理程序。不管在哪种情况下（共享或不共享），如果 dev_id 非空，它都必须与需要删除的处理程序相匹配。必须从进程上下文中调用 free_irq()。

9.4.2 ARM 体系程序的执行流程

在 ARM 体系中，通常有 3 种方式控制程序的执行流程：

(1) 在正常程序执行过程中，每执行一条 ARM 指令，程序计数器（PC）的值加 4 个字节；每执行一条 Thumb 指令，程序计数器寄存器（PC）的值加 2 个字节。整个过程按序执行。

(2) 通过跳转指令，程序可以跳到指定的地址标号处执行，或者跳到指定的子程序执行。

(3) 当异常中断发生时，系统执行完当前指令后，将跳转到相应的异常中断处理程序处执行。当异常中断处理程序执行完成后，程序返回到发生中断的指令的下一条指令处执行。在进入异常中断处理程序时，要保存被中断程序的执行现场，在从异常中断处理程序退出时，要恢复被中断程序的执行现场。

ARM 的异常中断共有 7 种，如表 9-5 所示。

表 9-5 ARM 异常中断表

异常中断名称	含　义
复位（reset）	当处理器的复位引脚有效时，系统产生复位异常中断，程序跳转到复位异常中断处理程序处执行。复位异常中断通常用在：①系统加电时。②系统复位时。③跳转到复位中断向量处执行，称为软复位
未定义的指令（undefined instruction）	当 ARM 处理器或者系统中的协处理器认为当前指令未定义时产生未定义指令异常中断
软件中断（software interrupt SWI）	这是一个用户定义的中断指令。可用于用户模式下的程序调用特权操作指令
指令预取中止（prefetch abort）	如果处理器预取的指令的地址不存在，或者该地址不允许当前指令访问，当该被预取的指令执行时，处理器产生指令预取中止异常中断
数据访问中止（data abort）	如果数据访问指令的目标地址不存在，或者该地址不允许当前指令访问，那么处理器产生数据访问中止异常中断
外部中断请求（IRQ）	当处理器的外部中断请求引脚有效，而且 CPSR 寄存器的 I 控制位被清除时，处理器产生外部中断请求异常中断。系统中各个外设通常通过该异常中断请求处理器的服务
快速中断请求（FIQ）	当处理器的外部快速中断请求引脚有效，而且 CPSR 寄存器的 F 控制位被清除时，处理器产生快速中断请求（FIQ）异常中断

9.4.3 ARM 处理器对异常中断的响应及返回过程

ARM 体系中，通常在存储地址的低端固化了一个 32 字节的硬件中断向量表，用来指定各异常中断及其处理程序的对应关系。当一个异常出现以后，ARM 微处理器会执行以下几步操作：

(1) 保存处理器当前状态、中断屏蔽位及各条件标志位。这通过将当前程序状态寄存器 CPSR 的内容保存到将要执行的异常中断对应的 SPSR 寄存器中实现。

(2) 设置当前程序状态寄存器 CPSR 中相应的位。包括：设置 CPSR 中的位，使处理器进入相应的执行模式；设置 CPSR 中的位，禁止 IRQ 中断。当进入 FIQ 模式时，禁止 FIQ 中断。

(3) 将寄存器 lr_mode 设置成返回地址。

(4) 将程序计数器(PC)值设置成该异常中断的中断向量地址，从而跳转到相应的异常中断处理程序处执行。

在接收到中断请求以后，ARM 处理器内核会自动执行以上 4 步，程序计数器 PC 总是跳转到相应的固定地址。从异常中断处理程序中返回，包括下面两个基本操作：

(1) 恢复被屏蔽的程序的处理器状态，即将 SPSR_mode 中的内容复制回 SPSR 中。

(2) 返回到发生异常中断的指令的下一条指令处继续执行，即将 lr_mode 中的内容复制回程序计数器 PC 中去。

当异常中断发生时，程序计数器 PC 所指的位置对于各种不同的异常中断是不同的，同样地，返回地址对于各种不同的异常中断也是不同的。例外的是，复位异常中断处理程序不需要返回，因为整个应用系统是从复位异常中断处理程序开始执行的。

下面介绍支持中断跳转的解析程序。

1. 解析程序的概念和作用

如前所述，ARM 处理器响应中断的时候，总是从固定的地址开始的，而在高级语言环境下开发中断服务程序时，无法控制固定地址开始的跳转流程。为了使得上层应用程序与硬件中断跳转联系起来，需要编写一段中间的服务程序来进行连接。这样的服务程序常被称作**中断解析程序**。

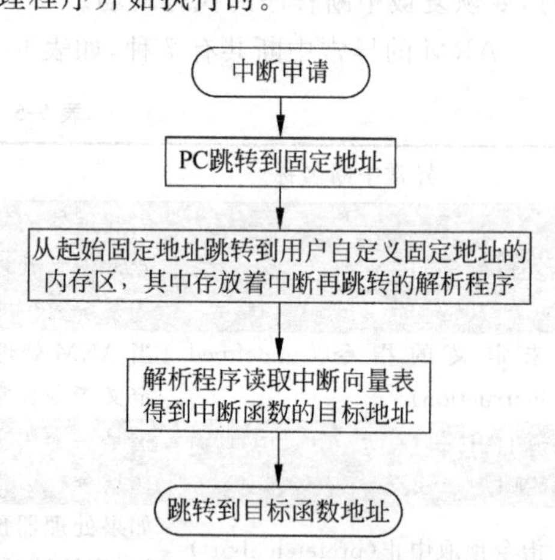

图 9.11 中断跳转流程

每个异常中断对应一个 4 字节的空间，正好放置一条跳转指令或向 PC 寄存器赋值的数据访问指令。理论上可以通过这两种指令直接使得程序跳转到对应的中断处理程序中去。但实际上由于函数地址值为未知及其他一些问题，并不这么做。这里给出一种常用的中断跳转流程，如图 9.11 所示。这个流程中的关键部分是中断向量表，为了让解析程序能找到向量表，应该将向量表的地址固定化。这样，整个跳转流程的所有程序地址都是固定的，当中断触发后，就可以自动运行。其中，只有向量表的内容是可变的，只要在向量表中填入正确的目标地址值就可以了。这使得上层中断处理程序和底层硬件跳转有机地联系起来。

2. 解析过程示例

以一次 IRQ 跳转为例，假定中断向量表定义在 0x00400000 开始的外部 RAM 空间，图 9.12 中的流程都用 ARM 汇编语言编写，一般作为 boot 代码的一部分放在系统的底层模块中。填写向量表的操作可以在上层应用程序中方便地实现,例如在 C 语言中:*(int *(0x00400018))=(int)ISR_IRQ;这样就将 IRQ 中断的服务程序入口地址(0x00300260)填写到中断向量表中的固定地址 0x00400018 开始的 4 字节空间中。如此一来,就可避免在应用程序中计算中断的跳转地址,并且可以很方便地选择不同的函数作为指定中断的服务程序。当然,在程序开发时要合理开辟好向量表,避免对向量表地址空间不必要的写操作。

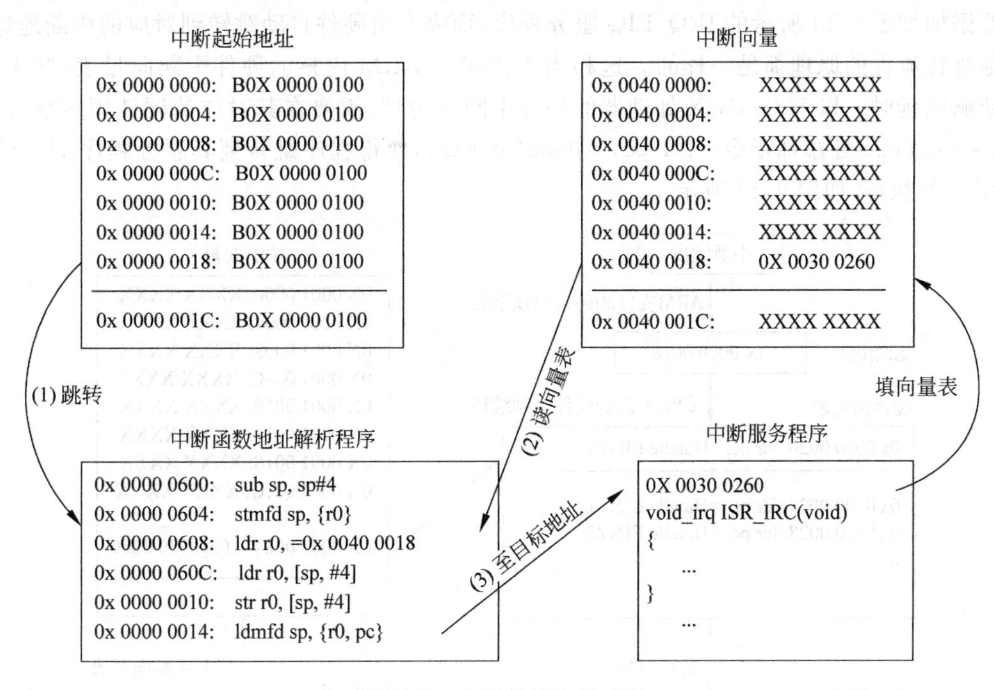

图 9.12 中断解析示例流程

3. 解析程序的扩展

众所周知,在 ARM 处理器中会包含很多中断源,通常会在 ARM 内核外面扩展一个中断控制器来管理由各种原因产生的中断。例如,三星公司的 S3C4510B 处理器中的 IRQ/FIQ 类型的中断源可以有 21 个,S3C44B0X 有 26 个。这时候中断处理的原理还是类似的,无非是向量表更长,并且当一个中断触发以后,需要在解析程序里查询中断控制器的状态来确定具体的中断源,再根据中断源来读取向量表中的对应地址内容,其处理流程可用图 9.13 所示。

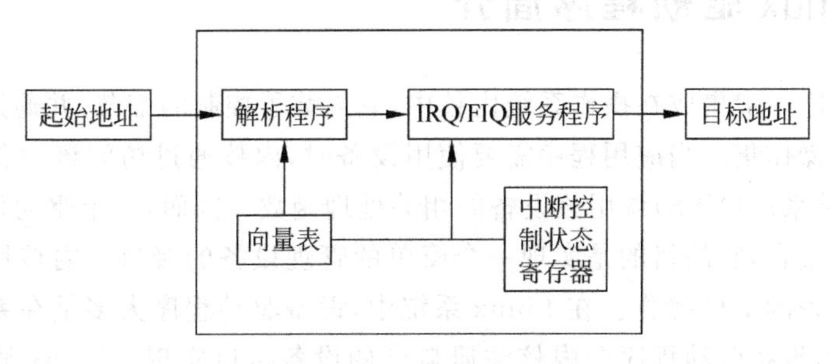

图 9.13 中断解析的扩展

相比于图 9.12,图 9.13 中多了一级的跳转,也就是在第一次解析跳转到 IRQ/FIQ 服务程序中后,再进行第二次解析——中断源的识别。

4. 向量中断的处理

一些处理器在设计外扩的中断控制器时提供了一种叫做“向量中断”的中断跳转机制。这与前文叙述的扩展解析跳转流程有所不同,它不需要软件来识别具体的中断源,也就是不需要添加如图 9.14 所示的 IRQ/FIQ 服务程序,而完全由硬件自动跳转到对应的中断地址。其他跳转流程的原理都是一样的。这相当于扩展了 ARM 内核的硬件中断向量表,减小了中断响应延时。以 S3C44B0X 处理器的外部中断 0 为例,需要在其对应的硬件固定跳转地址 0x00000020 处添加指令: ldr pc, = Handler EINT,使得程序跳转到其服务程序 Handler EINT0 处执行,如图 9.14 所示。

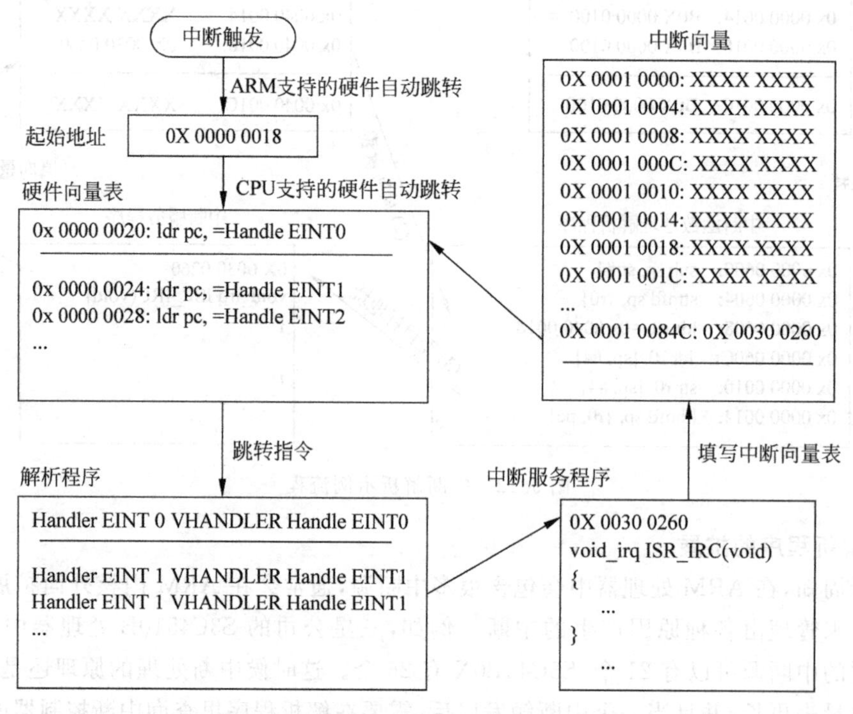

图 9.14 中断解析的扩展

9.5 Linux 驱动程序简介

设备驱动程序一般集成在操作系统内核中,它封装了控制的细节,并通过一个特殊的接口输出一个经典操作集。当应用程序需要使用设备时,内核通过访问该设备对应的文件节点,利用虚拟文件系统(VFS)调用该设备的相关处理函数。因而,一个驱动程序就是一个函数和数据结构的集合,它的目的是实现一个简单的管理设备的接口。内核用这个接口请求驱动程序控制设备的 I/O 操作。在 Linux 系统中,设备驱动程序大多是在系统启动的时候初始化的。此时,设备驱动程序向内核注册自己的设备接口实现。Linux 则允许设备驱动程序以 module(模块)机制实现。这样就可以在装入 module 时注册设备接口实现,而不必非要在启动时注册。在 Linux 中，对于应用程序来讲，对设备的操作就像对文件操作一样方便，因为 Linux 采用了分层封装的方法向上层提供了一种通用的文件系统接口。如图 9.15 所示为 Linux 设备驱动的分层结构示意图。

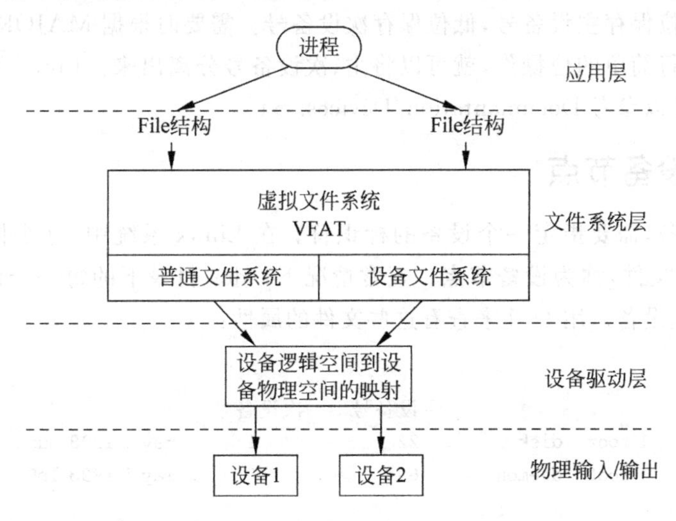

图 9.15　设备驱动分层结构图

9.5.1　设备的分类

Linux 支持 3 种不同类型的设备：字符设备(character devices)、块设备(block devices)和网络接口(network interfaces)。

字符设备以字节为单位进行数据处理，一般不使用缓存技术。大多数字符设备仅仅是数据通道，只能按顺序读/写(但是也有些字符设备可以实现随机读/写)。典型的字符设备有鼠标、键盘、I/O 设备等。字符设备驱的源码一般在目录 drivers/char 中。

块设备数据可以按可寻址的块为单位进行处理，块的大小通常为 512B 到 32 KB 不等。大多数块设备允许随机访问，而且常常采用缓存技术。块设备有硬盘、光盘驱动器等。文件系统一般都要求能随机访问，因此通常采用块设备。

网络接口用于网络通信，可能针对某个硬件，如网卡或纯软件，如 loopback。网络接口只是面向数据包而不是数据流，所以内核的处理也不同，没有映射成任何设备文件，而是按照 UNIX 标准给它们分配一个唯一的名字。

9.5.2　设备号

传统方式的设备管理中，除了设备类型(字符设备或块设备)以外，内核还需要一对参数(主、次设备号)，才能唯一标识设备。主设备号(major number)用于标识设备对应的驱动程序，主设备号相同的设备使用相同的设备驱动程序。Linux 有关各方面已就一些典型设备的主设备号达成了一致。例如，串口的主设备号是 3，并口的主设备号是 6。文件 include/linux/major.h 提供了当前正在使用的 Linux 发布中的全部主设备号的清单。次设备号(minor number)是一个 8 位数，用来区分具体设备的实例(instance)。例如，同一台机器上的两个 IDE 硬盘有相同的主设备号 3，但是第 1 个的次设备号为 0，而第 2 个次的设备号为1。

设备操作宏：MAJOR()和MINOR()可分别用来获取主设备号和次设备号，MKDEV()则用来根据主、次设备号合成设备号(dev number)。这些宏均定义在文件 includelinux/kdev_t.h 中。设备号的高位保存主设备号，低位保存次设备号。需要时根据 MAJOR()和 MINOR()这两个宏对其进行简单的位操作，就可以将主、次设备号分离出来。Linux 系统中对于设备号的分配原则，可以参考 Documentation/Devices.txt。

9.5.3 设备节点

访问一个设备，需要指定一个设备的标识符。在 Linux 系统中，这个标识符一般是位于/dev 目录下的文件，称为**设备节点**。正常情况下，/dev 目录下的每一个设备节点对应一个设备(包括虚拟设备)，用 ls -l 来查看这些文件的属性：

```
$ls - l /dev
…                                     主设备号    次设备号
brw - rw ----   1 root   disk          22          1       may 5 1998 hdc1
crw - rw ----   1 root   daemon        6           0       may 5 1998 lp0
$
```

可以用 b 或 c 来标识块设备还是字符设备的，数字 22 和 6 分别表示它们的主设备号，1 和 0 分别表示它们的次设备号。设备节点除了可以由设备驱动程序创建外，还可以手动通过 mknod 命令创建。mknod 的语法如下：

```
mknod  name type    major  minor
```

可以用 mknod 在系统的任何地方创建设备节点，但是一般在/dev 目录下创建。

9.5.4 用户空间和内核空间

Linux 运转在两种模式下：内核模式和用户模式。内核模式对应于内核空间，用户模式对应于用户空间。驱动程序同样于对应内核空间，所以普通的应用程序不能直接访问，这时候需要把内核空间的数据通过 copy_to_user 传递给用户空间。同样地，可以通过 copy_from_user 把用户空间的数据传递给内核空间。

9.6 Linux 模块化机制

9.6.1 Linux 的模块化

操作系统内核可以分为两大设计阵营：单内核和微内核(第三阵营为外内核，主要用在科研系统中，但也逐渐在现实世界中壮大起来)。Linux 是一个单内核操作系统，如图 9.16 所示，也就是说，它是一个独立的大程序，其所有的内核功能构件均可访问任何一个内部数据结构和例程。

单内核是两大阵营中一种较为简单的设计，在 1980 年之前，所有的内核都设计成单内核。所谓单内核就是把它从整体上作为一个单独的大过程来实现，并同时运行在一个单独的地址空间。因此，这样的内核通常以单个静态二进制文件的形式存放于磁盘。所有内核

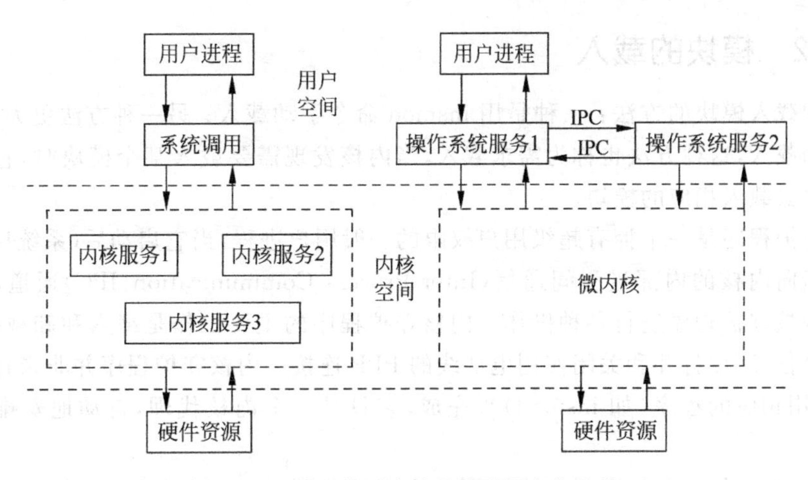

图 9.16 单一体系内核结构和微内核结构

服务都在这样的一个大内核空间中运行。内核之间的通信都是微不足道的，因为大家都运行在内核态，并身处同一地址空间：内核可以直接调用函数，这与用户空间没有什么区别。这种模式的支持者认为单模块具有简单和高性能的特点。大多数 UNIX 系统都设计为单模块。

另一方面，微内核并不作为一个单独的大过程来实现。相反地，微内核的功能被划分为独立的过程，每个过程叫做一个服务器。理想情况下，只有强烈请求特权服务的服务器才运行在特权模式下，其他服务器都运行在用户空间。不过，所有的服务器都保持独立并运行在各自的地址空间。因此，就不可能像单模块内核那样直接调用函数，而是通过消息传递处理微内核通信：系统采用了进程间通信(IPC)机制，因此，各种服务器之间通过 IPC 机制互通消息，互相“服务”。服务器的各自独立有效地避免了一个服务器的失效“祸及”另一个。

Linux 是一个单内核，也就是说，Linux 内核运行在单独的内核地址空间。不过，Linux 汲取了微内核的精华，其引以为傲的是：模块化设计、抢占式内核、支持内核线程以及动态装载内核模块的能力。不仅如此，Linux 还避免其微内核设计上性能损失的缺陷，让所有程序都运行在内核态，直接调用函数无须消息传递。至今，Linux 是模块化的、多线程的以及内核本身可调度的操作系统。

在 Linux 中可针对用户需要，动态地载入和卸载操作系统构件。Linux 模块是一些代码的集成，可以在启动系统后动态链接到内核的任一部分，当不再需要这些模块时，又可随时断开链接并将其删除。Linux 内核模块通常是一些设备驱动程序、伪设备驱动程序(如网络驱动程序)或文件系统。对于 Linux 的内核模块，可以用 insmod 或 rmmod 命令显式地载入或卸载，或由内核在必要时调用内核守护程序(kerneld)进行载入和卸载。进行动态载入工作的代码非常有效，它将内核大小最小化，并增加内核灵活性。当调试一个新内核时，模块也非常有用，通过对它的动态载入即可省去每次的重建和重启内核工作。当然，有利必有弊，使用模块将降低一些系统性能并消耗一部分内存空间，因为载入模块额外多出一些代码和数据结构，并会间接地降低访问内核资源的效率。一旦 Linux 模块载入后，就与内核其他部分没什么区别了，它会拥有同样的权利和义务，换句话说，它也能像核心代码或设备驱动程序一样使内核崩溃。

9.6.2 模块的载入

有两种载入模块的方法：一种是用 insmod 命令手动载入；另一种方法更为灵活，是在需要时自动载入，这种方法也称为需求载入，当内核发现需要载入某个模块时，它会要求内核守护程序去载入相应的模块。

内核守护程序是一个拥有超级用户权限的一般用户进程，当它启动后（系统启动时），会打开一个指向内核的内部进程间通信（Inter-Process Communication，IPC）通道，内核用该通道通知内核守护程序进行各种操作。内核守护程序的主要工作是载入和卸载模块，它也做其他一些任务，如打开和关闭使用电话线的 PPP 连接。内核守护程序并非亲自做这些工作，而是调用相应的程序（如 insmod）来完成，它只是一个内核代理，自动地安排调度各项工作。

insmod 工具在加载之前，先要打开欲加载的内核模块，需要时才把被加载的模块保存在/lib/modules/kernel-version 中，内核模块其实是一些链接的对象文件，与系统中其他程序是一样的，只不过它们是作为重分配的映像被链接的，也就是说，它们并非从一特定地址开始运行。内核模块可以是 a.out 或 elf 格式的对象文件，insmod 要进行一次系统调用来查找内核导出符号，这些符号保存在符号名值对中。内核维护了一张模块表，模块表中第一个模块的数据结构内有内核导出符号表，module_list 指针指向该符号表。只有特定的符号被加入到符号表中，并在编译和链接内核时创建，并非所有内核中的符号都导出到其模块上。“request_irq”就是一个符号，当一个驱动程序希望控制特定的系统中断时，就要调用该内核例程，通过查看/proc/ksyms 文件或使用 ksyms 工具，可以很方便地看到导出内核符号的名和值，ksyms 工具能显示出所有的导出内核符号或仅仅被已载入模块所导出的符号。Insmod 将模块读入虚存中，然后利用内核中的导出符号解决模块对内核进程的引用问题，解决方法是在内存中对模块映像进行修补：fnsmod 把符号地址物理地写入模块的相应位置中。

解决了模块对导出内核符号的引用问题之后，insmod 通过系统调用为新的内核申请足够的空间，内核即为该模块分配一个新的模块数据结构和足够的核心内存空间，并将其加到内核模块表尾。可以用 lsmod 命令列出所有已载入的模块及其相互的依赖关系，lsmod 只是简单地重新组织一下/proc/modules 文件，该文件是通过内核模块数据结构表创建的，它在内存中的地址被映射到了 insmod 进程的地址空间中，便于该进程对它的访问。insmod 把模块复制到为其分配的空间中，并重定位该模块，这样它就可以从内核地址上开始运行了。若一个模块在一个系统中需要载入两次时，为避免这两次载入拥有同一个地址，这种处理是必须的，由于这种重定位，则需用相应的地址对模块映像进行修补。

新模块也要向内核导出符号，insmod 将会为这些模块映像建立一张表，每一个内核模块必须包括模块初始化和清除例程，对于未导出符号的模块，insmod 必须知道其地址以便告知内核。若一切正常，insmod 即开始初始化模块，并通过系统调用将模块的初始化和清除例程地址交给内核。

新模块加入内核后，必须刷新内核字符并修改正在被其使用的模块。被其他模块引用的模块应维护一张引用表，该表在它们的符号表尾部，并可通过 module 数据结构中的指针访问该表。内核会调用模块的初始化例程，若调用成功，将继续安装该模块，模块的清除例程地址保存在其 module 数据结构中，核心卸载模块时将调用该例程，最后，置模块状态为 RuNNING。

9.6.3 模块的卸载

可以用 rmmod 命令卸载模块，但对于需要时载入类型的模块，当其不再需要时，会由 kerneld 自动将其从系统中删除。每次空闲定时器超时，kerneld 都会利用系统调用来要求将所有当前未被使用的需要时载入类型的模块删除，定时器的值是在启动 kerneld 时设定的。

若一个模块正被其他内核构件使用，则不能将其卸载。例如，当安装了一个或多个 VFAT 文件系统之后，是无法卸载 VFAT 模块的，看一下 lsmod 的输入，会发现每个模块有一个与其相关的计数，例如：该计数是针对使用该模块的内核实体的。上例中，vfat 和 msdos 模块都要使用 fat 模块，因此 fat 模块的计数值是 2；由于各有一个安装(mount)的文件系统使用 vfat 和 msdos，因此它们的计数值是 1，若再载入一个 VFAT 文件系统，vfat 模块的计数值就变成 2。模块在其映像的第 1 个 long word(长字)中保存其计数值。

计数域是轻度重载的，因为该域也用以保存 AUTO CLEAN 和 VISITED 标志，这两种标志都是指需要时载入类型的模块。有其他系统组件使用某个模块时，其标志就为 VISITED。每当 kerneld 通知系统删除不再使用的模块时，系统都要搜索所有模块，以找到可能的删除模块，这样的查找结果是那些状态为 RUNNING 并且标志为 AUTO CLEAN 的模块，这些模块中 VISITED 标志已清除的模块被删除，其他的模块则清除它们的 VISITED 标志。

假定一个模块可被卸载，则会调用它的清除例程以释放其占用的内核资源，它的 module 数据结构标记为 DELETED(删除)并从内核模块链中将其删除，其他所有被该模块使用的模块都要修改它们的引用表，表明不再被它使用，还要释放掉为它分配的内存。

9.7 ARM-Linux 系统启动与初始化

从第 7 章对 BootLoader 的介绍中可以得知：操作系统内核是由 BootLoader 加载到 RAM 并执行的。BootLoader 将内核加载到 RAM 以后，只是系统启动初始化的第一步，当经过内核的搬运等操作以后，便开始执行 start_kernel()函数(所在目录树为/init/main.c)，从而进入系统的初始化阶段。

9.7.1 内核数据结构的初始化

在 start_kernel()函数中，通过调用一系列函数，来对内核本身进行初始化。可以通过分析该函数的源代码来看一下在初始化过程中该函数所做的主要工作。以下是 start_kernel()函数如源码清单 9-9：

源码清单 9-9

```
asmlinkage void __init start_kernel(void)
{
    char * command_line;
```

```
extern struct kernel_param __start___param[], __stop___param[];
smp_setup_processor_id();
/*
 * Need to run as early as possible, to initialize the
 * lockdep hash:
 */
unwind_init();
lockdep_init();
local_irq_disable();
early_boot_irqs_off();
early_init_irq_lock_class();
/*
 * Interrupts are still disabled. Do necessary setups, then
 * enable them
 */
lock_kernel();
boot_cpu_init();
page_address_init();
printk(KERN_NOTICE);
printk(linux_banner);
setup_arch(&command_line);
unwind_setup();
setup_per_cpu_areas();
smp_prepare_boot_cpu();        /* arch-specific boot-cpu hooks */
/*
 * Set up the scheduler prior starting any interrupts (such as the
 * timer interrupt). Full topology setup happens at smp_init()
 * time - but meanwhile we still have a functioning scheduler.
 */
sched_init();
/*
 * Disable preemption - early bootup scheduling is extremely
 * fragile until we cpu_idle() for the first time.
 */
preempt_disable();
build_all_zonelists();
page_alloc_init();
printk(KERN_NOTICE "Kernel command line: %s\n", saved_command_line);
parse_early_param();
parse_args("Booting kernel", command_line, _start_param,_stop_param - _start_param,
        &unknown_bootoption);
if (!irqs_disabled()) {
    printk(KERN_WARNING "start_kernel(): bug: interrupts were "
        "enabled *very* early, fixing it\n");
    local_irq_disable();
}

sort_main_extable();
trap_init();
rcu_init();
init_IRQ();
```

```
    pidhash_init();
    init_timers();
    hrtimers_init();
    softirq_init();
    timekeeping_init();
    time_init();
    profile_init();
    if (!irqs_disabled())
        printk("start_kernel(): bug: interrupts were enabled early\n");
    early_boot_irqs_on();
    local_irq_enable();
    /*
     * HACK ALERT! This is early. We're enabling the console before
     * we've done PCI setups etc, and console_init() must be aware of
     * this. But we do want output early, in case something goes wrong.
     */

    console_init();
    if (panic_later)
        panic(panic_later, panic_param);
    lockdep_info();
    /*
     * Need to run this when irqs are enabled, because it wants
     * to self-test [hard/soft]-irqs on/off lock inversion bugs
     * too:
     */
    locking_selftest();
#ifdef CONFIG_BLK_DEV_INITRD
    if (initrd_start && !initrd_below_start_ok &&
            initrd_start < min_low_pfn << PAGE_SHIFT) {
        printk(KERN_CRIT "initrd overwritten (0x%08lx < 0x%08lx) - "
            "disabling it.\n",initrd_start,min_low_pfn << PAGE_SHIFT);
        initrd_start = 0;
    }
#endif
    vfs_caches_init_early();
    cpuset_init_early();
    mem_init();
    kmem_cache_init();
    setup_per_cpu_pageset();
    numa_policy_init();
    If (late_time_init)
        late_time_init();
    calibrate_delay();
    pidmap_init();
    pgtable_cache_init();
    prio_tree_init();
    anon_vma_init();
#ifdef CONFIG_X86
    if (efi_enabled)
        efi_enter_virtual_mode();
```

```
#endif
    fork_init(num_physpages);
    proc_caches_init();
    buffer_init();
    unnamed_dev_init();
    key_init();
    security_init();
    vfs_caches_init(num_physpages);
    radix_tree_init();
    signals_init();
    /* rootfs populating might need page-writeback */
    page_writeback_init();
#ifdef CONFIG_PROC_FS
    proc_root_init();
#endif
    cpuset_init();
    taskstats_init_early();
    delayacct_init();
    check_bugs();
    acpi_early_init(); /* before LAPIC and SMP init */
    /* Do the rest non-__init'ed, we're now alive */
    rest_init();
}
```

以下对该函数的初始化流程中运行的主要函数进行详细分析。

(1) page_address_init()对页面地址进行初始化(所在目录树为/mm/highmem.c);

(2) printk(linux_banner)的功能是打印内核标题信息(所在目录树为/init/version.c);

(3) setup_arch()是对特定的体系结构进行初始化设置(所在目录树为/arch/arm/kernel/setup.c),例如MMU以及I/O资源的初始化。对内存的初始化是通过调用函数paging_init()来实现的,下面的源代码是paging_init()函数的定义(所在目录树为/arch/arm/mm/init.c)如源码清单9-10:

源码清单 9-10

```
/*
 * paging_init() sets up the page tables, initialises the zone memory
 * maps, and sets up the zero page, bad page and bad page tables.
 */
void __init paging_init(struct meminfo *mi, struct machine_desc *mdesc)
{
    void *zero_page;
    int node;
    memcpy(&meminfo, mi, sizeof(meminfo));
    /*
     * allocate the zero page. Note that we count on this going ok.
     */
    zero_page = alloc_bootmem_low_pages(PAGE_SIZE);
    /*
     * initialise the page tables.
     */
```

```
memtable_init(mi);
if (mdesc->map_io)
    mdesc->map_io();
flush_cache_all();
flush_tlb_all();
/*
 * initialise the zones within each node
 */
for (node = 0; node < numnodes; node++) {
    unsigned long zone_size[MAX_NR_ZONES];
    unsigned long zhole_size[MAX_NR_ZONES];
    struct bootmem_data *bdata;
    pg_data_t *pgdat;
    int i;
    /*
     * Initialise the zone size information.
     */
    for (i = 0; i < MAX_NR_ZONES; i++) {
        zone_size[i] = 0;
        zhole_size[i] = 0;
    }
    pgdat = NODE_DATA(node);
    bdata = pgdat->bdata;
    /*
     * The size of this node has already been determined.
     * If we need to do anything fancy with the allocation
     * of this memory to the zones, now is the time to do
     * it.
     */
    zone_size[0] = bdata->node_low_pfn - (bdata->node_boot_start >> PAGE_SHIFT);
    /*
     * If this zone has zero size, skip it.
     */
    if (!zone_size[0])
        continue;
    /*
     * For each bank in this node, calculate the size of the
     * holes. holes = node_size - sum(bank_sizes_in_node)
     */
    zhole_size[0] = zone_size[0];
    for (i = 0; i < mi->nr_banks; i++) {
        if (mi->bank[i].node != node)
            continue;
        zhole_size[0] -= mi->bank[i].size >> PAGE_SHIFT;
    }
    /*
     * Adjust the sizes according to any special
     * requirements for this machine type.
     */
    arch_adjust_zones(node, zone_size, zhole_size);
    free_area_init_node(node, pgdat, 0, zone_size,
```

```
        bdata->node_boot_start, zhole_size);
    }
    /*
     * finish off the bad pages once
     * the mem_map is initialised
     */
    memzero(zero_page, PAGE_SIZE);
    empty_zero_page = virt_to_page(zero_page);
    flush_dcache_page(empty_zero_page);
}
```

对主要函数分析如下：

(1) setup_per_cpu_areas()函数对SMP环境下的内存范围进行设置；

(2) sched_init()函数对调度进行初始化，在/kernel/sched.c有详细的调度算法描述；

(3) build_all_zonelists()函数对所有node的node_zonelists进行构建；

(4) page_alloc_init()函数对页分配进行初始化；

(5) parse_early_param()函数对命令行进行解析；

(6) trap_init()和init_IRQ()函数对系统的中断机制进行初始化；

(7) pidhash_init()函数对pid的散列表进行初始化；

(8) init_timers()函数对计时器进行初始化；

(9) time_init()函数对系统时间进行初始化；

(10) console_init()函数负责对控制台进行初始化；

(11) mem_init()函数对内存管理进行初始化；

(12) kmem_cache_init()函数对内核cache进行初始化；

(13) rest_init()开辟内核线程init，调用unlock_kernel，建立内核运行的cpu_idle环境。

当start_kernel()运行结束后，基本的内核环境便已经建立起来了。

9.7.2 外设初始化

init()函数(所在目录树为/init/main.c)作为核心线程，首先锁定内核(仅对SMP机器有效)，然后调用do_basic_setup()完成外设及其驱动程序的加载和初始化。过程如下：

(1) 总线初始化(例如pci_init())；

(2) 网络初始化(初始化网络数据结构，包括sk_init()、skb_init()和proto_init()三部分，在proto_init()中，将调用protocols(协议)结构中包含的所有协议的初始化过程sock_init())；

(3) 创建bdflush核心线程(bdtlush()过程常驻核心空间，由核心唤醒来清理被写过的内存缓冲区，当bdflush()由kernel_thread()启动后，它将自己命名为kflushd)；

(4) 创建kupdate核心线程(kupdate()过程常驻核心空间，由核心按时调度执行，将内存缓冲区中的信息更新到磁盘中，更新的内容包括超级块和inode表)；

(5) 设置并启动核心调页线程kswapd(为了防止kswapd启动时将版本信息输出到其他信息中间，核心线程调用kswapd_setup()设置kswapd运行所要求的环境，然后再创建kswapd核心线程)；

(6) 创建事件管理核心线程(start_context_thread()函数启动context_thread()过程，

并重命名为 keventd)；

(7) 设备初始化(包括并口 parport_init()、字符设备 chr_dev_init()、块设备 blk_dev_init()、SCSI 设备 scsi_dev_nit()、网络设备 net_dev_init()、磁盘初始化及分区检查等，device_setup())；

(8) 执行文件格式设置(binfmt_setup())；

(9) 启动任何使用_initcall 标识的函数(方便核心开发者添加启动函数，do_initcalls())；

(10) 文件系统初始化(filesystem_setup())；

(11) 安装 root 文件系统(mount_root())；

(12) 至此，do_basic_setup()函数返回 init()，再释放启动(free_initmem())并给内核解锁以后，init()打开/dev/console 设备，重定向 stdin、stdout 和 stderr 到控制台，最后，搜索文件系统中 init 程序(或者由 init=命令行参数指定的程序)，并使用 execve()系统调用加载执行 init 程序。

init()函数到此结束，内核的引导部分也到此结束了，这个由 start_kernel()创建的第一个线程已经成为一个用户模式下的进程了。此时，系统中存在着 6 个运行实体：

(1) start_kernel()本身所在的执行体，这其实是一个手工创建的线程，它在创建了 init()线程以后就进入 cpu_idle()循环了，它不会在进程(线程)列表中出现；

(2) init 线程，由 start_kernel()创建，当前处于用户态，加载了 init 程序；

(3) kflushd 核心线程，由 init 线程创建，在核态运行 bdflush()函数；

(4) kupdate 核心线程，由 init 线程创建，在核态运行 kupdat()函数；

(5) kswapd 核心线程，由 init 线程创建，在核态运行 kswapd()数；

(6) keventd 核心线程，由 init 线程创建，在核态运行 context_ thread()函数。

9.7.3 init 进程和 linittab 文件

从上一节可以看出，一旦 do_basic_setup()执行完毕返回 init()函数以后，init()函数将加载 init 文件，使其执行，从而生成了 init 进程。所以，init 进程是内核在完成核内引导以后，在本线程(进程)空间内加载的，它是系统所有进程的起点，它的进程号是 1。

init 程序在执行过程中，将会读取/etc/inittab 文件，作为其行为指针，inittab 是以行为单位的描述性(非执行性)文本，每一个指令行都具有以下格式：

```
id: runlevel: action: process
```

其中，id 为入口标识符，runlevel 为运行级别，action 为动作代号，process 为具体的执行程序。

id 一般要求 4 个字符以内，对于 getty 或其他 login 程序项，要求 id 与 tty 的编号相同，否则 getty 程序将不能正常工作。runlevel 是 init 所处于的运行级别的标识，一般使用数字 0～6 及 S 或 s 表示。0、1、6 运行级别被系统保留，0 作为 shutdown 动作，1 作为重启至单用户模式，6 为重启；S 和 s 意义相同，表示单用户模式，且无须 inittab 文件，因此也不在 inittab 中出现。实际上，进入单用户模式时，init 直接在控制台(/dev/console)上运行/sbin/sulogin。

大部分系统实现中，都使用了 2、3、4、5 几个级别。一般来说，2 表示无 NFS 支持的多用户模式；3 表示完全多用户模式(也是最常用的级别)；4 保留给用户自定义；5 表示 XDM 图形登录方式。7～9 级别也是可以使用的，但是传统的 UNIX 系统没有定义这几个级别。runlevel 可以是并列的多个值，以匹配多个运行级别。对大多数 action 来说，仅当 runlevel 与当前运行级别匹配成功才会执行。

initdefault 是一个特殊的 action 值，用于标识默认的启动级别；当 init 由核心激活以后，它将读取 inittab 中的 initdefault 项，取得其中的 runlevel，并作为当前的运行级别。如果没有 inittab 文件，或者其中没有 initdefault 项，init 将在控制台上请求输入 runlevel。

sysinit、boot、bootwait 等 action 将在系统启动时无条件运行，而忽略其中的 runlevel，其余的 action(不含 initdefault)都与某个 runlevel 相关。各个 action 的定义在 inittab 的 man 手册中有详细的描述。

以下列举了 inittab 在一般情况下都会有的几项：

(1) id：3：initdefault 表示当前默认运行级别为 3；

(2) si：：sysinit：/etc/rc.d/rc.sysinit 表示启动时自动执行/etc/rc/d/rc.sysinit 脚本；

(3) 13：3：wait：/etc/rc.d/rc3 表示当运行级别为 3 时，以 3 为参数运行/etc/rc.d/rc 脚本，init 将等待其返回；

(4) 0：12345：respawn：/sbin/mingetty tty0 表示在 1～5 各个级别上以 tty0 为参数执行/sbin/mingetty 程序，打开 tty0 终端用于用户登录，如果进程退出，则再次运行 mingetty 程序；

(5) x：5：respawn：/usr/bin/X11/xdm -nodaemon 表示在级别 5 上运行 xdm 程序，提供 xdm 图形方式登录界面，并在退出时重新执行。

9.7.4 rc 启动脚本

init 进程在运行的过程中将启动运行 rc 脚本。一般情况下，rc 启动脚本都位于/etc/rc.d 目录下，rc.sysinit 中最常见的动作就是激活交换分区、检查磁盘、加载硬件模块，这些动作无论哪个运行级别都是需要优先执行的。仅当 rc.sysinit 执行完以后 init 才会执行其他的 boot 或 bootwait 动作。

如果没有其他 boot、bootwait 动作，在运行级别 3 下，/etc/rc.d/rc 将会得到执行，命令行参数为 3，即执行/etc/rc.d/rc3.d/目录下的所有文件。rc3.d 下的文件都是指向/etc/rc.d/init.d/目录下各个 Shell 脚本的符号连接，而这些脚本一般能接受 start、stop、restart、status 等参数。rc 脚本以 start 参数启动所有以 s 开头的脚本，在此之前，如果相应的脚本也存在以 K 开头的链接，而且已经处于运行态了(以/vai/lock/subsys/下的文件作为标志)，则将首先启动 K 开头的脚本，以 stop 作为参数停止这些已经启动了的服务，然后再重新运行。显然，这样做的直接目的就是当 init 改变运行级别时，所有相关的服务都将重启，即使是同一个级别的。

9.7.5 shell 的启动

如果 login 的用户在级别 3 以下，系统将启动一个用户指定的 shell，例如/bin/bash。bash 是 Bourne Shell 的 GNU 扩展，除继承了 sh 的所有特点以外，还增加了很多特性和功能。由 login 启动的 bash 是作为一个登录 shell 启动的，它继承了 getty 设置的 TERM、PATH 等环境变量，其中 Path 对于普通用户来说，它的路径为"/bin：/usr/bin：/usr/

local/bin"，但是，对于 root 用户有所不同，它的路径是"/sbin: /bin: /usr/sbin: /usr/bin"。作为登录 shell，它将首先寻找/etc/profile 脚本文件，并执行它；然后如果存在～/.bash_profile，则执行它，否则执行～/.bash_login，如果该文件也不存在，则执行/.profile 文件。然后 bash 将作为一个交互式 Shell 执行～/.bashrc 文件（如果存在），很多系统中，～/.bashrc 都将启动/etc/bashrc 作为系统范围内的配置文件。

当显示出命令行提示符的时候，整个启动过程就结束了。此时的系统，运行着：内核、几个核心线程、init 进程，以及一批由 rc 启动脚本激活的守护进程（如 inetd 等）和一个 bash 作为用户的命令解释器。

至此 Linux 已真正控制了整个系统。如图 9.17 所示为 ARM 系统启动过程的流程示意图。

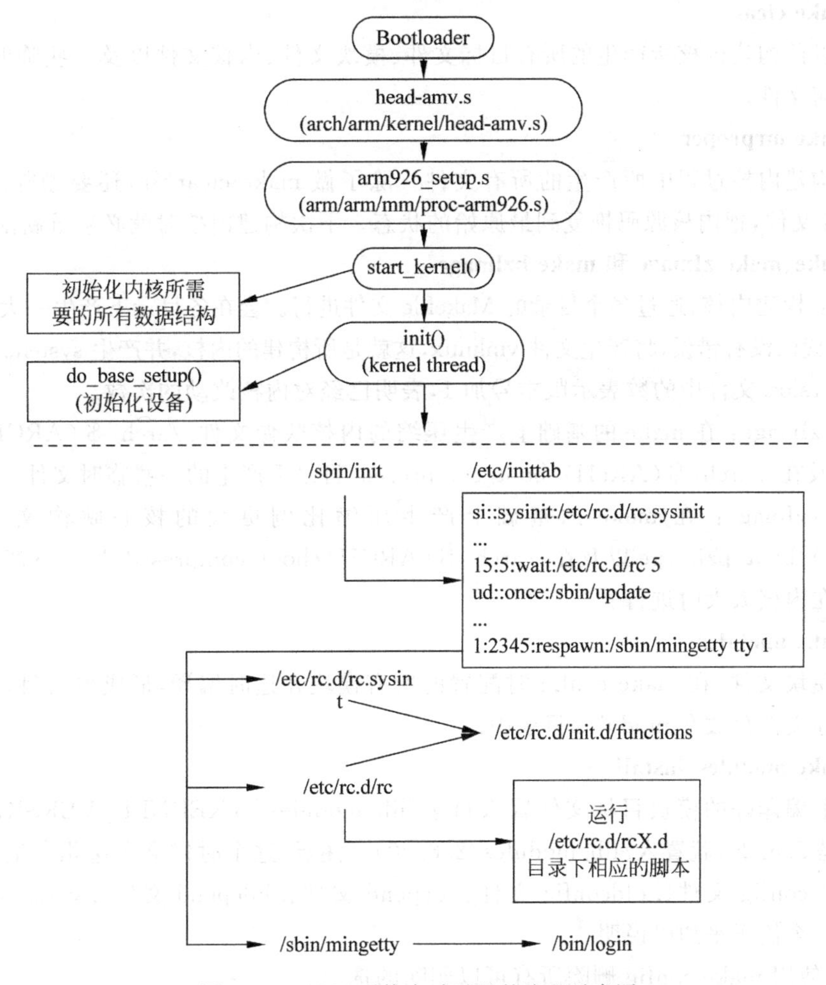

图 9.17　ARM 系统启动过程的流程示意图

9.8　ARM-Linux 内核裁减

进行嵌入式系统开发时，由于受到硬件资源和环境等因素的影响，必须对 Linux 内核进行裁减，以适应硬件的需求或者某些环境特殊的实际要求。通常构造内核经常使用的命令主要包含：make config，make dep，make clean，make mrproper，make zImage，make bzImage，make modules，make modules_install。

以下分别对这些命令的使用方式以及实现的功能进行详细的解析。

1. make config

核心配置，在第 8 章已详细介绍。

2. make dep

寻找依赖关系。产生两个文件.depend 和.hdepend。其中，.hdepend 表示每个.h 文件都包含其他哪些嵌入文件。而.depend 文件有多个，在每个会产生目标文件(.o)的目录下均有，它表示每个目标文件都依赖哪些嵌入文件(.h)。

3. make clean

清除以前构建内核所产生的所有目标文件、模块文件、内核文件以及一些临时文件等，不产生任何文件。

4. make mrproper

删除构建内核过程中所产生的所有文件。除了做 make clean 外，还要删除.config 和.depend 等文件，把内核源码恢复到最原始的状态。下次构建内核时就必须重新配置了。

5. make、make zImage 和 make bzImage

make：构建内核，通过各个目录的 Makefile 文件进行。会在各目录下产生一大堆目标文件，若内核代码没有错误，将产生文件 vmlinux，这就是所构建的内核，并产生 system.map 映像文件。-Version 文件中的数表示版本号加 1，表明已经对内核改动的次数。

make zImage：在 make 的基础上产生压缩的内核映像文件./arch/$(ARCH)/boot/zlmage 以及在./arch/$(ARcH)/boot/compresed/目录下产生的一些临时文件。

make bzImage：在 make 的基础上产生压缩比例更大的核心映像文件./arch/$(ARCH)/boot/bzImage 以及在./arch/$(ARCH)/boot/compresed/目录下产生一些临时文件。在内核太大时进行。

6. make modules

编译模块文件，在 make config 时配置的所有模块在这时编译，形成模块目标文件，并把这些目标文件存放在 modules 目录中。

7. make modules_install

把以上编译好的模块目标文件置入目录/lib/modules/$KERNEL_VERSION/中(例如：版本是 2.6.20，就置入/lib/modules/2.6.20)。注意，这个时候会在这儿产生一些隐含文件，例如.config 文件、.oldconfig 文件、.depend 文件、.hdepend 文件、.version 文件等。下面通过一个例子来加以说明。

首先，使用 make config 删除所有可以删除的选项。

不要 floppy(软盘)；不要 SMP，MTRR；不要 networking(联网)，SCSI；把所有的 block device(块设备)移除，只留下 old IDE device；把所有的 character device 移除；把所有的 filesystem 移除，只要 minix；不要 sound(音频)支援。这样可以得到一个 188KB 的内核。如果还想更小，可以把./Makefile 和./arch/i386/kernel/Makefile 文档中的-O3、-O2 用-Os 取代。

但是这样内核很难发挥 Linux 的功能，所以可以把 General 中的 network support(网络支持)加回去,重新编译。内核变成 189KB。但是有 stack(栈)没有 driver(驱动)也不行,所以把嵌入式板常用的 RTL8139 的 driver 加回去,内核变成 195KB。如果需要 DOS 系统,那么加入它之后,内核大小变成 213KB,如果使用 ext2 替代 minix,则内核大小达到 222KB。注意:这里的大小是核心档的大小,指的是需要多大的 ROM 来存放内核。

Linux 所需的内存为 600~800KB。1MB 可能可以开机,但不会有太大作用,可能连载入 C 程序库都困难。2MB 可以做些事情了,但可能需要 4MB 以上才可以执行一个比较完整的系统。Linux 的文件系统相当大,大约在 230KB,约占三分之一。内存管理占了 80KB,和内核其他部分的总和相差不多。TCP/IP 栈占了 65KB,驱动程序占了 120KB。Sys V IPC 占了 21KB,必要的话可以删除。

如果要裁减内核,一般考虑移动文件系统。Linux 的 VFS 减化了文件系统的设计,缓冲器缓存、目录缓存增加了系统效率。但这些对整个系统都在 Flash 上的嵌入式系统而言的根本用处不大,可以裁减掉,使内核缩小 20KB 左右。如果跳过整个 VFS,直接将文件系统写成一个驱动程序的形式,应该可以将 230KB 缩减至 50KB 左右,整个内核缩到 100KB 左右。

9.9 ARM-Linux 移植

通过对嵌入式 Linux 系统的分析后,以下说明嵌入式 Linux 在基于 MX1 ADS 嵌入式平台上的移植。如图 9.18 所示是 MX1 ADS 的系统结构图。

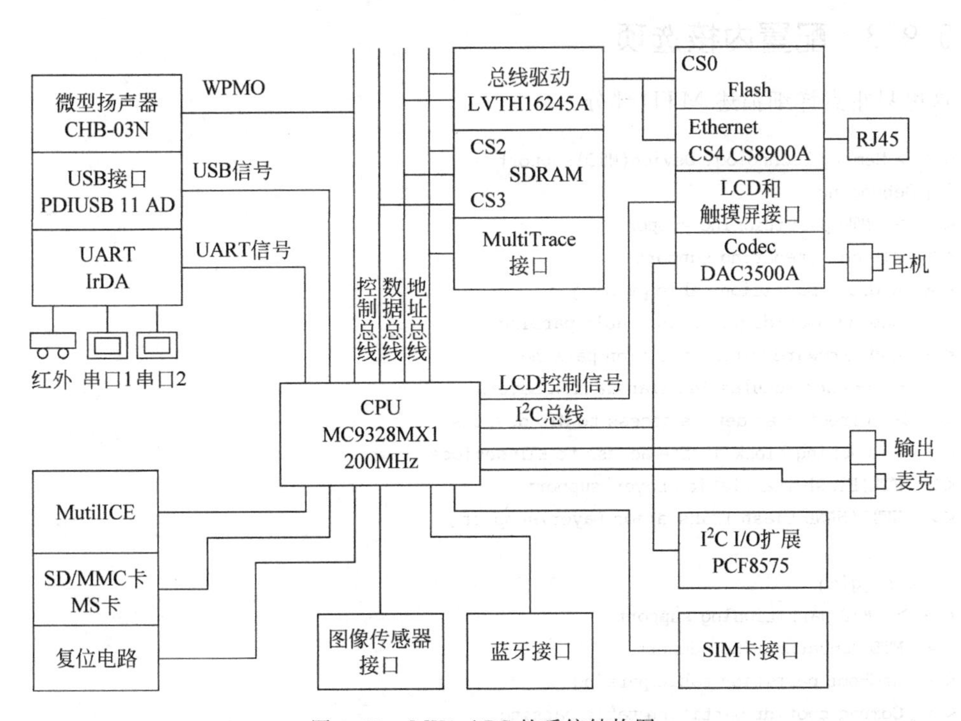

图 9.18 MX1 ADS 的系统结构图

9.9.1 移植准备

(1) 内核：Linux 2.4.18-mx1bsp0.3.4。

(2) Arm Linux 补丁：patch-2.4.18-rmk4。

(3) MX1 BSP 补丁：patch-2.4.18-rmk4-mx1bsp0.3.4。

(4) 两片16位Intel的J3 Flash组成32位宽16MB Flash。

9.9.2 移植步骤

由于已经存在基于MX1的补丁patch-2.4.18-rmk4-mxlbsp0.3.4，因此，这里只列出重点修改的Flash部分，其他部分可以参见第8章的配置。

(1) Flash的16 MB空间划分好，共分3部分：

- 0x000000～0x100000的1MB空间为BootLoader；
- 0x100000～0x300000的2MB空间为Kernel；
- 0x300000～0x1000000的13MB空间为FS文件系统。

(2) 选择使用的文件系统，是Cramfs还是Jffs2。

(3) 用make menuconfig选择Linux需要的功能。

(4) 修改文件系统部分代码使之符合所选的文件系统。

(5) 生成Kernel Image(内核映像)。

(6) 生成文件系统镜像。

9.9.3 配置内核选项

这里只重点详细描述MTD部分。

```
< * > Memory Technology Device(MTD) support
[ ] Debugging
< * >  MTD partitioning support
<>  MTD concatenating support
<>  RedBoot partition table parsing
<>  Compaq bootldr partition table parsing
<>  ARM Firmware Suite partition parsing
-------User Modules And Translation Layers
< * >  Direct char device access to MTD devices
< * >  Caching block device access to MTD devices
<>  FTL(Flash Translation Layer) support
<>  NFTL(NAND Flash Translation Layer) support

[ ] Debugging
< * >  MTD partitioning support
<>  MTD concatenating support
<>  RedBoot partition table parsing
<>  Compaq bootldr partition table parsing
<>  ARM Firmware Suite partition parsing
-------User Modules And Translation Layers
< * >  Direct char device access to MTD devices
```

```
< * > Caching block device access to MTD devices
<>  FTL(Flash Translation Layer)support
<>  NFTL(NAND Flash Translation Layer)support
    RAM/ROM/Flash chip drivers --->
    Mapping drivers for chip access --->
    Self-contained MTD device drivers --->
    NAND Flash Device Drivers --->
```

其中，RAM/ROM /FIash chip drivers --->部分如下：

```
< * > Detect flash chips by Common Flash Interface(CFI) probe
<>    Detect JEDEC JESD21c compatible flash chips
[ * ] Flash chip driver advanced configuration options
(NO)Flash cmd/query data swapping
[ * ] Specific CFI Flash geometry selection
[ ]   Support 8-bit buswidth
[ ]   Support 16-bit buswidth
[ * ] Support 32-bit buswidth
[ ]   Support 64-bit buswidth
[ ]   Support 1-chip flash interleave
[ * ] Support 2-chip flash interleave
[ ]   Support 4-chip flash interleave
[ ]   Support 8-chip flash interleave
[ * ] Support for Intel/Sharp flash chips
[ ]   Support for AMD/Fujitsu flash chips
[ ]   Support for RAM chips in bus mapping
[ * ] Support for ROM chips in bus mapping
<>    Support for absent chips in bus mapping
[ ]   Older(theoretically obsoleted now)drivers for non-CIF chips
其中 Mapping drivers for chip access --->部分：
< * > CFI Flash device in physical memory map
(10000000) Physical start address of flash mapping
(1000000)  Physical length of flash mapping
(4)        Bus width in octets
<> CFI Flash device mapped on Nora
<> CFI Flash device mapped on ARM Integrator/P720T
<> CFI Flash device mapped on the XScale IQ80310 board
<> CFI Flash device mapped on the FortuNet board
```

Self-contained MTD device drivers->和 NAND Flash Device Drivers->部分全不选。

9.9.4 修改 Kernel 文件系统部分代码

由于在内核关于 MTD 的配置选项中，选择了“MTD partitioning support”，这样 Flash 就可以被分为几个区使用，在本例中分为 3 个区：BootLoader、Kernel、FS。

这样在引用某个分区的时候，如果是字符设备，只需要指定 mtd0(第 1 个分区)、mtd1(第 2 个分区)等；如果是块设备，只需要指定 mtdblock0(第 1 个分区)、mtdblockl1(第 2 个分区)等就可以了。例如，在本例中传递 root 参数“root=/dev/mtdblock2”，表示 rootdisk 在 Flash 的第 3 个分区。而关于分区的详细信息需要在/linux/drivers/mtd/maps/physmap. c 中指定。结构体 mtd-partition 用来指定 Flash 的分区信息，如源码清单 9-11：

源码清单 9-11

```
static struct mtd_partition physmap_partitions[ ] = {
    {
        name: "Bootloader",
        offset: 0x00000000,
        size: 0x00100000,
    },
    {
        name: "Kernel",
        offset: 0x00100000,
        size: 0x00200000,
    },
    {
        name: "User FS",
        offset: 0x00300000,
        size: 0x00d00000,
    }
};
```

作为一个 Module 加载的时候，需要有 module_init(init_physmap)和 module_exit(cleanup_physmap)中函数的实现，即 init_physmap 和 cleanup_physmap。

结构体 physmap_map 中描述了 mtd 设备的一些信息和操作函数，如源码清单 9-12：

源码清单 9-12

```
struct map_info physmap_map = {
    name: "Physically mapped flash",
    size: WINDOW_SIZE,
    buswidth: BUSWIDTH,
    read8: physmap_read8,
    read16: physmap_read16,
    read32: physmap_read32,
    copy from: physmap_copy_from,
    write8: physmap_write8,
    write16: physmap_write16,
    write32: physmap_write32,
    copy_to: physmap_copy_to ,
};
```

在 init_physmap 中主要完成 mtd 设备的探测(probe)和添加，如源码清单 9-13：

源码清单 9-13

```
int __inlt init_physmap(void) {
printk(KERN_NOTICE"physmap flash device: %x at %x\n", WINDOW_SIZE,WINDOW_ ADDR);
    physmap_map.map_priv_1 = (unsigned long) ioremap (WINDOW_ADDR,WINDOW_SIZE);
    if(!physmap_map.map_priv_1){
        printk("Failed to ioremap\n");
        return - EIO;
    }
    mymtd = do_map_probe("cfi_probe",&physmap_map);
```

```
    if(!mymtd) {
        iounmap((void * ) physmap map.map_priv_1);
        physmap_map.map_priv_1 = 0;
        return - ENXIO;
    }
    mymtd -> module = THIS_MODULE;
    add_mtd_partitions(mymtd,physmap_partitions,3);
    return 0;
}
```

探测到的 mtd 设备信息放在 static struct mtd_info * mymtd 中。

当用户为自己的处理器做完内核移植后，紧接着的工作就是使用各种不同的技术测试移植代码是否能正常工作。采用何种方法验证，这取决于用户个人在嵌入式系统方面的经验和对处理器的理解。到此为止，通过一个内核移植的实例，一步步详细分析说明了内核移植的整个过程。

9.10 本章小结

(1) ARM 可以被认为是一个公司的名字，也可以被认为是对于一类微处理器的统称。

(2) ARM-Linux 是基于 ARM 体系结构的 Linux 内核，一个完整的 ARM-Linux 包括内存管理、进程管理和调度、中断处理、系统启动和初始化、Linux 的驱动机制及 Linux 的模块机制。

(3) 在 ARM 系统结构中，内存的管理机制可以采取段式管理和页式管理。普通 Linux 内核的存储管理机制采用了页面映射的方式，而且采用了三层映射模型。在 ARM-Linux 代码中，页面的大小采用了 4KB，段区的大小为 1MB。进程的虚拟内存包含可执行代码和进程的多个资源数据。

(4) Linux 中每个进程都用一个 task_struct 数据结构来表示，进程的创建、执行和消亡可用状态机来描述。可用多种数据结构来描述进程与文件的关系。随着 Linux 内核的不断更新，其调度策略也有所不同，Linux 的进程调度均由位于 kernel/sched.c 中的函数 schedule()来实现。

(5) 一般把中断处理切分为两个部分，即上半部(top half)和下半部(bottom half)。为了使得上层应用程序与硬件中断跳转联系起来，需要编写中断解析程序。

(6) 设备驱动程序一般集成在操作系统内核中，它封装了控制的细节，并通过一个特殊的接口输出一个经典操作集。Linux 属于单内核系统，支持模块的动态加载。

(7) 内核加载到 RAM 以后，只是系统启动初始化的第一步，当经过内核的搬运等操作以后，便开始执行 start_kernel()函数(所在目录树为/init/main.c)，从而进入系统的初始化阶段。整个启动过程包含：内核数据结构的初始化、外设初始化、init 进程和 linittab 文件、rc 启动脚本及 shell 启动。

(8) 进行嵌入式系统开发时，由于受到硬件资源和环境等因素的影响，必须对 Linux 内核进行裁减和移植，以适应硬件的需求或者某些环境特殊的实际要求。

9.11 思考题

(1) 论述CISC(复杂指令集计算机)和RISC(精简指令集计算机)的特点。

(2) 简要介绍ARM处理器的37个通用寄存器、7种模式、6个状态寄存器和3种状态。

(3) 请求分页系统中,页表的主要内容及其作用是什么?

(4) 描述进程的虚拟内存及内核数据结构。

(5) 描述Linux进程的状态机。

(6) Linux中使用的COW(Copy On Write)的原理是怎样的?请详细解释图9.9。

(7) 中断处理包括哪几个步骤?什么是上半部与下半部中断?中断是如何注册的?

(8) 详细描述ARM-Linux系统启动流程,并解释图9.17的含义。

(9) 模块的载入和卸载有哪些方法?

(10) 简述Linux裁减和移植的一般过程。

第10章 嵌入式文件系统

CHAPTER 10

本章主要内容

- Linux文件系统结构与特征
- 嵌入式文件系统的类型介绍
- 根文件系统的构建及设计
- 本章小结

嵌入式系统一般使用Flash作为存储设备，由于对Flash操作的特殊性，使得在Flash上的文件系统和普通磁盘上的文件系统有很大的差别。本章首先介绍Linux文件系统的结构与特征，然后介绍嵌入式系统中文件系统的特点、常见的几种嵌入式文件系统及建立这些文件系统的方法。

10.1 Linux文件系统结构与特征

10.1.1 Linux文件系统概述

文件系统是硬盘分区、目录、存储设备和文件的集合体，包括了Linux操作系统本身和它的各种部件。U盘、硬盘、显示器、打印机和其他外设都必须添加到文件系统中才能使用。当对它们的操作完成之后，再从文件系统上卸载下来。设备驱动程序将决定操作系统如何与其中的设备打交道。

文件系统的主要部分是那些与计算机中文件和目录的结构紧密关联的部分。它就是那个用户可以在其中切换路径(即使用cd命令)而不必考虑添加任何新东西的结构。在开机引导启动的时候，文件系统最基础的部件就会通过/etc/fstab文件自动进行挂装。当用户想在光盘、U盘之类的移动介质上存取数据时，首先必须把盘片临时添加到文件系统中去。这就要求用户先建立挂装点(mount point)的位置，好让盘片能够存在于文件系统之中。可以把挂装点想象成船坞，盘片停留在那里并使其中的文件能够被文件系统存取。一旦建好这个挂装点，就可以把盘片中的内容挂装到这个点上，并进行浏览、复制、删除文件等其他操作。完成的时候，在从计算机上取出盘片之前必须先卸载它，这样才能保证不会发生数据丢失现象。

10.1.2 Linux文件系统布局

在Linux文件系统中，每一个文件系统由逻辑块序列组成，一个逻辑空间划分为几个用途各不相同的部分，即引导块、超级块、inode 区和数据区等。

（1）引导块：在文件系统的开头，通常为一个扇区，其中存放引导程序，用于读入并启动操作系统。

（2）超级块(super_block)：用于记录文件系统的管理信息。特定的文件系统定义了特定的超级块。

（3）索引节点(inode)：一个文件(目录)占用一个索引节点。第一个索引节点是该文件系统的根节点。利用根节点，可把一个文件系统挂载到另一个文件系统的分支节点上。

（4）数据区：存放文件数据或管理数据。

在 ext2 文件系统中，文件由逻辑块序列组成，所有数据块的长度相等。但对于不同的 ext2 文件长度，其长度可以变化。当然，对于给定的 ext2 文件系统，其数据块的大小在创建时就会固定下来。文件总是整块存储，不足一块部分也占用一个数据块。例如，在数据块长度为 1024 字节的 ext2 文件系统中，一个长度为 1025 字节的文件就要占用两个数据块。ext2 文件系统中的每个文件都用一个单独的 inode 来描述，而每个 inode 都有一个唯一的标志。ext2 通过使用 inode 来定义文件系统的结构及描述系统中每个文件的管理信息。ext2 文件系统将它所占用的逻辑分区划分成块状组(Block Group)，如图 10.1 所示。

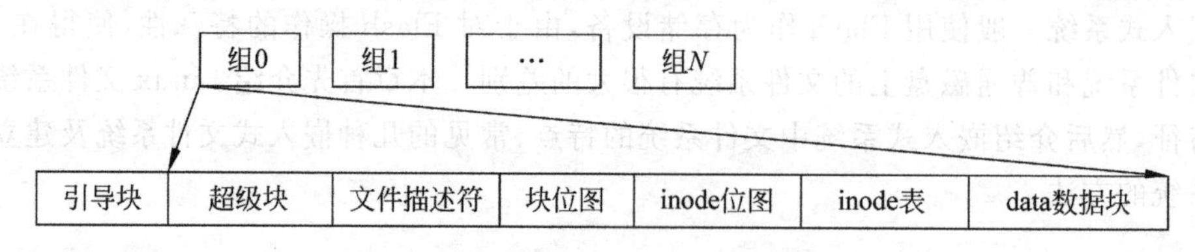

图 10.1 ext2 文件系统的结构

每个块组中保存着文件系统的备份信息(超级块和所有组描述符)。当某个组的超级块或 inode 受损时，这些信息可以用来恢复文件系统。

块位图(block bitmap)记录本组内各个数据块的使用情况，其中每一个位(bit)对应一个数据块，0 表示空闲，非 0 表示已分配。inode 位图(inode bitmap)的作用类似于块位图，它记录 inode 表中 inode 的使用情况。

inode 表(inode table)保存了本组所有的 inode。

ext2 应用 inode 描述文件，一个 inode 对应一个文件，子目录是一种特殊的文件。每个 inode 对应唯一的 inode 号。Inode 既定义文件内容在外存空间的位置，也定义了对文件的访问权限、文件修改时间、文件类型等信息。

date block(数据块)则是真正的文件数据区。同一 ext2 文件系统的所有数据块长度一致。为文件分配的存储空间以数据块为单位。

1. ext2 的超级块

ext2 超级块主要用来描述目录和文件在磁盘上的静态分布，包括尺寸和结构。超级块对于文件系统的维护至关重要。每一个块组包含一个相同的超级块，一般只有块组 0 的超级块才读入内存，其他块组的超级块仅仅作为备份。在系统运行期间，要将超级块复制到内存系统缓冲区内，存放在 struct ext2_super_block 结构中，可以在 include/Linux/ext2_fs. h 下找到对其描述的代码，如源码清单 10-1：

源码清单 10-1

```
struct ext2_super_block {
    __u32  s_inodes_count;          /* Inodes count */
    __u32  s_blocks_count;          /* Blocks count */
    __u32  s_r_blocks_count;        /* Reserved blocks count */
    __u32  s_free_blocks_count;     /* Free blocks count */
    __u32  s_free_inodes_count;     /* Free inodes count */
    __u32  s_first_data_block;      /* First Data Block */
    __u32  s_log_block_size;        /* Block size */
    __s32  s_log_frag_size;         /* Fragment size */
    __u32  s_blocks_per_group;      /* # Blocks per group */
    __u32  s_frags_per_group;       /* # Fragments per group */
    __u32  s_inodes_per_group;      /* # Inodes per group */
    __u32  s_mtime;                 /* Mount time */
    __u32  s_wtime;                 /* Write time */
    __u16  s_mnt_count;             /* Mount count */
    __s16  s_max_mnt_count;         /* Maximal mount count */
    __u16  s_magic;                 /* Magic signature */
    __u16  s_state;                 /* File system state */
    __u16  s_errors;                /* Behaviour when detecting errors */
    __u16  s_minor_rev_level;       /* minor revision level */
    __u32  s_lastcheck;             /* time of last check */
    __u32  s_checkinterval;         /* max. time between checks */
    __u32  s_creator_os;            /* OS */
    __u32  s_rev_level;             /* Revision level */
    __u16  s_def_resuid;            /* Default uid for reserved blocks */
    __u16  s_def_resgid;            /* Default gid for reserved blocks */
    /*
     * These fields are for EXT2_DYNAMIC_REV superblocks only.
     *
     * Note: the difference between the compatible feature set and
     * the incompatible feature set is that if there is a bit set
     * in the incompatible feature set that the kernel doesn't
     * know about, it should refuse to mount the filesystem.
     *
     * e2fsck's requirements are more strict; if it doesn't know
     * about a feature in either the compatible or incompatible
     * feature set, it must abort and not try to meddle with
     * things it doesn't understand...
     */
    __u32  s_first_ino;             /* First non-reserved inode */
    __u16  s_inode_size;            /* size of inode structure */
    __u16  s_block_group_nr;        /* block group # of this superblock */
    __u32  s_feature_compat;        /* compatible feature set */
    __u32  s_feature_incompat;      /* incompatible feature set */
    __u32  s_feature_ro_compat;     /* readonly-compatible feature set */
    __u8   s_uuid[16];              /* 128-bit uuid for volume */
    char   s_volume_name[16];       /* volume name */
    char   s_last_mounted[64];      /* directory where last mounted */
    __u32  s_algorithm_usage_bitmap; /* For compression */
```

```
    /*
    * Performance hints. Directory preallocation should only
    * happen if the EXT2_COMPAT_PREALLOC flag is on.
    */
    __u8   s_prealloc_blocks;        /* Nr of blocks to try to preallocate */
    __u8   s_prealloc_dir_blocks;    /* Nr to preallocate for dirs */
    __u16  s_padding1;
    /*
    * Journaling support valid if EXT3_FEATURE_COMPAT_HAS_JOURNAL set.
    */
    __u8   s_journal_uuid[16];       /* uuid of journal superblock */
    __u32  s_journal_inum;           /* inode number of journal file */
    __u32  s_journal_dev;            /* device number of journal file */
    __u32  s_last_orphan;            /* start of list of inodes to delete */
    __u32  s_hash_seed[4];           /* HTREE hash seed */
    __u8   s_def_hash_version;       /* Default hash version to use */
    __u8   s_reserved_char_pad;
    __u16  s_reserved_word_pad;
    __u32  s_default_mount_opts;
    __u32  s_first_meta_bg;          /* First metablock block group */
    __u32  s_reserved[190];          /* Padding to the end of the block */
};
```

2. ext2 的组描述符(group discripter)

块组是 ext2 文件系统的体系结构的一个组成单位,每个块组都有一个块描述符来描述它。和超级块类似,所有的组描述符在每个块组中都有备份,在文件系统崩溃时,可以用来恢复文件系统。

可以在 include/Linux/ext2_fs. h 下找到对其描述的代码,如源码清单 10-2:

源码清单 10-2

```
struct ext2_group_desc{
    __u32  bg_block_bitmap;          /* Blocks bitmap block */
    __u32  bg_inode_bitmap;          /* Inodes bitmap block */
    __u32  bg_inode_table;           /* Inodes table block */
    __u16  bg_free_blocks_count;     /* Free blocks count */
    __u16  bg_free_inodes_count;     /* Free inodes count */
    __u16  bg_used_dirs_count;       /* Directories count */
    __u16  bg_pad;
    __u32  bg_reserved[3];
};
```

组描述符一个接一个存放,构成了组描述附表。每个块组在它所包含的超级块的副本之后,存放了整个组描述符表。事实上,ext2 文件系统只使用在块组 0 中的文件副本。其他块组中的备份只在该副本被破坏时才用来恢复,其作用如同超级块的副本。

3. ext2 的 inode

inode 是 ext2 文件系统的基本构件。在 ext2 中,inode 节点可以描述普通文件、目录、符号链接、块设备、字符设备或 FIFO 文件。属于同一个块组的 inode 保存在同一个 inode 表中,与组的 inode 位图一一对应,因此系统可以遍历任意块组的 inode 位图掌握该组的

inode 的使用情况。外存中的 inode 可以在 include/Linux/ext2_fs. h 下找到其代码，见源码清单 10-3：

源码清单 10-3

```
struct ext2_inode {
    __u16  i_mode;                     /* File mode */
    __u16  i_uid;                      /* Low 16 bits of Owner Uid */
    __u32  i_size;                     /* Size in bytes */
    __u32  i_atime;                    /* Access time */
    __u32  i_ctime;                    /* Creation time */
    __u32  i_mtime;                    /* Modification time */
    __u32  i_dtime;                    /* Deletion Time */
    __u16  i_gid;                      /* Low 16 bits of Group Id */
    __u16  i_links_count;              /* Links count */
    __u32  i_blocks;                   /* Blocks count */
    __u32  i_flags;                    /* File flags */
    union {
        struct {
            __u32 l_i_reserved1;
        } linux1;
        struct {
            __u32 h_i_translator;
        } hurd1;
        struct {
            __u32 m_i_reserved1;
        } masix1;
    } osd1;                            /* OS dependent 1 */
    __u32  i_block[EXT2_N_BLOCKS];     /* Pointers to blocks */
    __u32  i_generation;               /* File version (for NFS) */
    __u32  i_file_acl;                 /* File ACL */
    __u32  i_dir_acl;                  /* Directory ACL */
    __u32  i_faddr;                    /* Fragment address */
    union {
        struct {
            __u8   l_i_frag;           /* Fragment number */
            __u8   l_i_fsize;          /* Fragment size */
            __u16  i_pad1;
            __u16  l_i_uid_high;       /* these 2 fields */
            __u16  l_i_gid_high;       /* were reserved2[0] */
            __u32  l_i_reserved2;
        } linux2;
        struct {
            __u8  h_i_frag;            /* Fragment number */
            __u8  h_i_fsize;           /* Fragment size */
            __u16  h_i_mode_high;
            __u16  h_i_uid_high;
            __u16  h_i_gid_high;
            __u32  h_i_author;
        } hurd2;
        struct {
            __u8  m_i_frag; /* Fragment number */
            __u8  m_i_fsize; /* Fragment size */
            __u16  m_pad1;
```

```
            __u32  m_i_reserved2[2];
        } masix2;
    } osd2;                              /* OS dependent 2 */
};
```

4. ext2 系统中目录与文件的对应关系

ext2 文件系统中,目录是用来创建和保存文件系统中文件的存取路径的特殊文件。一个目录文件就是一个目录项的列表,其中的每一个目录项都由一个数据结构来描述,可以在 include/Linux/ext2_fs. h 下找到对其描述的代码:

```
struct ext2_dir_entry {
    __u32  inode;                        /* Inode number */
    __u16  rec_len;                      /* Directory entry length */
    __u16  name_len;                     /* Name length */
    charname[EXT2_NAME_LEN];             /* File name */
};
```

每一个目录的头两项总是目录项"."和"..",分别指向当前目录和父目录的 inode。例如,在 ext2 文件系统中查找/usr/include/stdio. h 文件。首先,系统根据 ROOT_DEV,从 vfsmntlist 链表、file_system 链表找到文件系统的超级块,然后找出"/"的 inode 号(VFS 的 super_block. s_mounted),再到块组 0 中读出文件系统的根的 inode。

根文件是一个目录文件,包含了根目录下由 ext2_dir_entry 描述的子目录和文件目录项。可以在其中找到 ext2_dir_entry. name="usr"的目录项,从该目录项的 ext2_dir_entry. inode 中读出代表/usr 目录的 inode 号。

根据这个 inode 号,以及超级块的 s_inode_per_group 的值(代表每个块组的 inode 数),从某个块中读出代表/usr 的 inode。根据这个 inode 的描述,在同一块组读取包含/usr 目录内容的若干数据块。这些数据块包含了"/usr"目录下子目录和文件的目录项。

然后,系统要在这个目录中查找 include 目录项,根据 include 目录项的内容,读出相应的 inode。根据该 inode 的指示,读取目录文件/usr/include。在该目录中,可以找到代表 stdio. h 的目录项,从目录项中获取 inode 号,找到相应的 inode。

最后,根据该 inode 的描述,特别是 struct ext2_inode 的 i_block 数组,读取文件/usr/include/stdio. h 的内容。

5. 文件扩展时的数据块分配策略

文件系统管理的一个令人头疼的问题就是外存碎片的管理。经过一段时间的读写以后,属于同一文件的数据块将会散布在文件系统的各个角落,从而影响访问文件的效率。ext2 文件系统为文件的扩展部分分配新数据块时,尽量先从原数据块附近寻找,至少使它们属于同一个块组。如果实在找不到,才从另外的块组中寻找。

进程启动一个文件的写操作后,文件系统管理模块检查该文件的长度是否扩展,如果扩展了就要分配新数据块,分配过程中,进程必须等待。ext2 的数据块分配程序首先锁定文件系统的超级块。分配或释放数据块会影响超级块,而 Linux 不允许两个以上的进程同时更改超级块。此时如果第二个进程申请数据块,它肯定将被挂起,直至前一个进程释放超级块。对超级块的分配适用"先进先出"策略。空闲数据块有可能不够多,如果空闲数据块不够多,第一个锁定超级块的进程只好放弃该文件系统的超级块,并返回。

一般情况下总是有足够的空闲数据块。如果ext2文件系统引入了预分配机制,就从预分配的数据块中取一块来用。描述ext2文件系统inode的ext2_inode_info数据结构中包含两个属性prealloc_block和prealloc_count。前者指向可预分配数据块链表中第一块的位置,后者表示可预分配数据块的总数。

如果没有预分配数据块,或者ext2文件系统没有引入预分配机制,ext2文件系统只好申请分配新数据块。从访问效率考虑,它首先试探紧跟该文件的那个数据块,然后试探其相邻的64个数据块(属于同一个块组)。最后才考虑搜索其他块组。如果只能从其他块组搜索空闲数据,那么首先考虑8个一簇连续的块。

不管用什么方法找到空闲数据块后,应修改该数据块所在的块组的块位图,分配一个数据缓冲区并初始化。初始化包括修正缓冲区buffer_head的b_bdev和b_blocknr,数据区清零。最后,超级块的s_dirt置位,表示内容已更改,需要写回设备。这时如果有其他进程等待使用超级块,则第一个等待的进程被唤醒。

6. ext2程序库

ext2程序库提供了大量的例程,能通过直接控制物理设备来操作文件系统。ext2程序库使用软件抽象技术以达到最大限度的代码重用。例如,程序库提供了许多不同的可重复调用例程(iterator)。程序可以简单地将函数传递给ext2fs_block_iterate(),它能在每个inode中被调用。另一种iterator函数为同一个目录中的每个文件调用一个用户定义的函数。许多ext2例程(mke2fs、s2fsck、tune2fs、durope2fs、debugfs)使用该ext2程序库。这大大简化了这些例程的维护,因为ext2升级后的新特性只需改变ext2库就可以反映出来。ext2库可编译成共享库映像文件,所以这种代码重用减小了二进制文件的长度。

因为ext2库的接口十分抽象和通用,无须考虑物理细节,所以编写需要直接存取ext2文件系统的程序很容易。例如,将BSD转储和备份恢复的特性转移到Linux平台时,只需做少量的修改:一些依赖于文件系统的函数需要转移到ext2库。

ext2库提供许多种操作。第一类操作是与文件系统相关的操作。程序可以用这些操作打开关闭文件、读写位图、在磁盘上创建新的文件系统,也可管理坏盘块列表。第二类操作用来控制目录,它们能建立和展开目录、增加和移走目录项,能析构文件名、找到inode号,也能由inode号确定文件名。最后一类操作是与inode相关的,它能扫描inode表、读写inode、扫描一个inode中所有的盘块。分配和回收例程可以帮助用户程序分配和释放盘块和inode。

由于ext2核心代码包括多项性能优化,而且ext2也能实现分配优化,所以它们能大大改善I/O速度,提高I/O level组织的灵活性及编程效率。因此,ext2核心代码及ext2程序库为开发嵌入式系统及实时应用系统提供了广泛的基础和手段。

10.1.3 Linux支持的文件系统

Linux目前几乎支持所有Unix类的文件系统,除了在安装Linux操作系统时所要选择的ext2、ext3和reiserfs外,还支持苹果Mac OS的HFS,也支持其他UNIX操作系统的文件系统,例如XFS、JFS、Minixfs及UFS等,可以在kernel的源码中查看。如果想要让系统支持某些文件系统,就需要把该文件系统编译成模块或置入内核;当然Linux也支持Windows文件系统NTFS和FAT,但不支持NTFS文件系统的写入;支持FAT文件系统的读写；Linux 也支持网络文件系统，例如 NFS 等。

挂载 NFS 文件系统的办法是：

```
mount  -t  nfs 服务器地址:/目录挂载点
```

下面是一个例子，例如在 192.168.14 的机器上做了一个 NFS 服务器，提供 192.168.1.x 网段上的所有机器都可以用 NFS。具体做 NFS 服务器的过程省略，此处只讲怎么挂载：

```
[root@localhost] # showmount  -e  192.168.1.4
```

首先查看 NFS 服务器共享的文件夹。

```
Export list for  192.168.1.4:
/opt/sirnfs *
```

表示位于 192.168.1.4 机器上的/opt/sirnfs 目录。

```
[root@localhost] # mkdir  /mnt/sirnfs
```

表示在本地机器建一个目录，作为 NFS 挂载点。

```
[root@localhost]# mount  -t  nfs  192.168.1.4: /opt/sirnfs  /mnt/sirnfs
```

表示挂载 NFS。

```
[root: @localhost]# df  -h
```

表示查看本地机挂载 NFS 是不是成功了。

```
Filesystem                 容量    已用    可用    已用%    挂载点
/dev/hda7                  11G     7.4G    2.9G    72%      /
/dev/shm                   236M    0       236M    0%       /dev/shm
/dev/hda9                  22G     837M    22G     4%       /opt/data
192.168.1.4: /opt/sirnfs   63G     47G     17G     74%      /mnt/sirnfs
```

表示这是挂载成功后的显示。

表 10-1 列举出了 Linux 所支持的文件系统对大文件的支持情况。

表 10-1　Linux 文件系统对大文件的支持情况

文件系统	文件大小限制	文件系统大小限制
ext2/ext3 带 1KB 块大小	16448MB(~16GB)	2048GB(=2TB)
ext2/ext3 带 2KB 块大小	256GB	8192GB(=8TB)
ext2/ext3 带 4KB 块大小	2048GB(=2TB)	8192GB(=8TB)
ext2/ext3 带 8KB 块大小(自带 8KB 页，仅对 Alpha 系统)	65568GB(~64TB)	32768GB(=32TB)
Reiser FS3.5	2GB	16384GB(=16TB)
Reiser FS3.6(如在 Linux 2.4 中)	1EB(2^{60})	16384GB(=16TB)
XFS	8EB	8EB
JFS 带 512B 块大小	8EB	512TB
JFS 带 4KB 块大小	8EB	4PB(2^{50})
NFSv2(客户端)	2GB	8EB
NFSv3(客户端)	8EB	8EB

10.2 嵌入式文件系统简介

嵌入式文件系统是嵌入式操作系统中不可缺少的一部分。嵌入式文件系统的设计要为嵌入式系统的特殊设计目的服务,不同用途的嵌入式操作系统下的文件系统在各个方面会有很大的不同。不过,在设计的过程中,往往都遵循如下原则。

(1) 使用便捷:在设计的过程中,需要为用户考虑得足够多,例如用户只需要知道文件名、路径等信息,就可以方便快捷地使用文件,而不用去关心文件存放在系统中的具体物理位置,也不用去关心系统是如何打开、关闭文件的,即这些所有的操作对用户来说都是透明的。

(2) 安全可靠性高:作为操作系统的一部分,嵌入式文件系统也应该像普通文件系统一样,提供对文件、数据的保护,满足高可靠性的要求。所以,嵌入式文件系统要实现一系列用于确保文件数据安全性、一致性和有效性的规范。

(3) 及时响应:实时性往往是许多嵌入式系统特点之一,为了保证系统的实时性,系统的文件系统也要采取一定的措施,来满足系统的实时性要求,例如,提供缩短响应时间的机制和策略,能对文件的管理和操作提供较快的响应。

(4) 开放的体系结构:所设计的文件系统组件应该具有开放的体系结构,支持各种具体的文件系统,从而使其具有良好的开放性和可移植性。

随着嵌入式技术在各种电子产品中的广泛应用,嵌入式系统中的数据存储和管理已经成为一个重要的研究课题。Flash 存储器具有速度快、容量大、成本低等很多优点,因此在嵌入式系统中被广泛用作外存储器件。Flash 主要有 NOR 和 NAND 两种类型。目前,针对 NOR Flash 设计的文件系统 JFFS/JFFS2,在嵌入式系统中已得到广泛的应用;随着 NAND 作为大容量存储介质的普及,基于 NAND 闪存的文件系统 YAFFS(Yet Another Flash File System)正逐渐应用到嵌入式系统中。

10.2.1 NOR Flash 与 NAND Flash 介绍

NOR 和 NAND 是市场上两种主要的非易失性闪存技术。NOR 比较适合存储程序代码,其容量一般小于 16MB;NAND 则是高密度数据存储的理想解决方案,其容量可达 1GB 以上。NAND 闪存的存储单元为页和块。一般来说,128MB 以下容量芯片的一页大小为 528 字节,依次分为 2 个 256 字节的主数据区,最后是 16 字节的备用空间;一个块由若干页组成,通常为 32 页;一个存储设备又由若干块组成。与其他存储器相比,NAND 闪存具有以下特点:不是完全可靠的,每块芯片出厂时都有一定比例的坏块存在;各个存储单元是不可直接改写的,在每次改写操作之前需要先擦除;擦除操作以块为单位进行,而读写操作通常以页为单位进行;各块的擦除次数有限,一般为 10～100 万次;使用复杂的 I/O 口串行存取数据。如表 10-2 所示为 NOR Flash 与 NAND Flash 的对比表。

表 10-2　NOR Flash 与 NAND Flash 的对比

NOR Flash	NAND Flash
接口时序同 SRAM，易使用	地址/数据线复用，数据位较窄
读取速度较快	读取速度较慢
擦除速度慢，以 64～128KB 的块为单位	擦除速度快，以 8～32KB 的块为单位
写入速度慢（因为一般都要先擦除）	写入速度快
随机存取较快，支持 XIP（eXecute In Place，芯片内执行），适用于代码存储。在嵌入式系统中，通常用于存储引导程序、根文件系统等	顺序读取速度较快，随机存取速度较慢，适用于数据存储（如大容量的多媒体数据）。在嵌入式系统中常用于存放用户文件系统
单片容量较小，1～32MB	单片容量较大，8～128MB，提高了单元密度
最大擦除次数 10 万次	最大擦除次数 100～1000 万次
封装引脚较多，体积较大	封装引脚较少，体积小，易于布线

如果需要在 NAND 器件上运行代码，通常还需要驱动程序支持，在 Linux 下也就是内存技术驱动程序 MTD。

10.2.2　MTD 介绍

MTD（Memory Technology Device，内存技术设备）是用于访问 Memory（内存）设备（ROM、Flash）的 Linux 的子系统。MTD 的主要目的是为了使新的 Memory 设备的驱动更加简单，为此它在硬件和上层之间提供了一个抽象的接口。MTD 的所有源代码在/drivers/mtd 子目录下。CFI（Common Flash Interface）接口的 MTD 设备分为五层（从设备节点直到底层硬件驱动），从上到下依次为：设备节点、MTD 设备层、MTD 原始设备层、通用驱动层和特定硬件驱动层。如图 10.1 所示为 MTD 模块的层次结构，如图 10.2 所示是文件系统、MTD 和 NAND Flash 的层次关系。

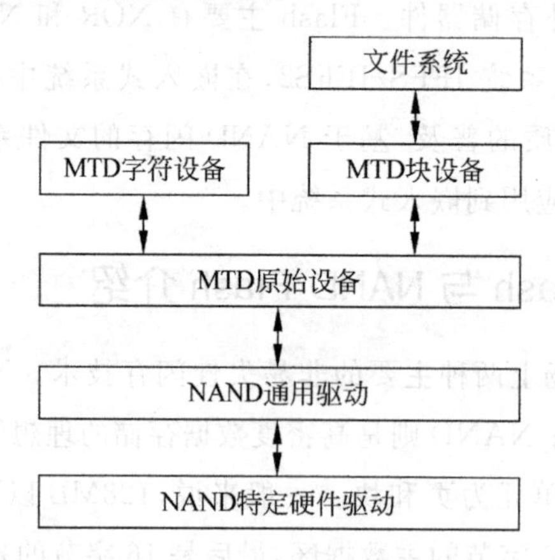

图 10.2　MTD 模块的层次结构图

所有组成 MTD 原始设备的 Flash 芯片必须是同类型（无论是 interleave（交叉存取）还是地址相连），在描述 MTD 原始设备数据结构中，采用同一结构描述组成 Flash 芯片。每个 MTD 原始设备有一个 mtd_info 结构，其中的 priv 指针指向一个 map_info 结构；map_info 结构中的 fldrv_priv 指向一个 cfi_private 结构；cfi_private 结构的 cfiq 指针指向一个

cfi_ident 结构；chips 指针指向一个 flchip 结构的数组。其中 mtd_info、map_info 和 cfi_private 结构用于描述 MTD 原始设备，因为组成 MTD 原始设备的 NOR 型 Flash 相同，cfi_ident 结构用于描述 Flash 芯片信息；而 flchip 结构用于描述每个 Flash 芯片专有信息。

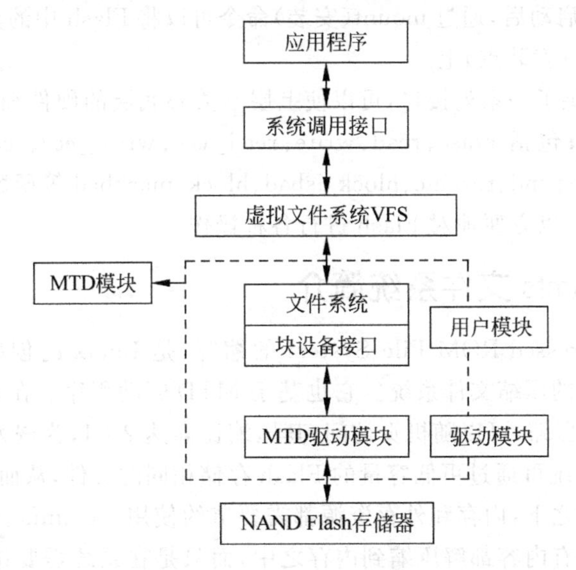

图 10.3 文件系统、MTD 和 NAND Flash 的层次关系

Flash 硬件驱动层：Flash 硬件驱动层负责在初始化时驱动 Flash 硬件，Linux MTD 设备的 NOR Flash 芯片驱动遵循 CFI 接口标准，其驱动程序位于 drivers/mtd/chips 子目录下。NAND 型 Flash 的驱动程序则位于/drivers/mtd/nand 子目录下。

MTD 原始设备：MTD 原始设备层由两部分组成，一部分是 MTD 原始设备的通用代码，另一部分是各个特定的 Flash 的数据，例如分区。用于描述 MTD 原始设备的数据结构是 mtd_info，这其中定义了大量关于 MTD 的数据和操作函数。mtd_table(mtdcore. c)则是所有 MTD 原始设备的列表，mtd_part(mtd_part. c)是用于表示 MTD 原始设备分区的结构，其中包含了 mtd_info，因为每一个分区都被看成一个 MTD 原始设备加在 mtd_table 中，mtd_part. mtd_info 中的大部分数据都从该分区的主分区 mtd_part-> master 中获得。在 drivers/mtd/maps/子目录下存放的是特定的 Flash 的数据，每一个文件都描述了一块板子上的 Flash。其中调用 add_mtd_device()、del_mtd_device()建立/删除 mtd_info 结构并将其加入/删除 mtd_table，或者调用 add_mtd_partition()、del_mtd_partition() (mtdpart. c)建立/删除 mtd_part 结构并将 mtd_part. mtd_info 加入/删除 mtd_table 中。

MTD 设备层：基于 MTD 原始设备，Linux 系统可以定义出 MTD 的块设备(主设备号 31)和字符设备(设备号 90)。MTD 字符设备的定义在 mtdchar. c 中实现，通过注册一系列 file operation 函数(lseek、open、close、read、write)进行。MTD 块设备则定义了一个描述 MTD 块设备的结构 mtdblk_dev，并声明了一个名为 mtdblks 的指针数组，这数组中的每一个 mtdblk_dev 和 mtd_table 中的每一个 mtd_info 一一对应。

设备节点：通过 mknod 在/dev 子目录下建立 MTD 字符设备节点(主设备号为 90)和 MTD 块设备节点(主设备号为 31)，通过访问此设备节点即可访问 MTD 字符设备和块设备。

根文件系统：在 BootLoader 中将 JFFS（或 JFFS2）的文件系统映像 jffs. image（或 jffs2. img）烧写到 Flash 的某一个分区中，在/arch/arm/mach-your/arch. c 文件的 your_fixup 函数中将该分区作为根文件系统挂载。

文件系统：内核启动后，通过 mount（安装）命令可以将 Flash 中的其余分区作为文件系统挂载到 mountpoint（安装点）上。

MTD 为上层提供了一系列接口，可以使上层不关心底层的硬件细节，而通过这些函数直接访问。这些接口包括 erase、read、write、read_ecc、write_ecc、read_oob、write_oob、sync、lock、unlock、suspend、resume、block_isbad、block_markbad 等函数。通过这些抽象出的接口，文件系统就可以方便地对 Flash 进行各种操作。

10.2.3 cramfs 文件系统简介

cramfs 是 Compressed ROM File System 的缩写，是 Linux 的创始人 Linus Torvalds 参与开发的一种只读的压缩文件系统。它也基于 MTD 驱动程序。在 cramfs 文件系统中，每一页（4KB）被单独压缩，可以随机页访问，其压缩比高达 2∶1，为嵌入式系统节省大量的 Flash 存储空间，使系统可通过更低容量的 Flash 存储相同的文件，从而降低系统成本。

在嵌入式的环境之下，内存和外存资源都需要节约使用。cramfs 文件系统不必一次性地将文件系统中的所有内容都解压缩到内存之中，而只是在系统需要访问某个位置的数据的时候，马上计算出该数据在 cramfs 中的位置，将其实时地解压缩到内存之中，然后通过对内存的访问来获取文件系统中需要读取的数据。cramfs 中的解压缩及解压缩之后的内存中数据存放位置都是由 cramfs 文件系统本身进行维护的，用户并不必了解具体的实现过程，因此这种方式增强了透明度，对研发人员来说，既方便，又节省了存储空间。

1. cramfs 文件系统的特性

（1）采用实时解压缩方式，由于涉及复杂的解压算法，解压缩的时候有延迟。

（2）cramfs 的数据都是经过处理、打包的，对其进行写操作有一定困难。所以 cramfs 不支持写操作，这个特性刚好适合嵌入式应用中使用 Flash 存储文件系统的场合。

（3）在 cramfs 中，文件最大不能超过 16MB。

（4）支持组标识（gid），但是只有 gid 的低 8 位有效，高 8 位的 gid 在使用 mkcramf 时就被处理掉。

（5）支持硬链接。但在 cramfs 中有一个缺陷，硬链接的文件属性中，链接数仍然为 1。

（6）cramfs 的目录中，没有“.”和“..”这两项。因此，cramfs 中的目录的链接数通常也仅有一个。

（7）cramfs 中，不会保存文件的时间戳（timestamps）信息。当然，正在使用的文件由于 inode 保存在内存中，因此其时间能暂时地变更为最新时间，不过不会保存到 cramfs 文件系统中去。

（8）当前版本的 cramfs 只支持 PAGE_CACHE_SIZE 最大数值为 4096 的内核。因此，如果发现 cramfs 不能正常读写，就需要检查内核的参数设置。

2. 使用 cramfs

先从 http://sourceforge.net/projects/cramfs/下载 cramfs-1.1.tar.gz。然后执行：

```
tar zxvf cramfs - 1.1.tar.gz
```

进入解包之后生成 cramfs-1.1 目录，执行编译命令：

```
make
```

编译完成之后，会生成 mkcramfs 和 cramfsck 两个工具，其中 mkcramfs 工具是用来创建 cramfs 文件系统的，而 cramfsck 工具则用来进行 cramfs 文件系统的释放及检查。

下面是 mkcramfs 的命令格式：

```
mkcramfs [ -h] [ -e edition] [ -i file] [ -n name] dirname outfile
```

mkcramfs 的各个参数解释如下：

-h：显示帮助信息；

-e edition：设置生成的文件系统中的版本号；

-i file：将一个文件映像插入这个文件系统之中（只在 Linux 2.4.0 以后的版本中使用）；

-n name：设定 cramfs 文件系统的名字；

dirname：指明需要被压缩的整个目录树；

outfile：最终输出的文件。

cramfsck 的命令格式：

```
cramfsck [ -hv] [ -x dir] file
```

对 cramfsck 的各参数解释如下：

-h：显示帮助信息；

-x dir：释放文件到 dir 所指出的目录中；

-v：输出信息更加详细；

file：希望测试的目标文件。

10.2.4 romfs 文件系统简介

romfs 是一个只读文件系统，使用 romfs 文件系统可以构造出一个最小的内核，并且很节省内存。相比而言，romfs 编译为模块的形式大小小于一页（在 Linux 系统中，一页大小为 PAGE_OFFSET，一般为 4K）。在相同的条件下，msdos 文件系统模块大约为 30KB（并且不支持设备节点和符号链接，在 x86 机器上的大小为 12K）。

1. romfs 的用途

romfs 设计的主要目标是构造一个最小内核，在内核中只链接 romfs 文件系统，这样就可以使用 romfs 在稍后加载其他模块。romfs 也可以用来运行一些程序，从而决定你是否需要 SCSI 设备，或者 IDE 设备。如果使用“initrd”结构的内核，romfs 也可以用来在之后加载软驱驱动。romfs 的另一个用途是在用户使用 romfs 文件系统的时候，可以关闭 ext2 或者 minix 甚至 affs 文件系统，直到确认需要的时候再开启。

2. romfs 的性能

romfs 的操作是基于块设备的，它的底层结构非常简单。为了快速访问，每个单元设计为起始于 16 字节边界。一个最小的文件为 32 字节（文件内容为空，并且文件名长度小于 16 字节）。对于一个非空文件的最大的开销是位于文件内容前面的文件头和其后的 16 字节的文件名(因为大多数文件名的长度大于 3 字节并且小于 15 字节,所以预置文件名长度为 16 字节)。

3. 如何使用 romfs 映像

要使用一个制作好的 romfs 格式的映像,是将其挂载在其他文件系统的某个节点上。并且还有一个很重要的前提——内核要支持 romfs 文件系统。这一点可以通过配置内核实现,有两个方法:

(1) 将 romfs 配置成直接编译进内核,方法为使用 make menuconfig 命令进入内核配置界面,选择"File systems"并进入,选择"Miscellaneous filesystems"并进入,选择"ROM file system support(ROMFS)",将其配置成星号"*",直接编译进内核。这样生成的内核就直接包含对 romfs 文件系统的支持。

(2) 将 romfs 配置成模块的形式,步骤和前面一样,只是在最后选择"ROM file system support(ROMFS)"的时候将其配置成"M"(编译为内核模块)。这样编译好的内核并不包含对 romfs 文件系统的支持,只是生成了 romfs. ko 模块(fs/romfs/romfs. ko),需要在启动系统后将其加载进内核才能使内核支持 romfs 文件系统。

有了内核对 romfs 文件系统的支持,就可以直接挂载 romfs 格式的映像了,挂载方法为:

```
romfs@ romfs: ~/kernel/romfs $ ls
hello. img
romfs @ romfs: ~/kernel/romfs $ file hello. img
romfs mg: romfs filesystem, version 1 208 bytes, named rom 49e05ac0.
niutao@ romfs ~/kernel/romfs $ sudo mount - o loop hello. img /mnt
romfs @ romfs: ~/kernel/romfs $ cd /mnt/
romfs @ romfs:/mnt $ ls
hello. c
niutao@niutao:/mnt $
```

可以看到,使用 mount 命令将 hello. img 挂载到了/mnt 目录下,其中只有一个文件。卸载一个已经被挂载的 romfs 格式映像使用 umount 命令。

4. 如何制作 romfs 映像

如果要创建一个 romfs 文件系统,需要使用 genromfs 工具。具体用法为:

(1) -f IMAGE 指定输出 romfs 映像的名字;

(2) -d DIRECTORY 指定源目录(将该目录制作成 romfs 文件系统);

(3) -v 显示详细的创建过程;

(4) -V VOLUME 指定卷标;

(5) -a ALIGN 指定普通文件的对齐边界(默认为 16 字节);

(6) -A ALIGN,PATTERN 匹配参数 PATTERN 的对象对齐在 ALIGN 边界上;

(7) -x PATTERN 不包括匹配 PATTERN 的对象;

(8) -h 显示帮助文档;

(9) 手工生成 romfs 文件系统;

(10) 建立 romfs 文件系统之前应该手工建立文件系统树,例如,通常 romfs 包含如下目录:

```
/bin /dev /etc /lib /proc /sbin /tmp /usr /var;
```

（11）将交叉编译好的应用程序放入/bin 目录中，使用 genromfs 工具来建立文件系统的映像，如：

```
genromfs -v -V "ROM Disk" -f romfs.img -d romfs > romfs.map
```

（12）与内核文件连接在一起，然后烧入 Flash 中。

```
cat linux.bin romfs.img > image.bin
```

10.2.5 JFFS 文件系统简介

JFFS 全称为 The Journalling Flash File System（日志闪存文件系统）。JFFS 文件系统是瑞典 Axis 通信公司开发的一种基于 Flash 的日志文件系统，它在设计时充分考虑了 Flash 的读写特性和用电池供电的嵌入式系统的特点，在这类系统中必须确保在读取文件时，如果系统突然掉电，其文件的可靠性不受影响。相对于 Linux 系统使用的 ext2 文件系统，在无盘嵌入式设备中 JFFS 因为有以下这些优点而越来越受欢迎：

（1）JFFS 在扇区级别上执行闪存擦除/写/读操作要比 ext2 文件系统好。

（2）JFFS 提供了比 ext2 更好的崩溃/掉电安全保护。当需要更改少量数据时，ext2 文件系统将整个扇区复制到内存（DRAM）中，在内存中合并新数据，并写回整个扇区。这意味着为了更改单个字，必须对整个扇区（64 KB）执行读/擦除/写例程——这样做的效率非常低。如果运气差，当正在 DRAM 中合并数据时，发生了电源故障或其他事故，那么将丢失整个数据集合，因为在将数据读入 DRAM 后，就擦除了闪存扇区。JFFS 附加文件不是重写整个扇区，并且具有崩溃/掉电安全保护这一功能。

（3）JFFS 是专门为像闪存芯片那样的嵌入式设备创建的，所以它的整个设计提供了更好的闪存管理。

后来，对 Red Hat 的 David Woodhouse 进行改进后，形成了 JFFS2。主要改善了存取策略以提高 Flash 抗疲劳性，同时也优化了碎片整理性能，增加了数据压缩功能。需要注意的是，当文件系统已满或接近满时，JFFS2 会大大放慢运行速度，这是因为垃圾收集的问题。

JFFS2 的底层驱动主要完成文件系统对 Flash 芯片的访问控制，如读、写、擦除操作。在 Linux 中，这部分功能是通过调用 MTD（Memory Technology Device，内存技术设备）驱动实现的。相对于常规块设备驱动程序，使用 MTD 驱动程序的主要优点在于 MTD 驱动程序是专门为基于闪存的设备所设计的，所以它们通常有更好的支持、更好的管理和更好的基于扇区的擦除/读/写操作的接口。MTD 相当于在硬件和上层之间提供了一个抽象的接口，可以把它理解为 Flash 的设备驱动程序。它主要向上提供两个接口：MTD 字符设备和 MTD 块设备。通过这两个接口，就可以像读写普通文件一样对 Flash 设备进行读/写操作。经过简单的配置后，MTD 在系统启动以后可以自动识别支持 CFI 或 JEDEC 接口的 Flash 芯片，并自动采用适当的命令参数对 Flash 进行读写或擦除。

一般来说，JFFS2 在嵌入式操作系统中有两种使用方式，一种是作为根文件系统，另一种是作为普通文件系统在系统启动后被挂载。考虑到实际应用中需要动态保存的数据并不多，且在 Linux 系统目录树中，根目录和/usr 等目录主要是读操作，只有少量的写操作，但是大量的读写操作又发生在/var 和/tmp 目录中(这是因为在系统运行过程中产生大量 log 文件和临时文件都放在这两个目录中),因此,通常选用后一种方式。根文件指的是 Romfs、val 和/tmp,目录采用 Ramfs,当系统断电后,该目录所有的数据都会丢失。

JFFS2 的最大问题是不可扩展性,这是它设计的先天缺陷。JFFS3 解决了 JFFS2 的这一缺点,其设计目标是支持大容量闪存(>1TB)的文件系统。JFFS3 与 JFFS2 在设计上的根本区别在于,JFFS3 是将索引信息存放在闪存上,而 JFFS2 是将索引信息存放在内存中。JFFS3 现在还处于设计阶段,文件系统的基本结构借鉴了 Reiser4 的设计思想。JFFS3 的设计文档可以从 http://www.linux-mtd.infradead.org/doc/jffs3.html 查到,有兴趣的读者可以积极参与到 JFFS3 的设计中,发表自己的见解,参与讨论。

10.2.6 YAFFS 文件系统简介

1. YAFFS 文件系统简介

YAFFS 类似于 JFFS/JFFS2,是专门为 NAND 闪存设计的嵌入式文件系统,适用于大容量的存储设备。它是日志结构的文件系统,提供了损耗平衡和掉电保护,可以有效地避免意外掉电对文件系统一致性和完整性的影响。YAFFS 文件系统是按层次结构设计的,分为文件系统管理层接口、YAFFS 内部实现层和 NAND 接口层,这样简化了其与系统的接口设计,可以方便地集成到系统中去。图 10.4 是 YAFFS 原理框图。与 JFFS 相比,它减少了一些功能,速度更快,占用内存更少。

YAFFS 充分考虑了 NAND 闪存的特点,根据 NAND 闪存以页面为单位存取的特点,将文件组织成固定大小的数据段。利用 NAND 闪存提供的每个页面 16 字节的备用空间来存放 ECC(Error Correction Code,出现更正码)和文件系统的组织信息,不仅能够实现错误检测和坏块处理,也能够提高文件系统的加载速度。YAFFS 采用一种多策略混合的垃圾回收算法,结合了贪心策略的高效性和随机选择的平均性,达到了兼顾损耗平均和系统开销的目的。

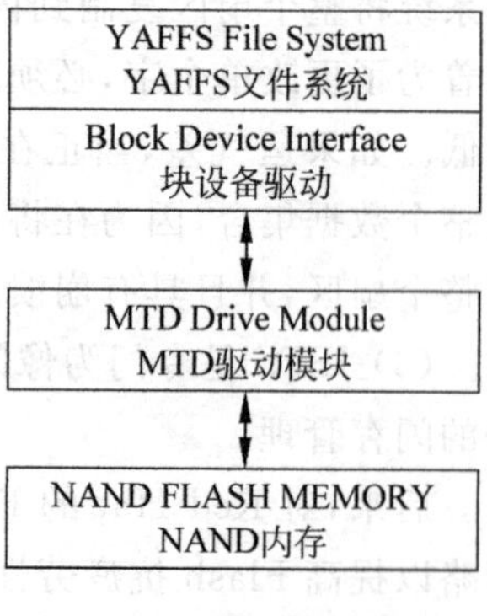

YAFFS File System
YAFFS文件系统
Block Device Interface
块设备驱动
MTD Drive Module
MTD驱动模块
NAND FLASH MEMORY
NAND内存

图 10.4 YAFFS 原理框图

2. YAFFS 文件组织结构

YAFFS 将文件组织成固定大小(512 字节)的数据段。每个文件都有一个页面专门存放文件头,文件头保存了文件的模式、所有者 id、组 id、长度、文件名等信息。为了提高文件数据块的查找速度,文件的数据段被组织成树形结构。YAFFS 在文件进行改写时总是先写入新的数据块,然后将旧的数据块从文件中删除。YAFFS 使用存放在页面备用空间中的 ECC 进行错误检测,出现错误后会进行一定次数的重试,多次重试失败后,该页面就被停止使用。

3. YAFFS 物理数据组织

YAFFS 充分利用了 NAND 闪存提供的每个页面 16 字节的备用空间,参考了 SmartMedia 的设定,备用空间中 6 个字节被用作页面数据的 ECC,两个字节分别用作块状态字和数据状态字,其余的 8 字节(64 位)用来存放文件系统的组织信息,即元数据。由于文件系统的基本组织信息保存在页面的备份空间中,因此,在文件系统加载时只需要扫描各个页面的备份空间,即可建立起整个文件系统的结构,而不需要像 JFFS 那样扫描整个介质，从而大大加快了文件系统的加载速度。

4. YAFFS 擦除块和页面分配

YAFFS 用数据结构来描述每个擦除块的状态，并用一个 32 位的位图表示块内各个页面的使用情况。在 YAFFS 中，有且仅有一个块处于“当前分配”状态。新页面从当前进行分配的块中顺序进行分配，若当前块已满，则顺序寻找下一个空闲块。

5. YAFFS 垃圾收集机制

YAFFS 使用一种多策略混合的算法来进行垃圾回收，将贪心策略和随机选择策略按一定比例混合使用：当满足特定的小概率条件时，垃圾回收器会试图随机选择一个可回收的页面；而在其他情况下，则使用贪心策略回收最“脏”的块。通过使用多策略混合的方法，YAFFS 能够有效地改善贪心策略造成的不平均；通过不同的混合比例，则可以控制损耗平均和系统开销之间的平衡。考虑到 NAND 的擦除很快（和 NOR 相比可忽略不计），YAFFS 将垃圾收集的检查放在写入新页面时进行，而不是采用 JFFS 那样的后台线程方式，从而简化了设计。

10.3 构建根文件系统

1. YAFFS 实现开发环境简介

采用的是“主机＋目标板”的开发模式。主机为 PC 和 RedHat 9.0，目标板为三星公司的 S3C2410 和嵌入式 Linux，版本为 2.6.11.12。NAND 闪存是三星公司 64MB 的 K9F5608L10C。YAFFS 的源码可以从网站下载。

2. YAFFS 移植

(1) 在内核中建立 YAFFS 目录 fs/yaffs，并把下载的 YAFFS 代码复制到该目录下面。

(2) 修改 fs/Kconfig，使得可以配置 YAFFS。

(3) 修改 fs/makefile，添加如下内容：

```
Obj - $(CONFIG_YAFFS_FS) + = yaffs/
```

(4) 在生成的 YAFFS 目录中生成 Makefile 和 Kconfig 文件。

Makefile 文件的内容为：

```
Yaffs - objs: = yaffs_fs.o yaffs_guts.o yaffs_mtdif.o yaffs_ecc.o
EXTRA_CFLAGS += $(YAFFS_CONFIGS) - DCONFIG_KERNEL_2_6
```

Kconfig 文件中主要配置一些宏，在 MTD 上面挂接 YAFFS 及一些辅助配置，配置如下：

```
config YAFFS_FS,                              N
config YAFFS_MTD_ENABLED,                     Y
config YAFFS_RAM_ ENABLED,                    N
config YAFFS_USE_ OLD_ MTD,                   N
config YAFFS_USE_ NANDECC,                    Y
config YAFFS_ECC_ WRONG_ ORDER,               N
config YAFFS_USE_ GENERIC _RW,                Y
config YAFFS_USE_ HEADER _ FILE_SIZE,         N
```

```
config YAFFS_DISABLE_CHUNK_ ERASED_ CHECK,          Y
config YAFFS_DISABLE_ WRITE_ VERIFY,                N
config YAFFS_SHORT_ NAMESIN _RAM,                   Y
```

(5) 修改 NAND 分区。此分区要结合 vivi 里的分区进行设置，如下所示：

```
stuct mtd_partition smdk_default_nand_part[] = {
    [0] = {.name = "vivi", .size = 0x00020000, .offset = 0x00000000,},
    [1] = {.name = "param", .size = 0x00010000, .offset = 0x00020000,},
    [2] = {.name = "kernel", .size = 0x00100000, .offset = 0x0003000,},
    [3] = {.name = "root", .size = 0x01900000, .offset = 0x00130000,},
    [4] = {.name = "user", .size = 0x025d0000, .offset = 0x01a30000,}
};
```

(6) 配置内核时选中 MTD 支持和 YAFFS 支持。

(7) 编译内核并将内核下载到开发板的 Flash 中。

3. YAFFS 文件系统测试

(1) 内核启动之后，启动信息中应该含有如下内容：

```
NAND divice: Manufacturer ID: 0xec,Chip ID: 0x76(Samsung NAND 64MB 3.3V 8 - bit)
Scnaninq device for bad blocks
Creating 5MTD partitions on "NAND 64MB 3.3V 8 - bit":
0x00000000—0x00020000: "vivi"
0x00020000—0x00030000: "param"
0x001 30000—0x00130000: "kernel"
0x00130000—0xola30000: "root"
0x01a30000—0x04100000: "user"
```

(2) 如果在内核里面添加了 proc 文件系统的支持，那么 proc 中应该包含有关 YAFFS 的信息。

(3) 在 dev 目录下的相关目录中包括有关 NAND 设备的信息。

(4) 建立 mount 目录：

```
#mkdir/mnt/flash0
mount blockdevice 设备:
#mount -t yaffs /dev/mtdblock/3 /mnt/flash0
#cp 1.txt /mntflash0
```

将文件复制到 mount(安装)上的目录下后，unmount(卸载)设备，再次 mount 后可以发现复制的文件仍然存在。这时删除该文件，然后 umount，再次 mount 后可以发现复制的文件已经被删除，由此可见该分区可以正常读/写。

(5) 在 Flash 上建立根文件系统：

```
#mount -t yaffs /dev/mtdblock/3 /mnt/flash0
#cp (your rootfs) /mnt/flash0
#umount /mnt/flash0
```

重新启动，并改变启动参数：param set linux_cmd_line "noinitrd root=/dev/mtdblock3 init: /linuxrc console: ttySAC0"，再次重新启动后，开发板就可以从 Flash 启动根文件系统了。

10.4 根文件系统设置

1. 建立一个目标板的空根目录

我们将在这里构建根文件系统，创建基础目录结构，存放交叉编译后生成的目标应用程序(BUSYBOX，TINYLOGIN)，存放库文件等。

```
[arm@iocalhost rootfs]#mkdir my_rootfs
[arm@localhost rootfs]#pwd
/home/arm/dev_home/rootfs/my_rootfs
[arm@localhost rootfs]#cd my_rootfs
[arm@localhost my_rootfs]#
```

2. 在 my_rootfs 中建 Linux 目录树

```
[arm@localhost my_rootfs]#mkdir bin dev etc home lib mnt proc sbin sys tmp root usr
[arm@localhost my_rootfs]#mkdir mnt/etc
[arm@localhost my_rootfs]#mkdir usr/bin usr/lib usr/sbi
[arm@localhost my_rootfs]#touch linuxrc
[arm@localhost my_rootfs]#tree
| bin
| dev
| etc
| home
| lib
| linuxrc
| mnt
\ etc
| proc
| sbin
| sys
| tmp
| root
\usr
| bin
| lib
\sbin
```

对于各种权限，可以参照你的 Linux 工作站。需要说明的一点就是 etc 目录存放配置文件，这个目录通常是需要修改的，所以在 linuxrc 脚本当中，将 etc 目录挂载为 ramfs 文件系统，然后将 mnt/etc 目录中的所有配置文件复制到 etc 目录当中。

3. 创建 linuxrcs 文件

(1) 创建 linuxrc 时，需加入的内容如下。

```
[arm@localhost my_rootfs]#vi linuxrcs
#!/bin/sh
#挂载/etc 为 ramfs 文件系统，并从/mnt/etc 下复制文件到/etc 目录当中
echo "mount/etc as ramfs"
/bin/mount n
```

```
t
ramfs ramfs/etc
/bin/cp a
/mnt/etc/ * /etc
echo "recreate
the /etc/mtab entries"
#recreate
The/etc/mtab entries
/bin/mount f
t
cramfs o
remount, ro /dev/mtdblock/2 /
#mount some file system
echo "mount
/dev/shm as tmpfs"
/bin/mount n
t
tmpfs tmpfs /dev/shm
```

挂载/proc 为 proc 文件系统：

```
echo "mount
/proc as proc"
/bin/mount n
t
proc none /proc
```

挂载/sys 为 sysfs 文件系统：

```
echo "mount
/sys as sysfs"
/bin/mount n
t
sysfs none/sys
exec/sbin/init
```

（2）修改权限。

```
[arm@localhost my_rootfs]#chmod 775 linuxrc
[arm@localhost my—rootfs]#ls l inuxrc al
rwxrwxrx
1 root root 533 Jun 4 11: 1 9 linuxrc
```

当编译内核时，指定命令行参数如下：

```
Boot options>
Default kernel command string:
```

命令行参数如下：

```
noinitrd root = /dev/mtdblock2 init = /linuxrc console = ttySAC0,1152 00
```

其中的 init 指明 kernel 执行后要加载的第一个应用程序，默认目录为/sbin/init，此处指定为/linuxrc。

10.5 BusyBox

10.5.1 BusyBox 简介

离开了图形界面，主要通过类似 ls、cat、mv、cd 之类的命令来控制 Linux。BusyBox 的神奇之处就在于，它把这些简单的操作命令和实用工具软件集成到一个可执行文件中，大小仅为几百 KB。BusyBox 不仅提供了平常用到的大部分命令操作，还加入了一个小型的 vi 编辑器和 Web 服务器，对于简单的系统管理，这些已经足够了。

BusyBox 开发过程中，始终坚持了代码长度优化和资源利用量最小的原则，同时它的模块化设计使得编译能够方便地排除或加入功能选项，所有的这些优化设计使其很容易根据用户的嵌入式系统进行定制。如果想制作一个可以启动的系统，仅需要加入/dev、/etc、/bin，还有一个 Linux 内核。对于小型嵌入式系统，BusyBox 提供了一个完全 POSIX 兼容的环境。

BusyBox 目前由 Rob Landley 维护，在 GPL 协议下发行，官方网站是 www.busybox.net，可以从上面下载源代码自己编译，如使用稳定版本为 1.2.0。下载源码后，先将其解压缩：

```
[root@mybusybox]# tar xvfz busybox-1.2.0.tar.gz.bz2
[root@ mybusybox]# cd busybox-1.2.0
```

配置 BusyBox：

```
[root@ mybusybox busybox-1.2.0]# make menuconfig
```

下面介绍配置 BusyBox 时的一些必选项。

(1) 进入 Build Options，选中"Build BusyBox as a static binary"，如果是在嵌入设备下使用 BusyBox，这个选项是一定要选的，这样才能把 BusyBox 编译成静态链接的可执行文件，运行时才独立于其他函数库，否则必须要有其他库文件才能运行，单个 Linux 内核不能使它正常工作。

(2) 进入 Installation Options(安装选择)，选中"Don't use/usr"，这个选项也一定要选，否则 make install(进行安装)后，BusyBox 将安装在原系统的/usr 目录下，这将覆盖掉系统原有的命令。选择这个选项，make install(安装)后，会在 BusyBox 目录下生成一个名为 install(安装)的目录，里面有 BusyBox 和指向它的链接。

配置完后，首先"make"，再"make install"(安装)，这时会发现多出了一个 install 目录，其下有 bin 和 sbin 两个子目录，bin 目录中放有编译出来的 BusyBox 可执行文件，sbin 中是可用命令的链接。运行 BusyBox，结果如图 10.5 所示。

```
[root@my busybox busybox-1.2.0] #. /busybox
BusyBox v1.2.0(2006.08.16-02:42+0000)multi-call binary
Usage: busybox[function][arguments]…
or: [function][arguments]…
      BusyBox is a multi-call binary that combines many common UNIX
```

```
utilities into a single executable. Most people will create alink to
busybox for each function they wish to use and BusyBoxwill act like
whatever it was invoked as!
Currently defined functlons:
busybox ,halt,mesg|poweroff,reboot r,start - stop - daemon
```

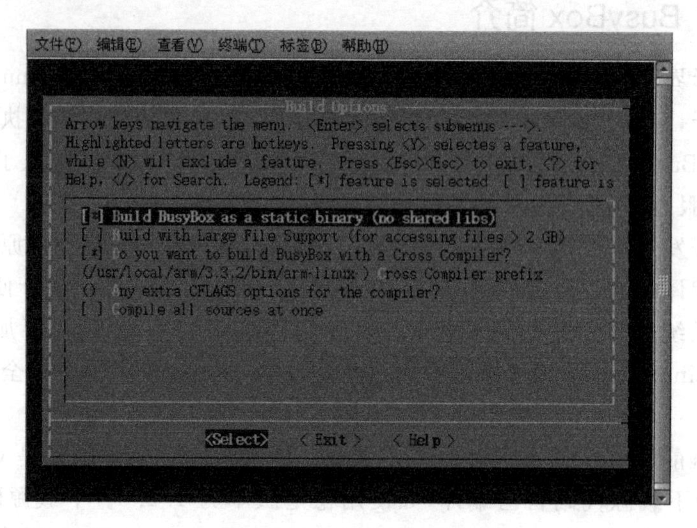

图 10.5 BusyBox 界面

这说明目前可用的命令只有 busybox、halt、mesg、poweroff、reboot、start-stop-daemon 几个。BusyBOx 是模块化设计的，编译时可以选择加入哪些功能，而默认情况下，就加入这几个命令。

如果要让 BusyBox 执行某个特定的命令，应该这样写：

```
[root@mybusybox busybox - 1.2.0]#./busybox reboot
```

如果想要使用 reboot 命令的参数，可以直接写在后面：

```
[root@mybusybox busybox - 1.2.0]#./busybox reboot  - f
```

当然了，如果执行每个命令都要输入/busybox 是很令人痛苦的，可以这样简化操作：

```
[root@mybusybox busybox - 1.2.0]#In  - s/home/mybusybox/busybox - 1.2.0/busybox reboot
```

10.5.2 使用 BusyBox 构建根文件系统

1. 根文件系统的制作

制作根文件系统前，先要解决一个问题。因为一个根文件系统要实现基本的功能，必须包括一些常用工具，如：sh,ls,cd,cat…。但是常用工具会占用很多空间，要是用原来系统中的这些命令，就是全部用静态编译，不是用动态链接库，大概会有 2～3MB，超出软盘容量。解决方案是使用 BusyBox 工具。BusyBox 包含了 70 多种 Linux 上标准的工具程序，需要的磁盘空间仅仅几百千字节。在嵌入式系统上，常用到它（例如 Linux Router Project 和 Debian boot floppy 就使用它）。

首先建立 BusyBox。可以从官方网站上下载版本 busybox-1.00-rc3.tar.gz.bz2，并且

解压缩：

```
#tar zxvf busybox-1.00-rc3.tar.gz.bz2
```

为了压缩空间，采用静态编译，修改 Makefile 中的 DOSTATIC 参数为 true：

```
DOSTATIC=true
```

然后修改 BusyBox 中的 init.c，设定系统要执行的第一个程序为：/etc/rc.d/rc.sysinit：

```
#define  INIT_SRCIPT\"etc/ rc.d/rc.sysinit\"
```

然后开始编译 BusyBox：

```
#make
#make install
```

到这一步就得到了可执行命令 busybox。

解决了这个问题后，可以开始制作根文件系统。

首先为根文件系统建一个目录，叫做 floppy-Linux，然后进入 floppy-LinuX 目录内：

```
#  mkdir floppy-Linux
#  cd floppy-Linux
```

然后为 root　filesystem 建立一些标准的目录：

```
#mkdir dev  etc  etc/rc.d  bin  proc  mnt  tmp  var
#chmod755  dev  etc  etc/rc.d  bin  mnt  tmp  var
#chmod  555  proc
#ln -s  sbin bin
```

然后进入/dev 目录下，建立根文件系统必需的一些设备文件。

2. 建立一般终端机设备

```
#mknodtty  c  5  0
#mkdirconsole  c  5  1
#chmod666  tty  console
```

(1) 建立 VGA Display 虚拟终端机设备：

```
#mknod  tty0  c  4  0
#Chmod  666  tty0
```

(2) 建立 RAM disk 设备：

```
#mknod ram0  b  1  0
#chmod 600  ram0
```

(3) 建立 Floppy 设备：

```
#mknod fd0  b  2
#chmod  600  fd0
```

(4) 建立 NULL 设备：

```
#mknod null  c  1  3
#chmod 666  null
```

到这里，就完成了一个初步的小型根文件系统，但是还需要配置一些有关的外壳脚本程序(shell script)来完善它。

3. 编辑有关的 shell script

首先进入到/floppy-Linux/etc/这个目录下，编辑 inittab、rc. d/rc. sysinit、fstab 这三个文件，内容分别如下：

```
inittab
::sysinit: /etc/rc.d/rc.sysinit
::askfirst: bin/sh
rc.sysinit
#!/bin/sh
mount -a
fstab
proc /proc proc defaults 0 0
```

然后修改 inittab、rc. sysinit、fstab 这三个文件的权限：

```
# chmod  644  inittab
# chmod  755  rc.sysinit
# chmod  644  fstab
```

配置完 Shell Script 后，注意到这些 shell script 会使用一些/bin 目录下的命令，但是/bin 目录下是空的。现在就使用 BusyBox 来制作这些常用命令。

4. 使用 BusyBox 制作常用命令

将 BusyBox 复制到软盘的/bin 目录下，并且改名为 init：

```
#cp busybox /floppy-Linux/bin/init
```

然后创建常用命令的 link，具体的工作原理请参阅 BusyBox 的官方说明。

```
# In  -s  init  LS
# ln  -s  init  cp
# ln  -s  init  mount
# ln  -s  init  umount
# ln  -s  init  more
# ln  -s  init  ps
# ln  -s  init  sh
```

现在就有了所需的常用命令。

10.6 嵌入式文件系统的设计

10.6.1 文件系统格式的选型的基本策略

通常，当设计根文件系统时，可以按如下几点配置方案来解决文件系统的选择：

(1) 把任何不需要更新的文件放在 cramfs 文件系统中。因为 cramfs 的压缩比高达 2∶1，节约存储空间的效果明显。如果应用程序要求使用 XIP 方式运行，则可以选择采用 romfs 文件系统。

(2) 那些需要经常读写的目录，例如/var、/temp，应该放在 ramfs 系统中，以减少对 Flash 的擦写次数，延长 Flash 的使用寿命。

(3) 对于需要读/写，并且在下次启动之后也能将更新信息保留的文件，则应该存入日志型文件系统里。如果采用的是 NOR 型内存，则应该选择 JFFS2 文件系统；如果是 NAND 闪存，则应选择 YAFFS 文件系统。

10.6.2 混合型文件系统的设计

(1) 综合考虑存储空间和系统可用性因素，适用于嵌入式系统的文件系统格式各有千秋，因此可以在嵌入式系统中采用混合模式的文件系统格式。如图 10.6 所示是各种文件系统的关系及层次结构。

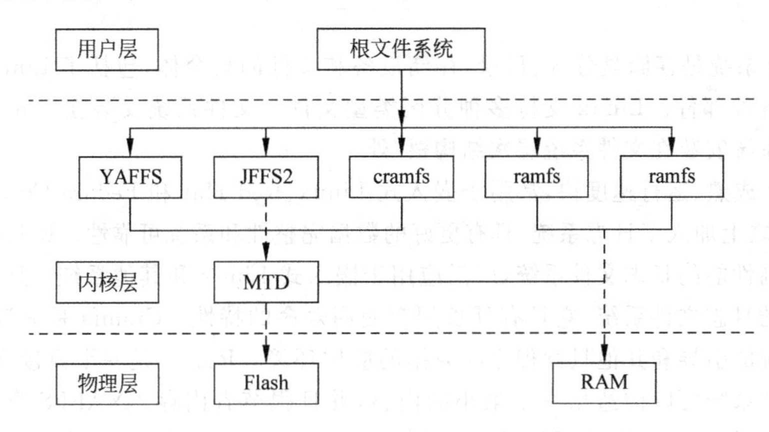

图 10.6 各种文件系统的关系及层次结构

(2) 使用 cramfs 文件系统，可以获得更大的空间和更快的运行速度；同时，由于嵌入式系统要求软件定制，可以把系统软件和一些不希望意外破坏的重要数据做成 cramfs 格式，这样就提供了很好的误删除保护。

(3) 使用日志文件系统，可以为系统提供读/写空间，方便用户添加个人文件和数据，例如系统参数等。使用 cramfs 可以有效避免频繁操作对 Flash 造成的破坏。

(4) ramfs 文件系统用来存放经常需要读/写的文件，由于 ramfs 是建立在 RAM 中的，所以可以延长 Flash 的寿命。

(5) 对于一些高端的掌上设备来说，仅仅依靠 cramfs 和 JFFS2 的合用，往往并不能解决系统对存储空间的需求。综合成本的考虑，现行的解决办法通常是使用 NAND Flash，目前在 NAND Flash 中运行最为稳定的是 YAFFS2 文件系统。

(6) 由于 NAND Flash 芯片工艺的原因，它相对于 NOR Flash 的最大优点是单元存储密度更高，成本更低，系统在不增加成本的情况下扩大存储容量。但是 NAND Flash 是不支持 XIP 技术的，这给需要从 ROM 启动的系统带来了问题。解决办法是再添加一小块 NOR Flash，用于存放系统启动代码。但有些处理器也支持从 NAND Flash 启动，如 S3C2410 处理器。

(7) 另外，如果对存储空间的利用率要求较高，由于 cramfs 文件系统是不可写的，同时在 Flash 中建立的分区大小不可能刚好与 cramfs 镜像体积相同，这必然会造成一部分存储空间的浪费。解决这个问题的方法，可以使用 Linux 中的 Loopback 设备。Loopback 设备是 Linux 中的一种虚拟设备，它可以将某个文件当做一个块设备来使用，这样就可以在虚拟的块设备中应用其他的文件系统格式。由于用文件虚拟出来的块设备也是不可扩充的，因此可以把它做成 cramfs 格式的。

(8) /usr 目录下面的内容在系统运行的时候，是不需要被修改的，因此可以将/usr 目录下面的内容做成 cramfs 文件系统格式的镜像。这样需要把日志型文件系统分区做成根文件系统，将 cramfs 镜像文件包含在日志镜像文件中，然后再烧写到 Flash 中，在系统启动完成后再将 cramfs 镜像挂载成 Loopback 设备。cramfs 的压缩比一般为 2∶1，而系统文件绝大部分内容位于/usr 目录下面，因此可以大大缩小 Flash 量，提高了空间的利用率。

10.7 本章小结

(1) 文件系统是存储盘分区、目录、存储设备和文件的集合体，包括了 Linux 操作系统本身和它的各种部件。Linux 支持多种分区类型文件。文件系统安装在 Linux 的挂载点处。根文件系统安装在文件系统层次结构根/处。

(2) ext2 成熟、运行速度快，常用于嵌入式 Linux、Red Hat 和 Fedora Core 等系列中。ext3 在 ext2 之上加入了日志系统，具有更好的数据完整性和系统可靠性。ReiserFS 是另一种流行的和高性能的日志文件系统，广泛应用于嵌入式 Linux 和其他系统。JFFS2 是经优化适于闪存的日志文件系统，它具有延长闪存使用寿命的特性。Cramfs 是只读文件系统，适合小型系统的引导和其他只读程序和数据的应用环境。Romfs 是一个只读文件系统，使用 romfs 文件系统可以构造出一个最小的内核，并且很节省内存。YAFFS 类似于 JFFS/JFFS2，是专门为 NAND 闪存设计的嵌入式文件系统，适用于大容量存储设备。

(3) NFS 是最强大的嵌入式开发工具，它可以把一个工作站的功能注入到目标设备上。学习如何使用 NFS 作为嵌入式目标的根文件系统可以方便和节省了开发时间。

(4) 在 Linux 上的很多可用的伪文件系统，包括 proc 文件系统和 sysfs。

(5) 基于 ram 的 tmpfs 文件系统在嵌入式系统有许多用途，最显著的改善是调整传统 ramdisks 的容量以便动态满足实际业务的需求。

(6) MTD 子系统支持 Linux 内核中存储设备如闪存，MTD 必须配置到 Linux 内核中才能使用。作为 MTD 内核配置的一部分，必须选择适当的 Flash 闪存芯片的驱动程序。闪存设备可以是一个大的分区，也可以有多个分区。可以用几种方法用于 Linux 内核与分区交换信息，如 uboot 分区信息、内核命令行参数和驱动映射等。

(7) BusyBox 是一个功能强大的工具，它可以显著降低根文件系统映像的大小。BusyBox 支持许多命令。BusyBox 可配置成静态链接或动态链接。

(8) 嵌入式文件系统的设计涉及文件系统格式的选型及根文件系统内容的精选，包括文件系统选型的基本策略、分析综合各种文件系统的优缺点、设计混合型文件系统等等。

10.8　思考题

(1) Linux文件系统结构与特征是怎样的?

(2) 嵌入式文件系统的设计应该遵循哪几点由则?

(3) 简述MTD的原理,详细说明图10.2,图10.3的由来。

(4) 常用的嵌入式Linux文件系统有哪几种?各有什么特点?应用场合有什么不同?

(5) 试论述混合型文件系统的设计方法。

第11章 嵌入式 Linux 多线程编程

CHAPTER 11

本章主要内容

- Linux 线程编程基础
- 线程的同步与互斥
- 生产者-消费者问题
- 本章小结

11.1 线程基本概念

11.1.1 Linux 线程简介

Linux 中的线程是轻量级线程(Light Weight Thread),Linux 中的线程调度是由内核调度程序完成的,每个线程有自己的 id 号。与进程相比,它们消耗的系统资源较少,创建较快,相互间的通信也较容易。存在于同一进程中的线程会共享一些信息,这些信息包括全局变量、进程指令、大部分数据、信号处理程序和信号设置、打开的文件、当前工作的目录以及用户 ID 和用户组 ID。同时,作为一个独立的线程,它们又拥有一些区别于其他线程的信息,包括线程 ID、寄存器集合、堆栈、错误号、信号掩码以及线程优先权。

Linux 线程分为核心级支持线程和用户级支持线程。无论是在用户进程中的线程还是系统进程中的线程,它们的创建、撤销、切换都由内核实现。当某一个线程发生阻塞时,阻塞的是该线程本身,线程所在进程中的其他线程依然可以参加线程调度。在用户级实现线程时,没有核心支持的多线程进程。因此,核心只有单线程进程概念,而多线程进程由与应用程序连接的过程库实现,核心不知道线程的存在,也就不能独立地调度这些线程了。如果一个线程调用了一个阻塞的系统,进程可能被阻塞,当然其中的所有线程也同时被阻塞。目前 Linux 众多的线程库中,大部分实现的是用户级的线程,只有一些用于研究的线程库才尝试实现核心级线程。

系统创建线程的顺序如下:当一个进程启动后,它会自动创建一个线程即主线程(main thread)或者初始化线程(initial thread),然后就利用 pthread_initialize()初始化系统管理线程并且启动线程机制。线程机制启动后,要创建线程,必须让 pthread_create()向管理线程发送 REQ_CREATE 请求,管理线程即调用 pthread_handle_create()创建新线程。分配栈、设置 thread 属性后,以 pthread_start_thread()为函数入口调用 clone()创建并启动新线程。pthread_start_thread()读取自身的进程 id 号存入线程描述结构中,并根据其中记录的调度方法配置调度。一切准备就绪后，再调用真正的线程执行函数，并在此函数返回后调用 pthread_exit()清理现场。

11.1.2 Linux 线程编程基础

相对进程而言，线程更加接近于执行体，它可以与同进程中的其他线程共享数据，且拥有自己的栈，拥有独立的执行序列。在串行程序基础上引入线程和进程，是为了提高程序的并发度，从而提高程序运行效率和响应时间。

现在通过一个简单的例子来介绍 Linux 下的多线程编程：

```
#include<stdio.h>
#include<pthread.h>
void myfirstthread(void)
{
    int i;
    for(i=0;i<3;i++){
        printf("This is my thread\n');
    }
}
int main(void)
{
    pthread_t id;
    int i,ret;
    ret = pthread_create(&id,NULL,(void *)myfirstthread,NULL);
    if(ret!=0){
        printf("Create pthread error!\n");
        exit(1);
    }
    for(i=0;i<3;i++){
        printf("This is the main process.\n");
    }
    pthread_join(id,NULL);
    return(0);
}
```

要创建一个多线程程序，必须加载 pthread.h 文件。线程的标识符 pthread_t 在头文件/usr/include/bits/pthread_types.h 中定义：typedef unsigned long int pthread_t。

现在介绍多线程编程常用的函数。

1. pthread_create()函数

函数 pthread_create()创建一个新线程，并把它的标识符放入参数 thread 指向的新线程中。

API 定义如下：

```
#include<pthread.h>
int pthread_create(pthread_t * thread,pthread_attr_t * attr, void * ( * start_routine)(void
*),
            void * arg)
```

第二个参数 attr 用来设置线程的属性。线程的属性是由函数 pthread_attr_init()来生成。第三个参数是新线程要执行的函数的地址。第四个参数是一个 void * 针，可以作为任意类型的参数传给 start_routine()函数；同时，start_routine()可以返回一个 void * 类型的返回值，而这个返回值也可以是其他类型，并由 pthread_join()获取。

2. pthread_join()函数

函数 phread_join()的作用是挂起当前线程，直到参数 th 指定的线程被终止为止。API 定义如下：

```
#include <pthread.h>
int pthread_join(pthread_t th, void * * thread_return);
int pthread_detach(pthread_t th);
```

第一个参数 th 为被等待的线程标识符，第二个参数为一个用户定义的指针，它可以用来存储被等待线程的返回值。这个函数是一个线程阻塞的函数，调用它的函数将一直等待到被等待的线程结束为止，当函数返回时，被等待线程的资源被收回。一个线程的结束有两种途径：一种是像上面的例子一样，函数结束了，调用它的线程也就结束了；另一种方式是通过函数 pthread_exit 来实现。

3. pthread_exit()函数

该函数调用 pthread_cleanup_push()为线程注册的清除处理函数，然后结束当前线程，返回 retval，父线程或其他线程可以通过函数 pthread_join()来检索它。AFI 定义为：

```
#include <pthread.h>
void pthread_exit(void * retval)
```

4. 属性控制

在上述例子中，用 pthread_create()函数创建了一个线程。在这个线程中，使用了默认参数，即将该函数的第二个参数设为 NULL。对大多数程序来说，使用默认属性就足够了，但我们仍然需要了解线程的属性。

属性结构为 pthread_attr_t，它同样在头文件/usr/include/pthread_h 中定义，属性值不能直接设置，必须使用相关函数进行操作。函数 pthread_attr_init()的作用是初始化一个新的属性对象，函数 pthread_attr_destroy()的作用是清除属性对象。用户在调用这些函数之前，要为属性(attr)对象分配空间。

```
#include <pthread.h>
int pthread_attr_init(pthread_attr_t *attr);
int pthread_attr_destroy(pthread_attr_t * attr);
int pthread_attr _setdetachstate ( pthread_attr_t * attr, int detachstate);
int pthread_attr_getdetachstate(const pthread_attr_t * attr, int *detachstate);
int pthread_attr_setschedpolicy(pthread_attr_t *attr, int *policy);
int pthread_attr_getschedpolicy(const pthread_attr_t *attr, int *policy);
int pthread_attr_setschedparam(pthread_attr t *attr, const struct sched_param *param);
int pthread_attr_getschedparam(const pthread_attr_t *attr, struct sched_param *param);
int pthread_attr_setscope(pthread_attr_t *attr, int *scope);
int pthread_attr_getscope(const pthread_attr_t *attr, int *scope);
```

关于线程的绑定，涉及另外一个概念，即轻进程(Light Weight Process，LWP)。轻进程可以理解为内核线程，它位于用户层和系统层之间。系统对线程资源的分配、对线程的控制是通过轻进程来实现的,一个轻进程可以控制一个或多个线程。默认状况下,启动多少轻进程、用哪些轻进程来控制哪些线程是由系统来控制的,这种状况即称为**非绑定**的。绑定状况是指某个线程固定地“绑”在一个轻进程之上。被绑定的线程具有较高的响应速度,这是因为 CPU 时间片的调度是面向轻进程的,绑定的线程可以保证在需要的时候它总有一个轻进程可用。通过设置被绑定的轻进程的优先级和调度级,可以使得绑定的线程满足诸如实时反应之类的要求。设置线程绑定状态的函数为 pthread_attr_setscope(),它有两个参数,第一个是指向属性结构的指针,第二个是绑定类型,它有两个取值: PTHREAD_SCOPE_SYSTEM(绑定的)和 PTHREAD_SCOPE_PROCESS(非绑定的)。

线程的分离状态决定一个线程以什么样的方式来终止自己。在上面的例子中,采用了线程的默认属性,即为非分离状态,这种情况下,原有的线程等待创建的线程结束。只有当 pthread_join()函数返回时,创建的线程才算终止,才能释放自己占用的系统资源。而分离线程不是这样的,它没有被其他线程等待,运行结束时,线程也就终止了,马上释放系统资源。程序员应该根据自己的需要,选择适当的分离状态。设置线程分离状态的函数为 pthrerd_attr_setdetachstate(pthread_attr_t * attr,int detachstate)。第二个参数可选为 PTHREAD_CREATE_DETACHED(分离线程)和 PTHREAD_CREATE_JOINABLE(非分离线程)。这里要注意的一点是,如果设置一个线程为分离线程,而这个线程运行又非常快,它很可能在 pthread_create 函数返回之前就终止了,它终止以后就可能将线程号和系统资源移交给其他线程使用,这样调用 pthread_create 的线程就得到了错误的线程号。要避免这种情况,可以采取一定的同步措施,最简单的方法之一,是可以在被创建的线程里调用 pthreadcond_timewait 函数,让这个线程等待一会儿,留出足够的时间让函数 pthread_create 返回。设置一段等待时间是在多线程编程里常用的方法。但是不要使用诸如 wait()之类的函数,它们是使整个进程睡眠,并不能解决线程同步的问题。

线程优先级存放在结构 sched_param 中,用函数 pthread_attr_getschedparam()和函数 pthread_attr_setschedparam()进行存放。一般说来,总是先取优先级,对取得的值修改后再存放回去。它们的第一个参数用于标识要操作的线程,第二个参数是线程的调度策略,第三个参数是指向调度参数的指针。

5. 取消线程

可在当前线程中通过调用函数 pthread_cancel()来取消另一个线程,该线程由参数 thread 指定。

```
#include<pthread.h>
int pthread_cancel(pthread_t thread);
int pthread_se tcancel state(int state, int  *oldstate);
int pthread_setcanceltype(int type, int * oldtype);
void pthread_testcancel(void);
```

线程调用 pthread_setcancelstate()设置自己的取消状态,参数 state 是新状态,参数 oldstate 是一个指针,指向存放旧状态的变量(如果不为空)。函数 pthread_setcanceltype()修改响应取消请求的类型,响应的类型有两种:

```
PTHREAD_CANCEL_ASYNCHRONOUS    线程被立即取消
PTHREAD_CANCEL_DEFERRED        延迟取消至取消点
```

取消点是通过调用 pthread_testcancel()来创建,如果延迟取消请求挂起,那么该函数将取消当前线程。前三个函数成功时返回 0,失败时返回错误代码。

6. pthread_cond_init()函数

下列函数的作用是挂起当前线程,直到满足某种条件。

```
#include<pthread.h>
pthread_cond_t cond = PTHREAD_COND_INITIALIZER
int pthread_cond_init(pthread_cond_t *cond,pthread_condattr_t *cond_attr);
int pthread_cond_signal(pthread_cond_t *cond);
int pthread_cond_broadcast(pthread_cond_t * cond);
int pthread_cond_wait(pthread_cond_t *cond,pthread_mutex_t *mutex);
int pthread_cond_timedwait(pthread_cond_t *cond,pthread_mutex_t*mutex,
const struct timespec *abstime);
int pthread_cond_destroy(pthread_cond_t*cond);
```

函数 pthread_cond_init()初始化一个 pthread_cond_t 类型的对象 cond。在 Linux 中,它的第二个参数被忽略,可以简单地用 PTHREAD_COND_INITIALIZER 替换。pthread_cond_destroy()是 cond 对象的析构函数,它仅检查是否还有线程在等待该条件。函数 pthread_cond_signal()重启动一个等待某种条件的线程。pthread_cond_broadcast()重启动所有的线程。函数 pthread_cond_wait()对一个互斥量进行解锁,并且等待条件变量 cond 中的信号。pthread_cond_timedwait()函数的作用与 pthread_cond_wait()相似,不过它只等待一段由 abstime 指定的时间。

7. 互斥

互斥锁用来保证一段时间内只有一个线程在执行一段代码,其必要性显而易见:假设各个线程向同一个文件顺序写入数据,最后得到的结果一定是灾难性的。API 定义如下:

```
#inc lude<pthread.h>
pthread_mutex_t fastmutex = PTHREAD_MUTEX_INITIALIZER;
pthread_mutex_t recmutex = PTHREAD_RECURSIVE_MUTEX_INITIALIZER_NP;
pthread_mutex_t errchkmutex = PTHREAD_ERRORCHECK_MUTEX_INITIALI ZER_NP;
int pthread mutex_init(pthread_mutex_t*mutex,const pthread mutexattr_t*mutexattr);
int pthread_mutex_lock(pthread_mutex_t*mutex);
int pthread_mutex_trylock(pthread_mutex_t*mutex);
int pthread_mutex_unlock(pthread_mutex_t*mutex);
int pthread_mutex_destroy(pthread_mutex t*mutex);
```

函数 pthread_mutex_init()和 pthread_mutex_destroy()分别是互斥锁的构造函数和析构函数。函数 pthread_mutex_lock()和 pthread_mutex_unlock()分别用来加锁和解锁。函数 pthread_mutex_trylock()和 pthread_mutex_lock()相似,不同的是 pthread_mutex_trylock()只有在互斥被锁住的情况下才阻塞。上述函数在成功时返回 0,失败时返回错误代码。但 pthread_mutex_init()从不失败。

11.2 多线程同步

11.2.1 互斥锁

当在同一内存空间运行多个线程时,要注意的一个基本问题是:不能让线程之间相互破坏。假如两个线程要更新两个变量的值，一个线程要把两个变量的值都设成 0，另一个线程要把两个变量的值都设成 1。如果两个线程要同时运行，每次运行的结果可能不一样。为解决该问题，pthread 库提供了一种基本机制，叫**互斥量**(mutex)。互斥量是 Mutual Exclusion device 的简称，它相当于一把锁，可以保证以下三点：

(1) 原子性：如果一个线程锁定了一个互斥量，那么临界区内的操作要么全部完成，要么一个也不执行。

(2) 唯一性：如果一个线程锁定了一个互斥量，那么在它解除锁定之前，没有其他线程可以锁定这个互斥量。

(3) 非繁忙等待：如果一个线程已经锁定一个互斥量，第二个线程又试图去锁定这个互斥量，则第二个线程将被挂起(不占用任何 CPU 资源)，直到第一个线程解除对这个互斥量的锁定为止。第二个线程将被唤醒并继续执行，同时锁定这个互斥量。

通过下面一段代码来学习互斥锁的使用，这是一个读/写程序，它们共用一个缓冲区，并且假定一个缓冲区只能保存一条信息，即缓冲区只有两个状态：有信息或没有信息，如源码清单 11-1：

源码清单 11-1

```
void reader_function(void);
void writer_function(void);
char buffer;
int buffer_has_item = 0;
pthread mutex_t mutex;
struct timespec delay;
void main(void){
    pthread_t reader;
    /*定义延迟时间*/
    delay_tv_sec = 2;
    delay_tv_nec = 0;
    /*用默认属性初始化一个互斥锁对象*/
    pthread_mutex_init(&mutex,NULL);
    pthread_create(&reader,pthread_attr_default,(void *)&reader_function),NULL);
    writer function();
}
void writer_function(void){
    while(1){
/*锁定互斥锁*/
        pthread_mutex_lock(&mutex);
if (buffer_has_item == 0){
            buffer = make_new_item();
            buffer has item = 1;
        }
        /*打开互斥锁*/
pthread_mutex_unlock(&mutex);
pthread_delay_np(&delay);
}
}
void reader_function(void){
```

```
    while(1){
        pthread_mutex lock(&mutex);
        if(buffer_has_item == 1){
        consume_item(buffer);
        buffer_has_item = 0;
        }
        pthread_mutex_unlock(&mutex);
        pthread_delay_np(&delay);
    }
}
```

创建互斥量时,必须首先声明一个类型为 pthread_mutex_t 的变量,然后对其进行初始化,结构 pthread_mutex_t 为不公开的数据类型,其中包含一个系统分配的属性对象。函数 pthread_mutex_init 用来生成一个互斥锁。NULL 参数表明使用缺省属性。如果需要声明特定属性的互斥锁,需调用函数 pthread_mutexattr_init。函数 pthread_mutexattr_setpshared 和函数 pthread_mutexattr_settype 用来设置互斥锁属性。前一个函数设置属性 pshared,它有两个取值,PTHREAD_PROCESS_PRIVATE 和 PTHREAD_PROCESS_SHARED。前者用于不同进程中的线程同步,后者用于同步本进程的不同线程。在上面的例子中,使用的是默认属性 PTHREAD_PROCESS_PRIVATE。后者用来设置互斥锁类型,类型有 PTHREAD_MUTEX_NORMAL、PTHREAD_MUTEX_ERRORCHECK、PTHREAD_MUTEX_RECURSIVE 和 DPTHREAD_MUTEX_DEFAULT,分别定义了不同的上锁、解锁机制,一般选用最后一个默认属性。

锁定一个互斥量时使用函数 pthread_mutex_lock(),它尝试锁定一个互斥量,如果该互斥量已经被其他线程锁定,该函数就把调用自己的线程挂起。一旦该互斥量解锁,它将恢复运行并锁定该互斥量。该线程在执行完后,必须释放该互斥量,解除锁定时,使用函数 pthread_mutex_unlock()。

用完一个互斥量后必须销毁它,这时没有任何线程再需要它了,最后一个使用该互斥量的线程必须销毁它,销毁互斥量时使用函数 pthread_mutex_destroy():

```
rc = pthread_mutex_destroy(&mutex);
```

调用之后,mutex 不能再作为一个互斥量,除非再初始化一次。如果在销毁互斥量后,仍然有线程试图锁定或者解锁它,那么将会从锁定或解锁函数得到一个 EINVAL 错误代码。

当一个互斥量已经被别的线程锁定后,另一个线程调用 pthread_mutex_lock()函数去锁定它时,会挂起自己的线程,等待这个互斥量被解锁。可能存在这样一种情形,这个互斥量一直没有被解锁,等待锁定它的线程将一直被挂着,这时称这个线程处于饥饿状态,即它请求某个资源,但永远得不到它。用户必须在程序中努力避免这种"饥饿"状态出现,pthread 函数库不会自动处理这种情形。但是 pthread 函数库可以确定另外一种状态,即"死锁"。一组线程中的所有线程都在等待被同组中另外一些线程占用的资源,这时,所有线程都因等待互斥量而被挂起,它们中的任何一个都不能恢复运行,程序无法继续运行下去。这时就产生了死锁。pthread 库可以跟踪这种情形。最后一个线程试图调用 pthread_mutex_lock()时会失败,并返回类型为 EDEADLK 的错误。用户必须检查这种错误,并解决死锁问题。

11.2.2　条件变量

互斥锁一个明显的缺点是它只有两种状态：锁定和非锁定。在某些情况下，例如，在图形用户界面程序中，一个线程读取用户输入，另一个线程处理图形输出，第三个线程发送请求到服务器并处理其响应。当服务器的响应到达时，处理服务器的线程必须可以通知画图形的线程，画图形的线程把相应的结果显示给用户。管理用户输入的线程必须总是能响应用户，例如，允许用户取消正在由处理服务器的线程执行的耗时的操作。这表明线程间必须可以相互传递信息。这时候需要引入条件变量。

条件变量是一种可以使线程(不消耗 CPU)等待某些事件发生的机制。某些线程可能守候着一个条件变量，直到某个其他的线程给这个条件变量发送一个信号(即发送一个通告)，此时这些线程中的一个线程就会苏醒，处理这个事件。也有可能利用对条件变量的广播唤醒所有守候着这个条件变量的线程。但条件变量不提供锁定，所以它必须与一个互斥量同时使用，提供访问这个环境变量时必要的锁定。

条件变量通过允许线程阻塞和等待另一个线程发送信号的方法弥补了互斥锁的不足，它通常和互斥锁一起使用。使用时，条件变量被用来阻塞一个线程，当条件不满足时，线程往往解开相应的互斥锁，并等待条件发生变化。一旦其他某个线程改变了条件变量，它将通知相应的条件变量唤醒一个或多个正被此条件变量阻塞的线程。这些线程将重新锁定互斥锁，并重新测试条件是否满足。一般说来，条件变量被用来进行线程间的同步。

下面通过一个例子来介绍条件变量：

```
pthread_mutex_t count_mutex;
pthread_cond_t count_nonzero;
linsigned int count;
decrement_ count(){
pthread_mutex_lock(&count_mutex);
    while(count == 0)
        pthread_cond_wait(&count_nonzero,& count_mutex);
    count = count - 1;
    pthread_mutex_unlock(&count_mutex);
}
increment count(){
    pthread mutex_lock(&count_mutex);
    if(count == 0)
        pthread_cond_signal(&count_nonzero);
    count = count + 1.
    pthread_mutex_unlock(&count_mutex);
}
```

条件变量的结构为 pthread_cond_t，创建条件变量时必须首先声明一个类型为 pthread_cond_t 的变量，然后对它进行初始化。初始化如下所示：

```
pthread_cond_t  Cond = PTHREAD_COND_INITIALIZER;
```

但是，由于 PTHREAD_COND_INITIALIZER 是一个结构，所以只能在条件变量声明时对它进行初始化，在运行时对条件变量进行初始化，只能使用 pthread_cond_init()函数。

```
int pthread_cond_init(pthread_cond_t * cond, pthread_condattr_t * cond_attr);
```

cond 是一个指向结构 pthread_cond_t 的指针，cond_attr 是一个指向结构 pthread_condattr_t 的指针。结构 pthread_condattr_t 是条件变量的属性结构，和互斥锁一样，可以用它来设置条件变量是进程内可用还是进程间可用，默认值是 PTHREAD_PROCESS_PRIVATE，即此条件变量被同一进程内的各个线程使用。

函数 Pthread_cond_wait()使线程阻塞在一个条件变量上，解锁时可以使用 pthread_cond_signal()（只唤醒守候着这个条件变量的一个线程）或者使用 pthread_cond_broadcast()函数（唤醒守候着这个条件变量的所有线程）。如上例所示：

```
int rc = pthread_cond_signal(&cond_nonzero);
```

或者使用广播函数：

```
int rc = pthread_cond_broadcast(&count_nonzero);
```

rc 在成功时返回 0，失败时返回一个非 0 值，反映发生错误的类型（EINVAL 说明函数参数不是条件变量，ENOMEM 说明系统没有可用的内存）。

注意：发送信号成功不表明一定有线程被唤醒，可能这时候没有线程在守护该条件变量，并且这个信号会丢失，不会被使用。如果有新的线程开始守护该条件变量，那么必须要有新的信号才能唤醒它。

线程可以通过两个函数 pthread_cond_wait()和 pthread_cond_timedwait()来守候条件变量，这两个函数以一个条件变量和一个互斥量（应该在调用之前锁定）为参数，解除对互斥量的锁定，挂起线程的执行，并处于等待状态，直到条件变量接收到信号。如果该线程被条件变量唤醒，守候函数再次自动锁定互斥量，并开始执行。

这两个函数的唯一区别是：pthread_cond_timedwait()允许户给定一个时间间隔，过了这个间隔，函数总是返回，返回值为 ETIMEDOUT，表示在时间间隔之内条件变量没接到信号，阻塞也被解除。而如果没有信号 pthread_cond_wait()，将无限期等待下去。

11.2.3 信号量

如果编写的程序中使用了多线程，那么在多用户多进程系统中，需要保证只有一个线程能够对某些资源（临界资源）进行排他性访问。为防止多个程序访问一个资源引发的问题，需要有一种方法生成并使用一个记号，使得任意时刻只有一个线程拥有对该项资源的访问权。

对此，Dijkstra 提出了“信号量”概念。信号量是一种特殊的变量，它只能取正整数值，对这些正整数只能采取两种操作：P 操作（代表等待，关操作）和 V 操作（代表信号，开操作）。P/V 操作的定义如下（假设有一个信号量 sem）：

- P(sem)：如果 sem 的值大于 0，则 sem 减 1；如果 sem 的值为 0，则挂起该线程。
- V(sem)：如果有其他进程因等待 sem 而被挂起，则让它恢复执行；如果没有线程等待 sem 而被挂起，则 sem 加上 1。

1. 信号量集的创建与打开

要使用信号量，首先必须创建一个信号量。创建信号量的函数如下：

```
#include <sys/type.h>
#include <sys/ipc.h>
#include <sys/sem.h>
int semget(key_t key,int nsems,int flag);
```

函数 semget()用于创建一个新的信号量集，或打开一个已存在的信号量集。其中，参数 key 表示所创建或打开的信号量集的键。参数 nsems 表示创建的信号量集中信号量的个数，此参数只在创建一个新的信号量集时有效。参数 flag 表示调用函数的操作类型，也可用于设置信号量集的访问权限，两者通过逻辑或表示，它低端的九个位是该信号量的权限，可以与键值 IPC_CREATE 作按位或操作以创建一个新的信号量，即使在设置了 IPC_CREATE 后给出的是一个现有信号量的键值，也并不是一个错误。如果 IPC_CREATE 标识在函数里用不着，函数就会忽略它的作用。可以使用 IPC_CREATE 和 IPC_EXCL 标识来创建出一个独一无二的新的信号量，如果该信号量已经存在，则返回错误。调用函数 semget()的作用由参数 key 和 flag 决定。此函数调用成功时，返回值为信号量的引用标识符；调用失败时，返回值为－1。

2. 对信号量的操作。

对信号量的操作使用如下函数：

```
#include <sys/types.h>
#include <sys/ipc.h>
#include <sys/sem.h>
int semop(int semid, struct sembuf semoparray[],size_t nops);
```

参数 semid 是信号量集的引用 id，semoparray[]是一个 sembuf 类型数组，sembuf 结构用于指定调用 semop()函数所做的操作，数组 semoparfay[]中元素的个数由 nops 决定。sembuf 的结构如下：

```
struct sembuf
{
    ushort sem_num;
    short sem op;
    short sem_flag;
}
```

其中：sem_num 指定要操作的信号量；sem_op 用于表示所执行的操作，相应取值和含义如下；sem_flag 为操作标记。与此函数相关的有 IPC_NOWAIT 和 SEM_UNDO。

(1) sem_op>0：表示线程对资源使用完毕，交回该资源。此时信号量集的 semid_ds 结构的 sem_base. semval 将加上 sem_op 的值。如果此时设置了 SEM_UNDO 位，则信号量的调整值将减去 sem_op 的绝对值。

(2) sem_op=0：表示进程要等待，直到 sem_base. semval 的值变为 0。

(3) sem_op<0：表示进程希望使用资源。此时将比较 sem_base. semval 和 sem_op 的绝对值的大小。如果 sem_base. semval 大于等于 sem_op 的绝对值，表示资源足够分配给

该进程,则 sem_base. semval 将减去 sem_op 的绝对值。如果此时设置了 SEM_UNDO 位,则信号量的调整值将加上 sem_op 的绝对值。如果 sem_base. semval 小于 sem_op 的绝对值,表示资源不足。如果设置了 IPC_NOWAIT 位,则函数出错返回,否则 semid_ds 结构的 sem_base. semncn 加 1,进程等待至 sem_base. semval 大于等于 sere_op 的绝对值或该信号量被删除。

3. 对信号量的控制。

对信号量的控制操作是通过 semctl()来实现的,函数说明如下:

```
#include<sys/types.h>
#include<sys/ipc.h>
#include<sys/sem.h>
int semctl(int semid, int semnum,int cmd,union semun arg);
```

其中,semid 为信号量集的引用标识符,semnum 用于指定信号量集中某个特定的信号量,参数 cmd 表示调用该函数希望执行的操作。参数 arg 是 semun 联合。

```
union semun
{
    int val;
    struct semid_ds *buf;
    ushort array;
}
```

cmd 参数最常用的两个值是:

SETVAL:用来把信号量初始化为一个已知的值,这个值在 semun 结构里是以 val 成员传递的。它的作用是在信号量的第一次使用之前对其进行设置。

IFC_RMID:删除一个已经没有人使用的信号量标识码。

semctl 会根据 cmd 参数返回好几个不同的值,就 SETVAL 和 IFC_RMID 来讲,成功时返回 0,失败时返回−1。

下面来看一个使用信号量的例子。在这个例子中,一共有 4 个线程,其中两个线程负责从文件读取数据到公共的缓冲区,另两个线程从缓冲区读取数据做不同的处理(加和乘运算),如源码清单 11-2:

源码清单 11-2

```
/*文件 sem.c*/
#include<stdio.h>
#include<pthread.h>
#include<sys/types.h>
#include<sys/ipc.h>
#include<sys/sem.h>
#define MAXSTACK 100
int stack[MAXSTACK][2];
int size=0;
struct sembuf lock_ it;
union semun options;
int semid=semget((key_t)1234,1,0666 | IPC_CREAT);
options.val=0;
```

```
semctl(id,0,SETVAL,options);
/* 从文件 1.dat 读取数据,每读一次,信号量加 1 */
void ReadData1(void){
    FILE * fp = fopen("1.dat","r");
    lock_it.sem_num = 0;
    lock_it.sem_op = 1;
    lock_it.sem_flg = IPC_NOWAIT;
    while(!feof(fp)){
    fscanf(fp," %d %d",&stack[size][0],&stack[size][1]);
        semop(id,&lock_it,1);
        ++size;
    }
    fclose(fp);
}
/* 从文件 2.dat 读取数据 */
void ReadData2(void){
    FILE * fp = fopen("2.dat","r");
    lock_it.sem_num = 0;
    lock_it.sem_op = 1;
    lock_it.sem_flg = IPC_NOWAIT;
    while(!feof(fp)){
        fscanf(fp," %d %d",&stack[size][0],&stack[size][1]);
        semop(id,&lock_it,1);
        ++size;
    }
    fclose(fp);
}
/* 阻塞等待缓冲区有数据,读取数据后,释放空间,继续等待 */
void HandleData1(void){
    while(1){
        lock_it.sem num = 0;
        lock_it.sem_op = -1;
        lock_it.semflg  =  IPC_ NOWAIT;
        semop(id,&lock_it,1);
        printf("Plus: %d + %d = %d\n",stack[size][0],stack[size][1], stack[size][0] +
stack[size][1]);
         --size;
    }
}
void HandleData2(void){
    while(1){
        lock_it.sem_num = 0;
        lock_it.sem_op = -1;
        lock_it.sem_flg = IPC_NOWAIT;
        semop(id,&lock_it,1);
        printf("Multiply: %d * %d = %d\n",stack[size][0],stack[size][1],
                stack[size][0] * stack[size][1]);
         --size;
    }
}
int main(void){
```

```
    pthread_t t1,t2,t3,t4;
    sem init(&sem,0,0);
    pthread_create(&t1,NULL,(void * )HandleData1,NULL;
    pthread_create(&t2,NULL,(void * )HandleData2,NULL);
    pthread_create(&t3,NULL,(void * )ReadData1,NULL);
    pthread_create(&t4,NULL,(void * )ReadData2,NULL);
    /* 防止程序过早退出,让它在此无限期等待 */
    pthread join(t1,NULL);
}
```

11.3 生产者-消费者问题

11.3.1 生产者-消费者问题简介

生产者-消费者问题(Producer-Consumer)是一个著名的同步问题,它描述的是有一群生产者进程在生产消息,并将此消息提供给消费者进程去消费。为使生产者进程和消费者进程能并发执行,在它们之间设置了一个具有 n 个缓冲区的缓冲池,生产者进程可将它所生产的消息放入一个缓冲区中,消费者进程可从一个缓冲区中取得一个消息消费。如果缓冲池已满,则生产者进程挂起,等待消费者进程,直到有空闲缓冲区产生再唤醒生产者进程。如果缓冲池为空,那么消费者进程挂起,等待生产者进程,直到有消息产生,缓冲池内有消息再唤醒消费者进程。

11.3.2 生产者-消费者问题实例

下面介绍一个实例,该实例是著名的生产者-消费者问题模型的实现。主程序中分别启动生产者线程和消费者线程。生产者线程不断顺序地将 0～1000 的数字写入共享的循环缓冲区,同时消费者线程不断地从共享的循环缓冲区读取数据。该实例代码见源码清单 11-3:

源码清单 11-3

```
#include<stdio.h>
#include<stdlib.h>
#include<time.h>
#include"pthread.h"
#define BUFFER_SIZE 16
/* 整数的循环缓冲区 */
struct prodcons{
    int buffer[BUFFER_SIZE];   /* 用于存放数据 */
    pthread_mutex_t lock;      /* 用于互斥访问 buffer 的信号量 */
    int readpos,writepos;      /* 记录读、写的位置 */
    pthread_cond_t notempty;   /* 标记缓冲区 buffer 是否已满 */
    pthread_cond_t notfull;    /* 标记缓冲区 buffer 是否为空 */
};
/* ----------------------------------------------------------------- */
/* 初始化缓冲区 */
```

```
void init(struct prodcons * b)
{
    pthread_mutex_init(&b->lock,NULL);
    pthread_cond_init(&b->notempty,NULL);
    pthread_con(Linit(&b->notfull,NULL);
    b->readpos = 0;
    b->writepos = 0;
}
/* ---------------------------------------------------------------- */
/* 在缓冲区中存放一个整数 */
void put(struct prodcons * b,int data)
{
    pthread_mutex_lock(&b->lock);
    /* buffer 为非空之前处于等待状态 */
    while((b->writepos + 1) % BUFFER_SIZE == b->readpos){
    printf ("wait for not full\n");
    pthread_cond_wait(&b->notfull,&b->lock);
}
    /* 写数据,并把写指针前移 */
    b->buffer[b->writepos] = data;
    b->writepos++;
    if ( b->writepos >= BUFFER_SIZE) b->writepos = 0;
    /* 提示缓冲区 buffer 现在为非空 */
    pthread_cond_signal(&b->notempty);
    pthread_mutex_unlock(&b->lock);
}
/* ---------------------------------------------------------------- */
/* 读取一个整数并从缓冲区 buffer 中移除 */
int get(struct prodcons * b)
{
    int data;
    pthread_mutex_lock(&b->lock);
    /* buffer 为非空之前处于等待状态 */
    while(b->writepos == b->readpos){
        printf ("Wait for not empty\n");
        pthread cond wait(&b->notempty,&b->lock);
    }
    /* 读取数据并前移读指针 */
    data = b->buffer[b->readpos];
    b->readpos++;
    if(b->readpos >= BUFFER_SIZE) b->readpos = 0;
    /* 提示缓冲区 buffer 现在未满 */
    pthread_contsignal(&b->notfull);
    pthread_mutex_unlock(&b->lock);
    return data
}
/* ---------------------------------------------------------------- */
```

```
#define OVER(-1)
struct prodcons buffer;
/* ----------------------------------------------------------------------- */
void * producer(void * data)
{
    int n;
    for(n=0;n<1000;n++){
        printf("put-->%d\n",n);
        put(&buffer,n)};
    }
    put(&buffer,OVER);
    printf ("producer stopped!\n");
    return NULL;
}
/* ----------------------------------------------------------------------- */
void * consumer(void * data)
{
    int d;
    while(1){
        d=get(&buffer);
        if(d==OVER) break;
        printf("%d-->get\n",d);
    }
    printf("consumer stopped!\n");
    return NULL;
}
int main(void)
{
    pthread_t th_a,th_b;
    void * retval;
    init(&buffer);
    pthread_create(&th_a,NULL,producer,0);
    pthread_create(&th_b,NULL,consumer,0);
    /* 生产者和消费者完成之前处于等待状态 */
    pthread_join(th_a,&retval);
    pthreat_join(th_b,&retval);
    return 0;
}
```

该实验的实验结构图如图11.1所示。

生产者写入共享的循环缓冲区函数PUT：

```
void put(struct prodcons * b,int data)
{
    pthread_mutex_lock(&b->lock);                    /* 获取互斥锁 */
    while((b->writepos+1)%BUFFER_SIZE_b->readpos){   /* 如果读写位置相同 */
        pthread_cond_wait(&b->notfull,&b->lock);
        /* 等待状态变量 b->notfull,不满则跳出阻塞 */
```

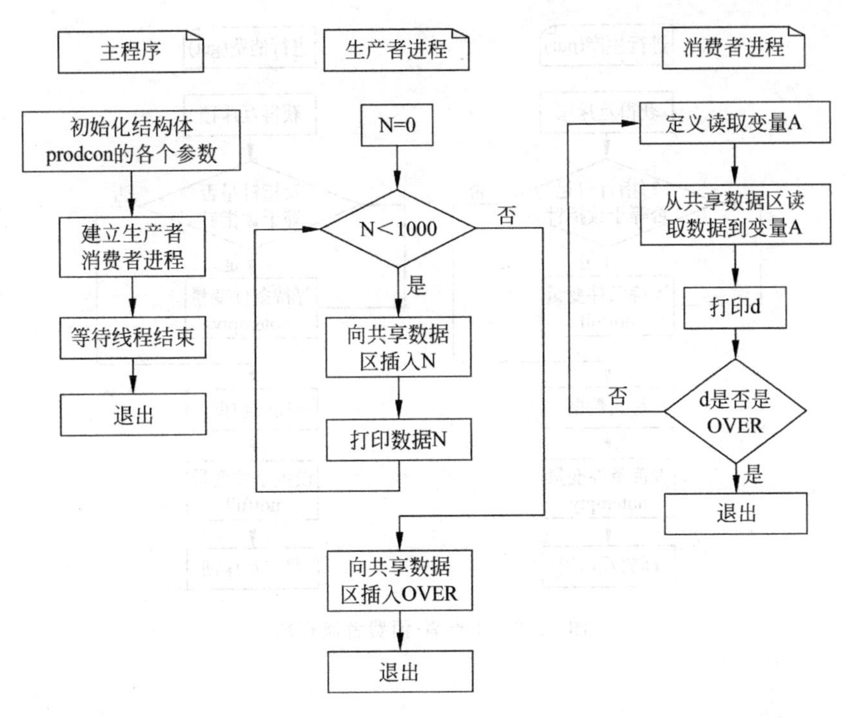

图 11.1 生产者-消费者问题实验结构图

```
    }
    b->buffer[b->writepos] = data;                        /* 写入数据 */
    b->writepos++;
    if ( b->writepos >= BUFFER_SIZE) b->writepos = 0;
    pthread_cond_signal(&b->notempty);                    /* 设置状态变量 */
    pthread_mutex_unlock(&b->lock);                       /* 释放互斥锁 */
}
```

消费者读取共享的循环缓冲区函数 GET：

```
int get(struct prodcons * b)
{
    int data;
    pthread_mutex_lock(&b->lock);                         /* 获取互斥锁 */
    while(b->writepos == b->readpos){                     /* 如果读写位置相同 */
        pthread_cond_wait(&b->notempty, &b->lock);
          /* 等待状态变量 b->notempty,不空则跳出阻塞,否则无数据可读 */
    }
    data = b->buffer[b->readpos];                         /* 读取数据 */
    b->readpos++;
    if(b->readpos >= BUFFER_SIZE) b->readpos = 0;
    pthread_cond_signal(&b->notfull);                     /* 设置状态变量 */
    pthread_mutex_unlock(&b->lock);                       /* 释放互斥锁 */
    return data;
}
```

生产者-消费者流程图如图 11.2 所示。

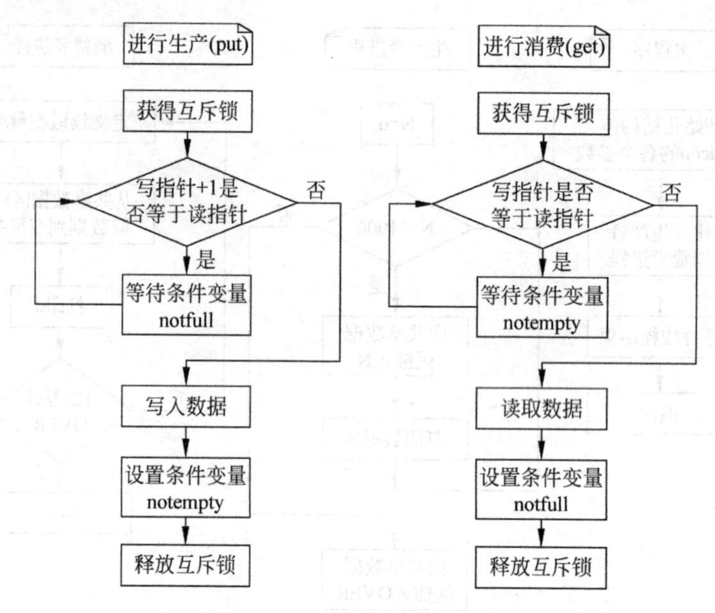

图 11.2　生产者-消费者流程图

11.4　本章小结

(1) Linux 中的线程是轻量级线程。与进程相比，它们消耗的系统资源较少，创建较快，相互间的通信也较容易。Linux 线程分为核心级支持线程和用户级支持线程，它们的创建、撤销、切换都由内核实现。

(2) 线程更加接近于执行体，它可与同进程中的其他线程共享数据，且拥有自己的栈，拥有独立的执行序列。在串行程序基础上引入线程和进程，是为了提高程序的并发度，从而提高程序运行效率和响应时间。

(3) 可以使用 API 函数来进行多线程编程。使用互斥锁、条件变量、信号量等实现多线程的同步编程。

11.5　思考题

请在 Linux 平台下对本章介绍的“生产者-消费者问题”进行编程，以熟悉 Linux 多线程的编程方法。

第 12 章 嵌入式 Web 服务器设计

CHAPTER 12

本章主要内容

- TCP/IP、UDP 及 HTTP 等协议
- socket 编程基础
- 嵌入式 Web 服务器介绍
- 本章小结

12.1 TCP/IP 协议

12.1.1 TCP/IP 协议栈

通信协议用于协调不同网络之间或同种网络不同层之间的信息交换，用于建立设备之间互相识别的信息机制。在网络通信界有许多可采用的协议，如 TCP/IP、IPX/SPX、NetBios、AppleTalk、DECnet 和 Econet 等，其中 TCP/IP 网路协议栈最为成功。TCP/IP 从产生到现在的广泛使用，已有五十多年了。另一种著名的协议是国际标准化组织（ISO）提出的 OSI 网络协议栈，该协议栈层次全面、协议完整，设计使用的范围也非常广泛，但是在具体的应用上，它却表现出复杂、低效和不实用的缺点。对于 TCP/IP 协议来说，虽然网络协议层次设计简单，层次之间区分不太明显，但是实用高效，因而一直得到很大的推广，以至于整个 Internet 都是基于 TCP/IP 架构而搭建的。图 12.1 是 TCP/IP 参考模型与 OSI 模型的近似对应关系。

	ISO-OSI	TCP/IP	
7	应用层	应用层	4
6	表示层	—	—
5	会话层	—	—
4	传输层	传输层	3
3	网路层	互联网层	2
2	数据链路层	主机至网络层	1
1	物理层		

图 12.1 OSI 和 TCP/IP 参考模型

TCP/IP 协议栈分为 IPv4 和 IPv6 两个版本，其中 IPv6 是下一代的 Internet 网络协议版本。因为 IPv4 协议的一些限制，尤其是网络地址的耗尽，使得 IPv6 成为未来的发展方向。现在很多操作系统如 Linux、FreeBSD 和 Solaris 等已经开始有了对 IPv6 协议的支持，而且 IPv6 的产品也越来越多。本章主要使用 IPv4 协议，文中的 TCP/IP 协议栈，除了特殊说明之外，都是指 IPv4 协议栈。TCP/IP 协议栈核心工作原理是，使用 IP 协议将数据分组发送到任何网络，而且数据分组到达的时间可以不同。到达目的地址的数据由比 IP 更高层的协议进行分组排序，IP 协议工作在 IP 层上，也就是 TCP/IP 协议栈中的互联网层（Internet Layer）。

图 12.2 为 Linux 中 TCP/IP 协议栈结构示意图。从整体的角度考虑，Linux 网络系统可分为硬件/数据链路层、IP 层、INET Socket 层、BSD Socket 层和应用层五个部分。其中在 Linux 内核中包括了前四个部分，在应用层和 BSD Socket 层之间的应用程序接口以 4.4BSD 为模板。INET Socket 层实现对 IP 分组排序、控制网络系统效率等功能。而 IP 层就是在 TCP/IP 网络协议栈中心的互联网层中实现的。硬件层在 TCP/IP 协议栈中和数据链路层的区分并不明显，通常把它们合并统称为**硬件层**。

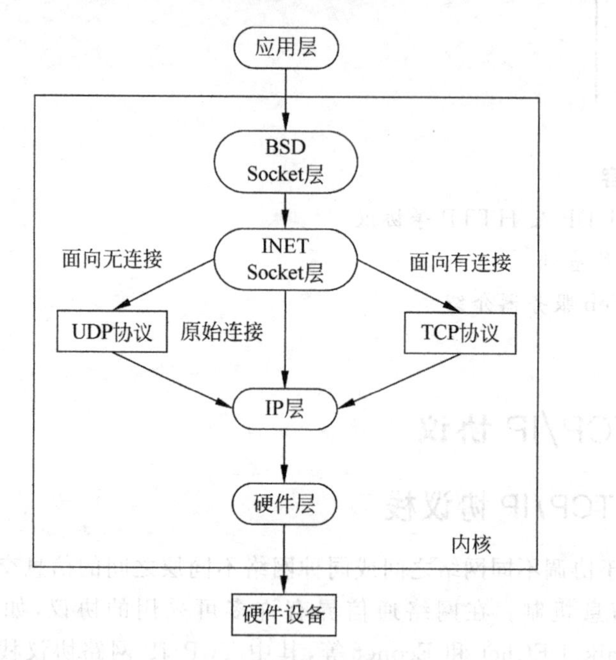

图 12.2　Linux 中 TCP/IP 协议栈结构示意图

12.1.2　TCP/IP 协议栈的数据流向

通过 TCP/IP 协议栈，数据会从应用层到网络设备接口硬件发送出去，并且会从网络设备硬件接口接收数据，通过 TCP/IP 协议栈往上一直到应用层。

嵌入式 Linux 操作系统中使用 TCP/IP 协议传输数据的结构如图 12.3 所示，TCP/IP 的整体数据流向如图 12.4 所示。为了利用 TCP/IP 协议收发应用层的数据，首先发生对收发函数的系统调用(System Call)，然后经过 BSD Socket 层和 INET 层，它们的结构相互有机地连接在一起。在这里使用 BSD Socket 层和 INET 层的双重 Socket 结构，其中 BSD Socket 层可看作是用户和 Socket 接口之间的连接层，INET Socket 层是用于内部互联网地址族层。各系统调用在各层被重新定义。INET Socket 层以 Socket buffer(sk_buff)形式将上层的数据传输到下层。最终传输到网络接口(Network Interface)的 Qdisc 结构体而被发送到传输网。

12.1.3　TCP 协议与 UDP 协议

TCP 协议处于传输层，实现了从一个应用程序到另一个应用程序的数据传递。应用程序通过目的地址和端口号来区别接收数据的不同应用程序。TCP 协议通过三次握手来初

VFS	struct system call	
BSD	strcut net_proto_family strcut socket	/*linux/net.h*/ /*linux/net.h*/
INET	strcut sock strcut proto_ops	/*net/sock.h*/ /*linux/net.h*/
Transport	strcut tcp_op strcut proto	/*net/sock.h*/ /*net/sock.h*/
Network	strcut strcut packet_trpe	 /*linux/netdevice.h*/
Device	Struct	

图 12.3　使用 TCP/IP 协议传输数据的结构及所在目录

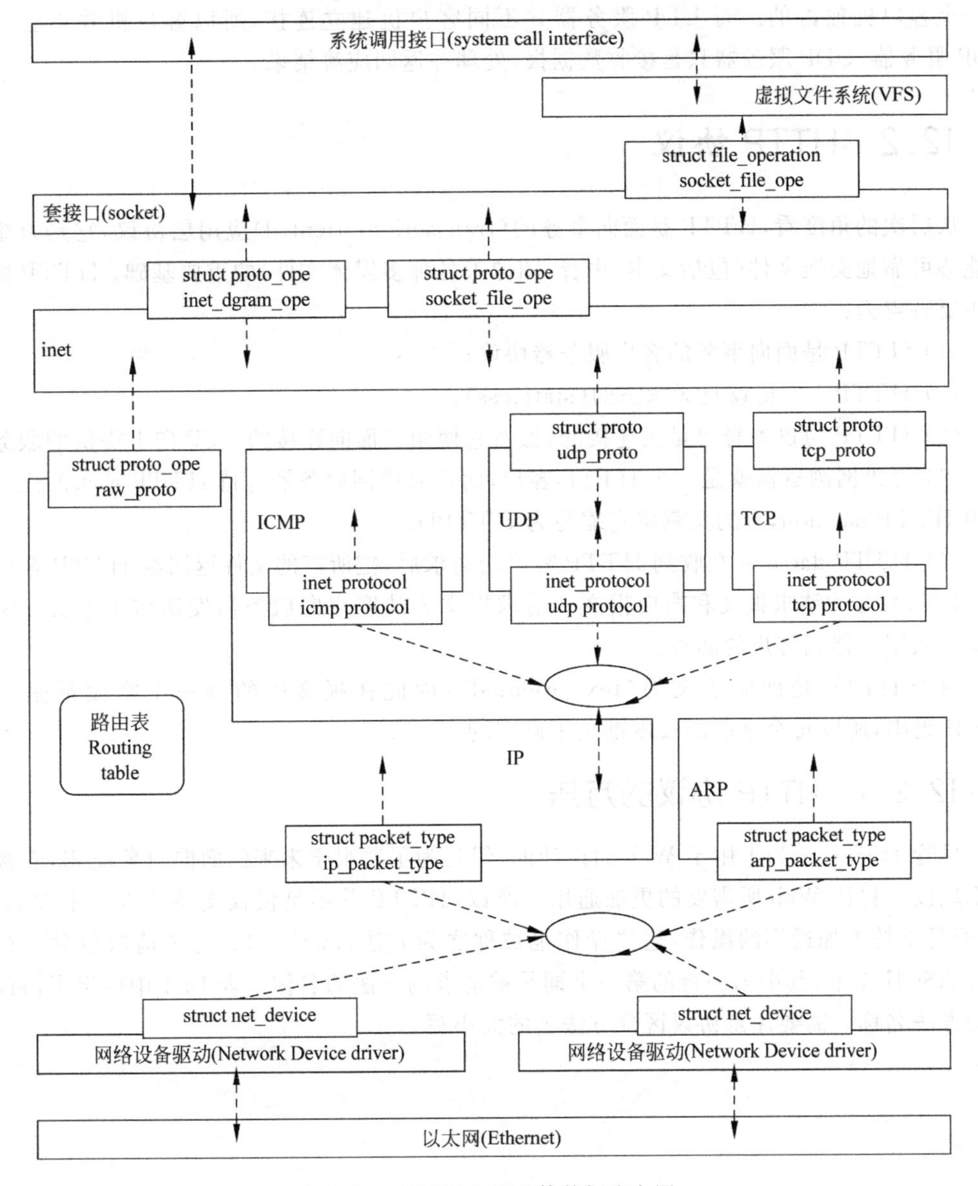

图 12.4　TCP/IP 的整体数据流向图

始化，目的是使数据段的发送和接收同步，告诉其他主机一次可以接收的数据量，并建立连接。TCP 提供了面向连接的可靠服务。

UDP 协议则是一种无连接的协议，不需要像 TCP 协议那样通过三次握手来建立连接。同时，一个 UDP 应用可以同时作为应用的客户或服务方。由于 UDP 协议不需要建立一个明确的连接，因此建立 UDP 应用要比 TCP 简单得多。随着网络质量的日益提高，UDP 协议的应用得到大大的增强。UDP 协议比 TCP 协议消耗的系统资源要少，而且也能更好地解决实时性问题，很多网络多媒体应用都使用了 UDP 协议。

使用 UDP 协议工作的服务器，通常是面向无连接的。UDP 服务器只需要在绑定的端口上等待客户发送来的 UDP 数据报，并对其进行处理和响应即可。实际上 UDP 服务器是以循环方式进行的。在 TCP 循环服务器中，由于客户机同服务器将通过 TCP 连接建立通信，TCP 服务器只有在对这个客户完成服务后，才能为其他客户服务，这样服务器实际上是被一个客户机独占的。而 UDP 服务器并不同客户机建立连接，所以客户机并不会独占 UDP 服务器，UDP 服务器只是接收数据报，处理并返回应答结果。

12.2 HTTP 协议

从层次的角度看，HTTP 是面向事务的(transaction-oriented)应用层协议，它是万维网上能够可靠地交换文件(包括文本、声音、图像等各种多媒体文件)的重要基础。HTTP 协议的主要特点为：

(1) HTTP 是面向事务的客户服务器协议；

(2) HTTP 1.0 协议是无状态的(stateless)；

(3) HTTP 协议本身也是无连接的，虽然它使用了面向连接的 TCP 向上提供的服务；

(4) 万维网浏览器就是一个 HTTP 客户，而在万维网服务器等待 HTTP 请求的进程常称为 HTTP daemon，有的文献将它缩写为 HTTPD；

(5) HTTP daemon 在收到 HTTP 客户的请求后，把所需的文件返回给 HTTP 客户。

HTTP 分为请求报文和响应报文。请求报文为从客户向服务器发送请求报文。响应报文是从服务器到客户的回答。

由于 HTTP 是面向正文的(text-oriented)，因此在报文中的每一个字段都是一些 ASCII 码串，所以每个字段的长度都是不确定的。

12.2.1 HTTP 协议的方法

尽管 HTTP 是为了用于 Web 而设计的，但是为了着眼于未来的面向对象应用，它被有意识地设计得比 Web 所需要的更加通用。所以，HTTP 并不是仅仅支持请求一个 Web 页面，而是支持更加通用的操作，这些操作也被称之为方法(method)。每个请求包含一行或多行 ASCII 文本，其中第一行的第一个词是被请求的方法的名称。表 12-1 中列出了协议内置的方法名称。需要注意协议区分方法名的大小写。

表 12-1　HTTP 协议中内置的方法

方法名	说　明
GET	请求读取一个 Web 页面
HEAD	请求读取一个 Web 页面的头部信息
PUT	请求存储一个 Web 页面
POST	附加一个命名的资源
DELETE	移除 Web 页面
TRACE	送回收到的请求
CONNECT	保留作将来使用
OPTIONS	查询特定选项

GET 方法请求服务器发送页面。一般该页面以 MIME 适当地编码。在使用的过程中，大部分发送给 Web 服务器的请求都是 GET 方法。GET 的常见形式为：

```
GET filename HTTP/1.1
```

其中，filename 是要被取回的文件的名字，1.1 是所使用的协议的版本号。

HEAD 方法只是请求消息头，而不是真正的页面。利用这个方法可以得到一个页面的最后修改时间，也可以收集各种为建立索引而需要的信息，还可以利用该方法来测试 URL 的有效性。

PUT 方法与 GET 方法正好相反，它不是读取页面，而是写入页面。该方法的作用主要是可以在远程服务器上建立 Web 页面。这个请求的主体包含了页面。页面有可能利用 MIME 来进行编码，在这种情况下，跟在 PUT 后面的行可能包含 Conten-Type 和认证头，通过认证头可以证明呼叫者确实有权执行所请求的操作。

DELETE 方法与 PUT 方法有相似的地方。它也携带一个 URL，但不是替换掉原来的数据，而是将新的数据附加到原来的数据的后面。例如，向新闻组张贴一条消息，或者向公告牌系统添加一个文件。不过，在实际使用过程中，PUT 和 DELETE 方法用得不太多。

TRACE 方法主要用于调试。它可以只是服务器送回收到的请求。当请求没有被正确地处理而客户希望知道服务器实际得到什么样的请求时，就会用到这个方法。

CONNECT 方法是一个保留的方法，目前还没有得到利用。

OPTIONS 方法则提供了一种办法来让客户向服务器查询它的属性，或者查询某个特定的文件的属性。

每个请求得到一个回应，在回应消息中包括一个状态行，可能还有附加的消息(例如一些 Web 页面)。状态行包含一个 3 位数的状态码，该状态码指明了这个请求是否被满足，如果没有满足，则指出原因。表 12-2 列出了各种状态码的含义。

表 12-2　回应消息中状态码的含义

状态码	含义	例　子
1xx	信息	100：服务器同意处理客户请求
2xx	成功	200：请求成功；204：没有内容存在
3xx	重定向	301：页面发生移动；304：缓存的页面仍然有效
4xx	客户错误	403：禁止的页面；404：页面没有找到
5xx	服务器错误	500：服务器内部错误；503：以后再试

状态码中，第一个数字用于把回应分成5个大组。1xx在实际使用过程中很少使用。2xx码意味着这个请求被成功地处理，相应的内容被返回。3xx码告诉客户应该检查其他位置，或者使用另外的URL，或者在它自己的缓冲中查找。4xx码意味着由于客户的错误而请求失败，例如请求的页面不存在等。5xx码意味着服务器自身有问题，有可能是服务器代码中存在错误，当然还有可能是服务器的负载过重，现在无法处理该请求。

12.2.2 HTTP协议消息头

请求行的后面可能跟着附加的行，其中包含更多的信息。它们统一被称为**请求头**(request header)。这些信息类似于一个过程调用中使用的参数。与请求头类似，在回应的时候也会有一些信息，被称为**回应头**(response header)。有些头在两个方向上都可以使用。如表12-3所示列出了一部分消息头。

表12-3 HTTP协议中的部分消息头

消息头	类型	内容
User-Agent	请求	关于浏览器和它的平台的信息
Accept	请求	客户能处理的页面的内容
Accept-Charset	请求	客户可以接受的字符集
Accept-Encoding	请求	客户能处理的页面编码方式
Accept-Language	请求	客户能处理的自然语言
Host	请求	服务器的DNS名字
Authorization	请求	客户的信任凭据的列表
Cookie	请求	将一个以前设置的cookie送回服务器
Date	通用	消息被发送的时间和日期
Upgrade	通用	发送方希望切换到的协议
Server	回应	有关服务器的信息
Content-Encoding	回应	内容的编码形式
Content-Language	回应	页面使用的自然语言
Content-Length	回应	页面的长度(以字节为单位)
Content-Type	回应	页面的MIME类型
Last-Modified	回应	页面的最后修改时间和日期
Location	回应	指示客户将请求发送到别处
Accept-Range	回应	服务器将接受指定了字节范围的请求
Set-Cookie	回应	服务器要求客户保存一个Cookie

User-Agent头允许客户将它的浏览器、操作系统和其他信息告知服务器。也就是说，客户可以利用该头向服务器提供此类信息。

Accept类型的头一共有4个，它的使用情况是：当客户对于可接受的信息有限制的时候，它通过这些头来告知服务器希望接收哪些信息。Accept头知道了哪些MIME类型是可以接收的；Accept-Charset头给出了字符集(例如ISO-8859-1或者unicode-l-1)；Accept-Encoding指出了处理压缩的方法(例如gzip)；Accept-Language头则指明了一种自然语言。如果服务器有多个页面可供选择，那么它可以利用这些信息来向客户提供它所需要的页面。如果客户的请求不能满足的话，服务器就会返回一个错误码，并通知客户请求失败。

Host 头是服务器的名字。它从 URL 中提取出来。这个头对于服务器来说是必需的，因为有些 IP 地址可能对应多个 DNS 名字，这时服务器就需要某种方法来区分出该把这个请求传递给哪个主机。

Authorization 头则是用于被保护的页面。当客户需要访问这些被保护的页面时，则需要证明自己有权查看被请求的页面，该头就可以提供这种信息。

Cookie 最初是在 RFC 2019 中被阐述的，客户利用 Cookie 头可以向服务器返回一个以前由服务器所在域中某台机器发送的 Cookie。

Date 头是个通用域，可以被双向使用，它包含了消息被发送时的时间和日期。

Upgrade 头也是双向的，它的用途是，使得过渡到将来版本的 HTTP 协议更加容易。它允许客户声明它能支持什么版本，它允许服务器声明它在使用什么版本。

Server 是在服务器回应消息时使用的头，它允许服务器说明它是谁，以及如果它愿意的话，还可以提供某些其他属性。

以 Content-开头的四个头则允许服务器描述它所发送的页面的某些属性。

Last-Modified 头说明了该页面最后被修改的时间和日期。往往使用页面缓存机制的时候显得比较重要。

Location 头的用途是服务器可以用它来通知客户应该尝试另外一个不同的 URL。例如，如果页面被移动了，或者允许多个 URL 指向同一个页面（可能在不同的服务器上），就可以利用该头提供信息。它使用的另外一个情况是，如果公司的主页在 com 域中，但是该页面可以根据客户的 IP 地址或者首选的语言，把客户的请求定向到一个国家或者地区的页面上，这种情况在浏览网页时经常会碰到。

Accept-Range 头用于声明服务器是否愿意处理部分页面的请求。例如，如果页面非常大，有的客户可能不想一次获取全部页面的信息。服务器可以接受对于一定范围的请求，也就是说，浏览器通过多个小单位的请求将页面取回来。

Set-Cookie 头是服务器向客户发送 Cookie 的途径。客户应该将 Cookie 保存下来，并且以后向服务器发送请求的时候返回这个 Cookie。

12.2.3　HTTP 协议使用举例

HTTP 协议在连接的过程中，所需要的是一个指向服务器 80 端口的 TCP 连接，可以通过以下方式来看看具体的连接过程和连接状态：

```
telnet www.ietf.org 80 > log
GET /rfc.html HTTP/1.1
Host: www.ieft.org
Close
```

以上命令中，首先启动了一个 Telnet 连接，实际上也就是建立一个 TCP 连接，该连接指向的是 IETF 的 Web 服务器 www.ietf_org 的 80 端口。同时，为了查看双方会话的结果，将其进行了重定向，让它输出到 log 文件中。然后，使用 GET 命令，指明了要获取的文件名以及使用的协议。Host 上节已经说过，指出了服务器的 DNS。后面的空白行则指明了该连接没有更多的请求。最后，使用 Close 命令来断开该连接。

如果去查看 log 文件的内容，会发现里面的内容大概如下所示（连接的时间不同，内容可能会有所变化）：

```
Trying 4.1 7.168.6 …
Connected to www.ietf.org.
Escape character is '^]'
HTTP/1.1 200 OK
Datae: Tue,15 Aug 2011 11: 35: 23 GMT
Server: Apache/1.3.10(Unix)mod_ssl/2.8.4 OpenSSL/0.9.5a
Last - modified: Thur,22 Jan 2011 14: 50: 3 9 GMT
Accept - Ranges: bytes
Content - Length: 3 2 1 1
Conten - Type: Text/html

<html>
<head>
<title>IETF RFC Page</title>
<script language = "Javascipt">
    Function url(){
        Var x = document.forml.number.value
        If(x.length == 1){x = "000" + x}
        If(x.length == 2){X = "00" + x}
        If(x.length == 3){x = "0" + x}
        Document.forml.action = "/rfc"rfc" + x + ".txt"
        Document.forml.submit
    }
</script>
</head>
```

前三行是 Telnet 输出的，从 HTTP/1.1 开始，则是 IETF 站点的回应，表明它愿意以 HTTP/1.1 与你通话。后面则是一些头信息和内容。

12.2.4 内核网络服务

Linux 因为本身内核的特性，在应用嵌入式环境的情况下，为了实现网络响应的高性能，采用内核级别的网路服务器的应用越来越多。例如，使用嵌入式 Linux 作为传感器前端，在终端使用 Web 浏览器建立连接，采集和监测前端数据。这种情况下使用内核级的服务器，直接调用 CGI 获取实时信息，比一般情况下的服务器性能要好得多。在 Linux 中实现了多种内核服务器，如 kHTTPd、kNFSd 等。

12.3 socket 编程基础

12.3.1 socket 描述

20 世纪 80 年代初，美国政府的高级研究规划署（ARPA）给加州大学伯克利分校提供了资金，为实现 UNIX 操作系统下的 TCP/IP 协议而开发了一个 API（Application Programming Interface），该接口系统称为 socket（套接字）接口。实际上，在网络编程接口方面，除了 Berkeley UNIX(BSD UNIX)的 socket 编程接口以外，还有 AT&T 的 TLI 接口(用于 UNIX SYS V)。但是，随着时间的推移，越来越多的计算机厂商，特别是工作站制造商如 SUN 等公司采用了 Berkeley UNIX，所以 socket 接口被广泛采用，并成为事实上的工业标准，从而使得 socket 接口也成为 TCP/IP 网络最为通用的 API。

简单地说，socket 可以认为是使用 UNIX 系统中的文件描述符和系统进程通信的一种方法。因为在 UNIX 系统中，所有的 I/O 操作都是通过读/写文件描述符而产生的。需要注意的是，在 UNIX 系统中，所有的资源都可以看成文件，例如文件可以是一个网络连接、一个 FIFO、一个管道、一个终端、一个真正存储在磁盘上的文件或者 UNIX 系统中的任何其他资源。所以，如果希望通过因特网和其他程序进行通信，只有通过文件描述符进行。使用系统调用 socket()，可以得到 socket()描述符。然后可以使用 send()和 recv()调用而与其他程序通信。也可以使用一般的文件操作来调用 read()和 write()而与其他程序进行通信，但 send()和 recv()调用可以提供一种更好的数据通信的控制手段。

12.3.2 socket 描述符

在 UNIX 中，进程要对文件进行操作，一般使用 open 调用打开一个文件进行访问，每个进程都有一个文件描述符表，该表中存放打开的文件描述符。用户使用 open 等调用得到的文件描述符，其实是文件描述符在该表中的索引号，该表项的内容是一个指向文件表的指针。应用程序只要使用该描述符，就可以对指定文件进行操作。同样地，socket 接口增加了网络通信操作的抽象定义，与文件操作一样，每个打开的 socket 都对应一个整数，称为 **socket 描述符**，该整数也是 socket 描述符在文件描述符表中的索引值。但 socket 描述符在描述符表中的表项并不指向文件表，而是指向一个与该 socket 有关的数据结构。BSD UNIX 中新增加了一个 socket 调用，应用程序可以调用它来新建一个 socket 描述符，注意进程用 open 只能产生文件描述符，而不能产生 socket 描述符。socket 调用只能完成建立通信的部分工作，一旦建立了一个 socket，应用程序可以使用其他特定的调用来为它添加其他详细信息，以完成建立通信的过程。

下面从概念上理解 socket 的使用。网络编程中最常见的是客户/服务器模式。以该模式编程时，服务端有一个进程(或多个进程)在指定的端口等待客户来连接，服务程序等待客户的连接信息，一旦连接上之后，就可以按设计的数据交换方法和格式进行数据传输。客户端在需要的时刻向服务器端发出连接请求。为了便于理解，提到了调用及其大致的功能。使用 socket 调用后，仅产生了一个可以使用的 socket 描述符，这时还不能进行通信，还要使用其他调用，以使得 socket 所指的结构中使用的信息被填写完。在使用 TCP 协议时，一般服务器端进程先使用 socket 调用得到一个描述符，然后使用 bind 调用将一个名字与 socket 描述符连接起来，对于 Internet 域就是将 Internet 地址联编到 socket。之后，服务器端使用 listen 调用指出等待服务请求队列的长度。然后就可以使用 accept 调用等待客户端发起连接(一般是阻塞等待连接)，一旦有客户端发出连接，accept 返回客户的地址信息，并返回一个新的 socket 描述符，该描述符与原先的 socket 有相同的特性，这时服务器端就可以使用这个新的 socket 进行读/写操作了。一般服务器端可能在 accept 返回后创建一个新的进程进行与客户的通信，父进程则再到 accept 调用处等待另一个连接。客户端进程一般先使用 socket 调用得到一个 socket 描述符，然后使用 connect 向指定服务器上的指定端口发起连接,一旦连接成功返回,就说明已经建立了与服务器的连接,这时就可以通过 socket 描述符进行读/写操作了。

12.4 嵌入式 Web 服务器介绍

对于嵌入式 Web 服务器的研究和应用,其意义是重大的。它为各种各样的设备的管理、控制和监测提供了一个很好的途径。这些设备可以是具有有限内存资源的 8 位或 16 位系统,已足够提供一个用户界面,而且这种方式是基于因特网的。这些设备可以在世界任何一个地方,只要它接入因特网,就能够控制它。

目前国外的相关研究很多,如 Pharlap 公司的 MicroWeb、AgranatSystems 公司的 EmWeb、Emware 公司的 emMicro、Allegro 公司的 RomPager、WindRiver 公司的 Wind,还有 Boa、Enea、PicoWeb、ChipWeb、Ipic、NetAcquire、Voyager、Quiotix 等。

12.4.1 协议标准

现在直接采用的标准为 TCP/IP 协议栈,包括 TCP、IP、ICMP、RARP 等,这些标准的协议对嵌入式因特网系统的大量使用有着很重要的意义。但是,这些协议的实现在嵌入式系统中有着特别的要求,如图形和数据的显示、实时分布式对象计算等。所以研究嵌入式 TCP/IP 协议栈以满足嵌入式系统的性能要求是很重要的,应该尽量减小 TCP/IP 协议栈但又不失一般的标准性。现在国外对此已经有很多的相关研究,如国外的 μC/IP 项目的研究,它是一个为微控制器和嵌入式系统而设计的小型 TCP/IP 协议栈;又如 CMX 公司的 MicroNet TCP/IP,它是为 8 位或 16 位微处理器而设计的,支持大部分标准协议,连接方式有以太网连接、拨号连接和直接连接方式。

嵌入式 Web 服务器技术的核心是 HTTP 引擎。HTTP 协议是 Web 应用的标准协议,已经从 HTTP1.0 发展到 HTTP1.1,性能有很大改变,增加了缓存功能,还有就是 TCP 连接形式的改变。HTTP 1.0 在每次 HTTP 请求中都需要 TCP 连接。一个典型的页面可能含有许多单独的 HTTP 请求,如基本页面请求、每个 HTML 框架请求、每个图形请求等。建立每个请求并且产生 TCP 连接需要占用大量的 CPU 和内存资源;而 HTTP 1.1 标准可以为多个 HTTP 事务在浏览器和服务器之间只保持一个 TCP 连接,这样就可以大大提高网络和系统的性能。所以,在嵌入式 Web 服务器中,为了得到一个稳定的用户界面而又不影响嵌入式系统的 CPU 和内存资源,应该使用 HTTP 1.1 标准。

12.4.2 瘦 Web 服务器

瘦 Web 服务器是随着 Web 应用环境的改变而提出的。因为在嵌入式设备当中,一个 Web 服务器不可能是很全面的,它必须拥有足够小的体积,并且不影响嵌入式系统的整体性能,但又必须具备一个 Web 服务器应有的特征。一个典型的嵌入式 Web 应用如图 12.5 所示。它也可以包含一个实时操作系统(RTOS)。Web 服务器可以被用作一个单一线程,而不需要 RTOS 支持,或者当使用 RTOS 时,作为多线程应用的一个线程,不需要动态存储分配。

嵌入式 Web 服务器通过 CGI 接口和其他方法,可以在 HTML 文件或表格中插入运行

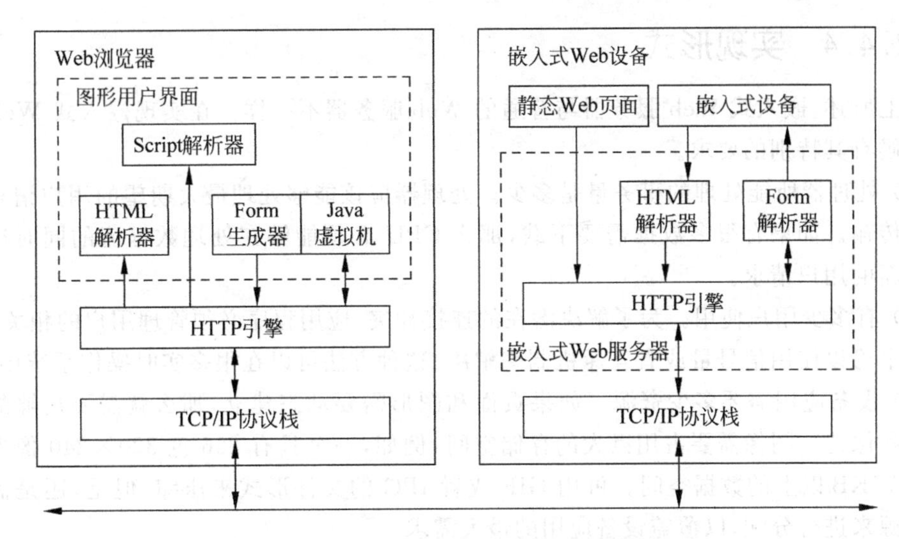

图 12.5 典型的嵌入式 Web 服务器系统模型

代码，供 RAM 读取/写入数据。HTML 页面内容一般是通过存储在 ROM 中的压缩文件，由快速运行的代码动态产生的。可以利用 Java、JavaScripts 等技术在客户端生成应用代码，而在服务器端只是发布网页，以减少在服务器端的代码和容量，提高服务器端的性能。这些就是瘦 Web 服务器的要求。

12.4.3 嵌入式应用接口技术

怎样进行信息传递，也是嵌入式 Web 服务器设计中的一个核心问题。有很多方式可以采用，下面就一些主要的方式进行讨论。

(1) 元命令。元命令(meta commands)允许服务器动态地改变 Web 页面的内容，这个命令被嵌入到 HTML 元素中，并且当页面装载时，更新的信息被插入到命令的位置。元命令可以置于文件中，或者作为服务器的应用变量进行配置。

(2) HTML 表格中的 CGI 脚本。用户可以通过填写表格来对一个嵌入式应用将数据提交给 Web 服务器，服务器通过运行一个 CGI 脚本(CGI Scripts)来处理信息。此种功能函数在单一线程环境下可以专门作为应用的一部分来实现，在 RTOS 环境下可以作为服务器调度和应用调度之间的一个桥梁。

运行在 UNIX 或桌面操作系统上的非嵌入式 Web 服务器能够简单地调度单一进程来运行一个 CGI 脚本，而嵌入式 Web 服务器必须对它们分别处理，因为不能肯定是否要由一个 RTOS 来运行。所以对于一个非 RTOS 环境，必须考虑这些。如上所述，如果一个 RTOS 可以使用，那么嵌入式 Web 服务器可以充分利用 RTOS 来进行设计，但又必须考虑到服务器也能运行在单一线程环境下。为了达到这个要求，嵌入式 Web 服务器可以在服务器和应用中把 CGI 脚本作为 C 函数来实现。

(3) E-mail。E-mail 可以用来记录 Web 服务器相关事件，或者当设备遇到特别需要注意的情况时通知适当的人，然后进行分析。例如，当设备需要维护时，嵌入式 Web 服务器可以发送一个 E-mail 消息。

12.4.4 实现形式

如上所述，嵌入式 Web 服务器与普通的 Web 服务器不一样。在实现嵌入式 Web 服务器的时候有其特别的要求。

(1) 处理器所能处理的事务量是多少。处理器应该能够处理最大期望的用户请求数量和数据传输。如果有很多数据需要下载，那么 CPU 必须能够在处理数据流的同时还要能够处理新的用户请求。

(2) 有多少用户使用。为了解决潜在的连接冲突，应用程序必须管理用户的相关资源。这个可以使用信号量或者互斥机制来解决，这种方法可以在很多实时操作系统中见到。

(3) 设备应用需要多少资源。如果页面和图形需要动态建立，那么就需要足够的内存来存储和保持。图像需要占用巨大的存储空间，例如，一个具有 256 色 320×240 像素的位图需要 75KB 以上的数据空间。可用 GIF 或者 JPG 的文件形式来压缩，但是，还是需要足够的资源来进行分配，以覆盖设备应用的最大需求。

(4) 服务器的应用接口形式。上面已经讨论了几种嵌入式应用接口，在实际应用中应仔细考虑。在单一线程系统中，应用可直接使用 CGI 函数来进行。在多线程系统中，服务器可以分解成各个独立的任务。应用的一部分可以更新页面、图像和其他全局数据空间的数据，同时服务进程只关心把数据发送到浏览器。

Web 技术发展到现在已经很成熟了，但如何应用到嵌入式设备中，还没有一个统一的标准。嵌入式 Web 服务器的实现形式也多种多样，下面就目前比较新的实现方案进行介绍。

12.4.5 RomPager

RomPager 实现了一个典型嵌入式设备的管理框架。一个嵌入式设备通常使用 SNMP 或 Telnet 协议通过 Set/Get 调用来管理设备，另一些设备也使用额外的串行端口来管理设备参数。RomPager 软件非常易于集成到这类设备中。RomPager 同时会将 Web 浏览管理及 E-mail 通知服务加入到设备中，其结构如图 12.6 所示。

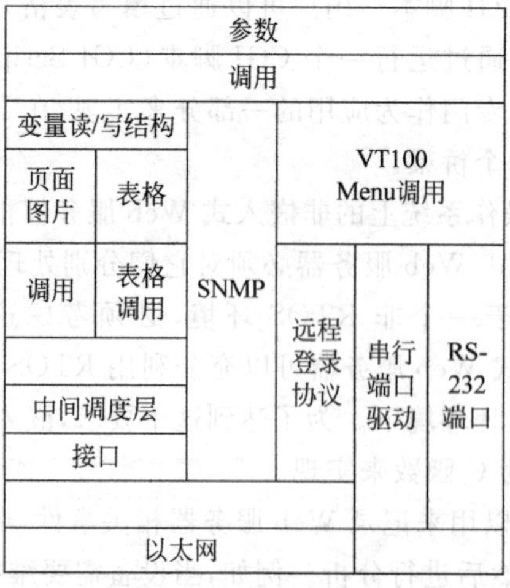

图 12.6 嵌入式 Web 服务器 RomPager

12.4.6　EMIT

EMIT 是 emWare 公司开发的嵌入式设备因特网解决方案，它包括多个部件，有 emMicro、emGateway、Access Library、emLink、emObject。其中，emMicro 是适合小型电子设备的微型网络服务器，即嵌入式 Web 服务器。它驻留在嵌入式设备中，是 emGateway 和嵌入式设备系统软件之间的通信服务模块。emMicro 占用的字节可以小到 1KB 字节，和 emGareway 一起，为 8 位和 16 位嵌入式设备提供网络服务器功能。其中，emGateway 是 EMIT 分布式网络平台的关键，是轻量级设备网络(如 RS-232、RS-485、CAN、RF 等)和大型高性能网络(如内联网、因特网)之间的桥梁。EmGateway 提供 emMicro 中没有包括的网络服务功能，并且可以与多种用户界面相连接，如网络浏览器、数据库、应用程序等。emGateway 可以驻留在 PC、单板机、ISP 服务器或 32 位以上的嵌入式处理器上。其中，Access Library 库函数可以通过高级语言(如 Java、C、C++)来调用，实现从一个通用程序(如网络浏览器)或用户程序中访问和监测设备。其中，emLink 在 emGateway 中为每个外部嵌入式设备提供通信管理功能，以保持网络连接，支持最常见的物理层协议(RS-232、RS-485、RF 等)的数据链路功能；而 emObjects 是预先建立的 Java 对象，能够实现从标准网络浏览器中访问和控制嵌入式设备。

12.5　Web 服务器构建

从功能上看，Web 服务器监听客户端的服务请求，根据用户请求的类型提供相应的服务。客户端使用 Web 浏览器和 Web 服务器进行通信。Web 服务器在接收到客户端的请求后，处理客户请求并返回需要的数据。而在服务器构建的过程中，经常使用的一种技术是 CGI(通用网关接口)。CGI 提供 Web 服务器一个执行外部程序的通道，这种服务端技术使得浏览器和服务器之间具有交互性。

CGI 程序属于一个外部程序，需要编译成可执行文件，以便在服务端运行。其应用程序工作流程如图 12.7 所示，浏览器将用户输入的数据送到 Web 服务器，Web 服务器使用准输入/输出设备 STDIN 将数据发送给 CGI 程序，在执行 CGI 程序后，可能会访问数据库的记录，最后使用 STDOUT 输出 HTML 形式的结果文件，经 Web 服务器发送回浏览器显示给用户。

系统工作流程如下：服务器主进程监听设定的端口，一旦有浏览器的请求到达，则建立连接并返回新的套接字描述符，并交给子进程进行处理。子进程读取请求，并分解出 URI (Uniform Resource Identifier)和请求方法，再由所请求文件扩展名对应的 MIME 类型判断。如果是静态文本，则直接读取并发送给浏览器；如果是 CGI 脚本，则新开一个子进程执行该脚本，处理脚本运行结果并返回浏览器；在一定时延后又无后续请求，则关闭该连接。

在以下内容中，对该系统的功能结构进行了描述。该系统基于 TCP/IP 的套接口通信，具体的消息处理遵循 HTTP 协议，服务器进程结构示意如图 12.8 所示。而对于基于 socket 编程的数据流和数据包的通信流程图如图 12.9 所示。

1. 主进程(守护进程)

服务器程序开始运行时，主进程就创建一个套接口，并和主机地址绑定，随后置为被动监听状态，等待客户端连接请求的到来。一旦接收了一个连接，ACCEPT 会返回一个新的套接口描述符，主进程则开辟一个新的子进程来处理这个新的连接，这样系统可以同时接受来自多个客户端的请求。

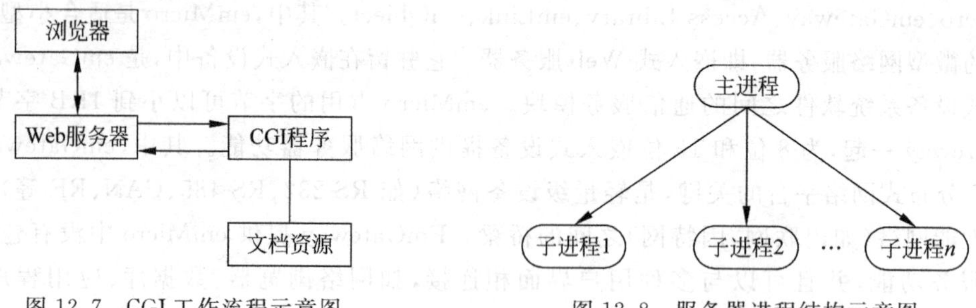

图 12.7 CGI 工作流程示意图　　图 12.8 服务器进程结构示意图

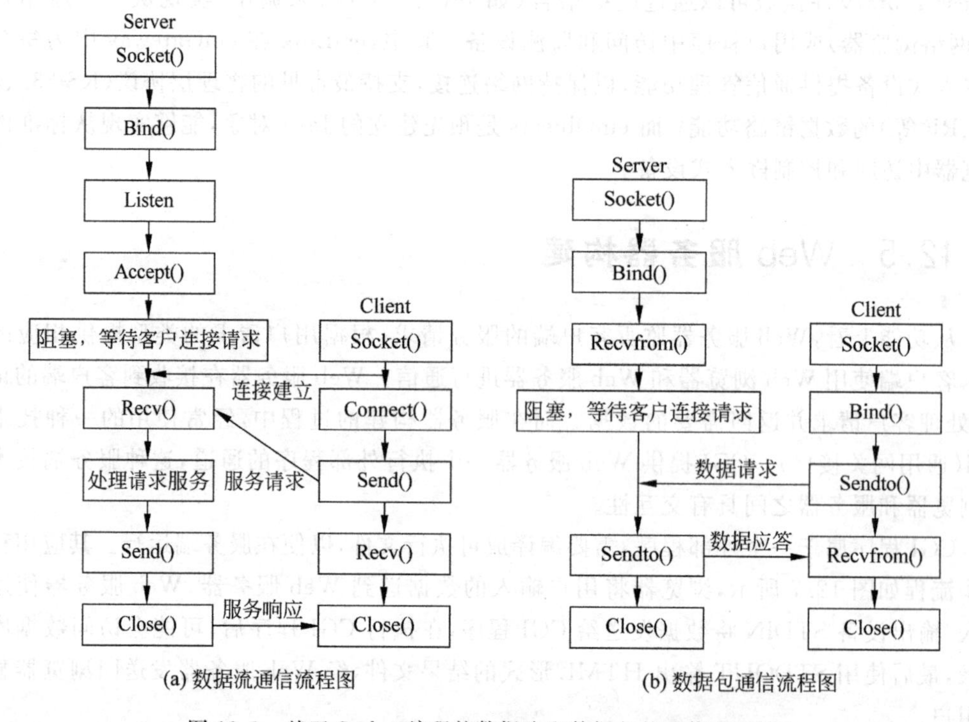

图 12.9 基于 Socket 编程的数据流和数据包的通信流程图

具体说明如下：

- int socket(family,type,protocol)，该函数用来创建一个套接口，并返回一个短整数的套接口描述符。
- int bind(socket,localaddr,addrlen)，该函数为一个套接口指明一个本地 IP 地址和协议端口号，一般用来为服务器指定知名端口，其中 Socket 为上面 socket()函数所创建的套接口描述符。
- int listen(socket,queuelen)，服务器使用该函数使上面所创建的套接口处于被动状态(即准备接收客户端的请求)。
- int accept(socket,addr,addrlen)，该函数接受连接请求，为该请求创建一个新套接口,并返回新的套接口描述符,交给子进程具体处理,原套接口继续用来监听后续请求。

2. 子进程

子进程用来处理每个具体请求,子进程主要由几个处理模块组成:通用函数模块、静态文本处理模块、CGI模块和出错处理。

(1) 通用函数模块。静态文本和CGI脚本处理用到的函数有:

```
request_ree *  parse_request_line(request_ree * r)
分解请求行,分别得到请求方法URL、文件名,以及HTTP版本。
request_ree * mime_types(request_ree * r ,char * default_file)
根据文件扩展名得到相应的MIME类型,如果未给出所请求的文件名,则提供默认文件。
void send_status_line(char * array[],char * code,char * comment,int sd)
在发送文件之前,先发送一个HTTP的状态行。
void send_white_line(int sd)
在HTTP状态行之后,文件主体之前发送一个空白行,表示响应首部的结束、主体的开始。
void send_http_body(int fd,int sd,char * path,char * iobuff,int buflen)
发送HTTP消息主体到浏览器端。
void send_error_info(char * array[],char * code,char * comment,char * detail,int sd)
在发生错误时给出相应的错误提示信息。
void setup_env(request_ree * r,header_ree * header[],char * path,int num)
Web服务器把浏览器端传送过来的信息设置成环境变量,以供CGI脚本运行时使用。
int execl(const char * path,const char * arg,…,NULL)
运行string所指定的CGI脚本。
```

另外还有关闭文件、关闭连接、释放内存等处理。

(2) 静态文本处理模块。如果所请求的文件是静态文本,则直接读取并发送到浏览器端:

```
send_status_line()
发送状态行。
send_white_line()
发送一空白行。
send_http_body()
发送消息主体。
```

(3) CGI模块。在本系统的设计中,支持标准的CGI,因为它在技术上最成熟,实现的途径也多种多样,易于掌握,并且访问服务器的浏览器数目极少,即使每次运行CGI都新开一个进程,对速度也不会造成大的影响。CGI模块用来设置环境变量,并启动新进程来运行CGI脚本。Web服务器接收CGI脚本的运行结果,判断如果具有完整的HTTP消息格式则直接转发;否则,由Web服务器把结果封装成完整的HTTP格式再发送给浏览器端。

```
send_http_body()
判断有完整的HTTP格式,直接把结果转发到浏览器端,不需要再封装。
send_status_line()
发送状态行。
send_white_line()
发送一空白行。
send_error_info()
```

发送出错信息。

如果是绝对重定向，则把重定向信息直接发送给浏览器，由用户自己进行重定向。

```
send_status_line()
发送状态行。
send_white_line()
发送一空白行。
send_http_body()
发送消息主体。
```

如果是间接重定向，则由服务器进行重定向，并把新文件返回给浏览器。

```
send_status_line()
发送状态行。
send_http_body()
发送消息主体。
```

如果都不是，则给运行结果加上状态行，形成完整的 HTTP 信息后发送给浏览器。

(4) 出错处理。

```
send_status_line()
发送状态行。
send_white_line()
发送一空白行。
send_error_info()
发送出错信息。
```

该系统具有以下功能特点：

(1) 系统支持多种通信方式。原来工业控制系统中的通信都是专用方式，在通信距离上受到很大局限。本系统可以在任何支持 TCP/IP 的网络上进行通信，包括局域网、广域网，甚至以无线方式进行浏览器和服务器之间的通信。

(2) 系统本身功能单一而完备，本系统可以提供最基本的 Web 服务，可以进行静态信息的浏览，也可以通过 CGI 对数控设备进行操作。

(3) 系统代码量小，本系统编译之后只有 14KB 大小，适合嵌入使用。

TCP/IP 套接口是网络间通信的一种重要手段，目前多数网络编程都是基于套接口的，本章介绍了套接口编程的基本用法，并介绍了一种嵌入式 Web 服务器的实现，该服务器已在仿真环境下测试成功。嵌入式软件与通用计算机软件有很大差异，为了缩短嵌入式软件开发周期，降低开发成本，用纯软件方式实现嵌入式软件仿真开发环境也是一种有效途径。

12.6 本章小结

(1) 通信协议用于协调不同网络之间或同种网络不同层之间的信息交换，用于建立设备之间互相识别的信息机制。网络协议有 TCP/IP、UDP 和 HTTP 等，嵌入式应使用精简的 TCP/IP 协议栈。网络编程一般使用 socket 接口。

(2) Linux 因为本身内核的特性，在应用嵌入式环境的情况下，为了实现网络响应的高性能，采用内核级别的网路服务器的应用越来越多。

(3) 嵌入式 Web 服务器广泛应用于物联网系统，它为我们管理、控制和监测远程设备提供了一个很好的途径。这些设备可以在任何地方，只要它接入因特网，就能够受到控制。

(4) 从功能上看，Web 服务器监听客户端的服务请求，根据用户请求的类型提供相应的服务。客户端使用 Web 浏览器和 Web 服务器进行通信。Web 服务器在接收到客户端的请求后，处理客户请求并返回需要的数据。而在服务器构建的过程中，经常使用的一种技术是 CGI。CGI 提供 Web 服务器一个执行外部程序的通道，这种服务端技术使得浏览器和服务器之间具有交互性。

12.7 思考题

(1) HTTP 协议中内置的方法有哪些?
(2) 什么是套接字? 它有什么特点? 可以分为哪几种?
(3) 画出 TCP/IP 及 ISO-OSI 的模型，说明各层的作用。
(4) 画出 Socket 编程中数据流通信及数据包通信的服务器与客户端的通信流程图。
(5) 详细解释图 12.5 中典型的嵌入式 Web 服务器系统模型的原理。
(6) 详细解释基于 Socket 编程的数据流和数据包的通信流程的工作原理。

第13章 嵌入式Linux的GUI

CHAPTER 13

本章主要内容

- 嵌入式GUI简介
- MiniGUI及Qt/Embedded程序设计
- 本章小结

Windows GUI、KDE或者GNOME等图形用户界面(Graphic User Interface,GUI)由于其界面美观、操作方便及功能全面而吸引了大量的用户。可以想象,现在日常所用的Windows,如果没有GUI,其操作将变得异常复杂,并不是每个人都能操作的。GUI系统是有别于传统的CUI(Command User Interface)系统的图形人机接口。它极大地方便了非专业人士对计算机系统的使用。嵌入式GUI系统为嵌入式系统提供一种用于特殊场合的可靠人机交互接口。嵌入式GUI要求简单、直观、可靠、占用资源小且快速,以满足嵌入式系统中硬件资源有限的需求。另外,由于嵌入式系统硬件本身的特殊性,嵌入式GUI的内核应该短小精练并且高度可移植,其外围组成应该高度可裁剪,以满足其在各种不同需求、不同场合的应用。总结起来,嵌入式GUI具备以下特点:体积小、运行耗用资源少、上层接口与硬件无关、高度可移植、高可靠性、高可裁剪性及某些应用场合应具备实时性。

从嵌入式GUI系统的定义中可以获得两方面信息:图形发生与用户操作。这就要求一个可移植的嵌入式GUI系统,其在底层实现上至少抽象出两类设备:基于图形发生引擎的图形抽象层(Graphic Abstract Layer,GAL)与基于输入设备的输入抽象层(Input Abstract Layer,IAL)。图形抽象层完成对具体显示硬件设备的操作,以提供对上层(Application Programming Interface,API)的支持,在极大程度上隐藏各种不同硬件对于具体实现的技术细节,为应用程序开发人员提供统一的显示操作接口。输入抽象层则需要实现对于各种不同输入设备的控制操作,提供API中对于这一类设备的统一的调用接口,能够让使用者通过输入设备与系统进行交互。GAL与IAL的实现,极大程度上提高了嵌入式GUI的可移植性。GAL和IAL层是支持嵌入式GUI高级图形系统功能的底层实现基础。比较成熟和功能强大的几种底层支持系统有VGA lib、SVAG lib、LibGGI、Framebuffer、X Window。

13.1 嵌入式GUI简介

因为GUI是一种类似于操作系统的基础软件,这种软件系统应该遵循一定的标准,并且应该是开放源码的自由软件,从而可以让开发商集中精力开发自己的应用程序。在

Linux之上进行嵌入式系统开发的厂商，一般可选择如下几种GUI系统：MiniGUI、QT/Embedded、Nano-X、Open GUI、X Windows及Micro Window等。下面首先对这些系统进行简单介绍。

13.1.1　MiniGUI

MiniGU是一个自由软件项目，它遵循GPL条款发布，现由北京飞漫软件技术有限公司维护并开展后续开发。其目标是为基于Linux的实时嵌入式系统提供一个轻量级的图形用户界面支持系统。几乎所有的MiniGUI代码都采用C语言开发，提供完备的多窗口机制和消息传递机制，以及众多控件和其他GUI元素，支持各种流行图像文件及Windows的资源文件。另外，比较其他的GUI系统，其引人瞩目的特性和技术创新主要有：

(1) 轻量级的图形系统。

(2) 完善的对中、日、韩文字，输入法和多字体、多字符集支持。

(3) 提供图形抽象层及输入抽象层，以适应嵌入式系统各种显示和输入设备。

(4) 提供MiniGUI-Threads、MiniGUI-Lite、MiniGUI-standalone三种不同架构的版本，满足不同的嵌入式操作系统。

(5) 提供了丰富的应用软件，其商业版本提供了手机、PDA类产品、多媒体及机顶盒类产品以及工控方面的诸多程序。

13.1.2　Qt/Embedded

Qt/Embedded是Trolltech新开发的用于嵌入式Linux的图形用户界面系统。Trolltech最初创建Qt作为跨平台的开发工具用于Linux台式机。它支持各种有UNIX特点的系统以及Microsoft Windows。作为最流行的Linux桌面环境之一的KDE就是用Qt编写的。

Qt/Embedded以原始Qt为基础，并做了许多出色的调整以适用于嵌入式环境。QtEmbedded通过Qt API与Linux I/O设施直接交互。那些熟悉并已适应了面向对象编程的人员将会发现它是一个理想环境。而且，面向对象的体系结构使代码结构化、可重用并且运行快速。与其他GUI相比，Qt GUI非常快，并且它没有分层，这使得Qt/Embedded成为运行基于Qt的程序的最紧凑环境。使用QtE，开发者可以：

(1) 当移植QtE程序到不同的平台时，只需要重新编译代码，而不需要对代码进行修改。

(2) 随意设置程序界面的外观。

(3) 方便地为程序连接数据库。

(4) 使程序本地化。

(5) 将程序与Java集成。

嵌入式系统的要求是小而快速，QtE是模块化且可剪裁的，开发者可以选取需要的特性，裁剪不需要的特性，这样，QtE的映像可以变得很小，最小只有600KB左右。同Qt一样，QtE也是使用C++编写的，虽然这样会增加系统资源的消耗，然而却为开发者提供了清晰的程序框架，使开发者容易迅速上手，并且可以方便地编写自定义的用户界面程序。由于QtE是作为产品推出的，所以它有很好的开发团队和技术支持，这对于QtE的开发者来说，方便了开发过程，并增加了产品的可靠性。

Trolltech 还推出了 Qt 掌上机环境(Qt Palmtop Environment，Qpe)。Qpe 提供了一个基本桌面窗口，并且该环境为开发者提供了一个易于使用的界面。Qpe 包含全套的个人信息管理(Personal Information Management，PIM)应用程序、因特网客户机、实用程序等。然而，为了将 Qt/Embedded 或 Qpe 集成到一个产品中，需要从 Trolltech 获得商业许可证(原始 Qt 自版本 2.2 以后就可以根据 GPL 获得)。它的优点包括：

(1) 面向对象的体系结构有助于更快地执行。

(2) 占用很少的资源，大约 800KB。

(3) 支持抗锯齿文本和混合视频的像素映射。

它的缺点是：Qt/Embedded 和 Qpe 只能在获得商业许可证的情况下才能使用。

13.1.3 Nano-X

Nano-X Window 是 Century Software 公司的开放源代码项目，以前叫做 MicroWindows，因为和 Microsoft 的注册商标有冲突，所以更名为 Nano-X Window。它设计用于带小型显示单元的微型设备，它有许多针对现代图形视窗环境的功能部件。像 X 一样，有多种平台支持。Nano-X Window 体系结构是基于客户机/服务器的。它具有分层设计：最底层是屏幕和输入设备驱动程序(关于键盘或鼠标)，用来与实际硬件交互；在中间层，可移植的图形引擎提供对线的绘制、区域的填充、多边形、裁剪及颜色模型的支持；在最上层，Nano-X Window 支持两种 API——Win32/WinCE API 和类 Xlib(也叫 Nano-X)的 API。Nano-X 用在 Linux 上，用于占用资源少的应用程序。

Nano-X Window 支持 1、2、4 和 8 bpp(每像素的位数)的衬底显示，以及 8、16、24 和 32 bpp 的真彩色显示。Nano-X Window 还支持使它速度更快的帧缓冲区。Nano-X 服务器占用的资源是 100～150KB。原始 Nano-X 应用程序的平均大小是 30～60KB。由于 Nano-X 是为有内存限制的低端设备设计的，所以它不像 X 那样支持很多函数，因此它实际上不能作为微型 X(Xfree4.5)的替代品。

Nano-X 的优点包括：

(1) 与 Xlib 实现不同，Nano-X 仍在每个客户机上同步运行，这意味着一旦发送了客户机请求包，服务器在为另一个客户机提供服务之前将一直等待，直到整个包都到达为止。这使服务器代码非常简单，而运行的速度仍非常快。

(2) 占用资源少。

Nano-X 的缺点包括：

(1) 联网功能部件不够完善(特别是网络透明性)。

(2) 还没有太多现成的应用程序可用。

(3) 与 X 相比，Nano-X 虽然近来正在加速开发，但是文档说明较少，而且没有很好的支持。

(4) 无任何硬件加速能力。

(5) 图形引擎中存在许多低效算法，同时未经任何优化。

13.1.4 OpenGUI

OpenGUI 在 Linux 系统上已经存在很长时间了。最初被称为 FastGL，只支持 256 色的线性显存模式,但目前也支持其他显示模式,并且支持多种操作系统平台,例如 MS-DOS、QNX 和 Linux 等,不过目前只支持 x86 硬件平台。OpenGUI 也分为三层:最低层是由汇编语言编写的快速图形引擎;中间层提供了图形绘制 API,包括线条、矩形、圆弧等,并且兼容于 Borland 的 BGI API;第三层用 C++ 编写,提供了完整的 GUI 对象集。OpenGUI 采用 GPL 条款发布。OpenGUI 比较适合基于 x86 平台的实时系统,跨平台的可移植性稍差,目前的发展比较缓慢。它的优点是底层用汇编语言编写,效率很高;但它的可配置和可定制性较差。目前它的稳定版本可从官网下载。

高度可裁剪的 X Windows 系统及 Micro Window 可以参考相关文件进行学习,这里不再详细介绍。

13.2 MiniGUI 程序设计基础

MiniGUI 是一个面向实时嵌入式系统或者实时系统的轻量级图形用户界面支持系统,它采用类似 Windows SDK 的窗口和事件驱动机制,是遵循 GPL 条款发布的开放源代码的优秀 GUI 软件,已经成为一个非常成熟和稳定,并且在许多实际产品或项目中得到广泛应用的 GUI 系统。支持的硬件平台包括 Intel X86、ARM、PowerPC、MIPS、M68000 等,并且可以在 Linux/uclinux、eCos、μC/OS-Ⅱ、VxWorks 等操作系统上运行。广泛应用于手持信息终端、机顶盒、工业控制系统及工业仪表、彩票机、金融终端等产品和领域。

作为操作系统和应用程序之间的中间件,MiniGUI 把底层操作系统与硬件平台的差异隐藏起来,并对上层应用程序提供一致的功能特性,这些功能特性包括:

(1) 完备的多窗口机制和消息传递机制。

(2) 常用的控件类,包括静态文本框、按钮、单行和多行编辑框、列表框、组合框、进度条、属性页、工具栏、树状控件和日历控件等。

(3) 对话框和消息框支持及其他 GUI 元素,包括菜单、加速键、插入符、定时器等。

(4) 界面支持皮肤更换。用户可通过更换界面的皮肤以获得外观华丽的图形界面。

(5) 通过两种不同的内部软件结构支持低端显示设备(如单色 LCD)和高端显示设备(如彩色显示器),前者小巧灵活,而后者在前者的基础上提供了更加强大的图形功能。

(6) Windows 资源文件支持,如位图、图标、光标等。

(7) 各种流行图像文件的支持,包括 JPEG、GIF、PNG、TGA、BMP 等。

(8) 多字符集和多字体支持,目前支持 ISO8859-1～IS08859-15、GB 2312、GBK、GB 18030、BIG 5、Euc-JP、shift-JIS、EUC-KR、UNICODE 等字符集,支持等宽点阵字体、变宽点阵字体、Qt/Embedded 使用的嵌入式字体 QPF、TrueType 以及 Adobe Type1 等矢量字体。

(9)多种键盘布局的支持。MiniGUI 除支持常见的美式 PC 键盘布局之外,还支持法语、德语等语种的键盘布局。

(10)简体中文(GB 2312)输入法支持,包括内码、全拼、智能拼音等。

(11)针对嵌入式系统的特殊支持,包括一般性的 I/O 流操作、字节序相关函数等。

13.2.1 MiniGUI V1.3.3 软件包

MiniGUI V1.3.3 是基于 GPL 协议发行的 MiniGUI 开源版,可以根据需要修改源代码之后移植到各种嵌入式系统下。该软件包包括 4 个压缩包，如表 13-1 所示。

MiniGUI 的函数库由 3 个函数库组成。它们分别是 libminigui、libmgext 和 libvcongi。

(1) libminigui：是提供窗口管理和图形接口的核心库函数，也提供大量的标准控件；

(2) libmgext：是 libminigui 的一个扩展库，提供一些高级控件及“文件打开”对话框等；

(3) libvcongui：提供一个应用程序可用的虚拟控制台窗口，从而可以方便地在 MiniGU 环境中运行字符界面的应用程序。

其实，libmgext 库和 libvcongui 库已经包含在 libminigui 函数库的源代码中。此外，MiniGUI 还有 1.6.0、2.0.0 版本，这些版本都在不同的方面有所提高，用户可以根据需要进行选择。

表 13-1　MiniGUI V1.3.3 软件包

文件名	用途说明
libminigui-1.3.3.tar.gz	MiniGUI 函数库源代码，包含 libminigui、libmgext 和 libvcongui
minigui-res-1.3.tar.gz	MiniGUI 所使用的资源文件，包括基本字体、图标和位图等
mde-1.3.0.tar.gz	MiniGUI 综合演示程序
mg-samples-1.3.0.tar.gz	MiniGUI 的应用示例程序

13.2.2 MiniGUI 的特点

1. 消息循环和事件驱动

熟悉 MS Windows GUI 编程的人都知道，MS Windows GUI 编程中最重要的两个概念是“事件驱动”和“消息循环”，在嵌入式 GUI 开发中，也不例外。事件驱动的含义就是，程序的流程不再是只有一个入口和若干个出口的串行执行线路；相反地，程序会一直处于一个循环状态，在这个循环当中，程序从外部输入设备获取某些事件，例如用户的按键或者鼠标的移动，然后根据这些事件作出某种响应，并完成一定的功能，这个循环直到程序接收到某个消息为止。“事件驱动”的底层设施，就是常说的“消息队列”和“消息循环”。

在整个 MiniGUI 中，使用了消息驱动作为应用程序的创建构架。应用程序一般需要提供一个处理消息的标准函数，在消息循环中，系统可以调用此函数，应用程序在此函数中处理相应的消息。如图 13.1 所示为一个消息驱动的应用程序的构架。

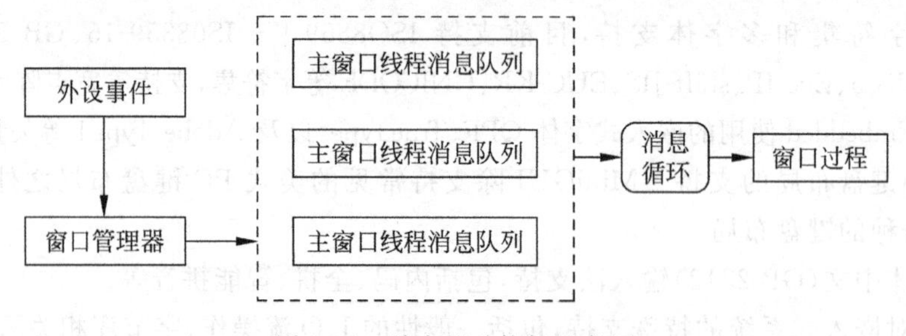

图 13.1　消息驱动构架示意图

MiniGUL 支持如下几种消息的传递机制。这些机制为多线程环境下的窗口间通信提供了基本途径：

(1) 通过 PostMessage 发送。

消息发送到消息队列后立即返回。这种发送方式称为“邮寄”消息。如果消息队列中的邮寄消息缓冲区已满,则该函数返回错误值。在下一个消息循环中,由 GetMessage()获得这个消息后,窗口才会处理该消息。PostMessage()一般发送一些非关键性消息,例如,MiniGUI 中,鼠标和键盘消息就是使用 PostMessage()发送的。

(2) 通过 PostSyncMessage 发送。

该函数用来向不同于调用该函数的线程消息队列邮寄消息,并且只有该消息被处理之后,该函数才能返回,因此这种消息称为“同步消息”。

(3) 通过 SendMessage 发送。

该函数可以向任意一个窗口发送消息,消息处理完成之后,该函数返回。当需要知道某个消息的处理结果时,使用该函数发送消息,然后根据其返回值进行处理。在 MiniGUI-Threads 中,如果发送消息的线程和接收消息的线程不是同一个,则发送消息的线程将阻塞等待接收线程的处理结果,否则 SendMessage()将会直接调用接收消息窗口的窗口处理函数。在 MiniGUI-Lite 中,则直接调用接收消息窗口的窗口处理函数。

(4) 通过 SendNotifyMessage 发送。

该函数向指定的窗口发送通知消息,将消息放入消息队列后立即返回。由于这种消息和邮寄消息不同,是不允许丢失的,因此,系统以链表的形式处理这种消息。

(5) 通过 SendAsyncMessage 发送。

利用该函数发送的消息称为“异步消息”,系统直接调用目标窗口的窗口过程。

2. 多线程和多窗口

在 MiniGUI 中,图形用户界面包括如图 13.2 所示的基本元素。

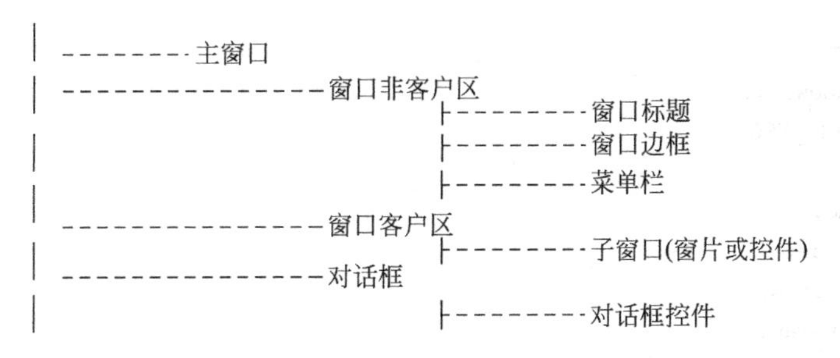

图 13.2 图形用户界面的基本元素

MiniGUI 中的窗口基本分为四类,分别为主窗口、对话框、控件和主窗口中的子窗口。

MiniGUI 中的主窗口和 Windows 应用程序的主窗口概念类似,但有一些重要的不同。MiniGUI 中的每个主窗口及其附属主窗口对应一个单独的线程,通过函数调用可建立主窗口及对应的线程。每个线程有一个消息队列,属于同一线程的所有主窗口从这一消息队列中获取消息,并由窗口过程(回调函数)进行处理。至于 MiniGUI 中对窗口的具体处理过程和线程的实现机制,将在以后的内容中详细阐述。

3. 对话框和标准控件

MiniGUI 中的对话框是一种特殊的窗口,对话框一般和控件一起使用,这两个概念和 Windows 或 X Window 中的相关概念是类似的。MiniGUl 支持的控件类型有:

(1) 静态框：文本、图标或矩形框等。

(2) 文本框：单行或多行的文本编辑框。

(3) 按钮：单选钮、复选框和一般按钮等。

(4) 列表框。

(5) 进度条。

4. 图形和输入抽象层

在 MiniGUI 0.3.XX 的开发中，引入了图形抽象层(GAL)和输入抽象层(IAL)的概念。抽象层的概念类似于 Linux 内核虚拟文件系统的概念。它定义了一组不依赖于任何特殊硬件的抽象接口，所有顶层的图形操作和输入处理都建立在抽象接口之上。而用于实现这一抽象接口的底层代码称为“图形引擎”或“输入引擎”，类似操作系统中的驱动程序。这实际上是一种面向对象的程序结构。利用 GAL 和 IAL，MiniGUI 可以在许多图形引擎上运行，例如 SVGALib 和 LibGGI，并且可以非常方便地将 MiniGUI 移植到其他 POSIX 系统上，只需要根据抽象层接口实现新的图形引擎即可。MiniGUI 已经编写了基于 SVGALib 和 LibGGI 的图形引擎。利用 LibGGI，MiniGUI 应用程序可以运行在 X Window 上，将大大方便应用程序的调试。另外，通过 MiniGUI 的私有图形引擎，可以最大程度地针对窗口系统对图形引擎进行优化，最终提高系统的图形性能和效率。

13.2.3 窗口处理过程

窗口是 MiniGUI 当中最基本的 GUI 元素，一旦窗口建立之后，窗口就会从消息队列当中获取属于自己的消息，然后交由它的窗口过程进行处理。在这些消息当中，有一些是基本的输入设备事件，而有一些则是与窗口管理相关的逻辑消息。在 MiniGUI 中，消息的定义如下所示：

```
(include/window.h):
typedef struct _MSG
{
    HWND hwnd;
    int message;
    WPARAM wParam;
    LPARAM lParam;
    #ifdef LITE VERSION
        unsigned int time;
    #else
        struct timeval time;
    #endif
    POINT pt;
    #ifndef LITE VERSION
        void pAdd;
    #endif
}MSG;
typedef MSG * PMSG;
```

一个消息由该消息所属的窗口(hwnd)、消息编号(message)、消息的 WPARAM 型参数(wParam)及消息的 LPARAM 型参数(lParam)组成。消息的两个参数中包含了重要的内容,例如,对鼠标消息而言,lParam 中一般包括鼠标的位置信息,而 wParam 中则包含发生该消息时,对应的 Shift 键的状态信息。当然,用户可以自定义消息,并定义消息的 lParam 和 wParam 意义,为使用户能够自定义消息,MiniGUI 定义了 MSG_USER 宏,可按如下所示自定义用户消息:

```
#define MSG MY_MESSAGE(MSG_USER + 1)
```

这和 MS Windows 的消息定义非常相似,可见,MiniGUI 的作者对 MS Windows 很熟悉。MiniGUI 的消息循环如下列代码所示。在这个循环体中,程序利用 GetMessage()函数不停地从消息队列中获得消息,然后利用 DispatchMessage()函数将消息发送到指定的窗口,也就是调用指定窗口的窗口过程,并传递消息及其参数。窗口过程收到消息后,立即响应相应的消息处理函数,这和 MS Windows GUI 的原理是一致的,在此不再赘述。

```
while (GetMessage (&Msg, hMainWnd)){
    TranslateMessage (&Msg);
    DispatchMessage (&Msg);
}
```

退出时,PostQuitMessage()函数在消息队列中设置一个 QS_QUIT 标志,GetMessage()在从指定消息队列中获取消息时,会检查这个标志,如果有 QS_QUIT 标志,GetMessage()函数会返回 FALSE,从而利用该返回值终止消息循环。

13.2.4 MiniGUI 的线程机制

MiniGUI 是一个基于线程的窗口系统。线程通常被定义为一个进程中代码的不同执行路线,一个进程中可以有多个不同的代码路线在同时执行。例如,常见的字处理程序中,主线程处理用户输入,而其他并行运行的线程在必要时可在后台保存用户的文档。也可以认为线程是“轻量级进程”。在 Linux 中,每个进程由五个基本的部分组成:代码、数据、栈、文件 I/O 和信号表。因此,系统对进程的处理要花费更多的开支,尤其在进行进程调度和任务切换时。从这个意义上说,可以将一般的进程理解为重量级进程。在重量级进程之间,如果需要共享信息,一般只能采用管道或者共享内存的方式实现。如果重量级进程通过 fork()派生了子进程,则父子进程之间只有代码是共享的。从实现方式上划分,线程有两种类型:“用户级线程”和“内核级线程”。用户级线程指不需要内核支持而在用户程序中实现的线程,这种线程甚至在像 DOS 这样的操作系统中也可实现,但线程的调度需要用户程序完成,这有些类似于 Windows 3.X 的协作式多任务。另外一种则需要内核的参与,由内核完成线程的调度。这两种模型各有其好处和缺点。用户级线程不需要额外的内核开支,但是当一个线程因 I/O 而处于等待状态时,整个进程就会被调度程序切换为等待状态,其他线程得不到运行的机会;而内核级线程则没有这个限制,却占用了更多的系统开销。

Linux 支持内核级的多线程,同时,也可以从因特网上下载一些 Linux 上的用户级的线程库。Linux 的内核级线程和其他操作系统的内核实现不同,前者更好一些。大多数操作系统单独定义线程,从而增加了内核和调度程序的复杂性;而 Linux 则将线程定义为“执行上下文”,它实际上只是进程的另外一个执行上下文而已。这样,Linux 内核只需区分进程,只需要一个进程/线程数组,而调度程序仍然是进程的调度程序。Linux 的 clone 系统调用可用来建立新的线程。

POSIX 标准定义了线程操作的 C 语言接口。目前,Linux 上兼容 POSIX 的线程库称为 LinuxThreads,它已经作为 glibc 的一部分而发布。这些函数的名称均以 pthread_开头(信号量操作函数以 sem_开头)。

MiniGUI 采用了多线程机制,也就是说,MiniGUI 及运行在 MiniGUI 之上的所有应用程序均运行在同一个地址空间之内。与其他基于进程的 GUI 系统相比,虽然缺少了地址保护,但运行效率却是最高的。

13.2.5 MiniGUI 的体系结构

1. 多线程的分层设计

从整体结构上看,MiniGUI 是分层设计的,层次结构如图 13.3 所示。在最底层,GAL 和 IAL 提供底层图形接口及鼠标和键盘的驱动;中间层是 MiniGUI 的核心层,其中包括窗口系统必不可少的各个模块;最顶层是 API,即编程接口。

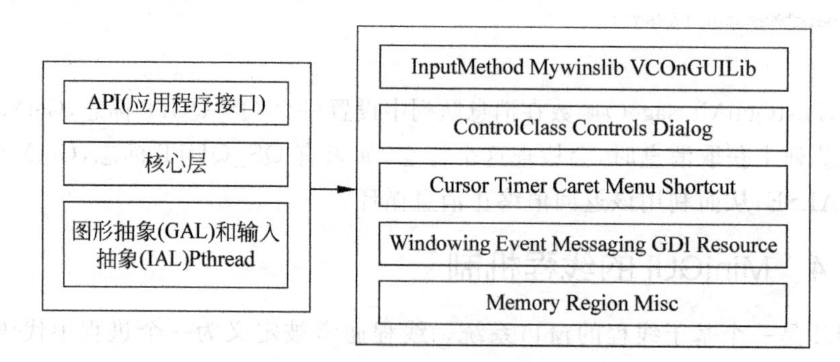

图 13.3 分层设计模型

GAL 和 IAL 为 MiniGUI 提供了底层的 Linux 控制台或者 X Window 上的图形接口及输入接口,而 pthread 是用于提供内核级线程支持的 C 函数库。MiniGUI 本身运行在多线程模式下,它的许多模块都以单独的线程运行。同时,MiniGUI 还利用线程来支持多窗口。从本质上讲,每个线程有一个消息队列,消息队列是实现线程数据交换和同步的关键数据接口。一个线程向消息队列中发送消息,而另一个线程从这个消息队列中获取消息,同一个线程中创建的窗口可共享同一个消息队列。利用消息队列和多线程之间的同步机制,可以实现微客户/服务器机制。

2. 微客户/服务器结构

在多线程环境中,与多进程间的通信机制类似,线程之间也有交互和同步的需求。例如,用来管理窗口的线程维持全局的窗口列表,而其他线程不能直接修改这些全局的数据结构,而必须依据“先来先服务”的原则,依次处理每个线程的请求,这就是一般性的客户/服务器模式。MiniGUI 利用线程之间的同步操作实现了客户线程和服务器线程之间的微客户/服务器机制,之所以这样命名,是因为客户和服务器是同一进程中的不同线程。微客户/服务器机制的核心实现主要集中在消息队列数据结构上。例如,MiniGUI 中的 desktop 微服务器管理窗口的创建和销毁,当一个线程要求 desktop 微服务器建立一个窗口时,该线程首先在 desktop 的消息队列中放置一条消息,然后进入休眠状态而等待 desktop 处理这一请求；当 desktop 处理完成当前任务之后，或正处于休眠状态时，它可以立即处理这一请求，请求处理完成时，desktop 将唤醒等待的线程，并返回一个处理结果。

当 MiniGUI 在初始化全局数据结构及各个模块之后，MiniGUI 要启动几个重要的微服务器，它们分别完成如下不同的系统任务：

(1) desktop 用于管理 MiniGUI 窗口中的所有主窗口，包括建立、销毁、显示、隐藏、修改 Z-order、获得输入焦点等。

(2) parsor 线程用来从 IAL 中收集鼠标和键盘事件，并将收集到的事件转换为消息而邮寄给 desktop 服务器。

(3) timer 线程用来触发定时器事件。该线程启动时，首先设置 Linux 定时器，然后等待 desktop 线程的结束，即处于休眠状态。当接收到 SIGALRM 信号时，该线程处理该信号，并向 desktop 服务器发送定时器消息。当 desktop 接收到定时器消息时，desktop 会查看当前窗口的定时器列表，如果某个定时器过期，则会向该定时器所属的窗口发送定时器消息。

13.2.6　MiniGUI 的底层引擎

前面已经介绍了 GAL 和 IAL，下面借助 MiniGUI 的源代码来分析。抽象层的概念类似于 Linux 内核虚拟文件系统的概念。它定义了一组不依赖于任何特殊硬件的抽象接口，所有顶层的图形操作和输入处理都建立在抽象接口之上。而用于实现这一抽象接口的底层代码称为“图形引擎”或“输入引擎”，类似于操作系统中的驱动程序。这实际上是一种面向对象的程序结构。利用 GAL 和 IAL，MiniGUI 可以在许多图形引擎上运行，例如 SVGALib 和 LibGGI，并且可以非常方便地将 MiniGUI 移植到其他 POSIX 系统上，只需要根据抽象层接口实现新的图形引擎即可，其结构图如图 13.4 所示。如果在某个实际项目中所使用的图形硬件比较特殊，现有的图形引擎均不支持。这时就可以按照 GAL 所定义的接口实现自己的图形引擎，并指定 MiniGUI 使用这种私有的图形引擎即可。这种软件技术就是面向对象多态性的具体体现。MS 的 DirectX 用的也是这种思想。利用 GAL 和 IAL 大大提高了 MiniGUI 的可移植性，并且使得程序的开发和调试变得更加容易。可以在 X Window 上开发和调试自己的 MiniGUI 程序，通过重新编译，就可以让 MiniGUI 应用程序运行在特殊的硬件平台上。

在代码实现上，MiniGUI 通过 GFX 数据结构来表示图形引擎，随着 MiniGUI 的开发，这种结构也在不断完善中，这里没有给出源代码，感兴趣的读者可以去 MiniGUI 官方网站下载源代码进行阅读。

13.2.7　MiniGUI 的三种运行模式

MiniGUI 的可配置性集中体现在它的三种运行模式上，这种可配置性使 MiniGUI 能够很好地适应不同的操作系统环境，这也是 MiniGUI 取得成功的一个表现亮点。

(1) MiniGUI-Threads。运行在 MiniGUI-Threads 上的程序可以在不同的线程中建立多个窗口，但所有的窗口在一个进程或者地址空间中运行。这种运行模式非常适合大多数传统意义上的嵌入式操作系统，例如 μC/OS-Ⅱ、eCos、VxWorks、pSOS 等。在 Linux 和 uClinux 上，MiniGUI 也能以 MiniGUI-Threads 的模式运行。

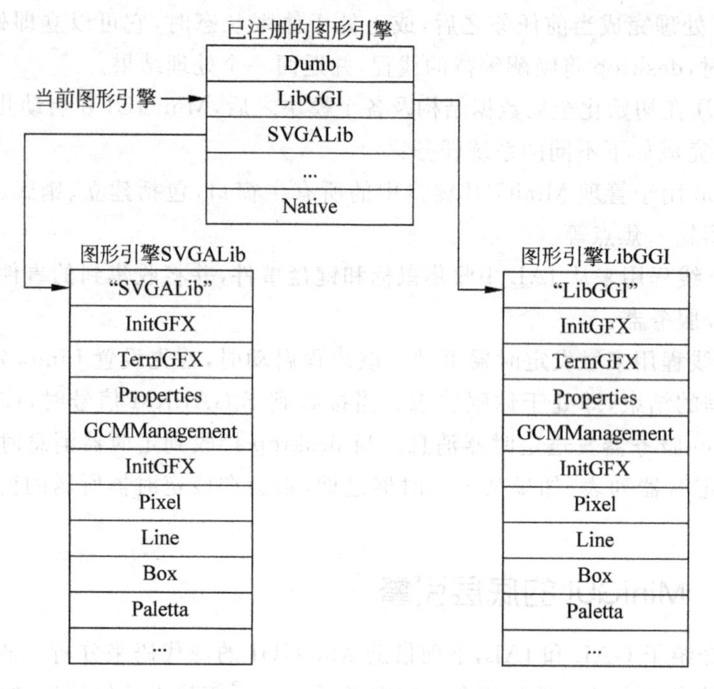

图 13.4 GAL 体系结构图

(2) MiniGUI-Lite。和 MiniGUI-Threads 相反,MiniGUI-Lite 上的每个程序是单独的进程,每个进程也可以建立多个窗口。MiniGUI-Lite 适合具有完整 UNIX 特性的嵌入式操作系统,例如,嵌入式 Linux。

(3) MiniGUI_Standalone。这种运行模式下,MiniGUI 可以以独立进程的方式运行,既不需要多线程,也不需要多进程的支持,这种运行模式适合功能单一的应用场合。

一般而言,MiniGUI-Standalone 模式的适用面最广,可以支持几乎所有的操作系统,甚至包括类似 DOS 这样的操作系统;MiniGUI-Threads 模式的适用面次之,可运行在支持多任务的实时嵌入式操作系统,或者具备完整 UNIX 特性的普通操作系统;MiniGUI-Lite 模式的适用面较小,它仅适合具备完整 UNIX 特性的普通操作系统。但不论采用哪种运行模式,MiniGUI 为上层应用软件提供了最大程度上的一致性;只有少数几个涉及初始化的接口在不同运行模式上有所不同。

13.2.8 MiniGUI 移植

先从北京飞漫软件技术有限公司的官方网站(www. MiniGUI. com)下载 MiniGUI 的三个压缩文档:libminigui-1. 3. 3. tar. gz、minigui-res-1. 3. tar. gz 和 mg-samples-1. 3. 0. tar. gz。下载完后用下列命令解压相应的文件到默认目录:

```
#tar  -zxfv libminigui-1.3.3.tar.gz
#tar  -zxfv minigui-res-1.3.tar.gz
#tar  -zxfv mg-samples-1.3.0.tar.gz
```

MiniGUI 的 256 色显示模式默认为彩色,假设希望一启动就能够显示灰度图像,则需要修改源文件 lib-minigui-1. 3. 3/src/newgal/pixels. c 的第 282 行:

```
#if RGB332
    int r,g,b;
    /* map each bit field to the full [10,255] interval,so 0 is mapped to (0,0,0) and
    255 to (255,255,255) */
    /*
    r = i&0xe0;
    r| = r>>3|r>>6;
    colors[i].r = r;
    g = (i<<3)&0xe0;
    g| = g>>3|g>>6;
    colors[i].g = g;
    b| = i&0x3;
    b| = b<<2;
    b| = b<<4;
    colors[i].b = b;
     */
    colors[i].r = i;
    colors[i].g = i;
    colors[i].b = i;
#else
    /* colors[i].r = ((i&192)>>6) * (64);               /* 2bits */
    colors[i].g = ((i&56)>>3) * (64/2);                 /* 3bits */
    colors[i].b = (i&7) * (64/2);                       /* 3bits */
          */
    colors[i].r = i;
    colors[i].g = i;
    colors[i].b = i;
#endif
```

注释行是原来的代码，黑体是移植修改后的代码。

1. 配置和编译 MiniGUI 库

源代码修改好后，再修改 libminigui-1.3.3 目录下的 configure 文件，在文件开头处增加以下几行：

```
CC= /usr/local/arm/2.95.3/bin/arm-linux-gcc
CPP= /usr/local/arm/2.95.3/bin/cpp
LD = /usr/local/arm/2.95.3/bin/arm-linux-ld
AR= /usr/local/arm/2.95.3/bin/arm-linux-ar
RANLIB = /usr/local/arm/2.95.3/bin/arm-linux-ranlib
STRIP = /usr/local/arm/2.95.3/bin/arm-linux-strip
```

然后开始配置 MiniGUI 的安装参数，运行命令：

```
#make menuconfig
```

按实际的需求进行配置。配置完后需要进行编译，命令如下：

```
#make
```

编译完后需要运行：

```
#make install
```

来进行 MiniGUI 的库和头文件的安装，将会安装到交叉编译库的库和头文件目录下。

2. 安装 MiniGUI 的资源文件

进入 minigui-res-1.3.3 所在目录，修改 configure.linux，找到"prefix= $(TOPDIR)/usr/ local"，将其改为"prefix=/usr/local/arm/2.95.3/arm-linux"，找到"CC=gcc"，将其改为"CC=arm-linux-gcc"，然后运行：

```
#make install
```

将资源安装到"/usr/local/arm/2.95.3/arm-linux-gcc/lib/MiniGUI/res"目录下。

3. 安装 MiniGUI 库、资源库到目标系统

将 MiniGUI 库(libmgext、libvcongui 和 libMiniGUI)复制到目标板的/usr/local/lib 目录下，并将资源目录"/usr/Local/arm/2.95.3/arm-linux/lib/MinuGUI"整个目录复制到目标系统的"/usr/local/lib/"目录下。

4. 修改配置文件

由于 MiniGUI 库执行时需要寻找一个配置文件路径 MiniGUI.cfg，寻找顺序依次为用户主目录、/usr/local/etc、/etc，所以只要在这三个目录中生成一个 MiniGUI.cfg 即可。因为 MiniGUI 默认的显示模式为 1024×768-16bpp，如果要使用 800×600-8bpp 的模式，则要修改 MiniGUI.cfg 的(fbcon)段：

```
defaultmod = 800x600 - 8bpp
```

同时修改(bitmapinfo)段中的 bitmap6=none，以取消背景图片的显示。

至此，MiniGUI 的在开发板上的移植就已经完成。将编译好的 MiniGUI 放到相应的文件夹中，就可以在 ARM 板上运行。

13.3 Qt/Embedded 程序设计基础

Qt/Embedded 的 API 是基于面向对象技术的。在应用程序开发上，使用与 Qt 相同的工具包，只需在目标嵌入式平台上重新编译即可。可以使用大家所熟悉的桌面开发工具，来编写和保存一个嵌入式应用程序的源代码树，在移植到嵌入式平台时，只需要重新编译代码即可。

开发人员多为 KDE 项目的核心开发人员。许多基于 Qt 的 X Window 程序可以非常方便地移植到 Qt/Embedded 上，与 X11 版本的 Qt 在最大程度上兼容，延续了在 X 上的强大功能。Qt/Embedded 节省内存，因为它不需要一个 X 服务器或 Xlib 库，仅采用 framebuffer 作为底层图形接口。此外，Qt/Embedded 的应用程序可以直接地写内核缓冲帧，它支持的线性的缓冲帧包括 1、4、8、15、16、24 和 32 位深度以及 VGA16 的缓冲帧，任何被内核支持的图形卡也可以工作。

Qt/Embedded 提供了一种称为信号与插槽的真正的组件化编程机制，这种机制和以前的回调函数有所不同。回调是指一个函数的指针，如果你希望一个处理函数通知你一些事件，你可以把另一个函数(回调)的指针传递给处理函数。处理函数在适当的时候调用回调。回调有两个主要缺点：首先，它们不是类型安全的，我们从来都不能确定处理函数使用了正确的参数来调用回调；其次，回调和处理函数是非常紧密地联系在一起的，因为处理函数必须知道要调用哪个回调。Qt 的窗口在事件发生后激发信号，例如：选择菜单会激发一个信号,程序员通过建立一个函数(插槽),然后调用 connect()函数把这个插槽和信号连接起来。这样就完成了事件和响应代码的连接。信号与插槽连接的抽象图如图 13.5 所示。

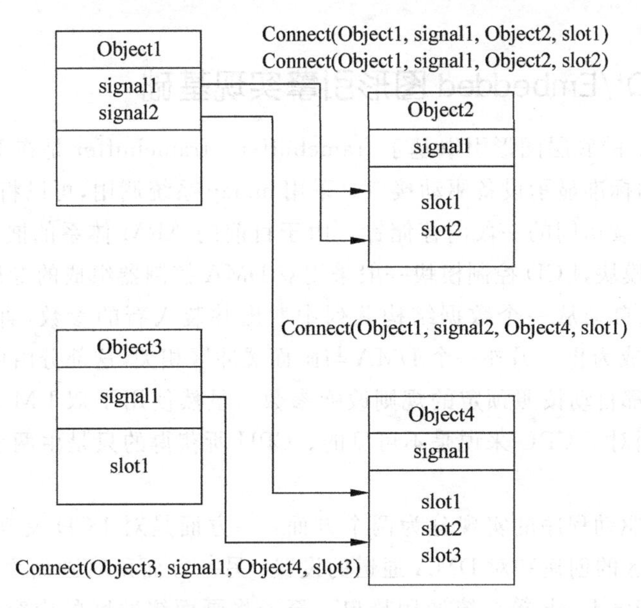

图 13.5 信号与插槽机制

Qt/Embedded 还提供了一个通用的 widgets 类,通过这个类,可以很容易地把子类转换为客户自己的组件或对话框。Qt/Embedded 还可以在编译时去掉运行时不需要的特性,以减少内存的占用。例如,要想不编译 QlistView,可以通过定义一个 QT_NO_LISTVIEW 的预处理标记来达到此目的,Qt/Embedded 提供了大约 200 个可配置的特征,由此在 Intel x86 平台上库的大小范围会在 700～5000KB 之间。大部分客户选择的配置使得库的大小在 1500～4000 KB 之间。Qt/Embedded 动态链接库可以通过编译时去掉用不到的特性来减少在内存中的覆盖。也可以把全部的应用功能编译链接到一个简单的静态链接的可执行程序中,从而能够最大限度地节省内存。

越来越多的第三方软件公司开始采用 Qt/Embedded 开发嵌入式 Linux 下的应用软件。其中非常著名的 Qt Palmtop Environment(Qtopia)早期是一个第三方的开源项目,应用非常广泛。Qt/Embedded 采用两种方式进行发布:在 GPL 协议下发布的 free 版本与专门针对商业应用的 commercial 版本。二者除了发布方式外,在源码上没有任何区别。如图 13.6 所示为 Qt/Embedded 的实现结构。

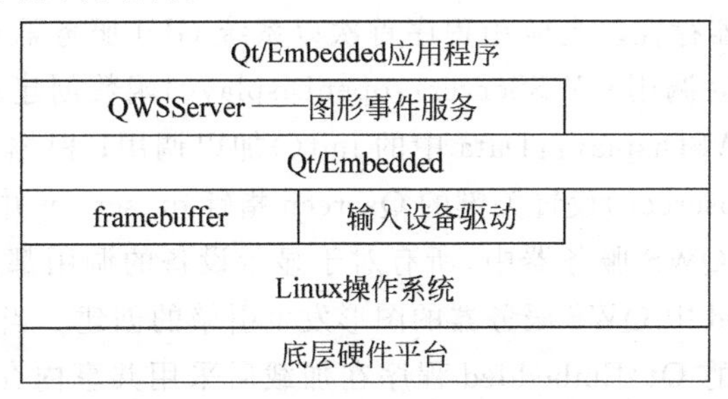

图 13.6 Qt/Embedded 的实现结构

在代码设计上，Qt/Embedded巧妙地利用了C++独有的机制，如抽象、继承、多态、模板等，具体实现非常灵活。但其底层代码由于追求与多种系统、多种硬件的兼容，代码补丁较多，风格稍显混乱。

13.3.1 Qt/Embedded图形引擎实现基础

Qt/Embedded的底层图形引擎基于framebuffer。framebuffer是在Linux内核架构版本2.2以后推出的标准显示设备驱动接口。采用mmap系统调用，可以将framebuffer的显示缓存映射为可连续访问的一段内存储针。由于目前的ARM体系的嵌入式CPU中大多集成了LCD控制模块，LCD控制模块一般采用双DMA控制器组成的专用DMA通道。其中一个DMA可以自动从一个数据结构队列中取出并装入新的参数，直到整个队列中的DMA操作都已完成为止。另外一个DMA与画面缓冲区相关，这部分由两个DMA控制器交替执行，且每次都自动按照预定的规则改变参数。虽然使用了双DMA，但这两个DMA控制器的交替使用对于CPU来说是不可见的。CPU所获得的只是由两个DMA组成的一个“通道”而已。

Framebuffer驱动程序的实现分为两个方面：一方面是对LCD及其相关部分的初始化，包括画面缓冲区的创建和对DMA通道的设置；另一方面是对画面缓冲区的读写，具体到代码为read、write、lseek等系统调用接口。至于将画面缓冲区的内容输出到LCD显示屏上，则由硬件自动完成，对于软件来说是透明的。当对DMA通道和画面缓冲区设置完成后，DMA开始正常工作，并将缓冲区中的内容不断发送到LCD上。这个过程是基于DMA对于LCD的不断刷新的。基于该特性，framebuffer驱动程序必须将画面缓冲区的存储空间重新映射到一个不加高缓存和写缓存的虚拟地址区间中，这样才能保证应用程序通过mmap系统调用将该缓存映射到用户空间，从而对该画面缓存的读/写操作能够实时地体现在LCD上。

在Qt/Embedded中，Qscreen类为抽象出的底层显示设备基类，其中声明了对显示设备的基本描述和操作方式，如打开、关闭、获得显示能力、创建GFX操作对象等。另外一个重要的基类是QGfx类。该类抽象出对显示设备的具体操作接口，如选择画刷、画线、画矩形、alpha操作等。在图13.7中，对于基本的framebuffer设备，Qt/Embedded用QlinuxFbScreen来处理。针对具体显示硬件的加速特性，Qt/Embedded从QlinuxFbScreen和图形设备环境模板类QgfxRaster<depth.type>继承出相应子类，并针对相应硬件重载相关虚函数。

Qt/Embedded在体系上为C/S结构，任何一个Qt/Embedded程序都可以作为系统中唯一的一个GUI服务器存在。当应用程序首次以系统GUI服务器的方式加载时，将建立QWS服务器实体。此时调用QWSServer::openDisplay()函数创建窗体，在QWSServer::openDisplay()中对QWSDisplay::Data中的init()加以调用；根据QgfxDriverFactory实体中的定义(QLinuxFbscreen)设置关键的Qscreen指针qt_screen并调用connect()打开显示设备(dev/fb0)。在QWS服务器中，所有对于显示设备的调用都由qt_screen发起。至此完成了Qt/Embedded中QWS服务器的图形发生引擎的创建。当系统中建立好GUI服务器后，其他需要运行的Qt/Embedded程序在加载后采用共享内存及有名管道的进程通信方式，以同步访问模式获得对共享资源framebuffer设备的访问权。

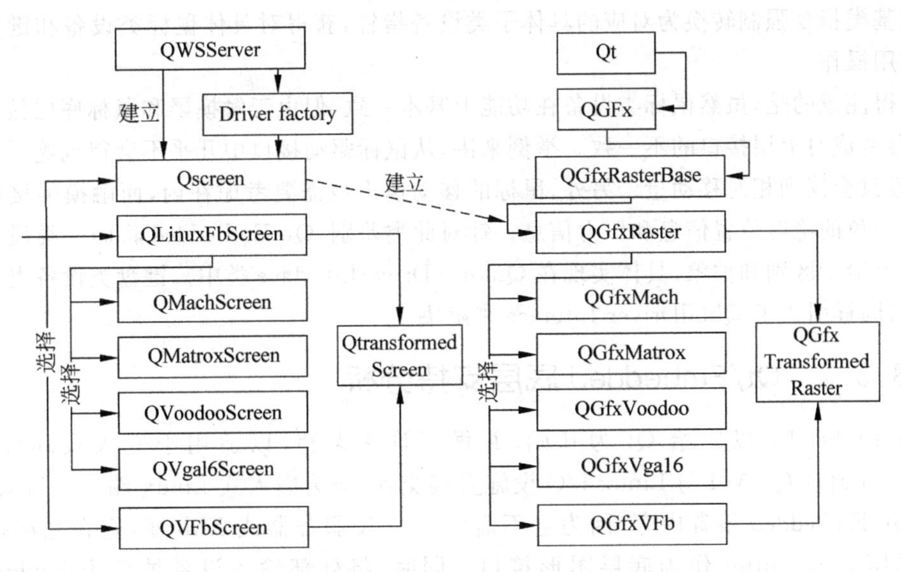

图 13.7 Qt/Embedded 3.x 中低层图形引擎实现结构

13.3.2 Qt/Embedded 事件驱动基础

Qt/Embedded 中与用户输入事件相关的信号，是建立在对底层的输入设备的接口调用之上的。Qt/Embedded 中输入设备，分别为鼠标与键盘类。以 3.x 版本为例，其中鼠标类设备的抽象基类为 QWSMMouseHandler，从该类又派生出一些具体的鼠标类设备的实现类。在该版本的 Qt/Embedded 中，鼠标类与键盘类设备的派生结构如图 13.8 所示。

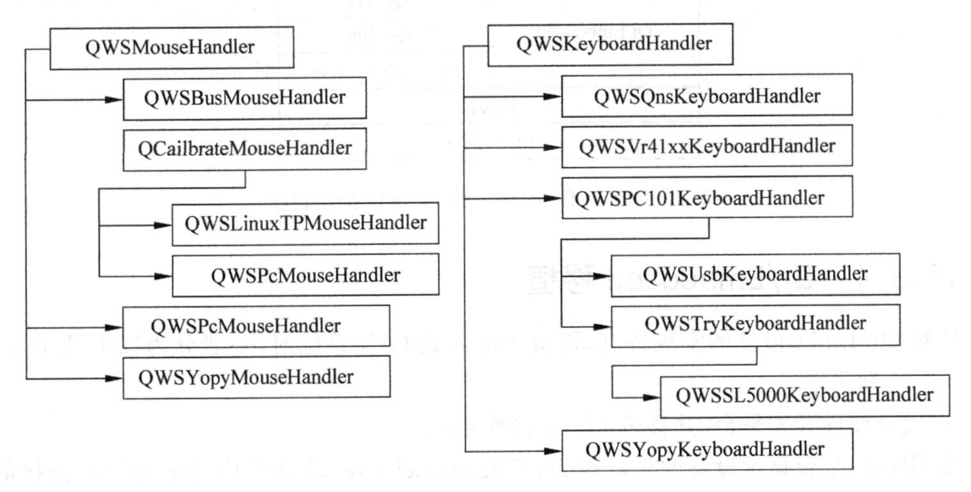

图 13.8 Qt/Embedded3.x 中输入设备抽象派生结构

与图形发生引擎加载方式类似，在系统加载构造 QWS 服务器时，调用 QWSServer::openMouse 函数与 QWSServer::openKeyboard 函数。这两个函数分别调用 Qmouse DriverFactory::create()函数与 QkbdDriverFactory::create()函数。这时会根据 Linux 系统的环境变量 QWS_MOUSE_PROTO 与 QWS_KEYBOARD 获得鼠标类设备和键盘类设备的设备类型和设备节点。打开相应设备并返回相应设备的基类句柄指针给系统，系统通过将该基类指令强制转换为对应的具体子类设备指针，获得对具体鼠标类设备和键盘类设备的调用操作。

值得注意的是，虽然鼠标类设备在功能上基本一致，但由于触摸屏和鼠标底层接口并不一样，会造成对上层接口的不一致。举例来讲，从鼠标驱动接口中几乎不会得到绝对位置信息，一般只会读到相对移动量。另外，鼠标的移动速度也需要考虑在内，而触摸屏接口则几乎是清一色的绝对位置信息和压力信息。针对此类差别，Qt/Embedded 将同一类设备的接口部分也给予区别和抽象，具体实现在 QmouseDriverInterface 类中。键盘类设备也存在类似问题，同样引入了 QkbdDriver Inteface 来解决。

13.3.3 Qt/Embedded 底层支持分析

Qt/Embedded 以原始 Qt 为基础，并做了许多调整，以适用于嵌入式环境。Qt/Embedded 通过 Qt API 与 Linux I/O 设施直接交互，成为嵌入式 Linux 端口。与 Qt/X11 相比，Qt/Embedded 很省内存，因为它不需要一个 X 服务器或 Xlib 库，它在底层摒弃了 Xlib，采用 framebuffer 作为底层图形接口。同时，将外部输入设备抽象为 keyboard 和 mouse 输入事件。Qt/Embedded 的应用程序可以直接写内核缓冲帧，这可以避免开发者使用烦琐的 Xlib/Server 系统。Qt/Embedded 的底层图形引擎基于 framebuffer，framebuffer 驱动程序是最重要的驱动程序之一，正是这个驱动程序才能使系统屏幕显示内容。如图 13.9 所示的是 Qt/Embedded 与 Qt/X11 的比较图。

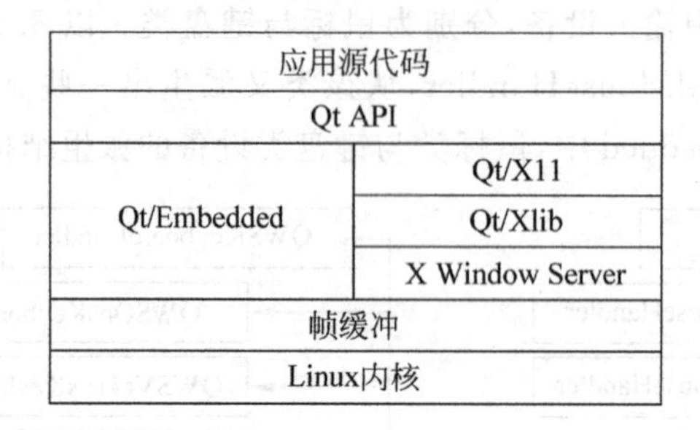

图 13.9 Qt/Embedded 与 Qt/X11 的比较图

13.3.4 Qt/Embedded 移植

针对 Qt/Embedded 的实现特点，移植该嵌入式 GUI 系统时，一般分为以下几个步骤，如图 13.10 所示。

① 设计硬件开发平台，并移植 Linux 操作系统。

② 根据该平台显示设备的显示能力，开发 framebuffer 驱动程序并采用静态链接的方式将其编译进 Linux 内核。

③ 开发针对该平台的鼠标类设备驱动程序，一般为触摸屏或 USB 鼠标。

④ 开发针对该平台的键盘类设备驱动程序，一般为板载按钮或 USB 键盘。

⑤ 根据 framebuffer 驱动程序接口，选择并修改 Qt/Embedded 中的 QlinuxFbscreen 和 QgfxRaster 类。

⑥ 根据鼠标类设备驱动程序，实现该类设备在 Qt/Embedded 中的操作接口。

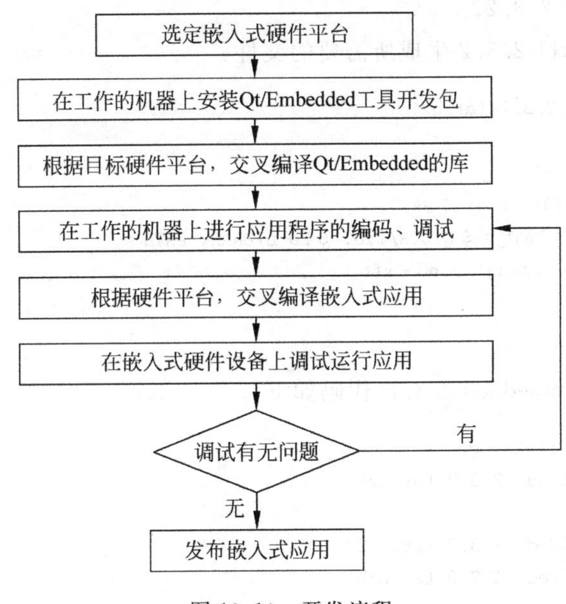

图 13.10 开发流程

⑦ 根据键盘类设备驱动程序，实现该类设备在 Qt/Embedded 中的操作接口。

⑧ 根据需要选择 Qt/Embedded 的配置选项，交叉编译 Qt/Embedded 的动态库。

⑨ 交叉编译 Qt/Embedded 中的 Example 测试程序，在目标平台上运行测试。

因为 Qt/Embedded 的底层图形引擎基本上完全依赖于 framebuffer，所以在具体的移植过程中，需要考虑目标平台的 Linux 内核版本和 framebuffer 驱动程序的实现情况，例如分辨率和颜色深度等在内的信息。不过，当前嵌入式 CPU 大多内部集成 LCD 控制器，而且支持多种配置方式。因此，除了少数嵌入式 CPU 在低色彩配置时会存在 endian 问题，Qt/Embedded 能够较好地根据系统已有的 framebuffer 驱动接口构建上层的图形引擎。所以，移植的难点基本上在于 framebuffer 驱动程序的实现上。

Qtopia 的移植。Qtopia，即 QPE（Qt Palmtop Environment），和 Qt 一样，也是 Trolltech 公司的一个有代表性的产品，是 Qt/Embedded 开发的第一个嵌入式的窗口环境和应用程序。需要如下版本的安装包：

```
tmake - 1.1 1.tar.gz
qt - embedded - 2.3.7.tar.bz2
qtopia - free - 1.7.0.tar.bz2
qt - x11 - 2.3.2.tar.gz
e2fsprogs - 1.32.tar.gz
jpegsrc.v6b.tar.gz
```

首先将 tmake-1.11.tar.gz 和 qt-embedded-2.3.7.tar.bz2 复制到同一目录下（例如/usr/local），然后新建一个 qtcross 目录，再将 qt-embedded-2.3.7.tar.bz2、qt-x11-2.3.2.tar.gz、e2fsprogs -1.32.tar.gz、jpegsrc.v6b.tar.gz 和 qtopia-free-1.7.0.tar.bz2 复制到此目录下（/usr/local/qtcorss）。

由于在编译 qtopia-free-1.7.0 时需要用到 qt-x11-2.3.2 编译后生成的一个 uic 文件，

因此，首先编译 qt-x11-2.3.2。

第一步，编译 qt-x11-2.3.2 生成所需要的文件：

```
#tar xfz qt-x11-2.3.2.tar.gz
#cd qt-2.3.2
#export QTDIR= $PWD
#export PATH= $QTDIR/bin: $PATH
#export LD_LIBRARY_PATH= $QTDIR/lib: $LD_LIBRARY_PATH
#./configure -no-opengl -no-xft
#make
#cd../..
```

第二步，编译 qt-embedded-2.3.7，代码如下：

```
#tar zxf tmake-1.11.tar.gz
#tar jxf qt-embedded-2.3.7.tar.bz2
#cd qtcross
#tar jxf qt-embedded-2.3.7.tar.bz2
#tar jxf qtopia-free-1.7.0.tar.bz2
```

都解压好后，需要重新设置环境变量：

```
#export QTDIR=/usr/local/qtcross/qt-2.3.7
#export QPEDIR=/usr/local/qtcross/qtopia-free-1.7.0
#export LD_LIBRARY_PATH=/usr/local/qt-2.3.7/lib: $LD LIBRARY PATH
#export TMAKEDIR=/usr/local/tamke-1.11
#export TMAKEPATH=/usr/local/tmake-1.11/lib/qws/linux-arm-g
#export PATH= $TMAKEDIR/bin: SPATH
#export PATH=/usr/local/arm/2.95.3/bin: $PATH
```

要想使上面最后生效，还需要一个交叉编译器 cross-2.95.3.tar.bz2，设置过程如下：

```
#mkdir /usr/local/arm
#cd /usr/local/arm
```

然后将 cross-2.95.3.tar.bz2 解压到此目录下：

```
#tar jxf cross-2.95.3.tar.bz2
```

解压后会生成一个 2.95.3 目录，下面就可以开始编译 qt-embedded-2.3.7：

```
#cd /usr/local/qtcross/qt-2.3.7
#./configure -xplatform linux-arm-g++
```

以下内容是在输入./configure -xplatform linux-arm-g++进行编译后，终端输出的选项，其中黑体字是用户输入的内容：

```
This is the Qt/Embedded Free Edition.
You are licensed to use this software under the terms of
the GNU General Public License(GPL).
Type 'G' to view the GNU General Public License.
Type 'yes' to accept this license offer.
Type 'no' to decline this license offer.
```

```
Do you accept the terms of the license?
yes
Choose a feature configuration:
1.Minimal(630 kB)
2.Small(960 kB)
3.Medium(1.5 MB)
4.Large(3 MB)
5.Everything(5 MB)
6.Your own local configuration(src/tools/qconfig - local.h)
Sizes are stripped dynamic 80386 build.Static builds are smaller -
Your choice(default ): 5
5
Choose pixel - depths to support:
v. VGA - 16 - also enables 8bpp
4. 4bpp grayscale - also enables 8bpp
8. 8bpp
16. 16bpp
24. 24bpp - also enables 32bpp
32. 32bpp
Each depth adds around 100Kb on 80386.
Your choices(default 8,16):
16
4,8,16,32 Enable Qt Virtual Framebuffer support for development on X11(default yes)
no Building on: linux - x86 - gshared
Buiiding for: linux - arm - gshared
Thread support..................no
GIF support ··· ··· ··· ··· ··· ··· ··· ··· ··· no
MNG support ··· ··· ··· ··· ..... ··· ··· no
JPEG support ··· ··· ··· ··· ··· ··· ··· ··· no
Creating makefiles...
Qt is now configured for building.Just run make.
To reconfigure, run make clean and configure.
```

接下来,需要执行 make sub-src 命令:

```
#make sub - src
#cd..
```

在这里别忘了把前面生成的 uic 文件复制到 qt-2.3.7/bin/目录中

```
#cp qt - 2.3.2/bin/uic /qt - 2.3.7/bin/
```

第三步,编译 e2fsprogs-1.32.tar.gz:

```
#tar zxf e2fsprogs - 1.32.tar.gz
#cd e2fsprogs - 1.32
#./configure
#cd util
#make subst
#./subst (紧接下一行,没有回车) - f ../util/subst.conf ../lib/ext2fs/ext2_type s.h.
In ../lib/ext2fs/ext2_types.h
#cd..
```

```
#cd lib/uuid
```

在 uuid 目录中，需要将其中的 Makefile 文件中的内容改为以下内容：

```
        Makefile
    TOOLCHAIN = /usr/local/arm/2.95.3/bin
    CC = ${TOOLCHAIN}/arm-linux-gcc
    CFLAG = -I ...
    AR = ${TOOLCHAIN}/arm-linux-ar rc
    RANLIB = ${TOOLCHAIN}/arm-linux-ranlib
    OBJS = clear.o compare.o copy.o gen_uuid.o isnull.o pack.o parse.o
    unpack.o unparsed.o uuid_time.o
    TARGET = libuuid.a
    ${ TARGET } : ${OBJS}
    ${AR} $@ ${OBJS}
    ${RANLIB} $@
```

```
#make
...
#cp libuuid.a /usr/local/arm/2.95.3/arm-linux/lib/libuuid.a
#mkdir /usr/local/arm/2.95.3/arm-linux/include/uuid
#cp uuid.h /usr/local/arm/2.95.3/arm-linux/include/uuid/uuid.h
#cd../..
#cd..
```

第四步，编译 jpegsrc.v6b.tar.gz：

```
#tar zxf jpegsrc.v6b.tar.gz
#cd jpeg-6b
#./configure --enable-shared
#vi Makefile
```

将 Makefile 中的对应部分改为如下内容：

```
        Makefile
    prefix = /usr/local/arm/2.95.3
    exec_prefix = ${prefix}
    bindir = $(exec_prefix)/arm-linux/bin
    libdir = $(exec_prefix)/arm-linux/lib
    includedir = $(prefix)/arm-linux/include
    binprefix =
    manprefix =
    manext = 1
    mandir = $(prefix)/man/man$(manext)
    #The name of your C compiler:
    CC = arm-linux-gcc
#make
#make install
#cd..
```

这步完成后，会在/usr/local/arm/2.95.3/arm-linux/lib 目录中生成 libjpeg.ja、libjpeg.so、libjpeg.so.62、libjpeg.so.62.0.0 四个文件。

第五步，交叉编译 qtopia-free-1.7.0：

```
        # cd qtopia - free - 1.7.0/src
        # ./configure  - xplatform linux - arm - g
Makefiles will be regenerated.
.......................................................................................
QPE is now configured for building. Just run "make".
To reconfigure, run make clean and configure.
        # make
        ...
        # cd ../..
```

运行完以上命令以后，移植工作也就完成了。接下来剩下的工作就是运行 qpe 命令，以启动 Qtopia 用户界面，如图 13.11 所示。从图中可以看到，界面分成了不同的页面，例如 Applications、Games、Settings 和 Documents。在每个页面中包含了不同程序的图标。

图 13.11 Qt Palmtop 用户界面

13.4 本章小结

(1) 嵌入式 GUI 系统为嵌入式系统提供可靠人机交互接口。嵌入式 GUI 要求简单、直观、可靠、占用资源小且快速，以满足嵌入式系统中硬件资源有限的需求。

(2) 嵌入式 GUI 系统包含两方面信息：图形发生与用户操作。一个可移植的嵌入式 GUI 系统，其底层至少抽象出两类设备：基于图形发生引擎的图形抽象层 GAL 和基于输入设备的输入抽象层 IAL。

(3) MiniGUI、Qt/Embedded 是比较常用的嵌入式 GUI。

(4) GUI 的程序设计、消息事件驱动机制、线程机制和底层引擎实现机制等，是对嵌入式 GUI 进行移植的基础。

13.5 思考题

(1) 简述目前在市场上比较流行的嵌入式 GUI。

(2) 从 MiniGUI 网站 www.minigui.com 下载其最新版本,然后安装并正确配置。

(3) 分析 MiniGUI 的三种运行模式的区别,总结它们的应用领域。

(4) 比较 MiniGUI 与 Windows 系统对于图形界面元素的实现方法的异同点。

(5) 分析 MiniGUI 的 C/S 运行模式的原理。

(6) MiniGUI 怎样实现底层引擎?请解释图 13.4 的工作原理。

(7) 如何移植 MiniGUI?

(8) Qt/Embedded 3.x 是如何实现中低层图形引擎的?

(9) 画出 Qt/Embedded3.x 中输入设备抽象派生结构图。

(10) 画出开发和移植 Qt/Embedded GUI 的流程图。

参考文献

[1] Christopher Hallinan. Embedded Linux Primer：A Practical，Real-World Approach. Prentice Hall，2007.
[2] Robert Love. Linux Kernel Development. Third Edition. New Jersey：Addison-Wssley，2010.
[3] 金伟正. 嵌入式 Linux 系统开发与应用. 北京：电子工业出版社，2011.
[4] 杨水清，等. ARM 嵌入式 Linux 系统开发技术详解. 北京：电子工业出版社，2008.
[5] 王宜怀，等. 嵌入式技术基础与实践. 北京：清华大学出版社，2011.
[6] 李广军，等. 微处理器系统结构与嵌入式系统设计. 北京：电子工业出版社，2009.
[7] 马洪. 嵌入式系统设计教程. 北京：电子工业出版社，2009.
[8] Tanenbaum，Andrew. Operating System：Design and Implement. New Jersey：Prentice，1977.
[9] D. Mosberger，S Eranian. IA-64 Linux Kernel：Design and Implement. Prentice Hall，2002.
[10] 邹思轶. Linux 系统设计与应用. 北京：清华大学出版社，2002.
[11] 李善平，等. Linux 与嵌入式系统. 北京：清华大学出版社，2005.
[12] 任爱华，等. 操作系统实用教程. 第三版. 北京：清华大学出版社，2008.
[13] 杨水清，等. ARM 嵌入式 Linux 系统开发技术详解. 北京：电子工业出版社，2008.
[14] 贾东永，等. ARM 嵌入式系统技术开发与应用实践. 北京：电子工业出版社，2009.
[15] 沈连丰，等. 嵌入式系统及其开发应用. 北京：电子工业出版社，2005.
[16] P. Raghavan，等著. 嵌入式 Linux 系统设计与开发. 宋劲杉，等译. 北京：电子工业出版社，2008.
[17] 毛德操，等. Linux 内核源代码情景分析. 杭州：浙江大学出版社，2001.
[18] 张晓林，等. 嵌入式系统设计与实践. 北京：北京航空航天大学出版社，2006.
[19] 杜春雷，等. ARM 体系结构与编程. 北京：清华大学出版社，2003.
[20] 张杰，等. ARM 嵌入式微处理器体系结构及汇编语言程序设计. 北京：电子工业出版社，2010 .
[21] 马忠梅，等. ARM 嵌入式处理器结构与应用基础. 北京：北京航空航天大学出版社，2007.
[22] 许信顺. 嵌入式 Linux 应用编程. 北京：机械工业出版社，2007.
[23] 刘峥嵘，等. 嵌入式 Linux 应用开发详解. 北京：机械工业出版社，2004.
[24] 罗勇江，等. Visual DSP＋＋集成开发环境实用指南. 北京：电子工业出版社，2008.
[25] Kernel Traffic. http://ww. kerneltraffic. org.
[26] Linux Weekly News. http://ww. lwn. net.
[27] kernel. org. http://www. kernel. org.
[28] OS News. Operating System News. http://osnewa. com.

图书资源支持

感谢您一直以来对清华版图书的支持和爱护。为了配合本书的使用，本书提供配套的资源，有需求的读者请扫描下方的“书圈”微信公众号二维码，在图书专区下载，也可以拨打电话或发送电子邮件咨询。

如果您在使用本书的过程中遇到了什么问题，或者有相关图书出版计划，也请您发邮件告诉我们，以便我们更好地为您服务。

我们的联系方式：

地　　址：北京海淀区双清路学研大厦 A 座 707

邮　　编：100084

电　　话：010－62770175－4604

资源下载：http://www.tup.com.cn

电子邮件：weijj@tup.tsinghua.edu.cn

QQ：883604(请写明您的单位和姓名)

用微信扫一扫右边的二维码，即可关注清华大学出版社公众号“书圈”。